L'INSECTOLOGIE AGRICOLE

JOURNAL

TRAITANT

DES INSECTES UTILES ET DE LEURS PRODUITS

DES INSECTES NUISIBLES ET DE LEURS DÉGATS

ET DES MOYENS PRATIQUES DE LES ÉVITER

PREMIÈRE ANNÉE

PARIS

LIBRAIRIE DE E. DONNAUD, ÉDITEUR

RUE CASSETTE, 1

1867

L'INSECTOLOGIE AGRICOLE

PARIS. — IMPRIMERIE HORTICOLE DE E. DONNAUD,
1, RUE CASSETTE, 1.

PREMIÈRE ANNÉE

L'INSECTOLOGIE AGRICOLE

JOURNAL

TRAITANT

DES INSECTES UTILES ET DE LEURS PRODUITS

DES INSECTES NUISIBLES ET DE LEURS DÉGATS

ET DES MOYENS PRATIQUES DE LES ÉVITER

PARIS

LIBRAIRIE DE E. DONNAUD, ÉDITEUR

RUE CASSETTE, 1

1867

N° 1. 1re ANNÉE. Février 1867.

L'INSECTOLOGIE AGRICOLE

SOMMAIRE :

Paris, 15 février 1867.

Vulgariser la connaissance des Insectes, surtout des Insectes utiles ou nuisibles à l'agriculture, tel est le but de cette publication. Elle s'appliquera donc à décrire minutieusement ces petits êtres, mais sans emprunter le langage affecté, et aura soin d'accompagner ses descriptions de figures, coloriées au besoin, qui les représenteront le plus exactement possible et apprendront à les faire reconnaître. Elle s'empressera de consigner tous les moyens de destruction des Insectes nuisibles que l'expérience aura éprouvés.

Pour atteindre facilement ce but, nous faisons appel à tous ceux qui se livrent à des études sur les Insectes, à ceux qui ont fait des observations particulières sur un ou plusieurs des êtres de ce monde intéressant, ou qui ont essayé des moyens de destruction de quelques ennemis avérés des plantes ou de parasites des animaux domestiques. Nous les prions de nous communiquer leurs travaux que nous accueillerons avec reconnaissance.

Il est d'intérêt public que les auxiliaires de l'agriculture soient protégés et avant tout connus. Nous nous efforcerons de remplir le plus possible une partie de cette tâche et d'éveiller l'attention sur l'autre.

Il importe surtout de protéger et de propager les oiseaux, ces chantres sylvains qui, par l'innombrable quantité d'insectes nuisibles qu'ils détruisent, concourent à rétablir l'harmonie que tend à rompre l'homme n'agissant que pour le présent et pour soi. Nous les défendrons.

D'autres animaux, tels que le paisible hérisson et l'inofensive chauve-souris, méritent aussi, par les services qu'ils rendent, en détruisant des myriades de limaces, de papillons nocturnes et d'autres parasites, de n'être plus conspués et tyrannisés par l'ignorance. C'est ce à quoi nous nous appliquerons encore.

Nota. L'éditeur laisse aux auteurs la responsabilité des assertions et des théories qu'ils pourront émettre dans le cours de cette publication.

Hannetons et vers blancs.

Les hannetons se sont montrés en grand nombre dans l'année 1866. Favorisés par un hiver qui avait été des plus doux, ils ont exercé leurs ravages non-seulement dans les jardins, les vergers, les pépinières, les potagers, mais jusque dans les champs plantés de betteraves et de pommes de terre. Les dommages qu'ils ont causés aux arbres fruitiers, dont ils ont dévoré les feuilles, après avoir, sous forme de larves, entamé leurs racines, sont considérables.

Nous disions, en 1865, dans notre rapport sur l'*Exposition des insectes* faite au Champs-Élysées par la Société d'apiculture : « Celui qui trouverait les moyens de débarrasser l'agriculture et l'horticulture seulement des hannetons et des charençons, doterait la France de plusieurs millions de francs. »

Quels profits ne lui apporterait pas le naturaliste ou le praticien qui trouverait des procédés pour préserver ces deux industries si essentielles, sur lesquelles se fonde l'alimentation des populations, des ravages des altises, des bruches, des gribouris de la vigne, des criquets voyageurs (vulgairement *sauterelles*) si funestes à l'Algérie, des chenilles, dont un texte de loi suffit à peine à limiter les dégâts, des galleries si nuisibles aux ruches, etc. Celui-là, non-seulement apporterait un allégement à la crise dont l'agriculture a souffert dernièrement, mais il enrichirait le pays et l'agriculture en même temps, plus sûrement que toutes les économies promises.

Ce sont ces considérations et ces espérances qui ont engagé un certain nombre d'agronomes à faire encore appel aux cultivateurs, aux savants, aux praticiens, à tous ceux qui, en 1865, leur ont prêté leur concours pour l'exposition des insectes; à les inviter à réunir de nouveau leurs efforts et leurs observations contre les dommages causés par ces *infiniment petits*, qui semblent puiser dans leur faiblesse même et leur chétive apparence, la grandeur des maux qu'ils produisent.

Leur organisation est parfaitement connue : c'est un hommage à rendre à la science appelée du nom d'*Entomologie*, et dont une Société est la savante représentante à Paris; on connaît un peu moins leurs mœurs; mais ce qu'on ne connaît pas du tout, ce sont les moyens de les détruire.

Et cependant, quoi de plus essentiel? quoi de plus utile que de chercher à préserver de leurs atteintes les produits du sol? La science s'est laissée entraîner par l'intérêt qu'offre l'étude de ces petits animaux; leurs ruses, leurs habitudes, leurs instincts merveilleux; elle a voulu connaître tous les faits qui se rapportent à leurs amours, à leur reproduction ou à leur physionomie. D'après ces renseignements, elle les a classés en familles, en genres, en espèces. Mais que nous a-t-elle appris d'utile à la pratique agricole? Quels remèdes a-t-elle indiqués pour limiter seulement leurs dégâts?

Prenons pour exemple un des mieux connus, celui dont nous parlions en commençant, le hanneton, auquel les enfants chantent cette chanson-ci, après lui avoir attaché un fil à la patte :

Hanneton! vole, vole, vole!
Ton mari est à l'école;
Il a dit si tu ne voles,
Qu'il te coupera le nez.

La poésie n'en est pas riche et peut prêter à rire, mais elle dit assez bien ce qu'on attend de l'insecte, et, en cas de désobéissance, l'expiation est formelle.

Il y a, en France, 7 à 8 espèces de hannetons, tous plus ou moins dommageables : Le *hanneton des champs* (*Melolontha agricola*) à tête et corselet verts et pubescents; la petite larve vit des racines des plantes basses; il est assez abondant dans certaines contrées. Le *hanneton horticole*, très-petit, à tête et corselet également verts, avec élytres d'un jaune fauve; les larves sont parfois très-nuisibles dans les potagers. Le *hanneton d'été*, qui éclôt en août et septembre et ravage aussi les potagers; sa couleur est d'un jaune brunâtre. Le *hanneton solstitial*, très-petit, d'un brun rougeâtre, à élytres luisantes; éclôt dans le mois du juillet. Le *hanneton du marronnier*, de la grosseur de celui des enfants, un peu plus petit, éclôt à la même époque, mais ne se trouve guère que dans les bois. Enfin le *hanneton commun* (*Melolontha vulgaris*), le plus connu dans le nord et le centre de l'Europe, celui qui nous apporte le plus de dégâts.

Tous appartiennent au grand ordre entomologique des *coléoptères*, tous ont des mœurs et des habitudes à peu près semblables; mais ils diffèrent soit par la couleur, soit par la taille, soit par l'époque de l'éclosion. Attachons-nous à celui qui nous cause le plus de mal, le *hanneton commun* (*fig.* 5, *pl.* 1 *et figure* 1 *du texte.*)

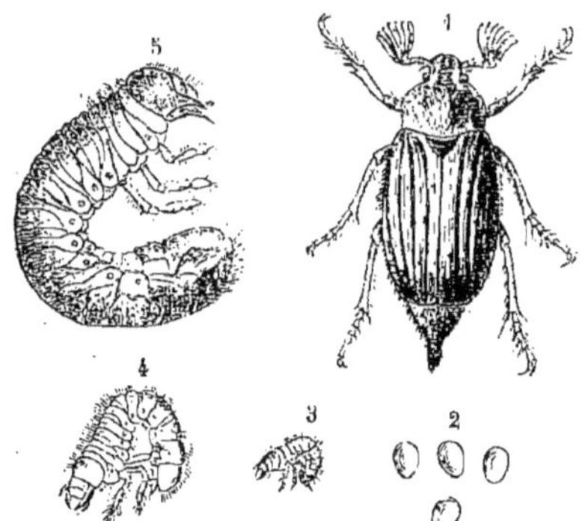

Fig. 1, Hanneton; 2, œufs; 3, 4 et 5, larves de différents âges.

Ses mœurs sont parfaitement connues : en mai ou avril, la femelle dépose dans la terre, dans les terrains meubles, à 7 ou 8 centimètres de profondeur, 30 à 40 œufs, gros comme un grain de blé (*fig.* 2). Les petites larves éclosent six semaines après, et vivent, cette première année, en famille. Elles sont encore trop faibles (*fig.* 3) pour faire grand mal ; elles ne peuvent guère manger que les radicelles des plantes qui se trouvent à leur portée. Aux approches de l'hiver, elles s'enfoncent plus avant en terre, changent une première fois de peau et s'engourdissent. Au printemps, elles se réveillent, se creusent des galeries, et, affamées, se rapprochent de la surface, se dispersent, et dévorent les racines même des plantes herbacées. La troisième année, plus fortes (*fig.* 4 et 5), elles s'attaquent aux racines des arbres et arbustes, aux poiriers, pommiers, cerisiers, arbrisseaux d'ornement. Les pertes que ces *vers blancs*, nommés aussi *turcs* et *mans* (*fig.* 4, *pl.* 1), occasionneut alors dans les pépinières, les potagers et les jardins d'agrément sont considérables. Mineurs infatigables, la quatrième année ils s'enfoncent encore plus profondément en terre, à 1 mètre et même 1 mètre et demi, s'y transforment en chrysalide et au printemps suivant, sortant de leur demeure souterraine, changent de vie. Insectes ailés, ils s'élancent dans les airs et exercent sur les végétaux feuillus les mêmes ravages que précédemment sur leurs racines.

Ainsi, ces hannetons restent quatre ans dans leurs sombres terriers, vivant aux dépens des racines sous l'état de larves, et plus tard aux dépens des feuilles sous celui d'insectes parfaits. On a profité de la connaissance de ces détails de leur vie pour chercher des moyens de destruction. Les larves étant plus rapprochées de la surface du sol au moment de l'éclosion, par conséquent plus faciles à atteindre, on a conseillé les arrosages de lessives de cendres, de décoctions de feuilles et de brous de noix, d'eau de chaux, de savon noir, d'acide phénique étendu d'eau, à la dose d'un dixième d'acide pour cent d'eau. Tous ces moyens ont échoué ou n'ont donné que des demi-résultats.

Des praticiens ont remarqué depuis longtemps que les larves quittent tout pour se jeter sur les salades. Les pépiniéristes ont mis à profit cette observation pour les éloigner de leurs plantations et pour les détruire. A leur exemple, beaucoup de jardiniers plantent des laitues et autres salades dans les carrés les plus infestés, et comme, pour peu que les racines de ces plantes soient blessées, leurs feuilles se fanent, on peut toujours voir où se trouve un ou plusieurs vers, les chercher avec la houlette et les tuer.

M. Baron, d'Antony, a soumis à la Société d'horticulture, il y a quelques années, un procédé qui fut suivi d'un rapport favorable, et qui aurait sur le précédent l'avantage de pouvoir être employé en agriculture. M. Baron m'en parla à cette époque. Cela consistait, je crois, dans l'emploi de fumier composé de matière fécale, de chaux et de plâtre. L'auteur de cette invention assurait que ce moyen lui avait toujours réussi. C'est peut-être ce qui a fait penser au *purin* qu'on a employé depuis.

La fleur de soufre répandue dans des carrés de fraisiers dévorés par les vers blancs depuis deux ans, les en a complétement chassés. Ceci confirme ce que me disait un jour mon savant ami M. Isabeau, qu'il suffisait d'enterrer des détritus de chou dans les cultures infestées de larves de hanneton, pour les éloigner ou les détruire. Le chou, comme toutes les plantes *crucifères*, renferme, en outre d'une huile antiscorbutique, des éléments de soufre, dont les émanations, par la décomposition, doivent éloigner nos insectes destructeurs (1).

On a observé qu'ils ont une grande aversion pour les goudrons de charbon de terre, le coalter, la naphtaline, les huiles lourdes de gaz. Plusieurs praticiens allemands sont parvenus à s'en défaire par des arrosages de ces liquides. L'huile lourde de gaz doit être étendue d'une quantité d'eau dans la proportion de trois parties sur cent.

Les oiseaux domestiques, comme les poules, les canards, les dindons, sont très-friands de vers blancs; c'est ce qui avait amené un agronome, dont le nom m'échappe, à faire suivre son garçon de ferme, au moment des labours, d'un *poulailler roulant*, dont les animaux de basse-cour suivaient la charrue dans les sillons, et dévoraient immédiatement les larves mises à découvert. Mais on n'a pas tardé à s'apercevoir que cette méthode, en outre des lenteurs et des embarras qu'elle occasionne, avait pour inconvénient de donner à la volaille un goût prononcé, désagréable conséquence de la nourriture dont elle faisait usage.

Les petits oiseaux, dont on a toujours recommandé la conservation aux gens de la campagne, et particulièrement les chouettes, les hibous et autres oiseaux de nuit, détruisent un grand nombre de hannetons : les carabes, les fourmis, les hérissons, les blaireaux, les belettes, les fouines, rendent aussi de semblables services.

Le maréchal Vaillant a recommandé la propagation des taupes : il aurait obtenu la destruction de tous ces ennemis dans sa propriété de Nogent-sur-Marne sur un terrain infesté depuis deux ans. On objec-

(1) M. Menault conseille de semer dans le champ infesté du colza très-épais, et de l'enfouir en vert. Toutes les crucifères donnent le même résultat. Mais leur emploi ne peut avoir lieu partout ; on ne peut pas culbuter une luzernière en plein rapport pour en chasser ainsi les vers blancs. — *La Rédaction*.

tera que les taupes font plus de mal que de bien dans les jardins, qu'elles dérangent par leurs allées et venues, les plantes nouvellement transplantées, empêchent leurs reprises et bouleversent les plates-bandes. Un jardinier soigneux leur fait toujours la guerre ; et quant à ce qui est des plaines et des cultures agricoles, qu'elles déshonorent, on peut les y tolérer momentanément, mais jamais les y multiplier.

Le *hannetonage*, tel qu'il a été pratiqué dans quelques localités, malheureusement d'une manière isolée, nous semble encore le procédé le plus efficace jusqu'à présent ; mais il faudrait qu'il se généralisât pour donner des résultats sensibles, et il n'est pas aisé de vaincre l'apathie, l'égoïsme de beaucoup de cultivateurs qui consentent à leur bien-être, mais qui se garderaient bien d'aider à celui de leurs voisins.

Nous ouvrons nos colonnes à tous ceux de nos lecteurs, à tous ceux de nos abonnés qui s'occupent comme nous de cette question. Nous les encourageons à répéter les expériences faites, à en tenter de nouvelles, et à nous faire connaître la panacée qu'ils croiraient la meilleure.

GUEZOU-DUVAL.

Bénéfices obtenus par le hannetonage. — Dans la commune de Polch (Allemagne), le conseil municipal vota, en 1863, une prime de 32 centimes à payer par chaque sester qui serait livré par les habitants (le sester peut contenir environ 2,400 hannetons). En un mois, les ramasseurs de hannetons en livrèrent à l'autorité 11,009 sesters et touchèrent 2,768 fr. Voici les profits qu'en retira la commune : 1° les pauvres furent soulagés en rémunération d'un travail facile ; 2° on vendit 6,825 fr. l'engrais très-riche en azote obtenu par la putréfaction des hannetons. La commune fit, en argent, le bénéfice de 4,057 fr.

Le directeur du *Sud-Est*, M. Prudhomme, de Grenoble, a émis l'idée de faire exécuter le hannetonage par les enfants des écoles rurales. Il a exprimé le désir que le jeudi et le dimanche les élèves fussent conduits par l'instituteur pour la cueillette des hannetons. Une prime de 5 ou 10 centimes par kil. de hannetons leur serait allouée par le budget communal. Voici, dit-il, les résultats que l'on obtiendrait : il y a en France 40,000 écoles communales à 50 élèves en moyenne, soit 2 millions d'élèves. En admettant que chaque élève détruirait 100 hannetons au moins, ce serait 200 millions que l'on pourrait anéantir par campagne. Un instituteur de l'Isère, M. Chomat, de Fontanil, s'est mis à l'œuvre, et dans la campagne de 1866, son école a détruit 150 doubles décalitres de hannetons.

Dans la Seine-Inférieure, le ramassage des hannetons, du 15 septembre à fin octobre 1866, a donné le chiffre de 157,000 kilogrammes ou 157 tonnes de hannetons. Le montant des primes allouées pour cet objet a été de 15,692 fr.

Moyen de préparer l'engrais de hannetons. — Pour éviter l'odeur nauséabonde des insectes morts et les miasmes dangereux qu'ils exhaleraient, tout en les transformant en un des engrais les plus puissants, il faut tout simplement creuser une fosse où l'on enfouira les insectes, que l'on couvrira d'une mince couche de mauvaise terre, et toujours ainsi, alternativement. Quelques semaines suffiront pour transformer une fosse ainsi disposée en une forme de riche fumier. — 1,000 kil. d'engrais de hanneton équivalent en azote à 8,547 kil. de fumier de ferme. G. D.

Résultat obtenu par le ramassage des vers blancs. — Au printemps dernier, dans un champ d'une étendue de 40 ares, destiné à recevoir des pommes de terre, M. Dumont de Nogentel (Seine-et-Marne), a fait ramasser à la main les *vers blancs* parvenus à peine à moitié de leur grosseur. Il a employé à cette chasse, pendant trois jours, cinq ouvriers, dont le salaire total s'est élevé à 45 fr. — Le résultat a été des plus satisfaisants, car la perte des pommes de terre n'a pas dépassé le quart de la récolte, tandis que la perte des voisins qui n'avaient pris aucune précaution a été des deux tiers. Or, en estimant la récolte pleine à 200 hectolitres à l'hectare (ou 2 hectolitres par are), M. Dumont a obtenu un hectolitre et demi par are, ou 60 hectolitres pour ses 40 ares, tandis que dans les terres non purgées de vers, on n'a pas eu plus de 65 litres à l'are ou 26 hectolitres pour 40 ares. Différence en faveur de M. Dumont : 34 hectolitres, dont la valeur (à 2 fr. 50 l'hectolitre) est de 85 fr. et excède par conséquent de 40 fr. la dépense destructive des larves. (*Communication faite au comice de Château-Thierry.*)

La guêpe et les moyens de la détruire.

La guêpe est un insecte nuisible, et elle ne le serait pas moins lorsque nous la désignerions en latin, en grec ou en chinois, et ferions connaître son genre, son ordre, sa section, sa famille, sa tribu, etc. Tout le monde sait qu'elle dévore les cerises, les abricots, les pêches, les prunes, les poires, les raisins aussitôt qu'ils commencent à mûrir, et, bien qu'elle aime beaucoup les matières sucrées, elle ne fait pas fi de la viande fraîche ou corrompue. Elle se nourrit également de quelques insectes, notamment de mouches de cuisine et d'abeilles; mais elle attaque plus cette dernière pour le miel de sa ruche que pour autre chose; moins fort, l'insecte mellifère succombe souvent dans le combat que la guêpe lui livre.

Quoique ses déprédations peuvent se chiffrer par des sommes énormes, la guêpe a cependant trouvé des défenseurs (la plus mauvaise cause en trouve). Récemment un docteur américain s'est constitué son avocat d'office et a fait valoir 1° qu'elle détruit des mouches charbonneuses et d'autres insectes nuisibles; 2° que sa piqûre guérit certaines maladies pour lesquelles tout autre remède est inefficace. — S'il était avéré que la guêpe, en détruisant des mouches charbonneuses, sauve autant d'individus qu'il y a eu de docteurs qui en ont envoyé de centaines *ad patres*; s'il était même prouvé qu'elle en sauve plus qu'elle n'en fait mourir (on sait les accidents qu'elle produit lorsqu'elle est avalée par mégarde avec le fruit dont elle ronge l'intérieur), on pourrait l'absoudre, ou du moins lui accorder les bénéfices de circonstances fortement atténuantes. Mais cela n'est pas du tout prouvé. Il est prouvé au contraire que la guêpe peut produire le charbon. C'est une guêpe, rapporte M. Gaud dans *l'Agriculture progressive*, qui nous a donné le charbon, à l'époque où nous habitions la Beauce, où cette maladie est très-commune. Et il ajoute : « Beaucoup de maux qui viennent frapper l'intérieur et l'extérieur de la bouche sont dus à la souillure de nos fruits par ces bêtes immondes. Peut-être aussi certaines maladies dont on ne s'explique pas l'origine sont-elles inoculées par le contact de cet insecte avec nos aliments, sur lesquels on le rencontre trop souvent. »

Quant à l'effet de sa piqûre pour la guérison de certaines maladies, en supposant qu'il soit très-efficace, — ce que nous ne contestons pas, — ne peut-il pas être remplacé par la piqûre de l'abeille ou par celle du bourdon des champs, deux insectes qui ne commettent aucun dégât et qui, au contraire, concourent à la fructification des plantes en disséminant le pollen des fleurs?

Sans doute lorsque la guêpe se borne à détruire des insectes inutiles tels que les mouches de cuisine, elle rend service; mais ce service est loin d'équivaloir à la somme des dégâts qu'elle commet dans les vergers, les vignes et les ruches. C'est pour cela que notre intérêt bien entendu nous commande de lui faire la guère sans trêve ni merci, sans même lui tenir compte de l'invention du papier dont nous lui sommes redevables, et du grand intérêt qu'offre son histoire naturelle dont nous allons dire un mot.

Ainsi que les abeilles, les guêpes vivent en société qui, dans notre climat tempéré, s'éteint dans le courant de l'automne. Ces sociétés sont généralement moins nombreuses que celles des abeilles, mais elles sont régies par les mêmes principes, c'est à dire qu'il y a 1° une seule femelle développée, qui s'occupe de la propagation de l'espèce; on la reconnaît par sa taille plus forte que celle des ouvrières et des mâles, et par ses couleurs plus brillantes; 2° un grand nombre de femelles atrophiées ou *ouvrières* destinées aux travaux intérieurs et extérieurs; 3° un certain nombre de mâles qui sont un peu plus gros que les ouvrières, et qui ne vont à la picorée que pour leur propre compte, mais dont la principale fonction est de féconder les femelles développées qui naissent vers la fin de l'été.

Les édifices des guêpes diffèrent de ceux des abeilles; ils sont bâtis horizontalement au lieu de l'être verticalement. Leurs rayons (fig. 6)

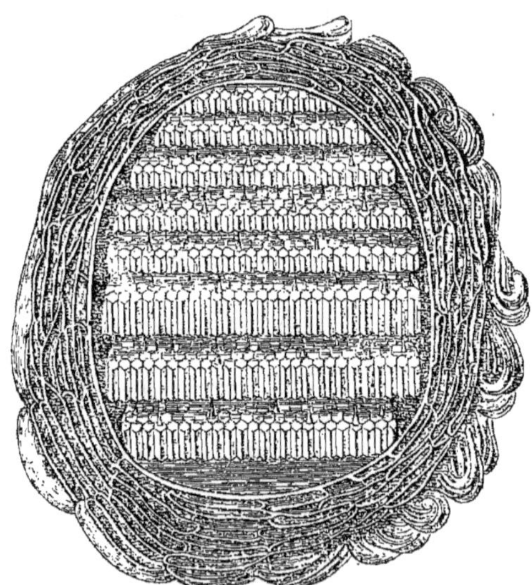

Fig. 6. Coupe et vue intérieure d'un guêpier.

ne sont composés que d'un seul rang d'alvéoles ; ils sont fabriqués avec du bois pourri que la guêpe pétrit avec la séve de certains arbres, entre autre le frêne. Ces alvéoles sont uniquement destinés à l'éducation du couvain, car les guêpes ne font aucune provision, ou du moins les guêpes de notre pays. (Il en existe des espèces à la Guyane et dans d'autres contrées de l'Amérique qui, comme les abeilles, emmagasinent le miel.) Ce que nos guêpes recueillent est absorbé pour leur propre compte ou apporté pour pâture aux jeunes larves au berceau.

Toutes les guêpes ouvrières et tous les mâles d'un guêpier disparaissent à la fin de l'été ou en automne, lorsque la saison devient froide et que les vivres font défaut. Il n'en est pas de même des femelles développées. Le nombre de celles-ci est pondu en plus ou moins grande quantité en été, et après s'être fait féconder, ces femelles désertent le nid pour aller s'abriter dans des arbres creux, dans des trous de mur, dans des toitures de chaume, parfois même dans des ruches habitées. Elle tombent dans une sorte de léthargie et ne se réveillent que lorsque les beaux jours reviennent. Au printemps elles commencent seules un nouvel établissement ; elles bâtissent les premiers alvéoles, y déposent des œufs et alimentent les premières larves, d'où sortent des ouvrières qui aident leur mère et qui finissent par la débarrasser de tout travail lorsque la famille augmente. Notons en passant que la mère (femelle développée) commençant seule un guêpier, on supprime une colonie entière lorsqu'au printemps on détruit cette mère.

Voici les espèces de guêpes qui font le plus de dégâts : *La guêpe frelon* (fig. 2, pl. 1). Elle a de 25 à 27 millimètres de long sur une grosseur presque aussi forte que celle du petit doigt : c'est la plus redoutable par sa force. Les abeilles surtout sont fréquemment ses victimes. Elle attaque tous les fruits à pepins et à noyaux ; mais ses plus grands ravages se portent sur les jeunes tiges de frêne et de saule dont elle ronge la pelure pour façonner son nid. M. Eugène Robert montrait, à l'exposition des insectes de 1865, tout une collection de tiges de frênes décortiquées par les mandibules incisives de cet insecte détravant. La plupart des frênes fourchus sont dus à sa dent dévastatrice.

Le frelon se loge dans les arbres creux, les cavités des rochers, des murs, même dans les greniers et les pièces non habitées. Son nid est presque rond et il a quelquefois la grosseur d'une forte citrouille. Mais la frelonnière n'a jamais autant d'habitants que le guêpier. Il est rare qu'elle compte plus de deux cents individus. — Dès qu'on le tourmente, surtout dans son nid, le frelon se jette avec fureur sur l'assaillant et lui fait avec son aiguillon des piqûres bien autrement douloureuses que celles des abeilles et même des guêpes communes. — Ses caractères spécifiques consistent à avoir le corps jaune avec le corselet roux antérieurement et noir postérieurement, et deux rangs de points noirs contigus sur chaque anneau du ventre.

La *guêpe commune* (fig. 7) a 17 millimètres de long et cinq et demi de diamètre. Elle fait son nid dans la terre, et il est parfois presque aussi développé que celui du frelon. Ce nid est formé par 8, 10 ou 15 gâteaux séparés par des galeries soutenues par des piliers. Le tout est entouré d'une double ou d'une triple enveloppe de même composition que les rayons. Cette guêpe est généralement la plus répandue, et c'est elle qui nuit le plus aux fruits, surtout aux raisins qu'elle entame facilement avec ses mandibules. — Les deux figures ci-dessous et la précédente sont empruntées aux *Insectes*, de M. L. Figuier.

Fig. 7. Guêpe commune.

Fig. 8. Guêpe des arbres.

La *guêpe des arbres* ou *guêpe moyenne* (fig. 8) est un peu moins forte et plus rousse que la guêpe commune. Elle attache son nid le plus souvent aux branches des arbres (fig. 1, planche 1) et quelquefois sous le toit des maisons. Comme le frelon et la guêpe commune, elle se jette sur les fruits.

La *guêpe saxone* ou *polisse française* se rencontre en moins grand nombre que les précédentes. D'ailleurs sa société ne compte le plus souvent que 10 ou 15 individus. Elle est plus mince et moins offensive que la guêpe commune. Elle est friande de miel et entre assez hardiment dans les ruches, en évitant, toutefois, de livrer combat aux abeilles qu lui barrent plus facilement le passage qu'aux autres guêpes.

Moyens de destruction.—Les moyens de destruction portent sur les individus, sur les guêpiers et sur les guêpes mères. Les moyens qui consistent à atteindre les individus sont longs et peu efficaces; ceux qui portent sur la suppression des guêpiers sont meilleurs, mais ils ne valent pas ceux qui atteignent les guêpes mères. Pour se débarrasser des guêpes on fait usage de fioles à demi pleines d'eau sucrée dans lesquelles les rôdeuses vont se noyer. On peut remplacer l'eau sucrée par l'eau miellée, mais cette dernière fermentée, car autrement elle attirerait les abeilles. Le moyen le plus simple de détruire les guêpiers consiste à imbiber d'essence de térébenthine un tapon de chiffon et, le soir, de le fourrer dans le nid ou dans le trou qui y conduit. En bouchant l'entrée avec cet ingrédient, on est sûr que le lendemain toute la colonie sera asphyxiée. On peut également faire usage d'une mèche soufrée, qui parfois donne des résultats moins complets.

Mais quelque facile que soit le moyen d'atteindre les guêpiers, il n'est pas aussi simple et aussi radical que celui d'atteindre les guêpes mères au sortir de l'hiver. On sait que depuis la fin de février (quelquefois plus tôt : cette année nous avons vu la première guêpe le 8 février) jusque fin avril, on ne rencontre que des guêpes mères (femelles développées). On les trouve particulièrement sur les fleurs de cassissier, dont elles affectionnent la liqueur miellée, et après les portes, les contrevents et toutes les vieilles boiseries en bois blanc où elles sont occupées à recueillir avec leurs dents les matériaux de leurs nids. C'est là qu'il faut leur faire la chasse et s'en emparer. Elles ne sont pas à craindre dans cette circonstance, et, bien qu'armées d'un fort aiguillon, elles pensent plus à se sauver qu'à piquer lorsqu'on les poursuit. Sur les boiseries on peut les pincer n'importe avec quel corps dur ; mais sur les fleurs du groseillier à cassis, sur celles du framboisier, près de l'entrée des rochers, etc., il faut les prendre à l'aide de filoche.

On peut faire faire cette besogne par les enfants, qui s'en acquittent avec grand plaisir, et, pour qu'elle donne un double résultat, c'est-à-dire pour qu'elle soit en même temps l'occasion d'une leçon d'enseignement professionnel ou d'apprentissage, il faut que l'instituteur s'en mêle, et qu'il organise une petite collecte qui permette d'accorder une prime de 5 ou 10 centimes à tout élève qui aura détruit une guêpe mère (1). Il profitera de la leçon pour apprendre aux enfants à distinguer et à respecter quelques insectes utiles qu'ils se plaisent à maltraiter, parmi lesquels nous citerons l'abeille, qu'ils noient impitoyablement

(1) L'instituteur de Sury (Ardennes), M. Cadot, a déjà organisé cette destruction ; il se contente de donner un bon point pour chaque guêpe mère détruite. — Un apiculteur de l'Aisne nous écrit : j'ai une petite fille de 8 ans, à qui j'ai montré, il y a deux ans, à attraper les guêpes mères. Elle s'en acquitte parfaitement. L'année dernière nous en avons détruit, elle et moi, soixante, dont quatre mères frelons.

lorsqu'au printemps cette travailleuse vigilante va quêter au bord des mares et des ruisseaux l'eau qui lui est nécessaire pour préparer la bouillie de son nombreux couvain.

Avec deux ou trois francs qu'il serait facile, si on voulait s'en donner la peine, de trouver dans la poche de quarante ou cinquante intéressés, — le sont tous ceux qui possèdent des vergers, des vignes ou des ruchers — on arriverait facilement à détruire toutes les guêpes mères, partant à faire avorter tous les guêpiers dont les nombreux habitants anéantiraient en été pour des centaines de francs de fruits dans la localité, si cette mesure n'était pas prise. Le conseil municipal pourrait porter cette faible somme au budget communal. En appliquant cette mesure dans toutes les communes, la guêpe, cet insecte essentiellement nuisible et dangereux, deviendrait bientôt aussi rare en France que le renard l'est en Angleterre.

La fig. 2, pl. 1 représente une guêpe mère de l'espèce commune, et la figure 3, une guêpe mère frelon. H. Hamet.

Ornithologie agricole.

PROPAGATION DES OISEAUX INSECTIVORES.

Les petits oiseaux ont définitivement conquis de chauds et zélés protecteurs. On n'a pas oublié l'éloquent plaidoyer du maréchal Vaillant en faveur des hirondelles; on a de même gardé un bon souvenir du spirituel rapport de M. le sénateur Boujean, sur l'utilité des petits oiseaux, au point de vue de la destruction des insectes nuisibles, et sur la nécessité d'assurer la conservation de ces précieux auxiliaires.

Ces bons conseils ne sont pas complétement tombés dans le vide, car tout dernièrement, sur le rapport de M. Payen, la Société impériale et centrale d'agriculture de France récompensait, par une médaille d'or, les travaux de MM. Auguste et Emile Burnat, qui ont imaginé de construire des nichoirs artificiels dont ils ont successivement augmenté le nombre après avoir constaté que ces nichées d'oiseaux élevés ainsi dans leurs vergers, y reviennent de temps à autre, et font presque continuellement une guerre très-acharnée aux insectes de toutes sortes.

M. Burnat, d'après M. Payen, n'a plus recours à l'échenillage, abandonnant ce soin aux oiseaux qu'il abrite dans ses appareils de refuge et d'abri.

La nature et la forme de ces nichoirs ont subi, depuis l'origine, diverses modifications : après les avoir construits d'abord avec de simples tuyaux en bois, fermés à chaque extrémité par une plaque de tôle, et percés latéralement, on les a fabriqués avec des planches minces recouvertes d'une ou de deux lames de zinc. En vue de la plus grande économie, de la facilité de la pose et de la sécurité des nichées, contre les attaques des chats, des corbeaux, des pies et des divers oiseaux de proie, M. Burnat les fait exécuter maintenant en poterie vernissée à l'extérieur, afin de prévenir l'introduction des eaux pluviales.

La forme des nichoirs est celle d'un cylindre creux de 12 centimètres de diamètre intérieur, 15 de longueur, fermé des deux bouts par une surface plane; près de l'une des extrémités existe une ouverture, ou une petite porte cintrée de 06 cent. de haut sur 03 cent. de large, avec une légère saillie à la partie supérieure, afin d'abriter l'entrée.

Ces nichoirs sont fixés à l'aide de deux ligatures en fil de fer sur une latte en bois de chêne. La latte qui porte le nichoir est fixée dans deux ramifications avec une pente de 25 à 30 degrés, la porte étant située vers l'extrémité supérieure.

Les nichoirs, ainsi installés chez M. Burnat, à Vevey, ont été fréquentés par plusieurs espèces de mésanges, des grimpereaux, le rossignol des murailles, les becs-fins des murailles, etc., etc.

Sans doute, les moineaux et les sansonnets, dont la bonne réputation est moins solidement établie, pourraient également profiter de ces nichoirs et en faire le centre de leurs maraudages et de leurs dévastations; mais, dans le cas où ils deviendraient trop nombreux, on pourrait facilement s'en débarrasser ou tout au moins en arrêter la multiplication en détruisant leurs nids, ainsi font, du reste, les paysans italiens qui donnent asile aux moineaux dans de petits murs percés de trous et construits *ad hoc*, mais qui se régalent des petits dont ils font de copieuses fricassées.

M. Dovall, inspecteur forestier de l'Etat de Vaud, également cité par M. Payen, a fait construire une sorte de nichoir très-économique, qui revient au prix de 50 c.; il consiste en un petit tuyau de bois, garni de son écorce, coupé à l'une de ses extrémités suivant un angle de 45 degrés avec l'axe, et fermé par une planchette qui dépasse de quelques centimètres, afin qu'on puisse le clouer et le lier sur un tronc d'arbre; l'autre extrémité est également fermée par une planchette dans laquelle est pratiqué le nid d'entrée.

M. Dovall insiste sur ce fait que les petits oiseaux trouvent actuellement moins qu'autrefois des arbres creux où ils puissent nicher ; car on exploite les forêts avec plus de soin, en observant des révolutions plus courtes, qui ne laissent plus d'arbres assez âgés pour offrir des cavités dans leurs troncs. Aux yeux de ce forestier, le problème ne peut être mieux résolu que par la création des nids ou des nichoirs artificiels dans les forêts.

De son côté, M. Mallet a constaté que les nichoirs placés dans les forêts, les vergers, les jardins, etc., ont fourni de nombreuses nichées et ont, en même temps, servi de refuge aux oiseaux durant les froids rigoureux des hivers.

Plusieurs forestiers en Suisse, en Saxe, en Bohême se louent des excellents résultats qu'ils ont obtenus par la multiplication des étourneaux ; mais, comme le moineau, le sansonnet ne jouit pas d'une réputation sans tache, et, s'il rend des services dans le nord, il ne paraît pas que sa présence soit également utile dans les régions méridionales de la France, par exemple, où il dévaste les oliviers. Des méfaits du même genre sont signalés aux vengeances et à l'animadversion des colons algériens ; de telle sorte que la conservation et la propagation de l'étourneau devient une question toute locale et soumise à des réserves, suivant les lieux et le climat.

Voilà pour les oiseaux de jour ; mais en habile et patient naturaliste, M. Florent-Prévost stipule également en faveur des oiseaux de nuit, et les signale comme une des familles les plus utiles parmi celles qui font la guerre aux insectes et aux autres animaux nuisibles à l'agriculture.

Pour rendre la démonstration plus claire et plus frappante, M. Prévost a réuni dans un tableau le contenu de l'estomac des strigidés de nos contrées ; de telle sorte qu'on peut juger de l'utilité de ces oiseaux par la quantité de mammifères rongeurs et d'insectes que chaque individu détruit en une seule nuit.

Ainsi, le hibou et la chouette se nourrissent de mulots qu'ils chassent dans la campagne ; le chat-huant et l'effraie, espèces plus nocturnes, détruisent le rat des champs et les souris, qu'ils guettent dans les vieux bâtiments et les greniers à fourrages qui leur servent aussi de demeure ; tandis que la chevêche et le scops, qui passent le jour dans des trous de vieux arbres et de rochers, en sortent le soir et vivent presque exclusivement d'insectes nocturnes, y compris les noctuelles dont les larves sont si nuisibles aux végétaux.

Au printemps, toutes ces espèces font leur principale nourriture des hannetons, dont ils dévorent des quantités effrayantes.

Malgré cela il y a peu de temps encore que, dans les domaines de l'État, et plus particulièrement dans ceux de la couronne, on payait une prime aux gardes forestiers qui détruisaient les oiseaux de nuit, soit au fusil, soit au piége; cependant on trouve, chaque matin, dans l'estomac d'un seul de ces oiseaux ainsi détruits, six, huit, dix, jusqu'à quatorze petits mammifères rongeurs, et souvent une grande quantité d'insectes.

Par une heureuse innovation due à l'initiative du grand veneur, les primes ont été supprimées et la destruction a cessé; mais il serait fort à désirer que ce bon exemple fût suivi dans les campagnes et qu'on ne se privât pas bénévolement du secours d'auxiliaires précieux qui n'ont jamais fait de mal à personne, et qu'un préjugé sans raison proscrit comme des bêtes de mauvais augure. (*Moniteur de l'agriculture.*)

Utilité des oiseaux. — Dieu a créé les oiseaux pour protéger les moissons, les légumes, les arbres, les fruits, contre les ravages des insectes. Chaque oiseau mort, ce sont des millions d'insectes sauvés, et les millions d'insectes amènent la famine.

La disette de 1853 a été causée par de petits moucherons jaunes, les *cécidomies du froment*. Ces moucherons apparaissent pendant une soirée de printemps ; ils voltigent par millions sur les blés, s'abattent sur les épis en fleur et déposent par millions leurs œufs imperceptibles. De chaque œuf sort un ver presque invisible qui, après avoir sucé la séve du blé, sort de l'épi et s'enferme en terre, pour en sortir au printemps suivant à l'état d'insecte parfait. Quand le moucheron jaune s'abat sur les blés, il détruit la moitié des récoltes.

L'homme est impuissant contre cet ennemi ; il est également impuissant contre les chenilles, les charançons, le *dacus oleæ*, qui détruisent les grains, les pommes, les poires, les olives, les fleurs des jardins, les fruits des vergers ; contre le *négril* qui détruit la luzerne ; contre ces petits coléoptères qui détruisent le colza ; contre les chenilles grises qui détruisent le chou et la betterave ; contre le hanneton et le ver blanc qui détruisent tout. L'oiseau seul peut arrêter la production indéfinie de l'insecte.

Celui qui protége l'oiseau travaille donc à écarter la famine. Par contre, celui qui tue un petit oiseau contribue à rendre le pain plus cher.

Victor Chatel.

Travaux et chronique séricicoles.

Plantation de mûriers. Achat de graine de vers à soie. Jurisprudence sur la matière. Les alcalins contre la maladie des vers à soie. Nature des corpuscules morbides. Papillons *sains* infectés.

L'achat de graine de vers à soie et la plantation de mûriers sont les seules occupations du moment. A propos d'achat de graine, une question intéressante vient de se présenter devant le tribunal de Largentière (Ardèche). Il s'agissait de savoir si le propriétaire auquel avaient été livrés, pour les besoins de son exploitation, des cartons de graines de vers à soie japonais qui n'avaient pas éclos, était tenu au payement du prix de ces cartons. La négative a été jugée en sa faveur dans ces termes :

Attendu, en droit, qu'aux termes de l'art. 1641 du Code Napoléon, le vendeur est tenu de la garantie des défauts cachés de la chose vendue, qui la rendent impropre à l'usage auquel elle est destinée ; — Que ce principe est absolu, applicable à toute espèce de vente, et puise sa source dans l'essence même du contrat, en dehors de tout fait personnel imputable au vendeur ; — Qu'en effet, d'après les art. 1645 et 1646, le vendeur, s'il a connu les vices de la chose, doit restituer et demeure passible de tous dommages-intérêts envers l'acheteur, tandis qu'au contraire, s'il a ignoré ces vices, il doit restituer seulement le prix et les frais occasionnés par la vente ; — Attendu que, dans l'espèce, il s'agit d'une vente de graines de vers à soie, accomplie dans les conditions ordinaires et sans aucune stipulation expresse de non-garantie au profit du vendeur ;

Qu'assigné en payement du prix de soixante-neuf cartons de graine japonaise à lui vendus par Boyer, Argenson justifie par la représentation de soixante-un cartons dont l'identité ne peut être contestée (le surplus ayant été par lui vendu) que les graines soumises à l'incubation n'ont point éclos ; — Qu'il résulte du rapprochement de l'époque de la vente et de celle de leur incubation que les semences étrangères, au moment même de leur livraison, étaient infectées de vice caché qui les rendait absolument impropres à l'usage auquel elles étaient destinées ; — Que, dans ces circonstances, en vertu des principes ci-dessus déduits, l'acheteur Argenson est autorisé à ne pas payer le prix des cartons faisant l'objet de la vente précitée ; — Qu'en l'absence de toute demande reconventionnelle de dommages-intérêts, il est superflu de rechercher si Boyer avait connaissance du vice qui affectait la chose vendue, ou si quelque fait de négligence, d'imprévoyance ou d'impéritie pouvait lui être personnellement imputé ;

Par ces motifs, le tribunal rejette la demande de Boyer et le condamne aux dépens.

— Il ne faut pas songer encore, dit M. Cabanis dans son livre sur l'utilité de l'arbre séricigène, à remplacer le mûrier par d'autres végétaux, en dépit des vœux des sériciculteurs éprouvés par la maladie des vers à soie. Tout ce qu'il est permis d'espérer, c'est la création de nouvelles races à feuillage sain qu'on puisse reproduire par semis sans recourir à la greffe, si tant est qu'il faille voir dans ce procédé si répandu la cause de l'affaiblissement croissant des précieux insectes. Voici, avec leurs principales variétés, les espèces par ordre d'importance au point de vue séricicole, qu'il convient de propager :

Le mûrier blanc (*morus alba*) dont les variétés principales sont : le blanc mince, le blanc italique, le blanc tartare, le blanc Moretti, le blanc rosé, le blanc colombasse, le blanc Lhou, le blanc de Constantinople, le blanc nain, le blanc pyramidal, le blanc fibreux, etc. Le mûrier multicaule dont les deux variétés principales sont : le multicaule bullé, et le multicaule plane.

Viennent ensuite : le mûrier noir, le mûrier rouge, le mûrier Kaempfer, etc., dont les qualités sont beaucoup moins précieuses que celles des espèces précédentes.

Toute terre à seigle convient au mûrier, qui végète à peu près dans toutes les régions de la France, mais principalement dans la partie méridionale, et qui se développe d'autant mieux que le sol est profond. C'est de trois à quatre ans de pépinière qu'il faut choisir les sujets à replanter. (Il s'agit de plantation le long des chemins, en bordure.) Les sujets plus âgés se reconnaissent par leur écorce grisâtre et chargée d'écailles qui se détachent sans peine de l'épiderme. L'arbre est étêté avant son arrachage, qui doit se faire avec soin, en ménageant ses racines, en n'altérant pas son pivot. Une fosse d'un mètre environ de profondeur est ouverte pour le recevoir, et ses racines sont recouvertes de terre émiettée provenant de la surface du sol. Lorsque ce sol est de qualité médiocre, on tâche de se procurer des gazons et du fumier bien consommé qu'on mélange et dont on garnit le fond des fosses. Avec ces précautions, on est sûr de la reprise et de la prospérité des arbres, même dans les plus mauvais terrains.

— Ainsi que pour le choléra, les remèdes pour la maladie des vers à soie, connue sous les dénominations de muscadine, gattine, pébrine, etc., n'ont pas manqué ; mais l'efficacité des unes ne vaut guère mieux que celle des autres. Cependant le dernier trouvé, l'*alimentation alcaline*, paraît souverain. M. Alfraise, qui l'a proposé, a établi que l'organisme des vers malades est vicié par un excès d'acide urique. et il a pensé, avec raison, que les alcalis étaient les préventifs à user dans cette circonstance. Voici deux séries d'expériences qui confirmèrent sa théorie :

« 60 grammes de graines de vers à soie du commerce furent divisés en deux lots de 30 grammes chaque, et chaque lot fut élevé séparément. Le premier avec toutes les précautions ordinaires, et le second lot fut soumis au traitement suivant : tout le temps que dura l'éducation, la feuille de mûrier fut saupoudrée légèrement, à l'aide d'un soufflet identique à celui employé pour répandre la poudre de pyrèthre du Caucase, dite insecticide Vicat. Au lieu de cette poudre, le soufflet contenait de la *cendre de bois* bien sèche et tamisée finement. Celle dont je fis usage provenait de fagots de ceps de vigne. Sa solution aqueuse était très-alcaline.

» Les deux éducations terminées, nous constatâmes que le premier lot de 30 gr. donna 20 kil. de cocons, tandis que le second lot, celui où la nourriture fut rendue alcaline par les cendres, donna 50 kil. de cocons. »

L'année suivante, l'auteur a fait une nouvelle expérience, en remplaçant l'usage de la cendre par un badigeonnage à fond à la chaux vive, qui laissait plus tard voltiger constamment une poussière calcaire. Le lot de vers de 30 gr. de graine, en opérant à l'ordinaire, ne donna que 20 kil. de cocons, tandis que celui à la chaux en produisit un peu plus de 40 kil.

Le remède consiste donc à faire absorber un alcalin aux vers, et comme les magnaneries des contrées affectées sont envahies par les corpuscules morbides émanant des vers malades, il consiste aussi à nettoyer à fond les magnaneries, en enduisant le plafond et les murs d'un lait de chaux vive, qui détruit radicalement tous les germes malfaisants organisés ou non et dont M. Pasteur détermine ainsi la nature, dans une communication à l'Académie des sciences :

« Je dépose sur le bureau de l'Académie un peu de la poussière de la magnanerie dont je parle (une magnanerie d'Alais). En l'examinant au microscope, l'Académie pourra se convaincre de l'effrayante multiplication de ces petits corps, que je regarde toujours comme une production qui n'est ni végétale, ni animale, incapable de reproduction, et qu'il faudrait ranger dans la catégorie de ces corps réguliers de forme que la physiologie distingue depuis quelques années par le nom d'*organites*, tels que les globules du sang, les globules du pus, etc. »

Les moyens préventifs doivent être employés non-seulement dans les localités où la maladie règne, mais aussi dans celles qu'elle n'a pas encore envahies, ou du moins en apparence, car elle pourra y apparaître avant peu. A la fin de la campagne séricicole dernière on envoyait de Brives, où le ver est resté exempt d'affection, des fragments de papillons reproducteurs à M. le Dr Balbiani qu'il soumit au microscope et qu'il trouva infectés de corpuscules morbides. J.-P. (Jean-Pierre).

Travaux apicoles de la saison.

La fin de l'hiver est propice pour l'achat et le transport des ruchées d'abeilles. Avec quelques connaissances des mouches à miel on peut facilement distinguer une bonne ruchée d'une mauvaise ; mais lorsqu'on n'en a pas, il faut s'en rapporter à la bonne foi du vendeur. Une bonne ruchée ou colonie d'abeilles a une forte population : au moins la moitié des rayons de la ruche sont garnis d'abeilles ; deux mois plus tard, ils devront l'être tous. Les rayons ne sont pas âgés : ils sont plutôt jaunes que bruns ou noirs, couleurs qu'ils prennent en vieillissant ; leur extrémité inférieure n'est ni moisie ni déchiquetée ; ils exhalent une odeur agréable de cire fraîche. Les provisions sont assez fortes pour atteindre les fleurs de la deuxième quinzaine de mai ; dans le Midi, les abeilles trouvent leur vie dehors avant cette époque. Le poids de l'ensemble, le contenant avec le contenu, est suffisamment élevé pour que la ruche renferme au moins de 2 à 4 kilog. de miel. On se rend compte de la quantité de provisions en défalquant du poids général : 1° celui de la ruche vide ; 2° celui des abeilles, qu'on peut estimer à 1 kilog. environ ; 3° celui de leurs rayons, du couvain et du pollen qu'ils logent, et que l'on peut estimer de 2 à 4 kilog., selon l'âge de la cire et l'état de la colonie.

Mais avant de peser la ruche et de la renverser pour la visiter, comme avant toute opération à pratiquer sur les abeilles, il faut avoir soin de les maîtriser en leur jetant, à l'aide d'un enfumoir spécial, une certaine quantité de fumée de chiffon de vieux linge, de bouse de vache sèche, etc., seule arme avec laquelle — étant maniée par des mains entendues — on fait à peu près tout ce qu'on veut des abeilles.

Les ruches choisies, il convient d'attendre le soir, si la température est douce et si des abeilles sont aux champs, pour les entoiler, c'est-à-dire les préparer pour qu'elles puissent être transportées. On les enveloppe avec une pièce de canevas en fil ou avec une toile ordinaire ayant un morceau de toile métallique au milieu pour la circulation de l'air. Le transport se fait à dos, par voiture suspendue ou par chemin de fer, selon la distance à parcourir, l'état des chemins et le nombre de ruches à transporter. Dans les voitures et les wagons, il faut avoir soin de poser les ruches sur des tringles en bois, ou plutôt sur des boudins de paille qui laissent circuler l'air et amortissent les cahots.

Arrivées à destination, les ruches sont portées à l'endroit où elles doivent être établies, et, au bout d'une demi-heure, elles sont détoilées. Le rucher se place le plus communément dans le jardin potager au bord d'une planche de légumes, d'un carré de fleurs ou de gazon. On doit pouvoir circuler derrière. C'est toujours de ce côté qu'il faut en approcher pour visiter et opérer les ruches. Le rucher peut être un bâtiment couvert, une sorte de hangar particulier à un ou plusieurs étages, ou n'être qu'un alignement de ruches, d'une ou de plusieurs rangées, placées sur des piquets ou sur des dés isolés. Quelle que soit la forme adoptée — l'une et l'autre ont des avantages particuliers selon l'emplacement, la nature des ruches, etc., — la sortie des abeilles doit être ménagée du côté opposé aux vents les plus dominants dans la localité.

Les orientations de l'est et du sud sont les plus recommandées, quoiqu'elles ne soient pas toujours les meilleures; car les ruches exposées aux rayons du soleil de midi souffrent souvent d'une chaleur trop forte en été. Cette chaleur est telle, parfois, qu'elle fait fondre les gâteaux des abeilles et couler leur miel. Mais, quelle que soit l'orientation qu'on adopte, on remédie à l'effet de la chaleur trop forte, comme à ceux des vents froids et des pluies battantes, on recouvrant les ruches d'un épais paillasson. Une demi-botte de paille de seigle liée par le haut et coiffée d'un pot à fleur, compose ce capuchon indispensable qu'on fixe sur la ruche à l'aide d'un cerceau et qu'on consolide par deux ou trois piquets fichés en terre et réunis par le haut.

Il doit y avoir, près du rucher, quelques arbrisseaux à feuilles persistantes, ou quelques arbres fruitiers, tels que pruniers, abricotiers, pommiers, etc., aux branches desquels iront se fixer les essaims aux mois de mai et de juin. Ces arbres seront peu élevés, afin que la cueillette des essaims soit facile. A défaut d'arbres, on devra établir des reposoirs artificiels, tels que ceux figurés dans notre *Cours d'apiculture*. H. Hamet.

Insectes nuisibles.

TRAVAUX DE DESTRUCTION A EXÉCUTER PENDANT CHAQUE MOIS DE L'ANNÉE.

Janvier, février et mars. — La nature dort pendant l'hiver, dit un viei adage qui calomnie l'activité incessante de la vie. Sous son aspect triste et silencieux, l'hiver a un cœur chaud, il rêve un doux avenir, il songe aux fleurs printanières. La chaude couverture de neige, voilà des forces actives qui modifient et élaborent le sol, afin qu'il puisse offrir à la flore du printemps les substances dont elle a besoin, et que la végétation de l'année précédente a épuisées.

Il est vrai que les insectes périssent pour la plupart à l'approche de l'hiver, mais ce n'est qu'après avoir déposé à profusion leur funeste produit. Malgré les froids rigoureux, l'œuf est toujours le siége de mouvements intérieurs et continuels, qui n'altèrent en rien sa forme générale. Une force mystérieuse agite le jaune, en accumule les granulations, tantôt sur un point, tantôt sur un autre, et opère des modifications importantes. Au bout de quelque temps, le germe se forme, se développe et devient un embryon qui revêt déjà les traits fondamentaux du groupe auquel il appartient. Les formes de ce petit être continuent à se perfectionner jusqu'à ce qu'il soit en état de vivre d'une vie indépendante. Alors, grâce à la douce chaleur printanière, la larve peut rompre la coquille de l'œuf qui la protégeait, et se mouvoir dans le milieu qui lui est destiné.

D'autres fois la larve, après avoir atteint le terme de sa croissance, se métamorphose. C'est sous l'enveloppe de la chrysalide ou de la nymphe qu'elle passe alors l'hiver; mais ici encore s'opère un travail important, car il a pour but le développement de l'insecte parfait.

Si durant les mois de l'hiver les insectes sont mis pour la plupart hors d'état de nuire, nous ne devons cependant pas les oublier. C'est le moment ou jamais de chercher à éviter leurs dévastations prochaines, par la destruction des œufs et des nymphes qui se trouvent fixés aux branches, cachés dans la mousse ou dans la terre. Certes, la tâche n'est pas toujours facile, mais le résultat couronne toujours la peine qu'on s'est donnée.

Pendant les mois de janvier et de février, on devra anéantir les nids du piéride (*Pieris cratægi*) et du liparis cul brun (*Liparis chrysorrhœa*), souvent très-abondant sur certains arbres fruitiers. Il est bon à cet effet de couper toutes les branches entourées de toiles et de les jeter au feu. C'est aussi le bon moment pour détruire les œufs de diverses espèces de lépidoptères dont nous avons à craindre les dommages. Les arbres en général devront être l'objet d'un examen minutieux, car ils recèlent presque toujours une grande quantité d'œufs. Autour des branches des arbres fruitiers, nous trouvons les œufs de la vanesse grande tortue (*Vanessa polychloros*) disposés par groupes de plusieurs centaines. Les arbres forestiers et d'ornement sont particulièrement attaqués par les chenilles du liparis disparate et du saule (*Liparis dispar* et *salicis*), ainsi que par celles des gastropaches neustrien et processionnaire; ce dernier n'habite que les chênes et surtout le chêne-liége. Les œufs de ces divers papillons se trouvent collés soit en forme d'anneaux autour des jeunes branches, soit entre les crevasses des écorces des arbres; dans ce dernier cas, ils sont généralement recouverts par le duvet grisâtre que la femelle portait à l'extrémité de son gros abdomen. Quelle que soit la place occupée par les œufs, on pourra facilement les écraser au moyen d'un couteau ou d'une spatule. Cette destruction des œufs est très-importante et ne doit pas être négligée.

Les vignes sont souvent envahies par un microlépidoptère du genre tordeux, dont les jeunes chenilles, écloses à la fin de l'été, passent la saison froide en léthargie au pied des ceps, sous les écorces ou entre les fissures des échalas. On conseille, pour détruire ces petites chenilles, d'arroser chaque cep de vigne d'eau bouillante, de manière que toutes les parties de la plante soient baignées par le liquide.

Les centoryuches, genre de charançons, sont fort préjudiciables aux crucifères, à cause des excroissances galeuses que leurs larves font naître sur les racines. Un moyen de destruction fort usité en Angleterre, consiste à écraser les nymphes des centorynches par un roulage pesant. C'est surtout en décembre et en janvier que cela devra se faire.

Les rameaux des oliviers languissants sont parfois minés par un phloiotribe (*Phloiotribus oleæ*); c'est principalement à l'enfourchure des branches que ce petit coléoptère se loge le plus volontiers, soit à l'état de larve, soit à l'état parfait. On peut éloigner cet insecte en augmentant la vigueur de la végétation par les labours, les engrais et les arrosages; les branches attaquées devront être enlevées pendant le mois de mars et immédiatement brûlées.

En résumé, on devra s'efforcer de détruire, pendant les trois premiers mois de l'année, les œufs et autant que possible les nymphes des insectes, partout où l'on pourra les atteindre. Comme la terre recèle généralement la majeure partie des nymphes, on pourrait peut-être se servir avec succès du procédé de M. Tessier (1).

Pendant l'hiver, on devra aussi abattre et brûler immédiatement tous les arbres fortement infectés par les scolytes; pour les arbres moins endommagés, il suffit d'élaguer jusque contre le tronc et de brûler les rameaux coupés. Il est bon aussi d'enduire avec du goudron de bois (et non avec du goudron de houille) les troncs suspects, jusqu'au niveau des premières branches. — Dr Alphonse Dubois.

(*J. des travaux de l'Académie nationale.*)

Bibliographie insectologique.

Essai sur l'Entomologie horticole, par le Dr Boisduval. M. le Dr Boisduval, entomologiste des plus distingués, et vice-président de la Société impériale et centrale d'horticulture de France, vient de publier un livre d'un grand intérêt et dont la venue est d'une utilité incontestable.

Son *Essai sur l'Entomologie horticole* comprend l'histoire des insectes nuisibles aux cultures des champs, des jardins et des serres, avec l'indication des moyens propres à les éloigner ou à les détruire; et, comme complément naturel, l'histoire des insectes et autres animaux utiles.

Rarement livre n'est venu plus à propos. Depuis quelques années les insectes se sont multipliés dans de telles proportions que l'administration supérieure même s'en est émue, et qu'elle provoque, par des circulaires, et des primes d'encouragements, à la destruction de certaines espèces qui sont devenues de véritables fléaux.

Cet état de chose provient évidemment de l'équilibre rompu entre les animaux utiles et les animaux nuisibles, et il n'est pas nécessaire de faire de nombreuses et lointaines recherches pour découvrir que c'est l'homme lui-même qui a détruit cet admirable équilibre que la nature a établi partout dans ce qu'elle a créé. En effet, sans trop savoir pourquoi, nous détruisons des animaux que nous devrions non-seulement respecter, mais encore propager; car ce sont des auxiliaires puissants dans cette guerre que l'homme est obligé de soutenir contre les infiniment petits qu'il ne

(1) Ce procédé consiste à arroser les arbres avec de l'eau de distillation, prise dans une usine et coupée avec trois quarts d'eau ordinaire. Il doit être efficace aussi pour les plantes potagères. (*J. des travaux de l'Académie nationale.*)

peut atteindre, et qui n'en causent pas moins de grands et cruels dégâts. J'en trouve la preuve à chaque page du livre du Dr Boisduval, qui est plein de faits d'observations et d'applications pratiques.

L'*Essai sur l'Entomologie horticole* commence par l'histoire des animaux utiles : mammifères, reptiles, oiseaux ; elle est suivie d'un résumé historique sur quelques insectes utiles non pas au point de vue de la destruction des insectes nuisibles, mais au point de vue de leur utilité dans l'industrie, ou comme médicament, et pour l'alimentation de l'homme. Alors vient l'histoire générale des insectes nuisibles à l'agriculture et à l'horticulture.

Cette partie du livre est classée par familles et par genres.

Mais comme l'auteur tient à être compris de tout le monde, il a soin, dans une introduction, de donner la définition et les caractères de l'insecte ; il fait ensuite connaître sa vie et ses métamorphoses, c'est-à-dire les différentes transformations ou formes par lesquelles il passe pour arriver à l'état parfait.

C'est un livre des plus intéressants et des plus utiles ; car il fait connaître des faits ignorés jusqu'à ce jour, et qu'il importe aux cultivateurs et horticuteurs de savoir. Sans doute, M. Boisduval n'indique pas toujours les moyens de détruire certains insectes nuisibles, mais en faisant connaître les espèces, en révélant leurs mœurs, leurs habitudes, nous croyons qu'il rend déjà un bien grand service à la culture. L'*Entomologie appliquée* est une science toute nouvelle ; rarement, avant M. Boisduval, les savants ont cherché à instruire les masses sur l'utilité ou les dangers des insectes, et encore moins sur les procédés de destruction. Un seul homme ne peut donc espérer tout faire, et l'auteur n'a pas la prétention de n'avoir rien laissé à faire après lui ; il espère que les praticiens observateurs pourront un jour combler les lacunes de son livre.

Nous recommandons, sans réserves, l'ouvrage de M. Boisduval aussi bien aux gens du monde qu'aux cultivateurs et horticulteurs ; ce n'est pas un de ces livres de science pure, qui ne sont compréhensibles que par les disciples des grands prêtres. Le Dr Boisduval a voulu faire de l'entomologie populaire ; il a, en conséquence, écarté les termes et les théories scientifiques, qui sont autant de repoussoirs. Son style est naturel, simple, attrayant même, car l'anecdote y trouve souvent place. En outre il a intercalé dans le texte, de nombreuses et excellentes figures, qui permettent de reconnaître l'insecte à première vue.

De son côté, l'éditeur a fait exécuter le travail typographique avec une perfection hors ligne; ce qui du reste lui a été facile, en sa qualité d'imprimeur. Et c'est grâce à son double titre d'imprimeur-éditeur, qu'il a pu établir cet ouvrage, en un volume de 650 pages, format in-8°, avec 125 dessins, au prix de 6 francs. F. Herincq.

Les Insectes considérés comme nuisibles à l'agriculture, et moyens de les combattre, par Ernest Menault. 1 vol. in-18 jésus de 275 pages, avec des figures intercalées dans le texte. Prix : 2 fr. 50. Paris, 1866, librairie Furne, Jouvet et Cie, éditeurs, 35, rue St-André-des-Arts. — Dans son traité, M. Menault s'est appliqué à décrire les insectes qui attaquent les principales plantes cultivées dans les champs, telles que blé, orge, seigle, sarrasin, avoine, colza, trèfle, sainfoin, luzerne, betterave, choux, navets, carottes, pois, lentilles, vesces. En consultant la table de son livre on sait quel est l'ennemi particulier de telle ou telle plante. Les figures dessinées et gravées avec soin, qu'il a intercalées dans le texte, achèvent de faire connaître cet ennemi. « Convaincu, dit M. Menault, que la vue d'un insecte reste plus dans la mémoire que la meilleure description qu'on en puisse faire, nous avons cru qu'il y avait une lacune à combler dans l'enseignement de l'entomologie agricole. » Cette conviction est la nôtre, et nous affirmons que le traité qui nous occupe est conçu dans un excellent plan. Pour en faire juges nos lecteurs, nous aurons plus d'une fois occasion d'en extraire des documents dont ils pourront apprécier la valeur.

Les petits ennemis de la betterave, Mémoire sur les insectes nuisibles de la betterave et les affections morbides qui attaquent cette plante, par M. J. P. J. Koltz (Extrait du *Journal de la Ferme*). Br. in-8, de 52 p. Prix : 1 fr. 50. Paris, 1866, librairie Victor Masson et fils, place de l'École-de-Médecine. — Dans son travail, qui a obtenu une médaille de vermeil de la société d'agriculture du Pas-de-Calais, M. Koltz a signalé et décrit une vingtaine d'insectes ennemis de la betterave, et il a donné les moyens préventifs et destructifs connus, moyens qui ne sont pas tous d'une efficacité complète. Quoi qu'il en soit, les cultivateurs de betteraves tireront bon profit des renseignements et des sages conseils que M. Koltz leur donne.

Les Insectes, par Louis Figuier, ouvrage illustré de plus de 600 fig. avec planches. 1 vol grand in-8° de 616 page. Prix : 10 fr. Paris, 1867 ; librairie L. Hachette et Cie, boulevard St-Germain, 77. M. Louis Figuier n'écrit pas précisément pour les agriculteurs ; son ouvrage *les Insectes* est destiné aux gens du monde. Mais lorsqu'on a lu son livre, on est porté à des études plus étendues et à des recherches particulières sur ce monde si peu connu des insectes, recherches qui peuvent amener d'heureuses découvertes. A ce titre, il faut féliciter l'auteur et les éditeurs de cette publication remarquable. Les figures intercalées dans notre article Guêpe, p. 10, sont empruntées aux *Insectes*, de M. Figuier. — H. H.

Utilité des insectes dans l'industrie.

L'insecte le plus utile à l'industrie et dont le produit est devenu l'une des branches les plus importantes du commerce, est, sans contredit, le Bombyx du mûrier, qui file nos étoffes de luxe. Sa chenille, connue de tout le monde sous le nom de *ver à soie*, est élevée en domesticité depuis les temps les plus reculés par les Chinois. Sous l'influence de cette longue domestication, le bombyx du mûrier a subi de telles modifications que l'on ne connaît plus le type sauvage; il est de tous les bombyx fileurs celui qui donne la meilleure soie et celui dont l'éducation se fait le plus facilement. Malheureusement, depuis plusieurs années, et on ne sait plus au juste sous quelle influence, les vers à soie périssent en grand nombre, par diverses épidémies. Dans cet état de choses, on a cherché à remplacer le bombyx du mûrier par d'autres bombyx séricigènes du genre *Saturnia*. MM. Eugène Robert, Chavannes, et surtout M. Guérin-Menneville, ont fait à ce sujet de nombreux essais, dont le résultat, sans être négatif, n'est pas encore de nature à rassurer complétement nos magnaniers.

Le premier sur lequel on avait fondé quelques espérances est la *Saturnia Mylitta*, appelé *toussah* par les Indiens. Ce grand Bombycite sur lequel nous avons publié en 1859 une petite notice dans les Annales de la Société entomologique, donne un cocon souvent plus gros qu'un œuf de pigeon, composé d'une soie très-forte et abondante, mais qui n'est pas apte à faire ces beaux tissus que l'on obtient avec la soie de Chine. Les Indiens en font des étoffes grossières qu'ils appellent *korah*, employées par les Européens qui résident au Bengale pour vêtements d'été et pour couvrir des meubles. Au reste, le *toussah* ne s'élève pas en domesticité dans l'Inde, comme nos vers à soie. On recueille les cocons à l'état sauvage, et l'on fait accoupler les papillons dont on veut obtenir la graine. Dès que les œufs sont éclos, on transporte les petites chenilles dans les *jungles* (bois épais), et on les place sur les arbres destinés à les nourrir, dont les principaux sont les *terminalia alata* et *tomentosa*, quelques *zizyphus* et surtout une plante que nous ne connaissons pas, qui porte le nom hindostani de *koosun* (1); lorsque l'éducation est terminée, les Indiens détachent les cocons, les entassent dans des corbeilles ou des sacs, et les portent au marché, puis ils coupent les arbres à la hauteur d'environ 1 mètre pour la commodité des gardiens qui doivent surveiller les chenilles l'année suivante. Le *toussah* abonde dans une grande partie du Bengale jusqu'à l'Himalaya, principalement dans les districts de Ramgurh et Hazarubaugh.

Nous avons vu des cocons de toussah éclore à Paris dans les serres du jardin des plantes; mais malheureusement il a été impossible de les naturaliser, faute d'une nourriture et d'une température convenables.

On utilise aussi dans l'Inde, aux environs de Sylhet, le cocon d'une autre saturnie, quoiqu'il soit moins riche en soie que celui du toussah. A la fin de 1853, cette espèce que nous avons appelée *Saturnia Ricini* a été introduite en France et les premiers individus sont éclos également au jardin des plantes. On les a conservés et multipliés pendant quelques années. Mais, comme les générations de cet insecte sont très-rapprochées, et que, chez nous, le ricin ne conserve pas ses feuilles pendant l'hiver, comme dans le royaume d'Assam, on a été obligé de renoncer à son éducation.

En 1858, M. Guérin-Menneville, qui, comme nous l'avons déjà dit, s'occupe spécialement de la question des vers à soie, fit venir de la Chine une espèce moins délicate, la *Saturnia Cynthia*, ver à soie de l'Ailante, que l'on élève aujourd'hui très-facilement avec les feuilles du vernis du Japon, *ailantus glandulosa*. Cette espèce, fort voisine du *Ricini*, produit une soie dont on peut tirer un excellent parti.

Nous pensons que le ver à soie du chêne (*Saturnia Yama maï*) a plus d'avenir que toutes les saturnies précédentes. Il est originaire du Japon et du nord de la Chine, dont le climat a quelques rapports avec le nôtre; on peut le nourrir avec des feuilles de chêne ou de frêne. L'insecte parfait ressemble beaucoup au toussah avec lequel MM. Tatarinoff et Gaschkewitsch l'ont confondu; mais il en est bien distinct par la forme du

(1) M. Garcin de Tassy, membre de l'Institut et professeur d'hindostani, que nous avons consulté à ce sujet, nous a remis la petite note suivante : « *Koosun*, ou plutôt *Kooshoom* (Küsüm), est le nom du *Carthamus tinctorius*. J'ai vérifié la chose exactement. » Si, comme nous avons toute raison de le croire, le *koosun* est bien le carthame, on pourrait peut-être élever cette espèce dans le Midi où la plante croît naturellement.

cocon, qui n'a pas, comme chez le toussah, une espèce de pédicule en forme d'anse. M. Guérin-Menneville l'élève avec succès et en a retiré une très-belle soie. C'est sans doute de cette Saturnide, que Latreille nous a parlé souvent, sous le nom de *ver à soie du chêne*, et dont il nous disait avoir vu le dessin entre les mains de son collègue, M. Huzard.

Outre les vers à soie dont nous venons de parler et qui, dans l'Inde, la Chine et le Japon, fournissent une soie employée à fabriquer des étoffes solides, il y a d'autres papillons de la famille des bombycites dont les indigènes utilisent la soie. Telle est la processionnaire de Madagascar (*bombyx Rhadama*), qui vit à la manière de nos Yponomeutes en familles nombreuses sous une grande tente de soie, dont les fils très-forts et presque inaltérables ne peuvent être dévidés; les Hovas cardent cette soie comme de la filoselle et en font des tissus qui, dans les familles aisées, servent à vêtir les morts.

En dehors des insectes séricigènes il en existe d'autres très-utiles à l'industrie; telles sont les espèces suivantes : *Cinips gallæ tinctoriæ*, espèce de petite mouche à quatre ailes qui pique les feuilles d'un chêne très-commun dans l'Asie Mineure, pour y déposer sa progéniture, et dont la piqûre produit ces excroissances connues dans le commerce sous le nom de *noix de galle*. On rencontre souvent, sur les chênes de nos bois, des excroissances analogues produites par un insecte du même genre, mais qui sont loin d'avoir la propriété de celles qui viennent du Levant. La noix de galle est une substance de première nécessité; c'est la base de notre encre à écrire, et rien ne pourrait la remplacer pour la belle teinture noire.

Il existe encore un autre cinips (*cinips ficus caricæ*), avec lequel on pratique en Orient la caprification (1), opération qui consiste à porter sur un figuier cultivé des figues sauvages habitées par des *cinips*, lesquels en sortent tout chargés de pollen et pénètrent dans les figues dont on veut hâter la maturité. L'efficacité de cette méthode, qui n'est plus en usage que dans le Levant, est attribuée par certains auteurs uniquement à la piqûre du cinips, et non à la poussière fécondante que fournissent les fleurs mâles à l'entrée du calice commun. On sait, en effet, que chez nous, les fruits piqués par des insectes mûrissent plus vite que les autres. Dans la Provence, on pratique un autre genre de caprification, on pique

(1) Le nom de caprification vient de *caprificus*, figuier des chèvres, figuier sauvage.

les figues que l'on veut avancer, avec une aiguille ou un petit stylet de bois, trempés dans un peu d'huile d'olive. M. Rivière nous a appris que les cultivateurs des environs d'Argenteuil emploient le même procédé.

On élève, depuis des siècles, au Mexique, la cochenille (*coccus cacti*) sur plusieurs sortes d'*Opuntia*, plus spécialement sur l'espèce appelée *Coccinellifera*.

Cet insecte ne prospère véritablement bien que dans son pays natal. On l'a transporté à Madère où il a réussi à moitié. On a aussi essayé son éducation en Algérie, mais avec peu de succès. La cochenille que, pendant bien des années, on a prise pour une graine, est l'une des branches importantes du commerce du Mexique. Elle fournit la plus belle couleur écarlate et c'est d'elle que l'on retire le carmin si employé de nos jours pour la peinture de la nature morte et la réparation de la nature vive. — Dr Boisduval. (*Essai sur l'Entomologie horticole.*)

Société d'insectologie agricole.

M. Carcenac, président de la Société d'apiculture, nous communique la convocation suivante qu'il fait pour l'organisation de la *Société d'insectologie agricole.*

Les personnes qui ne la recevraient pas et qui seraient désireuses d'assister à la première réunion, pourront se procurer une carte d'entrée au bureau du journal.

« Monsieur,

» A la suite de l'Exposition des insectes au Palais de l'Industrie en 1865, les organisateurs de cette exhibition ont pensé à fonder une *Société d'insectologie* qui continuât l'enseignement pratique qu'on venait d'inaugurer et qui avait reçu un accueil si encourageant du public et de la presse agricole. C'est dans le sein de la Société d'apiculture, à laquelle appartenaient les initiateurs, que furent discutées les premières bases de l'association projetée, et on fut unanime sur le but à atteindre. Mais on se divisa sur les moyens, et l'œuvre demeura à l'état embryonnaire.

» 1866, avec ses myriades d'insectes s'abattant sur notre agriculture et menaçant nos aliments les plus indispensables, ramena cette importante question à l'ordre du jour, et fit sentir plus que jamais la nécessité d'opposer à ces légions d'infiniment petits, mais infiniment forts à cause du nombre, une légion d'infiniment grands, l'association d'hommes intelligents et de bonne volonté, dont la puissance est seule capable de lutter avec avantage, ici comme dans toutes les circonstances où il y a communauté d'action.

» S'étant remis à l'œuvre, le bureau de la Société d'apiculture a dressé un projet de statuts de la *Société d'insectologie agricole* à fonder, projet que j'ai l'honneur de vous soumettre et que je vous prie de venir discuter dans la réunion préparatoire qui aura lieu le 12 mars prochain, à 8 heures du soir, dans l'une des salles de l'hôtel de la Société impériale et centrale d'horticulture, rue de Grenelle-St-Germain, n° 86.

» Je ne doute pas que le concours de vos lumières ne soit acquis à cette fondation utilitaire.

» Dans cette attente, recevez, Monsieur, l'assurance de ma parfaite considération.

» Le président de la Société centrale d'apiculture,

« CARCENAC. »

Cours des produits des insectes.

Soies, cocons, graine. — 14 février. — Le dernier bulletin hebdomadaire de Marseille signale sans demande les soies et les cocons, quoique la marchandise soit rare. Il n'y a que les graines de ver à soie qui se débitent rapidement et à prix soutenus. Les soies filature de Syrie ont été cotées 106 fr. le kil.; dito de Perse, 45 à 50 fr.; dito de Maylac, 98 fr. — Cocons de France, 30 fr. le kil.; de Nouka, 17 fr.

Peu d'affaires sur les marchés de l'Ardèche et de la Drôme. A Aubenas on a coté de 82 à 86 fr. le kil. — A Grenoble, graine de St-Egrève, l'once de 25 grammes, 10 fr.

Miels, cires et abeilles. — On constate à Paris un calme plat sur les miels blancs. Des vendeurs se sont présentés demandant de 85 à 100 fr. les 100 kil. sans trouver preneur. Miels de Bretagne, de 70 à 72 fr. en gare d'arrivée. A Bordeaux on a écoulé pour l'exportation les miels de chaudière à 50 fr. les 100 kil. — Les cires jaunes sont stationnaire de 400 à 430 fr. les 100 kil. hors barrière. — Le prix des abeilles suit celui du miel; il va baissant. Les bonnes colonies se payent de 10 à 20 fr. selon cru et acheteur.

Cantharides. — Cantharides de Russie et de Sicile, 6 50 à 7 50 le kil.

Cochenille des Canaries, 8 75 à 10 fr. le kil.

Kermès v. de Provence, 17 fr. le kil. Ces trois derniers articles à Marseille.

L'Éditeur-propriétaire : E. DONNAUD.

Paris. — Imp. de E. DONNAUD, rue Cassette, 9.

N° 2. 1re ANNÉE. Mars 1867.

L'INSECTOLOGIE AGRICOLE

SOMMAIRE :

Bulletin insectologique.

Consigner les faits insectologiques qu'on nous signalera, réunir ceux qui se trouvent éparpillés dans diverses publications, en faire parfois une appréciation, mais toujours laisser au lecteur son libre *veto* : tel sera le cadre de ce bulletin.

Échenillage. — Un propriétaire de Lot-et-Garonne adresse à la *Revue agricole* d'Agen les lignes suivantes, sur un système d'échenillage qui serait bien préférable au moyen actuel :

« Ordinairement, les papillons s'accouplent au printemps, et dans le courant de l'été les femelles pondent des œufs qu'elles déposent soit en forme d'*anneau* autour des jeunes rameaux, soit en les agglomérant au-dessous des grosses branches. Ces œufs passent ainsi l'hiver, et au printemps suivant qu'en sort-il ? des chenilles. Elles sont bien petites alors, néanmoins elles rongent les feuilles des premiers bourgeons et grossissent peu à peu à mesure que l'arbre se couvre de verdure. Au bout de deux mois, elles se transforment en chrysalides, d'où, après un certain temps, il sort des papillons ou insectes à l'*état parfait*. Ces papillons continuent l'œuvre de reproduction et meurent avant l'hiver ou sont détruits par les oiseaux, ces utiles auxiliaires de l'homme.

» Donc, si au mois de juin on avait ramassé toutes les chrysalides des chenilles fileuses, — et c'eût été très-facile, car elles étaient réunies en masse à la naissance des grosses branches, — on aurait ainsi empêché la sortie des papillons et la ponte des œufs ; et les ravages au printemps prochain auraient été amoindris sinon annulés. Le 20 juin dernier, j'ai recueilli sur un vieux pommier en dix minutes au plus *un kilogramme* environ de chrysalides.

» Ainsi donc, pour arrêter le mal, il faudrait qu'au printemps le maire de chaque commune portât à la connaissance des propriétaires les meilleurs procédés ou remèdes pour la destruction des chenilles fileuses et en ordonnât l'application. »

Le brandonnage. — En Auvergne, on pratiquait autrefois — et on pratique encore dans quelques rares localités — une sorte d'échenillage qui ne s'était imposé par aucune loi ; ceux qui l'employaient agissaient plus par coutume que par raisonnement. On leur avait dit que son inobservance était contraire à la venue des fruits, et ils l'observaient pour avoir des fruits. Le premier dimanche de carême, dit dimanche des brandons, on allumait des torches et on les promenait sous les branches des arbres à fruits. La flamme et la fumée devaient nécessairement atteindre et détruire un certain nombre d'œufs d'insectes et de chenilles abrités dans les feuilles mortes, les écorces sèches, le bois pourri, etc. La cérémonie se terminait par des festins de famille auxquels tout le monde prenait part, et par des danses qui se prolongeaient pendant une partie de la nuit.

Hannetonnage. — Il faut hannetonner, c'est l'avis de tous. Mais faut-il contraindre à hannetonner, c'est-à-dire une loi qui force à hannetonner? M. Ysabeau, dans le *Moniteur de l'agriculture,* et d'autres agronomes qui se préoccupent de cette question, disent oui. Nous disons non, invoquant cette maxime de la Sagesse des nations : « Mieux vaut prévenir que punir, — mieux vaut éclairer que contraindre. » Et là-dessus nous sommes de l'avis de Paul-Louis Courier qui a affirmé qu'en créant *un* instituteur, on supprime *trois* gendarmes. Nous disons donc qu'il faut s'appliquer à persuader à tous les habitants des campagnes qu'ils sont intéressés à hannetonner. Mais de même qu'il faut engager à faire le bien, pour son profit d'abord, il faut empêcher de faire le mal, c'est-à-dire de nuire à autrui. Une loi devient nécessaire pour protéger l'oiseau insectivore contre l'avide chasseur qui le détruit pour en tirer un maigre profit personnel, mais au grand détriment de l'intérêt général. A ce propos l'*Insectologie agricole* s'empresse de se faire l'écho d'un appel que M. A. Lomond adresse aux agriculteurs dans la *Revue d'économie rurale.*

Loi pour protéger les petits oiseaux. « Mon cher confrère, je lisais dernièrement, dans un journal d'Algérie, le récit émouvant d'une bataille livrée par une troupe d'oiseaux à une légion de sauterelles. En apercevant les oiseaux, les colons et les Arabes ont couru à leurs fusils. — Tuer d'abord, c'est le premier mouvement. — Mais, avant que les chasseurs eussent commencé leur œuvre, les oiseaux avaient attaqué les sauterelles. Les chasseurs ont bien voulu s'arrêter et donner aux étourneaux le temps de sauver leur récolte et de les préserver de la ruine.

» Nous sommes moins intelligents que ces colons algériens. — En France, on tue les oiseaux sans profit, sans motifs, pour s'amuser, pour s'exercer. On tue les hirondelles au vol ; on habitue les enfants à détruire les nids. C'est une guerre à mort contre ces petits êtres si inoffensifs, si utiles. On les tue surtout par spéculation ; nous serions trop heureux, si le fusil était le seul instrument de destruction : le filet, le lacet, les piéges, le braconnage sous toutes les formes, voilà ce que nous réservons à ces auxiliaires de l'agriculture. En revanche, on respecte les chenilles, malgré les règlements et les arrêtés préfectoraux.

» Mais qui oserait braver le ridicule pour proposer une mesure utile ? Qui oserait attacher le grelot ? Voulez-vous nous associer pour affronter le danger en commun ? Voulez-vous nous associer pour rédiger une pétition au Sénat ? — La loi établirait par tête d'oiseau, soit tué au fusil, soit pris au filet, soit détruit par un engin quelconque, un droit d'octroi de 20 fr. qui serait acquitté aux barrières. — Tout cas de fraude constaté serait puni d'une amende égale à dix fois le chiffre du droit. — Les oiseaux ne pourraient plus être vendus ailleurs qu'à la halle et à la criée. Chaque contravention à cette disposition serait punie de 200 fr. d'amende. La destruction d'un nid serait punie de 500 fr. d'amende. En cas de récidive, la peine serait doublée, et la deuxième récidive vaudrait un mois de prison. — Enfin, il serait interdit de colporter ou acheter un oiseau pris au filet ou au lacet. — Tout oiseau qui ne porterait pas les traces du coup de fusil serait considéré comme contrebande, et sa simple possession suffirait pour établir un délit, — braconnage ou complicité de braconnage.

» Une pareille loi n'arrêterait pas les chasseurs, sans doute, mais elle arrêterait au moins le massacre par spéculation et sauverait les neuf dixièmes des oiseaux sacrifiés aujourd'hui. — C'est une question de vie ou de mort pour l'agriculture. »

Les acides insecticides. Il se trouve des gens qui contestent la destruction des insectes par les oiseaux ; M. Gérin est de ce nombre, et il propose pour cette destruction un spécifique unique, — les acides. Lesquels? Il n'en dit rien. Voici ce qu'il publie dans l'*Agriculteur praticien* : « Ceux-ci prétendent que ce sont les dénicheurs d'oiseaux qui sont la cause des pertes causées par les insectes, comme si ces dénicheurs n'avaient pas existé de tout temps; ceux-là, enfin, prétendent que la multiplication des insectes provient de la douceur de température en hiver. Si on admet ce raisonnement, il faudra aussi reconnaître que les pays du sud, qui n'ont pas d'hiver, doivent toujours être dévastés par les insectes, et que ceux du nord, où les hivers sont si rudes et si longs, ne devraient en avoir d'aucune espèce. Il a été observé que les plus grands ravages ont souvent eu lieu après les hivers les plus intenses; que l'hiver soit rigoureux ou non, aucun genre d'insecte ne disparaît, et chaque pays possède toujours les mêmes espèces; l'hiver n'y est donc pour rien, attendu que la Providence, qui a tout prévu, a doté tous les insectes des facultés nécessaires pour pouvoir choisir, chacun selon son genre, l'abri qui lui convient le mieux pour y déposer ses larves, les uns dans la terre, les autres sous les pierres, ceux-ci dans les murs et ceux-là sous l'écorce des arbres, etc., et tous dans des conditions telles que leurs dépôts peuvent résister à tous les frimas. Doit-on s'occuper de cette destruction quand les larves écloses se sont multipliéees à l'infini et ont trouvé mille refuges divers sous les nombreux abris que leur donne la végétation nouvelle? Non, car souvent le remède est pire que le mal; c'est en hiver qu'on doit s'occuper de ce soin, en lotionnant les arbres à fruits et autres avec des acides capables de détruire toutes les larves hivernées sous l'écorce, sans toutefois nuire à la végétation, et en joignant aux engrais destinés à la culture des prés, terres, etc., des ingrédients chimiques qui puissent aussi détruire toutes ces larves avant leur développement. Que l'on obtienne ce résultat, là est toute la question. »

C'est notre avis, mais nous doutons de l'efficacité des panacées universelles, et nous croyons que le bec de l'innocent rouge-gorge détruit plus d'insectes développés ou à l'état d'œufs, de larves, et de chrysalides que l'acide le plus vanté. Il y a toujours eu, et même plus qu'aujourd'hui, des dénicheurs d'oiseaux, c'est vrai; mais le monde de ces auxiliaires si utiles a dû forcément diminuer depuis que le défrichement des bois s'est pratiqué dans tous les cantons et sur une échelle telle que la Providence elle-même a bien pu se trouver en défaut à l'encontre des insectes. D'ailleurs, elle s'y trouvait déjà, paraît-il, dans les temps reculés, puisque le clergé s'est quelquefois cru obligé, pour lui venir en aide, d'excommunier les chenilles, devenues trop abondantes. Et il y a peu d'années encore, des processions autour des terroirs avaient lieu le jour de Saint-Marc (25 avril), dans l'intention de faire déguerpir les insectes nuisibles.

Influence de l'humidité sur les insectes. Une grande humidité détruit plus d'insectes que le froid rigoureux. Mais malheureusement elle développe quelques espèces qui sont nuisibles aux racines des plantes. M. Vionnet, vice-président de la Société d'agriculture de Poligny, a remarqué que l'excès d'humidité a l'inconvénient de favoriser l'éclosion d'une myriade d'insectes microscopiques qui s'attachent aux spongioles des racines et tarissent les sources de la vie des plantes. Ce phénomène peut s'observer facilement, surtout dans les années pluvieuses; il suffit pour cela d'ouvrir la terre et de l'examiner attentivement à la loupe; bientôt on distinguera une fourmilière de très-petits insectes se bousculant les uns les autres sur les brins des racines : ce sont ces petits rongeurs qui blanchissent parfois toute la surface d'un pot de fleurs nouvellement arrosé, surtout quand la plante est souffrante.

On a conseillé, pour ramener la vigueur des plantes, l'arrosement avec de l'eau légèrement additionnée de sulfate de fer, mais ce moyen n'est pas suffisant, parce qu'il ne détruit le mal que partiellement. La non-réussite de ce procédé a suggéré à M. Vionnet l'idée de chauffer le terreau destiné à empoter à une température telle que tous les germes de ces parasites soient anéantis. De cette manière, il est parvenu non-seulement à préserver ses giroflées, mais encore beaucoup d'autres espèces de fleurs de serre.

— On écrit de Luçon : La récolte en terre est mauvaise dans le marais. Les insectes ont fait beaucoup de mal.

Moyens de détruire les courtilières. M. A. Bronsvich publie le moyen suivant dans le *Journal de l'agriculture* : « Pour la destruction des courtilières, on a beaucoup préconisé les huiles, la suie, les urines, etc. Nous avons employé tout cela sans résultat. Peu éloigné d'une usine à gaz, il nous vint à l'idée d'y chercher du goudron frais. Les résultats ont dépassé toutes nos espérances. En y versant, le matin, la quantité d'un verre à liqueur de goudron, les entrées des nids infectés par ce liquide suintent toute la journée ; l'insecte voulant sortir le soir meurt étouffé sur le bord du trou ; en essayant de passer, il s'est enduit de goudron et s'est bouché l'appareil respiratoire. Les pots à fleur enterrés près des gazons sont d'excellents piéges, mais le meilleur moyen consiste à détruire entièrement le nid, vers la mi-juillet, à l'éclosion des œufs. Un fréquent labourage et un binage dérangent beaucoup ces insectes, qui désertent lorsqu'ils sont contrariés. »

Moyen pour détruire les parasites des animaux. — On a préconisé une foule de liquides qui, sans nuire à l'animal lui-même, sont de nature, par leur odeur infecte, à rendre le corps tout à fait inhabitable aux animalcules qui le dévorent; on s'est servi à cet effet de la benzine plus ou moins mélangée d'eau ordinaire, avec laquelle on a frictionné les parties atteintes dans l'espèce bovine; on a fait usage de l'infusion de tabac projetée sur toute l'étendue du corps de l'animal, de l'huile de cade, du goudron de bois, de l'acide phénique, des eaux de distillation du gaz employées en aspersion sur le sol des écuries, des sulfures de potassium et de calcium appliqués à l'état de pommade, si souveraine dans la guérison de l'acarus de la gale.

Rien, à ce qu'il paraît, ne possède une aussi grande vertu que l'huile de pétrole; cette substance débarrasse presque instantanément les animaux des ennemis acharnés qui les dévorent. On a constaté des effets vraiment merveilleux produits par l'application de ce remède. Une seule friction suffit pour délivrer en quelques heures le corps d'une bête infectée, et guérit en très-peu de jours les maladies de la peau dont ils peuvent être atteints.

Les insectes exercent sur l'animal une influence maligne et délétère, ils détruisent son énergie ordinaire et ne lui laissent ni repos, ni trêve; il est alors fort important de lui venir en aide, et rien n'est plus facile, puisqu'il suffit d'employer de l'huile de pétrole, que l'on trouve à bas prix sur tous les points.

Moyen pour détruire la vermine des volailles. — On prend de l'huile de chènevis, avec laquelle on imbibe tout le dessous des ailes; une seule application suffit pour débarrasser les volailles de la vermine qui souvent les dévore. — Cette recette et la précédente, que nous trouvons dans plusieurs journaux, sont données sous bénéfice d'inventaire.

La maladie de l'agriculture. — Sous ce titre, Alphonse Karr publie dans le *Siècle* un très-remarquable article dans lequel il décoche une spirituelle boutade aux catalogueurs d'insectes, entomologistes de vieille roche. Il passe ainsi en revue les médecins de cette catégorie :

— Il y a la maladie de la vigne, dit le premier médecin, un Bourguignon; on s'est trompé jusqu'ici sur cette maladie. Je l'attribue aux *rhynchites;* c'est un coléoptère de l'ordre des *coléoptères tétramères* de la famille des *curculionides orthocères* et de la division des *attelabides,* — jolie bête du reste, — mais qui naît au moment du développement des bourgeons, et s'empresse de les dévorer.

— Ce n'est rien que cela, dit un autre médecin du Midi, mais parlez-moi du *dacus oleæ* qui attaque nos oliviers, genre de *diptères,* division des *brachycères,* famille des *athéricères,* tribu des *muscides,* sous-tribu des *téphrites.* — Téphrites! s'écrie un autre, je nie que le *dacus* appartienne à cette sous-tribu. — Où sont ses ailes bigarrées? — Comment pouvez-vous placer le *dacus oleæ* près des *téphrites* avec son front nu et ses longues antennes? — S'il s'en éloigne par ces deux points, dit le premier, vous ne pouvez nier qu'il ne s'en rapproche par les nervures des ailes et par l'*oviducte* des femelles.

— Et l'*alucite,* dit un troisième, l'*alucite* des grains? Voulez-vous une jolie description de l'*alucite*? « *Lépidoptère* du genre *hypsolophe* à la langue distincte, les ailes supérieures très-inclinées, palpes labiaux avancés.... »

— Allons donc, voilà un bel ennemi! Parlez-moi de la *calandre* du riz, — *curculio orizæ,* — et de celle du blé, — *curculio granaria.* — *Granarius,* vous voulez dire. — Olivier dit *granaria.* — Mais Linné dit *granarius;* d'ailleurs *granarius* ou *granaria,* peu importe; la calandre a été calomniée, je veux réhabiliter la calandre; loin d'être un ennemi, c'est un gibier. Les naturels de la Guyane la font griller, et c'est un mets très-délicat.

— Réhabilitez-vous aussi le *cecidomya destructor,* qui nous a été apporté avec le blé d'Amérique?... »

Destruction des guêpiers. Outre les moyens que nous avons indiqués page 9, en voici un autre qu'on nous communique :

Le soir, placer sur le trou du guêpier une cloche à melon, et au-dessous, sans boucher l'ouverture, un vase contenant de l'eau de savon. Le lendemain, les guêpes voulant sortir se heurtent sous la cloche, et dans leurs efforts pour s'échapper, finissent par tomber dans l'eau de savon, et au bout de peu de jours le guêpier est noyé.

M. Legris, propriétaire à Beaujardin, près Tours, a compté les guêpes d'un nid détruit par ce procédé, et le nombre s'en élevait à environ cinq mille. Les dernières guêpes étaient beaucoup plus grosses que les autres; c'étaient les femelles développées qui sortaient faute d'air et de nourriture, car la terre ayant été défoncée, il vit que pas un insecte n'était resté dans le guêpier. — Autrefois, on versait le soir dans le trou de l'eau plus ou moins chaude qui descendait, bien entendu, verticalement dans la terre sans suivre les galeries conduisant au guêpier, et on avait pour résultat de brûler les racines des arbres que cette eau pouvait rencontrer sur son passage.

Conseils aux semeurs de betteraves. Cette livraison devait traiter de la noctuelle des betteraves. La planche de l'insecte qui cause les dégâts n'ayant pas été prête, il a fallu renvoyer l'article à la livraison prochaine. En attendant, nous conseillons aux cultivateurs de chauler ou de sulfater leur graine avant de la mettre en terre, afin de détruire le mal dans son origine, car un agriculteur du Nord a découvert que le papillon y dépose ses très-petits œufs, et non sur les feuilles comme des savants officiels l'avaient laissé croire.

H. Hamet.

De l'utilité des oiseaux insectivores.

Voici venir l'époque où tous les êtres de la nature emplumée, chantres des bois, chantres des jardins, vont s'unir entre eux et se livrer aux soins de la nidification : c'est aussi le moment où les enfants du village, engeance sans pitié, se mettent en campagne pour découvrir et détruire les couvées. Cependant, on l'a dit et répété bien souvent : les cultivateurs n'ont point d'aides, de serviteurs, d'auxiliaires plus utiles, plus actifs, plus empressés dans leurs travaux que cette foule de petits oiseaux : les sylvains, les mésanges, les grimpereaux, les rossignols, les fauvettes, les merles, les bergeronnettes, tous insectivores, qui peuvent seuls les délivrer de ce monde toujours pullulant d'insectes qui, au retour du printemps, remplissent leurs vergers, leurs jardins, leurs potagers, leurs champs de céréales, leurs prairies, leurs plantations industrielles, etc. Qui donc ira déloger les chenilles processionnaires arpentant les rameaux les plus élevés des grands arbres? qui donc les hannetons et autres coléoptères phyllophages? Un nid d'alouette détruit dans les blés, c'est plusieurs milliers de *cécidomyes*, de saperdes ou aiguillonniers sauvés et mis en état de poursuivre leur œuvre de dévastation : des nids de pinsons, de roitelets, d'hirondelles enlevés, ce sont des millions de larves de *pyrales*, si nuisibles aux vignes, d'*alucites*, fléau des céréales, de *noctuelles*, de *tortrices*, affranchies de tout frein, et se ruant comme un torrent dans vos cultures.

Ces funestes résultats et leurs causes sont parfaitement connus des agronomes et des paysans d'outre-Rhin, en Prusse, en Bohême, en Hongrie, dans toute l'Allemagne. Il n'est point nécessaire, dans ces pays, de recommander aux enfants de ne point dénicher les couvées; ils sont formés à d'autres habitudes. Loin de détruire les nids des petits oiseaux, ils leur en fabriquent d'artificiels, en bois, en terre glaise; souvent ce sont de simples pots-à-fleur appliqués contre les murs des granges et des habitations ou les troncs d'arbres; leur plus grand plaisir est de voir ces oisillons, les hirondelles, les mésanges, les pinsons, les rossignols, venir y chercher un abri et y installer leurs familles. L'émulation entre eux consiste à rassembler les plus nombreuses populations, les espèces les plus rares, les plus chantantes.

A la vérité, il se faufile bien parfois, dans ces phalanstères, des espèces suspectes, douteuses, sur le mérite desquelles on n'est pas complétement d'accord, comme des moineaux, des étourneaux.

S'ils ne sont pas trop nombreux, si l'on n'a pas eu trop à se plaindre d'eux dans les années précédentes, on tolère ces intrus, on ne voit encore que le bien qu'ils peuvent produire. Si, au contraire, ils se sont fait remarquer par leur trop grand nombre et leurs déprédations, les nichoirs artificiels ont cet avantage, de placer leur postérité sous la main des opprimés, et de ramener à une juste proportion leurs hordes envahissantes. Ces nichées sont détruites.

Il est très vrai que parmi ces variétés considérables de petits oiseaux utiles, il en est quelques-unes, en petit nombre, comme les pierrots, dont les services non contestables sont mis toutefois en balance avec les déportements. S'ils font la guerre aux insectes et à leurs larves au printemps et pendant la belle saison, en hiver et même en automne, quand l'abondance de leur nourriture habituelle a disparu, ils se rapprochent des fermes, y cherchent un abri contre le froid, entrent dans les greniers, et mettent à contribution les réserves de grains. D'autres s'attaquent aux bourgeons des arbres à fruits dans les jardins, aux fruits mûrs dans les vergers; mais les dégâts sont toujours peu considérables, et, à ce propos, qu'il nous soit permis de rappeler un fait historique.

Le grand Frédéric, roi de Prusse, avait, en outre de la passion d'agrandir ses États, celle plus facile à satisfaire et plus innocente des belles cerises. Son jardin de Potsdam était planté de magnifiques cerisiers, produisant les meilleures variétés connues. C'était une fête de Balthazar pour les moineaux, à l'époque de la maturité : c'était un sujet de colère pour le monarque peu endurant, quand il voyait ses meilleurs fruits, les plus beaux, entamés et déshonorés par cette engeance emplumée. Dans un jour d'emportement, il ordonna qu'on détruisît tous ces voleurs audacieux. Aussitôt gluaux et filets d'apparaître; ce qui échappa fut pris aux piéges et aux trébuchets; quelques coups de fusil éloignèrent le reste à plus d'une lieue de la résidence royale. Cette Saint-Barthélemy effectuée, on se crut bien assuré de la récolte. Mais ne voilà-t-il pas que l'année suivante, les belles cerises de Sa Majesté se trouvèrent envahies par des insectes inconnus jusqu'alors; l'année d'après, ce fut bien pis : il ne se voyait presque plus aucun fruit intact; tous contenaient des larves de ces mêmes insectes. Pour se débarrasser de ce nouveau fléau, pire que le premier, on ne trouva d'autre remède que de rapatrier les pierrots qu'on avait exilés.

Je crois me rappeler avoir entendu dire par une autorité considérable, un homme aussi célèbre dans les fastes de l'agriculture que dans les fastes de la guerre, le maréchal Vaillant, devant lequel on racontait l'anecdote que je viens de reproduire, qu'il n'admettait parmi les passereaux à l'abri de tout reproche et comme étant d'une innocuité constante, que trois espèces : l'hirondelle, le roitelet et le gobe-mouche. Malgré le respect que nous inspirent les connaissances variées du maréchal, nous prenons la liberté de proclamer qu'il restreint un peu trop l'utilité des petits oiseaux, et de lui opposer l'opinion des cultivateurs praticiens, des agronomes, des naturalistes; enfin les habitudes de propagation en usage dans tous les États limitrophes de la France, en Suisse, en Allemagne, en Savoie, dont nous avons parlé plus haut.

Les passereaux ne sont pas le seul ordre de la classe des oiseaux auquel on fasse une guerre acharnée dans nos campagnes : il faut y ajouter encore les chouettes, les fresaies, les chats-huants, les hibous, les uns habitant les bois, les vieux troncs d'arbres, qu'ils quittent le soir, à l'entrée de la nuit, pour chercher leur nourriture; les autres locataires des vieilles tours des églises, des vieux châteaux, des vieilles masures, qu'ils purgent des souris qui les infestent. Tous rendent des services éminents à l'agriculture et à l'horticulture, en délivrant ces deux industries importantes des mulots, des rats, des musaraignes, des limaces qui causent souvent de si grands ravages, et aussi, quand ce garde-manger vient à leur manquer, d'un genre d'insectes des plus redoutables, papillons nocturnes ou crépusculaires, n'apparaissant qu'après le coucher des petits oiseaux, et connus sous les noms de phalénites, noctuelles, cossus ronge-bois, livrées (*bombyx dispar*), lucanes ou cerfs-volants, sphinx atropos brigands dévastateurs des ruches dans le Midi.

La chauve-souris elle-même, qui n'est pas tout à fait un oiseau, mais qui vole à la manière des oiseaux, mérite une égale protection. Voyez-la dans son vol capricieux en zig-zag, saisir lestement dans l'air les papillons nocturnes des alucites, de la teigne des grains, des pyrales de la vigne, de l'yponomeute du pommier! N'est-ce pas de l'ingratitude que de la pourchasser comme on le fait, que de lui faire une guerre à mort?

Espérons que ces considérations engageront les gens de la campagne à épargner ces êtres nullement nuisibles, et que leur seule apparition pendant la nuit, alors que toutes les autres espèces s'endorment dans le repos, nous a fait, contre toute raison, prendre en grippe : espérons que l'on ne verra plus leur triste cadavre cloué aux portes charretières des fermes et même aux portes cochères des châteaux. Mince triomphe pour des chasseurs de gibier! pauvre ornement de leur habitation! Tuer ces animaux, aussi bien que détruire les petits oiseaux, c'est tirer sur nos meilleurs alliés, sur nos amis, au profit de nos ennemis.

GUEZOU-DUVAL.

Destruction de la mouche jaune des rosiers,

OU HYLOTOME DE LA ROSE (*Hylotoma rosarum*).

Si la rose est la reine des fleurs, c'est un titre qu'elle paye bien chèrement; car il n'est pas, en effet, de plantes qui aient à lutter autant qu'elle, contre les mille fléaux qui assiégent la pauvre espèce végétale. Maladies et insectes de toutes sortes semblent se donner rendez-vous, chaque année, sur cette innocente fleur. De combien de cryptogames parasites n'est-elle pas attaquée? De combien d'insectes, ses feuilles, ses brillantes et majestueuses corolles, ne sont-elles pas dévorées? L'énumération n'en finirait pas! Il est donc vrai qu'il n'est pas de roses sans épines, puisque la rose elle-même ne peut pas jouir paisiblement des magnifiques dons qu'elle a reçus de la nature. S'il est ainsi des épines partout, et qu'on ne peut éviter, essayons au moins d'en émousser les pointes, pour être plus rarement piqué.

Parmi celles qui, aujourd'hui, font éprouver les plus vives douleurs aux disciples de Flore, est un certain insecte qui cause les plus effrayants ravages dans les cultures et collections de rosiers. C'est une espèce de Tenthrède ou mouche à scie, que les entomologistes désignent par le nom de *Hylotoma rosœ.*

Cette mouche a été remarquée par les rosiéristes, depuis fort longtemps; au début de son apparition, on eut le tort de ne s'en point occuper. Aussi à partir de 1842 ou environ, s'aperçut-on des dégâts qu'elle pouvait causer. Tous les horticulteurs de Paris et des environs comprirent alors, malheureusement trop tard, qu'il fallait s'occuper de la détruire. On lui fit la chasse soir et matin, mais le mal allait toujours croissant; les mouches se multipliaient à l'infini; aujourd'hui, l'*hylotome de la rose* exerce ses ravages dans toute la France, et si un remède efficace n'est pas appliqné promptement et partout à la fois pour sa destruction, c'en est fait de la reine des fleurs; elle disparaîtra des jardins...

Cette Tenthrède ou mouche (1, pl. II) est longue de 7 à 8 millim.; son corps est jaune roussâtre, épais, non étranglé au-dessous de l'estomac; le dos, la poitrine, la tête et les antennes (cornes) sont noirs. Les ailes larges et nombreuses ont 15 millim. d'envergure, lorsqu'elles sont étendues. La femelle possède en outre, à l'extrémité inférieure de son corps, un instrument terrible, une sorte de dard court, mais large, denté sur les bords. Que peut-elle faire de cette arme? Est-ce pour se défendre contre l'agression de quelques lovelaces volatiles? Malheureusement non! Ce dard est une arme offensive, servant à attaquer les rosiers qui ne peuvent parer ses coups, malgré les nombreux aiguillons dont ils sont armés. J'ai été assez souvent — trop souvent même — témoin des méfaits de ces Tenthrèdes pour pouvoir faire connaître l'usage de ce dard, les mœurs des mouches, et les fâcheuses conséquences de leur apparition dans les cultures de rosiers.

Les hylotomes, ou mouches jaunes de la rose, apparaissent chaque année, pour la première fois, vers le mi-mai. L'accouplement des mâles et des femelles ne tarde pas à avoir lieu. Bientôt après, la femelle se dispose à opérer la ponte. C'est le matin, de très-bonne heure, que commence l'opération. La mouche parcourt la plantation d'un vol très-lourd; elle s'arrête souvent, se repose un instant sur un rosier, et repart se poser sur un autre; c'est qu'elle est à la recherche du sujet qui doit recevoir le dépôt de ses œufs. Aussitôt que ce sujet est trouvé, elle se fixe sur un rameau le plus tendre. Bien cramponnée avec ses pattes, elle sort son dard, et l'enfonce dans l'écorce. On s'aperçoit alors que ce dard est composé de deux lames rugueuses comme une lime, qui s'écartent, vont et viennent dans la plaie, comme pour en user les bords, et élargir ainsi l'ouverture.

Pendant ce travail, la mouche ne s'occupe nullement de ce qui se passe autour d'elle ; on peut l'approcher pour suivre l'opération, et la prendre à la main sans qu'elle cherche à fuir.

Lorsque le trou est de largeur convenable, la mouche se repose un faible instant, puis après, elle écarte à nouveau les deux lames de son dard pour donner plus d'ouverture à la plaie, dans laquelle on voit aussitôt tomber un œuf, et ensuite une liqueur mousseuse qui le recouvre. La mouche retire alors son dard, fait quelques pas, et recommence la même opération, qui se répète souvent quinze à vingt fois sur le même rameau et sur une longueur de 2 à 5 centimètres. Cette ponte terminée, la pondeuse abandonne ses œufs, quitte le rosier, et va se poser sur un autre où elle continue, sans doute, le même travail jusqu'à environ dix heures ; car à partir de ce moment le vol des Tenthrèdes est plus rapide ; c'est à peine si elles posent sur les rosiers, et dans le milieu du jour, elles disparaissent presque entièrement ; mais on les voit revenir vers les cinq heures, avec le vol à peu près aussi lourd que le matin, et recommencer leurs stations, pour déposer de nouveaux œufs.

Où vont ces mouches de dix à cinq heures ? C'est ce que je cherchai à savoir. Après quelques journées d'observation, je découvris qu'elles allaient à la recherche de leur nourriture, et qu'elles la trouvaient sur d'autres plantes que les rosiers. Je les vis sur les betteraves en fleurs, sur les ombelles de carottes, et plus particulièrement sur le persil. Cette découverte était bonne à noter, et on le verra tout à l'heure, j'en fis mon profit.

J'ai dit qu'après la ponte, une liqueur mousseuse retombait sur chaque œuf. Cette liqueur est excessivement corrodante, car on voit bientôt le pourtour des plaies se durcir, en brunissant, et l'élongation des bourgeons s'arrêter dans la portion piquée ; de sorte que tous les rameaux qui portent des œufs présentent en cet endroit une ligne brune et une arquure très-prononcée, comme on le voit au chiffre 2 de la planche II. L'action de cette liqueur est en outre tellement délétère, que le bouton à fleurs, qui termine le rameau, cesse de grossir ; ce n'est que très-rarement qu'il parvient à l'épanouissement.

Ceci n'est encore que le prélude du mal.

Quinze jours à peine se sont écoulés depuis le dépôt des œufs, que des chenilles presque imperceptibles sortent de leurs berceaux, et se répandent sur toutes les feuilles qui deviennent leur pâture ; elles les attaquent par les bords et les rongent jusqu'aux nervures, qui, souvent même, disparaissent aussi, par la voracité des chenilles adultes, comme le montre le rameau figuré. C'est alors qu'on voit des rosiers pleins de vie n'avoir plus que l'apparence de pauvres cadavres.

Ces chenilles ou mieux ces fausses chenilles (3, pl. II), sont, dans le jeune âge, d'un jaune verdâtre et marquées de nombreux points noirs terminés par un petit paquet de poils. En vieillissant, le dessus de leur corps prend une teinte jaune plus ou moins foncée ; les côtés deviennent verts ; le dessous présente une teinte vert blanchâtre ; la tête est jaune avec deux taches noires autour des yeux. Les pattes sont au nombre de six à l'avant-corps ; on distingue en outre, sous le ventre, six paires de petits tubercules, qui sont autant de crampons avec lesquels la chenille se fixe sur les rameaux.

L'existence de ces rosophages est d'environ trois semaines. C'est vers la fin de juin que les chenilles de la première génération quittent les rosiers pour s'enfermer dans les cocons, et passer plus tard à l'état de nymphes. Les unes tombent alors à terre et s'y enfoncent peu profondément ; d'autres, celles qui se trouvent près des murs, s'arrêtent dans les interstices des pierres ou derrière les treillages.

Ces cocons (4, pl. II) sont de forme à peu près ovale et de couleur jaune terreux. Les larves y restent enfermées à peu près trois semaines ; car c'est vers le mi-juillet qu'apparaissent de nouvelles mouches, qui recommencent à pondre comme au mois de mai.

Cette seconde génération donne naissance, au commencement d'août, à des chenilles qui s'enferment dans le cocon à la fin de la troisième semaine de ce même mois, pour en sortir à l'état de mouche vers la mi-septembre. C'est quinze jours après que l'éclosion des œufs commence à se manifester, et les rosiers sont une dernière fois ravagés jusqu'à la deuxième quinzaine d'octobre, qui voit les chenilles filer leurs cocons, dans lesquels elles restent cette fois jusqu'au printemps de l'année suivante.

Telles sont les mœurs de l'hylotome de la rose, et sa prodigieuse multiplication : trois générations dans le courant de la végétation annuelle du rosier.

On peut comprendre, par là, les effrayants ravages que cet insecte exerce dans les cultures où il s'établit, et malheureusement son camp s'étend aujourd'hui sur toute la France; car les rosiers que nous recevons des départements portent presque tous les traces de sa présence, c'est-à-dire la ligne brune et arquée des rameaux qui recèlent les œufs.

Voyons maintenant ce qui a été fait pour la destruction de cet ennemi de la rose.

Aussitôt que les rosiéristes de Paris ont pu apprécier les ravages de cet hylotome, ils se sont mis à faire la chasse à la mouche. Chaque matin, aux premiers rayons du jour, on se mettait à l'œuvre. Ainsi que je l'ai dit, son vol, à ce moment de la journée, est très-lourd; occupée à déposer ses œufs, elle se laisse facilement approcher. On la prenait alors à la main, et on l'écrasait; le soir on recommençait la même opération. Ce mode de destruction, le seul encore employé aujourd'hui par tous mes confrères, n'est pas toujours praticable, et présente plusieurs inconvénients. D'abord en écrasant la mouche dans les doigts, on est bientôt environné de l'odeur infecte qu'elle exhale naturellement; puis cette chasse exige qu'on passe sur tous les rosiers; on foule la terre; un temps précieux est employé à cette recherche, et le moment où la mouche quitte les rosiers arrive avant qu'on ait eu le temps de parcourir toute l'étendue des cultures. Aussi, les mouches apparaissent-elles chaque année toujours en plus grand nombre. Le résultat est donc : beaucoup de temps et d'argent dépensés à peu près inutilement.

En même temps qu'on faisait la chasse à la mouche, on coupait les rameaux piqués, espérant par là détruire le germe des chenilles. Mais, autre inconvénient. La suppression des rameaux portait le trouble dans la végétation; les yeux inférieurs se développaient, leurs bourgeons étaient atteints par les chenilles de la génération suivante; on les supprimait, et, à la fin de l'année, les rosiers n'offraient plus que des tronçons de rameaux rabougris et d'un triste aspect. Malgré cela, l'hylotome n'avait pas cessé de vivre.

M. Blanchard, dans sa *Zoologie agricole*, recommande d'enduire les parties piquées avec un corps gras, du vernis, etc., qui empêche, dit-il, l'éclosion des œufs. Il pense aussi qu'en « raclant la terre au pied des arbres pendant l'automne ou l'hiver, époque à laquelle cette opération est praticable, on est sûr de détruire beaucoup de nymphes et d'avoir ses rosiers plus épargnés quand viendra le printemps. »

Ces deux moyens ne me paraissent pas très-efficaces. Ils peuvent être d'une application facile dans les jardins où il n'y a que quelques pieds de rosiers : mais ils me paraissent impraticables dans les grandes cultures qui comptent de 20 à 25 mille individus de cet arbuste ; de plus, pour diminuer un peu le mal, on dépense beaucoup de temps, et par conséquent beaucoup d'argent. En effet, pour recouvrir de vernis ou autres substances visqueuses les fentes où sont les œufs, il faut parcourir toute la plantation, visiter chaque rameau très-attentivement : une pareille visite sur des milliers de rosiers ne peut se faire en un jour ; pourtant ce travail doit être fait très-peu de temps après la ponte, et être suivi chaque jour, puisque chaque matin les mouches font de nouveaux dépôts.

Quant au raclage de la terre, je le tiens également pour insuffisant et d'un exécution très-coûteuse. — Insuffisant, parce qu'on laisse toujours une grande quantité de cocons dans le sol, et que le raclage n'atteint pas ceux qui se trouvent dans les fentes des murs, derrière les treillages, etc. Et que de temps pour racler ainsi plusieurs arpents de terrains, au milieu d'épines qu'il faut couper, sans compter que la suppression de ces épines ne peut que nuire à la bonne végétation des arbustes. Ainsi aucun moyen efficace de destruction : perte de temps et d'argent sans diminution du mal, voilà jusqu'à ce jour ce qui a été constaté. On espérait que quelques froids un peu rigoureux détruiraient les larves : les gelées de 1844 à 1845 ont tué les rosiers et non l'hylotome.

En présence d'un mal qui s'accroissait chaque jour, je me mis à étudier les mœurs de cet insecte, espérant par là trouver un moyen de destruction. Ce moyen, je l'ai trouvé à la suite de plusieurs années d'observations ; l'expérience a confirmé son efficacité : il est simple, peu coûteux, et d'une exécution facile.

J'ai déjà dit que les mouches abandonnaient les rosiers dans le milieu de la journée, et qu'elles allaient prendre leur nourriture sur d'autres plantes, et particulièrement sur le persil en fleurs. Cette découverte me donna l'idée de planter quelques pieds de cette ombellifère dans mes cultures de rosiers, et j'eus lieu de m'en féliciter, puisque, sans piétiner la terre, sans parcourir toute l'étendue de mes plantations, j'en détruisais des centaines par jour. Sur un seul pied de persil, j'ai tué, dans l'espace de six semaines, plus de 15 cents de ces mouches ; car, arrivé à ce nombre, j'ai cessé de compter.

D'après ces résultats, je crois devoir recommander, à mes confrères et aux amateurs, l'emploi du persil, surtout la variété frisée, pour arriver à la destruction de l'hylotome de la rose. Voici ce que je conseille de faire :

Semer au mois d'août du persil frisé, dont l'ombelle est plus forte que l'ordinaire et qui est de très-bonne heure presque toujours en fleurs. En planter dans les rosiers, vers le mois de mars ou avril suivant, une dizaine de pieds, qui fleuriront à peu près à l'époque de l'apparition de la mouche. Pour n'avoir pas à entrer dans les massifs ou plates-bandes, on peut les planter sur le bord des allées, ou derrière les corbeilles si on en veut cacher la vue.

Aussitôt que les fleurs commencent à apparaître, les mouches viennent dans le milieu du jour butiner dans les ombelles. A ce moment elles ne s'occupent pas de ce qui se passe autour d'elles; on visite alors chaque touffe de persil et on prend les mouches à la main. Je ne dirai pas de les écraser avec les doigts, l'odeur qu'elles exhalent est trop désagréable; on les prend avec les doigts, et on les jette dans une petite bouteille où il y a de l'eau et qu'on tient fermée avec le pouce. Quand la bouteille est pleine, on la secoue fortement, et renversant le tout à terre, avec le pied on écrase les mouches.

Ce procédé, on le voit, est très-simple et peu coûteux; on peut détruire une grande quantité d'insectes en peu de temps.

Mais, quelle que soit l'efficacité de ce moyen de destruction, il faut reconnaître cependant que le résultat ne sera complet qu'autant qu'une chasse générale sera faite dans les localités où apparaît l'*hylotome de la rose*, comme il en est pour les chenilles. La culture des rosiers est une branche assez importante de commerce en France, pour qu'on s'occupe sérieusement de la destruction de l'insecte qui la menace sérieusement.

Voyez l'essai sur l'*Entomologie horticole*, par le Dr Boisduval, p. 394.

MARGOTTIN, horticulteur.

La zeuzère du marronnier.

Quiconque possède quelques arbres, connaît la chenille de la zeuzère et lui a reproché trop souvent de sérieux méfaits. Cette chenille a 4 ou 5 centimètres de longueur (fig. 9); elle est jaune avec quatre points noirs

Fig. 9. Chenille de la zeuzère.

sur chaque anneau; sa tête et la partie antérieure du second sont cornés, le clapet anal l'est aussi ; ce second anneau, dans lequel se cache la tête, est beaucoup plus gros que les autres, ce qui fait ressembler cette chenille à une petite massue.

Elle commence son travail avant l'hiver dans une jeune branche ; la chenille étant petite encore a besoin d'un bois tendre où puissent mordre facilement ses frêles mandibules. L'hiver passé, elle attaque une branche plus forte, y creuse une galerie plus spacieuse, et mord toujours devant elle en suivant le centre de la branche : elle sait que le bois lui manquerait si elle mordait trop à droite ou à gauche ; qu'en outre, elle finirait par se mettre en contact avec l'air libre qui lui plaît médiocrement ; et qu'enfin, la branche affaiblie sur ce point ne permettrait plus une circulation assez abondante de la séve et s'étiolerait. Privée des sucs qui, avec le bois, constituent sa nourriture, elle serait forcée de déloger. En outre, elle creuse toujours sa galerie de bas en haut, afin de laisser à ses excréments un libre passage à l'extérieur.

Les arbres de tous âges sont sujets à ses attaques ; grands et vigoureux, ils peuvent supporter ce parasitisme ; mais quand le sujet est jeune, que le diamètre de sa tige est encore faible, cette chenille en a vite raison. En admettant que son travail seul ne le fasse pas dépérir, les coups de vent risquent fort de le rompre ; affaibli par sa base sur une longueur de 12 à 15 centimètres, il n'offre plus à cet élément qu'une faible résistance, et une rafale le renverse.

Arrivée à toute sa taille vers le mois de juin, la chenille fait volte-face dans son étroit domicile ; sa tête est alors dirigée en bas. Après avoir déblayé soigneusement la partie inférieure de son couloir, elle bouche, par un opercule de soie, le trou qui est resté ouvert jusqu'alors, l'élargit dans cette partie, tapisse de soie les parois, et complète ce travail en bouchant, avec des rognures de bois mêlées de soie, la partie supérieure de ce réduit. De la sorte elle se trouve enfermée dans une coque où elle attend le moment de sa métamorphose. Dans peu de jours elle est devenue chrysalide, et sous cet état elle mérite notre attention.

Chacun de ses anneaux, est muni postérieurement d'une rangée circulaire d'épines, dont les pointes sont dirigées en arrière. Les mouvements violents que doit faire le papillon pour se dégager de cette enveloppe, feraient tourner au hasard la chrysalide ; mais les épines, en s'accrochant à la soie qui tapisse les parois de la coque, la forcent, au contraire, d'avancer vers l'orifice. Arrivé là, les efforts augmentent, car il faut franchir cet obstacle ; pour cela, le papillon se contracte, et les épines jouant toujours leur rôle, le font à chaque effort avancer un peu. Après bien des fatigues, l'obstacle cède, et la chrysalide passe à l'extérieur jusqu'à la moitié de sa longueur, les épines s'opposant encore à sa complète sortie. La peau se fend sur le dos, et l'insecte parfait, aidé de ses pattes, est maintenant en état de compléter cette manœuvre. Il se dégage de son enveloppe qui reste prise dans la cloison soyeuse, et gagne la tige de l'arbre où il reste immobile, attendant que le développement de ses ailes soit complet, et, dès que le repos a réparé ses forces, il s'ébat dans les airs.

Ce papillon (fig. 10) éclot dans le courant de juillet ; une courte description le fera reconnaître.

Fig. 10. Zeuzère du marronnier

Le mâle a 5 centimètres d'envergure, et la femelle 7. Les ailes supérieures sont blanches et presque transparentes, avec une multitude de points d'un vert bleu ; ces points sont beaucoup plus gros sur les femelles. Les inférieures sont blanches aussi, avec des points de même couleur, beaucoup plus rares et moins apparents. Le dos est blanc avec six ou sept gros points de même couleur, disposés en ovale. L'abdomen est d'un vert noirâtre, recouvert de rares poils blancs. Le mâle a les antennes ou cornes pectinées depuis la base jusqu'à la moitié de leur longueur, et filiformes sur l'autre moitié. Celles de la femelle sont filiformes et blanches depuis la base jusqu'à la moitié.

La manière de découvrir ce ver n'est pas nouvelle, et le procédé pour le détruire ne l'est pas non plus. Il suffit de tenir le pied des arbres propre, de les débarrasser des herbes qui y croissent ; de cette manière on verra plus facilement à terre les crottes de couleur jaune ou rougeâtres qui sortent par l'orifice. Remarquons en passant qu'il aime à établir sa galerie à peu de distance de terre ; de cette façon, son ouverture est cachée par les plantes voisines, et ses crottes qui pourraient le trahir ne sont pas vues aussi facilement. Le domicile de la chenille étant connu, on prend un morceau de fil de fer pointu et on l'introduit dans le trou aussi profondément que la galerie le permet ; on répète plusieurs fois le mouvement de va-et-vient, et lorsqu'on voit couler par l'orifice un liquide blanchâtre, on peut être assuré que le ver est occis.

Ce ver attaque le pommier, le prunier, le poirier, le cognassier, le tilleul, l'orme, le sorbier des oiseaux et le marronnier d'Inde.

La zeuzère du marronnier est peut-être le plus sérieux ennemi des fruitiers ; mais d'autres chenilles se nourrissent aussi aux dépens de ces arbres. MAGDALA.

(*Journal d'agriculture et d'horticulture de la Gironde.*)

Travaux et chronique séricicoles.

Le *Sud-Est* donne les instructions suivantes sur les premiers soins à donner aux œufs de vers à soie sur carton, avant la mise en incubation, et bien qu'il recommande d'agir en mars, nous croyons qu'on peut encore opérer dans la première quinzaine d'avril dans les cantons septentrionaux.

1° Dans la première quinzaine de mars, préparer un bain d'eau fraîche, avec 150 grammes de sel par litre d'eau, et y faire tremper la graine pendant 24 heures au moins. 2° Décanter l'eau salée, la remplacer par l'eau fraîche naturelle, continuer le bain pendant 24 heures encore, en renouvelant l'eau fraîche, plusieurs fois. 3° Sortir les cartons du bain, les faire ressuyer sur un carrelage, puis les placer sur une claie entre deux feuilles de papier buvard. 4° Les cartons étant parfaitement secs, les tenir l'un à côté de l'autre sur les rayons d'un appartement (ou d'une armoire) frais, mais secs, dont la température ne dépasse pas 8 à 10 degrés Réaumur.

Nota. La graine ainsi préparée et purifiée de toute malpropreté, est disposé à mieux éclore. Vue à la loupe, elle est magnifique. Il ne faut pas chercher à détacher la graine des cartons, c'est là qu'elle doit éclore.

1° C'est en mars qu'il faut faire ces essais. Alors la fermentation naturelle préparatoire de la graine est commencée : la sève monte dans les mûriers ; on n'a qu'à aider et hâter la nature, et l'éducation peut être achevée avant l'éclosion générale. 2° En janvier et février c'est trop tôt, tout est artificiel et forcé; les résultats n'ont rien de concluant. En avril c'est trop tard, on n'a pas le temps d'attendre le résultat.

3° Sans exagérer la portée d'une éducation précoce essayée en mars, rejeter impitoyablement toute graine dont les vers présenteraient les signes de la maladie, savoir : les taches de couleur terre noire sur le corps et notamment aux pattes et le gonflement des anneaux.

— Quinze jours avant le moment où l'on désire avoir des vers éclos, porter les graines dans l'appartement où elles doivent éclore. Les cartons seront posés à plat sur les claies ou les tables. — Cet appartement sera chauffé (avec des charbons ardents recouverts de cendre) à 12 degrés Réaumur. — Du premier au quatrième jour, cette température sera maintenue; le quatrième, elle sera élevée à 13 degrés jusqu'au sixième jour; à partir de là, tous les deux jours on avance d'un degré, pour atteindre 18 degrés le quinzième jour. — Quand la graine vient à changer, il ne faut pas presser davantage; l'incubation à basse température donne des vers plus robustes. — Mais quand la graine devient blanche et que l'éclosion commence, il est utile, si 18 degrés sont déjà atteints, d'y arriver en élevant d'un degré par jour.

Nota. Eviter pendant l'incubation toute variation brusque de température; à cet effet, couvrir les cartons d'un drap de lit, et par-dessus d'une couverture.

— On distingue facilement les graines polyvoltines des annuelles par leur couleur, qui est presque toujours rougeâtre. Il y a, il est vrai, des exceptions, mais en généralité, un indice plus sûr, c'est que la graine polyvoltine est plus petite, oblongue; elle se détache facilement du carton; elle est assez propre, luisante, s'écrase facilement et n'a pas l'*incavature* régulière, tandis que la vraie annuelle est grosse, ronde, sale, se détache difficilement du carton, ne s'écrase pas avec facilité et a enfin son incavature régulière au milieu; et toutes les fois que les graines présenteront une coloration rougeâtre, on fera bien de s'en méfier. (*J. d'agriculture progressive.*)

— Le mois prochain nous pourrons commencer une appréciation des produits séricicoles envoyés à l'Exposition du Champ-de-Mars, ainsi que de tout ce qui concerne les insectes. En attendant, nous dirons que figurent, dans la classe 43 (produits agricoles, — généralement mal représentés et mal agencés), de beaux spécimens de papillons, de cocons et de soie de l'ailante et du chêne, exposés par M. Guérin-Meneville; de magnifiques cocons blancs exposés par Mlles Noeline Cournil de Lavergne, de Brives, Camille d'Agincourt, de Saint-Amand, etc.; une collection aussi nombreuse que brillante de cocons, graines, soies, etc., exposés par M. Gounod, de Lyon. Dans le parc, qu'on avait dit être destiné aux insectes, on trouve une plantation de jeunes chênes et d'ailantes, faite par M. Camille Personnat, d'Alençon, sur lesquels il entretiendra sans doute des vers à soie lorsque les feuilles en seront poussées. Dans l'intérieur du Palais, on remarque aux articles ouvrés les soies grèges, teintes et filées, de Lyon, l'Ardèche, etc. L'étranger a fait des envois qui doivent aussi appeler notre attention.

J. P.

Travaux apicoles de la saison.

Avant d'indiquer les travaux de la saison, quelques conseils généraux ne se trouveront pas déplacés. En apiculture il faut réduire le plus possible les frais d'exploitation, introduire certaines plantes qui peuvent aussi servir comme fourrages, exécuter soi-même les opérations ou ne s'en remettre qu'à un homme intelligent et le surveiller attentivement, ne négliger aucun des soins exigés, qui, au reste, sont peu nombreux et peu difficiles. Les principaux sont les suivants : disposer les ruches par groupes pour éviter les mélanges d'essaims; surveiller les essaims pour les recueillir; empêcher le pillage des colonies orphelines; abriter les ruches des vents du nord et de l'humidité; les calfeutrer à l'entrée de l'hiver pour les préserver des souris; s'assurer alors si elles sont bien approvisionnées et fournir le supplément nécessaire à celles qui ne le sont pas; au printemps, venir au secours des faibles et procéder à un nettoyage rigoureux. Ce nettoyage consiste à soulever la ruche pour balayer le tablier et à extraire les rayons qu'elle pourrait avoir d'altérés.

En ce qui concerne les frais d'exploitation, les apiculteurs allemands, ou du moins ceux de l'école nouvelle, ne partagent pas nos principes; ils ne reculent pas devant le prix élevé des ruches à cadres mobiles, qui est de 8 à 12 fr., tandis que les ruches à hausses et à chapiteau que nous préconisons ne coûtent que 2 ou 3 fr. Cela tient en partie à ce que la main-d'œuvre est moins élevée en Allemagne qu'ici, et que les produits y trouvent des prix plus rémunérateurs. Ces considérations établies, revenons aux travaux de la saison.

Dans les cantons méridionaux et du centre, les abeilles sont sauvées vers le milieu d'avril ; les fleurs sont assez abondantes et la température assez douce pour que nos travailleuses puissent trouver leur nourriture à l'extérieur, notamment sur les arbres fruitiers en plein épanouissement, sur les navettes, colzas, etc. Au-dessous de 15 à 18 degrés, les fleurs donnent peu de miel, si ce n'est par des journées exceptionnelles. Une chaleur trop élevée neutralise aussi la production de ce suc. Il en est de même d'un vent sec et persistant. Au contraire, l'électricité et une humidité douce le développent. Les engrais, qui activent la séve, neutralisent encore la production du miel.

Mais dans d'autres cantons, et par les années où l'hiver se prolonge, où la pluie et le vent retiennent les abeilles au logis, il faut encore les soigner au mois d'avril comme au mois de mars. Les provisions intérieures s'épuisent à cause du nombreux couvain qu'il faut alimenter. C'est le moment de la grande ponte, et il importe qu'elle n'éprouve aucun ralentissement. Il faut présenter quelque nourriture à toutes les colonies qu'on juge en avoir besoin. Un kilog. ou un demi-kilog. de miel suffit souvent à cette époque pour empêcher de mourir une colonie qui pourra donner quinze ou vingt francs de produits six semaines ou deux mois plus tard.

Comme l'essaimage approche, il faut préparer les ruches nécessaires pour loger les essaims ; il faut préparer aussi les hausses et les chapiteaux qu'on doit employer afin d'obtenir moins d'essaims, mais de les obtenir plus forts. L'essaimage a lieu en raison de la force des colonies et de la capacité des ruches. Plus les colonies sont populeuses et moins leur ruche est grande, plus elles donnent d'essaims. Le beau temps est aussi pour beaucoup dans la production des essaims. En agrandissant les ruches, soit par une hausse, soit par un chapiteau, on est donc exposé à obtenir moins d'essaims, mais on obtient souvent plus de produits. Dans cette vue, il faut calotter les ruches qui peuvent l'être, surtout si la saison est bonne et si, dans la localité, il se trouve en abondance des fleurs de colza, de navette, de guigniers, etc.

En avril, des colonies peuvent encore devenir orphelines, c'est-à-dire perdre leur mère ; mais il faut moins s'en préoccuper qu'en mars et février, car les ruches contiennent du jeune couvain d'ouvrières avec lequel les abeilles se créent une mère. Cet accident ne fait le plus souvent que les retarder ; elles n'essaiment pas, ou elles essaiment plus tardivement. Pour se créer une mère (femelle développée) avec du jeune couvain destiné à ne produire qu'une ouvrière (femelle atrophiée), elles agrandissent la cellule dans laquelle se trouve la jeune larve — larve d'un jour ou deux et même plus ; — elles donnent à cette cellule une forme oblique et plutôt verticale que celle horizontale qu'elle avait primitivement, et elles alimentent cette larve d'une bouillie plus composée, plus prolifique. Le couvain accomplit les transformations voulues, et, au bout de seize ou dix-sept jours, il en naît une femelle développée qui a les mêmes qualités que les mères pondues et élevées dans des cellules spéciales. Cette faculté accordée aux abeilles permet à l'apiculteur de donner à la ruche qui a perdu sa mère les éléments pour la remplacer. Il extrait d'une ruche organisée un morceau de rayon ayant du jeune couvain et le greffe dans la ruche qui n'en a pas et qui a perdu sa mère. Aussitôt les abeilles de la colonie orpheline se mettent à transformer une ou plusieurs cellules ouvrières.

H. HAMET.

Insectes nuisibles.

TRAVAUX DE DESTRUCTION A EXÉCUTER PENDANT CHAQUE MOIS DE L'ANNÉE.

Avril. — Au printemps, l'activité des insectes se déchaîne dans toute sa violence. Un grand nombre d'entre eux ont achevé leur développement dès le courant d'avril, et s'empressent d'envahir en foule les végétaux. Aussi est-il très-nécessaire de faire la chasse aux insectes à mesure qu'ils apparaissent.

Les différents arbres fruitiers devront être bien secoués, de grand matin, pour en faire tomber les insectes destructeurs des fleurs, tels que charançons, psylles, cécidomyes, sciares, jeunes chenilles, larves, etc. On recueillera ces insectes sur une grande toile étendue sous l'arbre. On coupera aussi les bourgeons des arbres en espalier dont l'état maladif révèle la présence d'un ennemi interne. Pour la phyllobie oblongue (*phyllobus oblongus*), petit charançon qui attaque les bourgeons des arbres fruitiers, M. Koltz dit avoir obtenu de bons résultats en coiffant d'un bonnet de papier les bourgeons principaux des arbres greffés basse tige ; il paraît que cet insecte n'attaque pas les feuilles privées des rayons solaires.

Les hannetons devront être poursuivis sans relâche jusqu'à la fin du mois de mai, afin de les empêcher autant que possible de faire leur ponte. Cette chasse est très-importante et, pour être fructueuse, elle devra se faire de grand matin, parce que les hannetons sont alors engourdis et tombent facilement des arbres, lorsqu'on agite brusquement leurs branches. On ramassera les insectes tombés, qui seront jetés dans un vase rempli d'eau chaude, et, pour ne pas en perdre, on fera bien d'étendre sous l'arbre de grandes toiles. La vie de ces insectes est très-dure; il est donc convenable de les faire bouillir pour les tuer, et ils forment alors un excellent engrais. Comme les hannetons évitent les odeurs fortes et fétides, on pourra facilement les éloigner des champs, en répandant à leur surface des vidanges de fosses d'aisance, de l'urine fermentée et allongée d'eau, des cendres de tourbes, des déchets de fabriques de produits chimiques, ou d'autres engrais d'une odeur fétide. La suie, qui forme un très-bon engrais, paraît également avoir la propriété de repousser ces insectes. En mettant ces moyens en pratique au moment où les premiers hannetons sortent de terre, on les empêche de faire leur ponte et on les chasse dans les endroits où aucun préservatif n'a été employé contre le funeste produit de ces coléoptères. Il convient donc que tous les cultivateurs d'une même localité s'entendent pour la préservation de leurs champs.

L'anisoplie agricole (*anisoplia agricola*), plus connu sous le nom de *hanneton des champs*, apparaît aussi parfois à la fin d'avril. Ses mœurs étant identiques à celles du hanneton ordinaire, on pourra suivre le même mode de destruction que pour ce dernier.

On devra également faire la chasse aux guêpes à l'aide d'un filet à papillons. Cette chasse ne doit pas être négligée, parce que chaque femelle tuée est un guêpier de moins. (Voir p. 8.)

Il faudra aussi s'efforcer de détruire les tingis du poirier (*tingis pyri*) ou *tigre sur feuille*, comme on les désigne vulgairement. On emploiera à cet effet les mêmes procédés que j'ai indiqués précédemment pour les pucerons. — On placera quelques arbres d'appât pour attirer les scolytes et les autres insectes xylophages. (On entend par arbres d'appât, des troncs languissants et fraîchement abattus, qu'on plante en terre dans les endroits habités par les scolytes. Ces insectes se jettent bientôt sur les arbres d'appât, et en brûlant ces derniers au bout de quelques mois, on parvient à détruire aisément une multitude d'insectes xylophages.)

On commencera soigneusement l'échenillage des groseilliers et des rosiers. — A partir du 15, on débarrassera le colza et les autres crucifères des nitidules et des ceutorhynches ; à cet effet, on secouera chaque plante pour recueillir les insectes sur un linge ou dans un sac. Les choux seront purgés des pentatomes (genre de punaises) et des diverses larves et chenilles, en arrosant les plantes envahies avec des substances très-amères, ou en les secouant au-dessus d'une toile. Il est bon de commencer la chasse aux altises.

Ce genre compte environ trois cents espèces pour l'Europe seule. Le caractère le plus saillant des altises est la faculté qu'elles ont de sauter, dès qu'on les touche, à une hauteur assez considérable; elles exécutent ce saut de la même manière que les puces, ce qui leur a valu les noms de *puces de terre, puces de jardins*.

Ces insectes abondent particulièrement sur les crucifères, mais la vigne, le lin, le houblon et jusqu'aux céréales ont à souffrir de leurs atteintes. Ces coléoptères paraissent avoir une grande prédilection pour le pollen des anthères, car on leur en voit avaler des quantités considérables.

Les meilleurs agents destructeurs des altises, dit avec raison M. Dunal, sont les variations atmosphériques. Il ne faut qu'une pluie froide ou quelques jours d'une chaleur trop active, pour faire périr la plupart des larves et peut-être même beaucoup d'insectes parfaits; il arrive ainsi que, lorsqu'on croyait en être le plus infesté, on s'en trouve presque instantanément débarrassé. On ne doit cependant jamais compter sur ces effets atmosphériques, car, s'ils ne se présentent pas, et qu'on n'ait pris aucune précaution contre les dévastations des altises, on verra bientôt les récoltes en danger.

Quand on sème les crucifères, il est bon de couvrir les graines d'une légère couche de terreau, ou bien, ce qui vaut encore mieux, de crottins de cheval fraîchement sortis de l'écurie. Lorsque le plant sort alors de de la terre, il n'est jamais attaqué par les altises à cause de l'odeur pénétrante de la fiente de cheval en décomposition. — « Pour empêcher, écrit M. Huart Chapel, mes navets, mes choux et les crucifères en général, d'être attaqués ou dévorés par les pucerons, les altises, etc., je mêle la semence avec de la fleur de soufre, afin qu'elle en soit bien couverte. Jamais, dans ma longue expérience, je n'ai vu mes feuilles endommagées. »

M. Scheidweiler recommande la composition suivante : On prend un kilogramme d'absinthe, qu'on fait macérer dans un seau d'eau bouillante ; d'autre part, on fait dissoudre deux onces d'*assa fœtida* dans un quart de litre de vinaigre, et l'on verse cette solution dans l'infusion d'absinthe encore chaude. Pour se servir de ce liquide, on ajoute encore un demi-seau d'eau, et quand le liquide est froid, on le répand, au moyen d'un arrosoir, sur les plantes attaquées. — La poudre insecticide de pyrèthre produit également de bons résultats ; mais comme cette substance est assez coûteuse, on ne peut guère l'employer que pour les très-petites cultures.

Dans certaines localités, on fait la chasse aux altises au moyen de planchettes blanchies et couvertes de glu. Pour les cultures de colza, M. Bella a fait construire une sorte de brouette, portant au devant une planche enduite de glu au bas de laquelle on pend une toile. On promène cet instrument sur tous les semis ; la secousse imprimée aux altises les force à sauter et à venir s'engluer à la planche. On pourrait facilement modifier cet appareil et le faire servir aux diverses cultures.

(*J. des travaux de l'Académie nationale.*) Dr Alphonse Dubois.

Société d'insectologie agricole.

Sur la convocation du président de la Société centrale d'apiculture, se sont réunis, le 12 mars 1867, à l'hôtel de la Société impériale d'horticulture, rue Grenelle-Saint-Germain, 84, à Paris, trente-deux personnes dans le but de procéder à l'organisation de la Société d'*Insectologie agricole*. Siégent au bureau : MM. Valserres, assesseur de la Société d'apiculture, qui occupe le fauteuil de la présidence, le Dr Boisduval, le colonel Goureau, Hamet, A. Rivière et Deyrolle. Arrivent et viennent le compléter MM. le vicomte de Liesville et Carcenac.

Le président développe le but de la réunion et donne lecture de l'article premier du projet des statuts. Une discussion s'engage sur le titre « *d'insectologie.* » — M. Jean Tapié dit que ce mot, combiné du grec et du latin, répugne à notre langue. Il propose de le remplacer par « entomologie appliquée ou pratique. » M. Valserres répond que le mot est hybride, il est vrai, mais qu'il sera mieux compris que le mot entomologie par les agriculteurs en vue de qui la Société est plus particulièrement fondée. M. Goureau ajoute que le mot « insectologie » a déjà été employé par le célèbre naturaliste Bonnet dans son ouvrage *Études sur la nature*. M. Boisduval cite plusieurs termes en usage, formés également du grec et du latin, entre autres « mammalogie, insecto-ceptologie, etc. » — Le titre est mis aux voix et adopté, ainsi que l'article premier.

On passe à l'examen des articles suivants, qui sont successivement adoptés après une discussion à laquelle prennent part MM. Guérin-Meneville, de Lavalette, Carcenac, Boisduval, de Liesville, Émile Duchemin, J. Valserres, Ch. Barbier, A. Gelot, Goureau, Deyrolle, Jean Tapié, Donnaud, Hamet, Richard et Rivière.

Il est ensuite procédé, en vertu de l'art. 8 des statuts (voir ci-dessous), à l'élection des membres du conseil d'administration et du bureau. Sont nommés membres du conseil : MM. Boisduval, le colonel Goureau, Guérin-Meneville, A. Pouchet, Ad. Focillon, H. Hamet, Dr Balbiani, Guezou-Duval, Ernest Menault, Deyrolle, vicomte de Liesville, Donnaud, J. Valserres, de Lavalette, P. Cère, Ch. Barbier, Richard (du Cantal), A. Rivière, Carcenac, Paul Richard, Jean Tapié, A. Gelot, X..., X..., X...

MEMBRES DU BUREAU :

Présidents d'honneur : MM. Ferdinand BARROT, grand référendaire du Sénat, et BONJEAN, sénateur.

Président : M. le Dr BOISDUVAL.

Vice-présidents : Le colonel GOUREAU, GUÉRIN-MENEVILLE, POUCHET et Ad. FOCILLON.

Secrétaire général : H. HAMET.

Secrétaire du conseil : E. MENAULT.

Secrétaires des séances : Le Dr BALBIANI et GUEZOU-DUVAL.

Secrétaire-adjoint : DEYROLLE.

Archiviste : De LIESVILLE.

Trésorier : DONNAUD.

STATUTS DE LA SOCIÉTÉ D'INSECTOLOGIE.

ARTICLE PREMIER. Il est formé à Paris une *Société d'insectologie agricole*, dont le but est de contribuer à la multiplication des insectes utiles, et de vulgariser les moyens de destruction des insectes nuisibles.

ART. 2. Cette Société se compose de membres honoraires et de membres titulaires, sans désignation de nombre.

ART. 3. Le titre de membre honoraire peut être conféré aux personnes qui, par leurs publications et leurs travaux, concourent au but que se propose la Société. Il peut être également conféré aux personnes qui l'aident par des dons ou par leur patronage.

ART. 4. Toute personne, sans distinction de résidence et de nationalité, peut être reçue membre titulaire et correspondant de la Société en se faisant présenter par deux membres de la Société, en adhérant aux présents statuts, et en payant une cotisation annuelle de 10 francs.

ART. 5. La cotisation annuelle donne droit à la réception gratuite du Bulletin d'insectologie désigné par la Société pour publier ses travaux (1).

ART. 6. Tout membre admis reçoit un diplôme dont le coût est de 3 fr. une fois payés (3 fr. 50 envoyé *franco* par la poste).

ART. 7. Le titre de membre se perd par défaut de payement de la cotisation annuelle.

ART. 8. La Société est administrée gratuitement par un conseil composé de 25 membres dont le bureau fait essentiellement partie.

ART. 9. Le bureau est composé de : 2 présidents honoraires, 1 président, 4 vice-présidents, 1 secrétaire général, 1 secrétaire du conseil, 2 secrétaires des séances, 1 secrétaire adjoint, 1 archiviste, 1 trésorier.

ART. 10. Le conseil et son bureau sont renouvelés par moitié chaque année en séance générale. — Les membres sortants sont rééligibles. — L'élection a lieu par bulletin de liste et à la majorité des suffrages.

ART. 11. Pour qu'une délibération administrative soit valable, il faut que l'assemblée qui la vote compte, présents à la séance, au moins le tiers des membres du conseil.

ART. 12. La Société se réunit mensuellement en séance publique. Tous les membres ont droit d'assister aux réunions, qui ont lieu, à Paris, le 1er jeudi de chaque mois. — Ils peuvent faire des communications, soumettre des appareils, des produits, etc.

ART. 13. Tout membre du conseil qui, sans excuse valable, manque 3 mois de suite aux réunions est démissionnaire.

ART. 14. La Société a une séance générale annuelle dans laquelle il est procédé au renouvellement par moitié des membres du conseil d'administration et de son bureau. Tous les membres présents ont droit de prendre part au vote.

Dans cette séance, le secrétaire général et le trésorier rendent compte de la situation de la Société en ce qui les concerne.

ART. 15. Les convocations ordinaires sont faites par le secrétaire général, qui règle l'ordre du jour des séances.

(1) La Société désigne le journal l'*Insectologie agricole* édité par M. DONNAUD, imprimeur-libraire, rue Cassette, 9, et publié avec le concours de tous les membres de la Société. Ce journal rend compte des travaux de la Société. — L'éditeur a pris l'engagement de laisser son journal au prix de six francs par an à la Société.

Art. 16. Sur la demande écrite de huit membres du conseil, le président sera tenu de convoquer une assemblée extraordinaire.

Art. 17. La Société forme une bibliothèque, des collections et un musée. Elle centralise et coordonne dans ses archives les documents qui lui sont transmis, et désigne ceux qu'elle se propose de publier. Elle crée un bureau de consultation pour la détermination des insectes sur lesquels on désire être renseigné.

Elle met au concours diverses questions d'insectologie pratique, etc.

Elle organise des expositions d'*insectes utiles*, de leurs produits et d'appareils propres à leur culture, ainsi que d'*insectes nuisibles* et de leurs dégâts.

Art. 18. Le conseil d'administration pourra, en séance générale, modifier les présents statuts, qui seront soumis à l'autorité compétente.

Un règlement rédigé par le conseil d'administration et voté par l'assemblée générale, mettra les présents statuts en exécution.

— Le 23 mars, le Conseil d'administration s'est réuni 1° pour compléter ses membres ; 2° pour nommer une Commission chargée de préparer le règlement administratif exigé par l'art. 18 des statuts ; 3° pour nommer un comité de publication. Les noms proposés pour membres du Conseil sont : MM. le Dr Sichel, Signoret et W. de Fonvielle. La Commission du règlement se compose de MM. Balbiani, Hamet, de Lavalette, de Liesville et J. Valserres. Sont nommés membres du comité de publication, MM. Balbiani, Ch. Barbier, Boisduval, Deyrolle, Guérin-Meneville, Guezou-Duval, Goureau, Hamet, de Lavalette, Menault, Rivière, Jean Tapié et J. Valserres. *Pour extrait : le secrétaire adjoint,* Deyrolle.

— La Société d'*Insectologie agricole* a reçu des adhésions dès le début de son existence. Voici un extrait de celle de la *Société centrale d'agriculture de Belgique* : « Monsieur le président, nous avons reçu le premier numéro de l'*Insectologie agricole* qui vient de paraître et que vous avez eu la gracieuseté de nous adresser comme spécimen. Nous avons parcouru cette livraison avec tout l'intérêt qu'elle mérite. Les principes qui y sont renfermés et en même temps si habilement défendus ont de l'actualité en répondant aux besoins urgents de l'agriculture et en venant puissamment en aide aux efforts que cette utile industrie fait, en ce moment, pour arrêter ou tout au moins pour amoindrir les ravages que causent à ses produits les ennemis innombrables qu'elle rencontre parmi les insectes.

» Depuis longtemps, nous aussi, nous faisons des efforts pour implanter dans l'esprit du public cette protection nécessaire que, de toute part, l'agriculture réclame en faveur des oiseaux insectivores. Toujours nous avons protesté de la manière la plus énergique contre cette guerre destructive que l'on fait aux petits oiseaux dont le seul crime, le plus souvent, est d'avoir de la beauté ou du chant, et qui doivent expier leurs charmes par une mort prématurée ou une captivité perpétuelle... »

Utilité des insectes dans l'industrie.

On recueille dans l'Inde et au Sénégal une espèce d'Arachnide rouge (*Trombidium tinctorium*) qui, dans ces pays, est employée aux mêmes usages que la cochenille.

La cire d'arbre que l'on récolte en Chine et qui remplace très-bien la cire des abeilles, est produite par la piqûre d'une espèce de kermès (*Ceroplastus pe-la*) sur le *Rhus succedanea*, arbuste très-commun dans le Céleste-Empire. Les Chinois, pour le multiplier, disposent sur les branches des petites bottes de pailles ou de jonc d'une forme conique; les insectes viennent se loger sous cet abri, que l'on transporte au bout de quelques jours sur des arbres disposés à cet effet.

La *gomme-laque*, qui joue un si grand rôle dans l'industrie, est produite dans l'Inde et l'Indo-Chine par une espèce de cochenille (*Coccus Lacca*) dont la piqûre sur les *Ficus religiosa*, *indica* et plusieurs autres espèces propres à ces contrées, ainsi que sur plusieurs espèces de *Croton*, determine sur ces plantes laiteuses, une sécrétion résineuse très-abondante qui se durcit et constitue après avoir été fondue la gomme-laque du commerce.

Les habitants de la côte de Guinée font une espèce de savon en broyant un carabique très-commun à certaines époques de l'année (*Hypolithus saponarius*) et en le pétrissant avec de la cendre de Baobad (*Adansonia digitata*).

Emploi des insectes, comme objets de luxe, pour la toilette des dames. — Depuis quelques années la mode des fleurs artificielles s'est un peu calmée, et aujourd'hui il est d'extrême bon genre de les remplacer par des oiseaux-mouches ornés des plus vives couleurs; mais il est encore de meilleur ton, dans les soirées du grand monde, d'employer des insectes aux reflets brillants, pour des coiffures de bal fort originales, que nos artistes savent arranger de diverses façons gracieuses. Ces objets étant en général d'un prix assez élevé, et n'étant pas par conséquent à la portée de toutes les dames, comme les fleurs et les rubans, ce luxe pourra durer encore quelques années.

BOISDUVAL.

Cours des produits des insectes.

Soies, cocons, graines. — 31 mars. — Les transactions ontété animées et nombreuses, à Marseille, sur les soies et cocons. Les filatures de de Brousse et Andrin ont été cotées, le kil., de 104 à 115 fr. à la consommation; Salonique et Volo, 85 à 104; Grèce, 96 à 102; Syrie, 80 à 108; Italie, 95 à 100; Bengale, 80 à 88; Perse, 42 à 69; Japon, en grappes, 95 à 102; dito, diverses, 45 à 90; Canton, 65 à 72; Doupion de France, 24 à 38. — *Cocons*, de Calamata, Salonique et Grèce, 22 à 26 50; Syrie, 27 à 29; Espagne et Portugal, 23 à 25; Brousse, 24 à 27 fr. Le tout au kilo.

Nos marchés du midi sont restés calmes et stationnaires.

Miels, cires et abeilles. — Même prix que précédemment sur les miels et sur les cires. En Bretagne, les cires propres au blanc ont été cotées, à Nantes, de 4 à 4 40 le kil. Au Havre, le prix des cires exotiques a varié de 3 60 à 4 50 le kil., selon provenance et qualité. A Marseille, on a constaté quelque faiblesse sur certaines provenances. A Alger, cire jaune, de 3 60 à 3 75 le kil., en première main.

L'approche de l'essaimage élève le prix des bonnes ruchées. La sortie des essaims pourra être quelque peu retardée, à cause des mauvais temps et pluies froides qui se succèdent.

Cantharides. — Cours plus faible, de 6 50 à 7 fr. le kil.

Cochenille des Canaries, 8 75 à 10 fr. le kil.

Galles en sorte d'Alep, 290 les 100 kil.; noires triées dito de Smyrne, 340 fr.

Kermès de Provence, 17 fr. le kil. — Ces quatre articles à Marseille.

L'Éditeur-propriétaire : E. DONNAUD.

Paris. — Imp. de E. DONNAUD, rue Cassette, 9.

N° 3. **1re ANNÉE.** **Avril 1867.**

L'INSECTOLOGIE AGRICOLE

SOMMAIRE :

Bulletin insectologique.

Déclaration de guerre aux hannetons. — La Suisse vient de déclarer une guerre qui, celle-ci, sera approuvée par tous, c'est la guerre aux hannetons, animaux essentiellement *nuisibles*. Le conseil d'Etat de ce pays vient de prendre un *arrêté prescrivant la destruction* de ces insectes malfaisants. Une prime de 50 centimes par bichet sera payée à ceux qui apporteront à la commune des quantités en sus de la récolte obligatoire.

On dira peut-être, fait remarquer le *Cultivateur de la Suisse romande*, que la guerre qu'on déclare à ces êtres malfaisants est inutile, parce que la destruction n'atteint pas des proportions assez fortes. Il dépend du public de donner à la chasse organisée des proportions telles qu'elles deviennent efficaces. Cette efficacité résultera d'une razzia faite en grand à l'aide de la prime que chacun peut obtenir et qui a assez de valeur pour que l'indigent puisse gagner aisément un à deux francs en deux heures de travail dans une matinée. Il faudra seulement prendre la précaution de se mettre de bonne heure à la chasse. Le lever du soleil est le moment le plus favorable. Les hannetons sont alors engourdis et tombent des arbres à la moindre secousse. Toute chasse doit être terminée vers 6 heures du matin, sauf à être reprise le lendemain. Outre les jeunes arbres à fruits, les haies plantées en noisetiers, les chênes, les foyards et les mélèzes dans les forêts fournissent d'énormes contingents. Ce sont surtout les haies et les forêts qu'on doit attaquer, attendu qu'on n'y cause pas les dommages qu'occasionne cette chasse organisée dans les terres en culture.

Les communes trouveront des compensations de leurs frais en revendant les hannetons aux industriels. Les hannetons, si nuisibles aux produits de la terre, ont leur utilité d'une autre manière. Ils servent à la préparation du gaz, à la confection de la graisse à chars, et lorsque l'usine à gaz a fait ses manipulations, on trouve encore dans les cendres de hannetons la matière propre à la fabrication du bleu de Berlin. C'est ainsi que les hannetons sont conditionnés en Prusse et en Allemagne.

Remède pour la destruction de la chenille du chou. — On lit dans le *Nouvelliste du Gard :* D'après une expérience faite récemment par les frères Poermel, cultivateurs d'une habileté éprouvée, le genêt a la propriété de faire périr les chenilles du chou. Il en résulte que, pour préserver les choux de ce vorace parasite, il suffit de placer des branches de genêt vert dans les plants de choux. Un rameau de genêt suffirait pour trois mètres carrés.

Echenilleuse des luzernes. — M. Gommard, serrurier-mécanicien à Toulouse, adresse la communication suivante à la *Revue agricole du Midi :* « Permettez-moi de vous demander une place dans votre estimable journal pour la présente note, par laquelle je désirerais appeler l'attention de vos lecteurs sur une machine déjà connue d'eux, l'*Echenilleuse Badoüa*, que je reçus l'année dernière en dépôt, et à laquelle j'ai apporté divers perfectionnements qui en font un ustensile nouveau.

» Cette machine consiste en une auge de 1 mètre 50 de long, montée sur deux roues légères, et que l'ouvrier, placé en arrière, pousse devant lui à la façon d'une brouette, au moyen d'un bras ou timon postérieur fixé perpendiculairement au corps de la machine. Son volant ou ventilateur, tournant sur lui-même, est placé en tête de l'appareil, et par son mouvement, quand l'ouvrier pousse la machine devant lui, force les plantes à s'incliner dans l'intérieur de l'auge, et, en les secouant, y fait tomber les chenilles dont elles sont chargées. Ce résultat est obtenu de la manière la plus complète, comme ont pu s'en assurer plusieurs propriétaires qui ont mis la machine à l'essai, et se sont convaincus ainsi qu'elle remplissait parfaitement le but auquel elle est destinée.

» Quand je reçus cette échenilleuse en dépôt, elle était construite en bois et en zinc, et le volant était mû au moyen d'engrenages assez compliqués. J'en ai simplifié la construction, d'abord en substituant le fer et la tôle au bois et au zinc, ce qui, à la fois, en diminue le prix tout en ajoutant à sa solidité ; de plus, j'ai fait disparaître les engrenages du ventilateur en les remplaçant par une simple courroie adaptée aux roues. Enfin, j'ai rendu l'auge et le ventilateur mobiles au moyen de crémaillères d'un système très-simple, et donnant toute facilité pour graduer la machine suivant la hauteur des luzernes. De là, une marche plus aisée qui fait qu'une seule personne suffit pour conduire sans effort l'échenilleuse, en lui faisant parcourir 3 hectares par jour.

Ces perfectionnements divers m'ont permis, tout en rendant cette machine plus solide, plus légère et d'un emploi plus commode sous tous les rapports, d'en réduire le prix de plus de moitié, c'est-à-dire de 125 fr., prix primitif, à 60 fr., prix auquel je la livre actuellement. Je pense donc donner un avis aux agriculteurs en appelant leur attention sur cette machine, qui peut leur rendre de grands services par son efficacité à délivrer les fourrages sur pied de toute espèce d'insectes, et particulièrement les luzernes ravagées par le négril. »

Sur la laque obtenue dans les jongles de la province de Cuttack (Inde anglaise). — L'insecte qui donne la laque écarlate s'attache aux minces branches des arbres appelés *asan* ou *burkober,* très-multipliés dans les jongles du pays de Cuttack ; ils s'entourent d'une espèce d'alvéole en cire. Pour obtenir la matière colorante, on plonge l'insecte et son alvéole dans une eau bouillante qui fait fondre la cire et qui s'empare de la laque. Par le refroidissement, la cire se coagule, et on l'enlève. L'évaporation fait ensuite disparaître l'excès de l'eau qui tient la laque en suspension. Afin de conserver ce précieux produit, avant de l'employer ou de le vendre, des tampons de coton sont plongés dans le liquide et séchés ensuite, puis plongés de nouveau et séchés encore, jusqu'à ce qu'on obtienne une concentration intense. C'est dans cet état que les Indiens portent au marché leur magnifique produit. Entre autres usages, ils le font servir à teindre leurs cuirs en rouge. Le procédé qui vient d'être rapporté est employé par les indigènes pour extraire et conserver un grand nombre de leurs couleurs végétales.

D'autres fois, lorsqu'on a recueilli la laque enlevée de l'arbre sur lequel l'insecte se nourrit, et qu'elle est absorbée par l'eau bouillante, un chausson de laine ou de coton est plongé dans cette dissolution, dont il se remplit. La matière colorante restant déposée dans l'intérieur du chausson, il n'y a plus qu'à la faire sécher.

H. Hamet.

Note sur la préparation et conservation des insectes.

Le meilleur moyen pour apprendre à connaître les insectes qui vivent à nos dépens et dévorent nos bois, nos céréales, nos fruits, etc., et ceux que leurs mœurs et leur instinct poussent à faire la guerre aux premiers dont ils font leur nourriture presque exclusive, est d'avoir constamment sous les yeux des représentants types des uns et des autres. Bien des personnes, surtout parmi les professeurs, auraient de ces collections, mais ils sont arrêtés croyant que les insectes ont besoin de subir une préparation pour être conservés, il n'en est rien, car il suffit de les traverser d'une épingle, et encore cette épingle n'a d'autre but que de les isoler pour laisser mieux voir leurs formes et les fixer afin qu'ils ne se brisent pas.

Nous devons aussi prémunir nos lecteurs contre la piqûre et le prétendu venin de certains insectes; quelques-uns sont gênants, la puce par exemple, d'autres ont des pinces assez fortes, comme le lucane cerf volant (*Lucanus cervus*) ; s'ils peuvent vous mordre lorsqu'on les prend, ils ne vous manquent pas, mais c'est une douleur légère qui se dissipe vite. Les plus dangereux sont ceux dont l'extrémité de l'abdomen est armée d'un aiguillon, tels que les guêpes, les frelons (*Vespa et polites*). Peu de personnes ignorent leurs piqûres, il est du reste facile de l'éviter.

Le charbon est attribué à une mouche qui, après avoir sucé des matières putrides en décomposition, vient se poser sur l'homme ou sur les animaux et leur inocule le virus par la trompe, mais il faut ajouter que ce n'est qu'une conjecture, et que jamais personne n'a montré une de ces mouches ayant inoculé le charbon.

Pour *attraper les insectes* qui volent, on se sert d'un filet à papillon; c'est un instrument que nous ne décrirons pas, tout le monde le connaît, nous recommanderons seulement qu'il soit léger pour être manié vivement et facilement, et que la poche ou sac soit faite de préférence en gaze verte qui se dissimule mieux par sa légèreté et sa couleur, et attirant moins l'attention de l'insecte, permet de s'en approcher et rend sa capture plus certaine. Quant aux espèces qui vivent par terre ou sur les plantes, les doigts suffisent, à moins qu'elles ne soient trop petites, ou trop fragiles et qu'on craigne de les abîmer ou les écraser; dans ce cas, l'on

Fig. 11.

se sert de petites pinces (nous donnons ci-dessus le dessin de celles qui nous ont paru réunir le plus de souplesse et de solidité).

Une fois pris, il ne s'agit plus que de tuer l'insecte; il y a un moyen bien simple qui consiste à le laisser mourir de faim traversé par son épingle; mais, outre qu'il est désagréable de voir pendant une ou plusieurs semaines, et pour certaines espèces, même des mois, se débattre la pauvre bête, il arrive que si l'insecte est assez grand pour pouvoir prendre pied, il se tournera et ébranlera l'épingle jusqu'à ce qu'il se sauve en l'emportant; puis si vous avez affaire à un papillon ou une demoiselle, le martyr se débattra et mettra ses ailes en lambeaux, il est donc important de tuer votre capture aussi vite que possible.

Beaucoup de moyens ont été préconisés, nous vous indiquerons seulement les meilleurs à notre avis.

Tous les insectes qui ne sont pas garnis de poils, de duvet ou d'écailles que l'humidité pourrait agglomérer ou altérer, que le frottement risque à enlever, seront mis dans un flacon dans lequel on coupera de petites bandes de papier buvard froissées, et rempliront à peu près la bouteille en laissant une quantité de vides, ou les petits insectes se déroberont facilement aux gros, ce papier servira aussi à absorber l'humidité qui pourrait se dégager dans le flacon, dans lequel vous verserez quelques gouttes de benzine ou d'éther; il arrive souvent que ces liquides ne font qu'engourdir les captifs; il sera nécessaire en rentrant à la maison de plonger le flacon quelques minutes dans l'eau bouillante pour être sûr qu'ils sont bien morts; cette dernière opération suffit même et évite l'emploi de la benzine ou de l'éther lorsque vous ne mettez pas ensemble un trop grand nombre de sujets.

Si l'on peut se procurer facilement des feuilles de laurier-cerise (*Prunus lauro-cerasus*), il serait préférable de remplacer le papier buvard par des bandelettes coupées de ces feuilles, qui ont la propriété remarquable de conserver les insectes frais et souples pendant des années, sans que l'on ait à craindre la moisissure ni la fermentation.

Ceux qui au contraire ont les ailes grandes et fragiles, couvertes d'écailles qui s'enlèvent facilement, ou dont le corps est garni de longs poils, tels que les papillons, les demoiselles, les bourdons, doivent être piqués de suite; les papillons, il est généralement facile de s'en rendre maître en leur pressant le thorax entre le pouce et l'index; vous les tuez le plus souvent, et lorsque l'on en a l'habitude, l'exemplaire ne porte aucune trace des doigts.

Les grosses espèces, comme les bombyx ou les sphinx qui ont la vie dure, résistent quelquefois à la pression, il faut donc recourir à d'autres moyens, l'un consiste à leur enfoncer longitudinalement, en dessous de la tête, une aiguille, une épingle ou même un morceau de fil de fer mince, après l'avoir préalablement trempé dans une dissolution de tabac, dans l'alcool; l'autre est de faire rougir à la flamme d'une chandelle ou d'une allumette toute la partie supérieure de l'épingle après avoir enfoncé la partie inférieure dans la tête à deux ou trois centimètres dans le papillon; on le tiendra par le dessous du corselet entre le pouce et les deux premiers doigts de la main, de manière qu'il ne puisse faire aucun mouvement. Pour éviter qu'il ne se brûle les pattes et les antennes à la flamme, on aura soin de placer devant sa tête une carte qui l'empêche de les porter en avant; la chaleur, en se communiquant à la partie inférieure de l'épingle, aura bientôt tué votre lépidoptère; aussitôt qu'il sera mort, ayez soin de lui retirer l'épingle.

Si pour les grosses espèces il est difficile de les faire mourir, il l'est aussi pour les très-petites, que l'on ne peut saisir avec les doigts ni même avec la pince; pour celles-ci, on les fait tomber dans un flacon, contenant un tampon de coton imbibé soit de chloroforme, de benzine, d'éther, ou de cyanure de potassium : ce dernier ingrédient est le plus généralement adopté; on se sert aussi du flacon préparé avec les feuilles du laurier-cerise que nous avons indiqué, mais le papillon aussitôt asphyxié, ce qui ne demande pas plus de trois ou quatre minutes, doit être retiré et piqué.

C'est aussi par ce dernier procédé que nous engageons de tuer les mouches, les guêpes, etc. (diptères et hyménoptères, etc.), qui supportent difficilement un long séjour dans le flacon vu leur fragilité. Les demoiselles agrions et autres sont promptement asphyxiées en les plongeant dans un flacon de benzine; ce moyen a peut-être le désagrément d'altérer les couleurs, mais dans certains cas aussi il les conserve.

Pour piquer les insectes, l'on se sert d'épingles longues pour éviter que l'ombre portée n'empêche de saisir exactement la forme.

Nous donnons la figure de ces épingles, recommandant de ne pas se servir pour les espèces de nos contrées de celles plus grosses que le n° 8 et plus fines que le n° 3. Les espèces trop petites pour être piquées avec ces épingles devront être préparées comme il est dit plus loin.

Lorsque les élytres recouvrent l'abdomen, comme chez les hannetons, les punaises, les sauterelles, l'épingle doit être entrée sur l'élytre droite (en regardant l'insecte la tête en haut), et traverser bien verticalement de façon à passer entre la deuxième et la troisième paire de pattes ; au contraire, lorsque l'abdomen est laissé à découvert, comme dans les papillons, les demoiselles, les mouches, les guêpes, l'épingle, après avoir

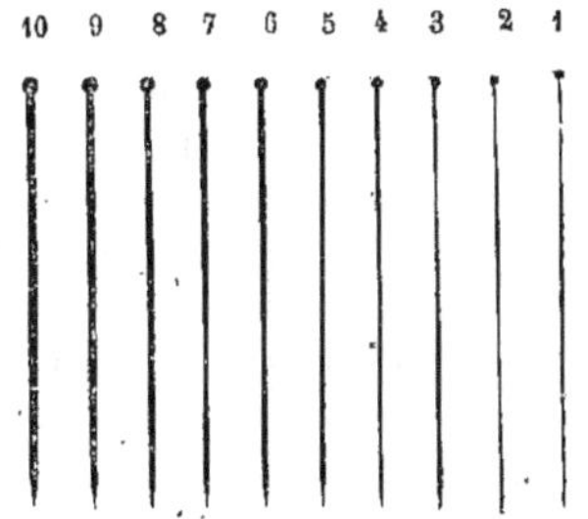

Fig. 12.

traversé le milieu du thorax ou poitrine, doit passer entre les pattes formant la seconde paire. Les espèces que leur petite taille ne permettra pas de piquer, seront collées sur des petits morceaux de talc ou de papier fort, à l'aide de vernis blanc ou de gomme arabique; à cette dernière il est bon d'ajouter un quart environ de sucre candi ou de miel, ce qui la rend moins cassante en séchant, et plus adhérente; il ne faut pas se servir de gomme réduite en poudre, dont une partie en se dissolvant se transforme en amidon, ce qui la rend opaque et moins tenace.

Le morceau de talc ou de papier fort devra être assez grand pour que l'insecte ne puisse dépasser les bords, même s'il a les pattes et les antennes étalées; il est bon d'avoir toujours de ces supports tout taillés et préparés, lorsqu'on veut s'en servir il ne reste plus qu'à les piquer avec les épingles nº 4 ou 5.

Quelle que soit la grosseur de l'espèce que vous piquez, il faut avoir soin de laisser environ un centimètre de distance entre votre insecte et la tête de l'épingle, pour pouvoir saisir cette dernière lorsque vous rangerez vos insectes dans les boîtes, ou que vous voudrez l'étudier.

Les pucerons, les kermès et en général toutes les espèces très-molles se dessèchent et se racornissent tellement, lorsqu'elles sont collées, qu'il est indispensable pour les conserver propres à l'étude, de les mettre dans de petites éprouvettes, ou tubes en verre, remplies d'alcool, de benzine ou d'essence de térébenthine; la benzine est de ces liquides celui que nous préférons, il a l'avantage de rendre les objets très-clairs et moins sujets à s'altérer à la lumière; si vous employez l'alcool, coupez-le avec de l'eau de façon qu'il n'ait pas plus de 40 à 50 degrés centigrades; nous conseillons pour ces espèces d'être toujours pourvu de petits tubes tout prêts à les recevoir, avec une étiquette collée d'avance, sur laquelle on écrira le nom de la plante que fréquente l'espèce.

Les chenilles et les larves en général peuvent être conservées par ce procédé. Pour les grosses espèces, il est d'autres moyens que nous croyons préférables, ils semblent plus compliqués; pour réussir il ne faut qu'un peu de patience et avoir quelques chenilles pour essayer; celui qui nous semble le plus facile et le plus expéditif est le soufflage.

Voici de quelle manière on devra procéder pour souffler les chenilles et les larves que l'on voudra conserver en collection :

On commencera par vider complétement la bête en la pressant entre le pouce et l'index et en faisant sortir avec soin par l'extrémité de l'abdomen tous les intestins et viscères. Lorsque le corps de la chenille ne contiendra plus rien, ce dont il est facile de s'assurer en voyant si la peau est bien transparente, on introduira dans l'anus un tube de paille proportionné à la grosseur de la larve et on le fixera à la peau, soit avec un fil, soit, ce qui est préférable, avec une épingle très-fine : on allumera ensuite du charbon de bois dans un réchaud, et quand le charbon sera bien incandescent, on placera au-dessus un vase en tôle de forme concave ou une simple plaque de tôle extrêmement mince : la tôle ne tardera pas à s'échauffer et à dégager une grande quantité de calorique; c'est alors qu'il faudra souffler la larve en la tenant à quelques centimètres au-dessus de la tôle et en roulant le tuyau de paille dans ses doigts pendant qu'on soufflera, afin que la bête sèche également de tous côtés. Dans l'espace de deux ou trois minutes, selon la grosseur de la chenille, l'air chaud qui se dégage sans cesse de la tôle aura entièrement retiré de la peau toute l'humidité qu'elle contenait, et notre sujet aura conservé la forme qu'on lui aura donnée pendant l'opération. On saura que le travail est terminé lorsqu'en pressant légèrement la chenille entre les doigts, on sentira que la peau est suffisamment tendue. Quand on sera obligé de s'arrêter pour reprendre haleine, il faudra avoir soin de retirer la larve de la chaleur, car si on l'y laissait seulement quelques secondes sans souffler la peau, elle prendrait un mauvais pli qu'on ne pourrait plus faire revenir.

Deyrolle.

Plaidoyer en faveur des oiseaux insectivores.

Ce serait le cas de commencer, ainsi que le faisait madame de Sévigné dans sa fameuse lettre à M. de Coulanges :

« Je m'en vais vous mander la chose la plus étonnante, la plus surpre-
» nante, la plus merveilleuse, la plus miraculeuse, la plus triomphante,
» la plus étourdissante, la plus inouïe, la plus singulière, la plus impré-
» vue... Je ne puis me résoudre à vous l'apprendre, devinez-la, je vous
» le donne en trois : jetez-vous votre langue aux chiens? Hé bien, il faut
» donc vous la dire. »

C'est qu'en vérité cette chose est presque aussi pharamineuse que le mariage de M. de Lauzun avec la petite-fille de Henri IV!! Figurez-vous qu'il s'est rencontré chez nous, en Belgique, à Bruxelles en Brabant, en plein conseil provincial, un avocat... Un avocat, direz-vous, la belle affaire! et où n'y en a-t-il pas aujourd'hui? Attendez donc et laissez-moi finir. Cet avocat, savez-vous quelle cause il a plaidée? Vous ne vous en douteriez jamais! il a plaidé la cause des petits oiseaux! Mais il les a défendus de si bon cœur et en si beau style, que moi, qui suis aussi leur ami et qui eus un jour la prétention de les défendre, je n'ai pas la force d'être jaloux de ce redoutable concurrent. C'est pourquoi, sans plus tarder, je prends le parti de vous offrir une véritable joie que les avocats, soit dit sans malice, ne procurent pas tous les jours aux campagnards : *un bon plaidoyer qui soit en même temps une bonne action.* Cela dit, voici comment s'est exprimé M. Veydt dans la séance du conseil provincial du 22 juillet 1862. V. D. B.

« M. Veydt. — Messieurs, l'un de nos anciens gouverneurs, M. le baron de Stassart, esprit charmant, tout de finesse et de grâce, administrateur et poëte, qui savait la langue des oiseaux et traduisait leur magnifique parler en beaux vers, proposa, il y a seize ans, au Sénat de vouloir bien étendre aux volatiles du *demi-monde* les mesures protectrices dont le législateur entourait alors les classes aristocratiques, Sa Hautesse le Rossignol et la reine Fauvette. Il parla fort bien, comme il parlait toujours, en faveur de la vie, chose sacrée, de la liberté et de l'indépendance des oiseaux, doux chantres qui allégent les travaux rustiques *solatia ruris,* comme disait Ovide, un aimable poëte aussi. Ce fut sans succès. Pauvre poëte fourvoyé dans une assemblée politique, il vit les fronts se plisser, il entendit ses collègues décider qu'il n'était pas un homme sérieux. Depuis lors, avec son doux sourire que se rappellent encore plusieurs d'entre vous, Messieurs, il écoutait, aussi sérieusement qu'il le pouvait, les défenseurs de toutes les libertés et de tous les genres d'indépendance, de la liberté des noirs et de l'indépendance des femmes, de la liberté de l'enseignement ecclésiastique et de l'indépendance de l'instruction laïque, et il se demandait quelquefois, le malicieux bonhomme, tout bas, il est vrai, si ces gens, champions de ces libertés et de bien d'autres encore, soutenaient une cause plus sérieuse que lui, l'ancien avocat des passereaux, je ne dis pas une cause plus juste, plus belle, plus désintéressée, cela va sans dire.

» M. de Stassart venait de mourir, lorsque, en 1854, un de vos collègues, le plus jeune alors de cette assemblée, plus timide que ses clients emplumés les oiseaux, osa, moitié rougissant, moitié riant, vous proposer un vœu pour le salut de la race ailée. Vous eûtes la bonté de faire bon accueil à cette proposition. Hélas! Messieurs, le gouvernement qui a tant de soucis, d'affaires graves, n'eut pas le loisir de songer à ce vœu que vous aviez fait vôtre, de comprendre que vous chargiez l'État d'une chose qui non-seulement intéressait les habitants de l'air, mais l'homme, ce lourd bipède; qu'il s'agissait de décréter pour nous, une mesure de salut public. Les coassements des partis empêchèrent nos ministres d'entendre la voix plaintive et prophétique de l'oiseau qui, comme Cassandre mourante, la belle captive, annonçait à ses bourreaux de terribles représailles et des calamités affreuses, dans un avenir plus ou moins lointain, mais inévitable.

» Les signes avant-coureurs apparaissent déjà. Ils sont proches; on nous les fait toucher au doigt. L'an dernier, notre cher et honoré collègue, M. Jones, le 11 juillet, dans une étude très-consciencieuse sur les plantations, nous disait : « Je demande la protection des oiseaux. » Phrase équivoque, mais équivoque à dessein. Oui, protection de l'homme sur l'oiseau, mais surtout protection de l'oiseau sur l'homme. Protégeons-le afin qu'il nous protége. Rien ne saurait remplacer ces sauveurs de la terre, pas même les gardes champêtres par qui, ô stupide gaucherie! on a essayé de les remplacer.

» Sous le flegme du langage administratif, la députation, dans l'*Exposé de la situation de la province*, semble s'applaudir des effets de l'échenillage. Qu'elle nous permette de le lui dire, il n'y a pas de quoi s'applaudir. A ce sujet, votre honorable rapporteur pourrait, si vous le voulez, citer un fait qui lui fit grande impression.

» Cette année, au printemps nouveau, il traversait, la nuit profonde venue, une commune des environs. Il venait de longer le cimetière, lorsqu'il aperçut, dans un joli vallon, une procession d'objets suspects. tous très-grands, de taille surhumaine, vêtus tous de blancs linceuls. Votre honorable rapporteur, qui n'est guère un esprit fort, se sauva prudemment. Le lendemain, le soleil lui ayant donné une dose suffisante de courage, il résolut de pénétrer hardiment le mystère et s'en alla droit au lieu suspect. La sinistre procession était toujours là. Elle semblait avoir pris racine. Et, de fait, elle était enracinée, car c'étaient des arbres que les chenilles, tout en rongeant le feuillage, avaient tapissés de filaments si nombreux et si serrés, que les pauvres arbres en étaient étouffés. Cependant, il y a, dans cette commune, pour exécuter le règlement sur l'échenillage, un commissaire de police excellent, deux gardes champêtres très-zélés, et les chenilles tisseuses avaient, sans gêne, établi leur centre d'opérations au centre du village, à côté de la campagne, je crois même sur le terrain du baron de B... qui donne tous ses soins à la culture. Mais il faut ajouter, et ceci explique tout, que le plateau qui couronne ce vallon est, en toute saison, fréquenté des oiseleurs.

» Vos règlements sur l'échenillage, les chenilles s'en soucient, ah oui, ma foi ! Savez-vous avec combien de mépris et de sarcasme elles les traitent? Elles les foulent sous leurs mille petits pieds, elles les toisent de leur petit œil noir et fixe, elles les déchirent à belles dents. Ce n'est pas langage métaphorique que je parle, mais langage sans figures et dénué d'ornements. Veuillez écouter ce qu'on m'assure avoir vu il y a peu d'années. Dans un village, le règlement sur l'échenillage venait d'être affiché au mur municipal. Un bel arbre ombrageait le mur blanc et le règlement, celui-ci, comme le berger de Virgile,

... Patulæ recubans sub tegmine fagi.

» Les chenilles de la localité, comme si elles eussent été soucieuses de mettre en lumière le règlement qui les vouait à la mort, grimpent à l'arbre, semblant se dire : « Ce serait vraiment dommage de laisser se » moisir dans l'ombre ce beau chef-d'œuvre législatif. Donnons-lui de » l'air et du soleil. » Sitôt dit, sitôt fait ; arbre occupé, arbre dépouillé. Pour lors, elles descendirent en silence, parcoururent le règlement, s'y promenant en tous sens, et l'observateur qui m'a raconté ce fait me disait qu'il les vit, sans nul respect de l'autorité, lacérer de leurs mandibules de corne, tranchantes comme l'acier, le nom, par nous si respecté, du signataire. Vous figurez-vous, Messieurs, ce haut fonctionnaire passant là, à ce moment, et se voyant, spectacle horrible, lui vivant mangé aux vers! Et qu'on dise encore que les noms seuls, les noms justement révérés, échappent à l'avare mort, quand on les voit servir de pâture à d'immondes chenilles!

» Une escouade de moineaux eût prévenu cet outrage. Protégeons-les pour ce motif et pour bien d'autres encore, ces oiseaux prolétaires, et en cela nous imiterons les Athéniens. Il y a toujours profit à imiter les gens d'esprit. Nul, en leur ville, impunément ne toucha à l'oiseau le plus dédaigné. Un malheureux moineau effarouché, je ne sais de quoi, courut un jour se jeter au sein d'un austère citoyen, requérant pitoyablement aide et protection du grave personnage. Celui-ci avait mine de statue, tant il était majestueux. Mieux eût pourtant valu s'adresser au marbre ou au bronze qu'à cette face de terre cuite. L'histoire rapporte que c'était un homme d'État, un honorable sénateur. Dérangé dans sa gravité, le sénateur étouffa l'oiseau suppliant. Grande rumeur aussitôt. L'Aréopage, le plus juste des tribunaux (n'en cherchez plus un pareil), cita le respectable dignitaire politique à comparaître devant lui, et l'accusé, nonobstant son éloquence, fut condamné. Vainement il allégua son âge. — Tu n'en devais être, disait la cour, que plus indulgent pour la jeunesse et pour ce pauvre petit, de l'âge seulement de deux ou trois printemps. — Sa dignité. — Elle devait être, pour toi, motif et occasion d'aimer, chérir et secourir davantage les faibles. Enfin, pour péroraison, lorsqu'il parla de la supériorité de l'homme sur tous les êtres en général et sur les oiseaux en particulier, on dit que les juges sourirent tristement.

» Dans un but moins désintéressé que ces sages magistrats, faisons ce qu'ils faisaient; appelons, encourageons, protégeons et sachons et venger même, au besoin, alouettes, mésanges, passereaux, toute la légion aérienne des gardes champêtres emplumés, cette armée que nous avons, ô pitié! laissée se débander, et qui, sans coûter, celle-ci, une obole à notre budget, défendait si vaillamment notre sol natal en faisant la guerre, une guerre impitoyable, aux hordes des rongeurs, des chenilles voraces, des vers rampants, des larves affamées, qui dévorent l'ombrage où nous nous reposions, narguent nos lois et nos fonctionnaires qui les exécutent et, ce qui est peut-être pis encore, déciment nos moissons. Prenons garde seulement que ces ennemis qui nous cernent et s'avancent à plat ventre ne les engloutissent, comme cela s'est vu dans d'autres pays. Sans l'oiseau, leurs habitants seraient morts d'inanition. Un historien célèbre l'a raconté en ces termes :

« Le moineau, pillard et bandit, flétri de tant d'injures et frappé de » tant de malédictions, on a vu en Hongrie qu'on périssait sans lui, que » lui seul pouvait soutenir la guerre immense des hannetons et de mille » ennemis ailés qui règnent sur les basses terres; on a révoqué le ban- » nissement, rappelé en hâte cette vaillante *landwehr* qui, peu discipli- » nable, n'en est pas moins le salut du pays.

» Naguère, près de Rouen, et dans la vallée de Monville, les corneilles » avaient été proscrites quelque temps. Les hannetons dès lors tellement » profitèrent, leurs larves multipliées à l'infini poussèrent si bien leurs » travaux souterrains, qu'une prairie entière qu'on me montra avait » séché à la surface; toute racine d'herbe était rongée, et la prairie en- » tière, aisément détachée, roulée sur elle-même, pouvait s'enlever » comme un tapis. »

» Puis parlant de l'infinie variété d'insectes qui surgissent au prin- temps, notre auteur ajoute : « D'en haut, d'en bas, à droite, à gauche, ces » peuples rongeurs, échelonnés par légions qui se succèdent et se re- » layent chacun à son mois, à son jour, immense, irrésistible conscrip- » tion de la nature, marchera à la conquête des œuvres de l'homme. La » division du travail est parfaite. Chacun a son poste d'avance et ne se » trompera pas. Chacun tout droit ira à son arbre, à sa plante. Et tel sera » leur nombre épouvantable, qu'il n'y aura pas une feuille qui n'ait sa » légion.

» Que feras-tu, pauvre homme? Comment te multiplieras-tu? As-tu » des ailes pour les suivre? As-tu même des yeux pour les voir? Tu » peux en tuer à ton plaisir; leur sécurité est complète; tue, écrase à » millions; ils vivent par milliards. Où tu triomphes par le fer et le feu » en détruisant la plante même, tu entends à côté le bruissement de la » grande armée des atomes, qui ne songe guère à ta victoire et qui ronge » invisiblement...

» ... La vie inerte et sans defense, la végétale surtout privée de loco- » motion, y succomberait sans l'appui de l'infatigable ennemi du para- » site, âpre chasseur, vainqueur ailé des monstres, l'*Oiseau.* » C'est du livre de Michelet qui porte ce titre, que ces citations (vous les avez sans doute reconnues) sont prises. (*A suivre.*)

(*J. de la Société d'agriculture de Belgique.*)

Les éducations régénératrices du ver à soie.

La maladie des vers à soie désignée sous le nom de *gâtine*, de *pébrine*, a causé à la France, et nous pouvons dire au monde entier, des pertes très-considérables qui s'élèvent à des centaines de millions. Certains pays ont été si maltraités qu'il en est résulté pour les habitants une misère profonde. Le découragement s'est alors emparé des éducateurs, et quelques-uns d'entre eux ont même pris la malheureuse résolution d'arracher leurs mûriers; nous disons malheureuse, car il ne faut jamais ainsi douter de l'avenir. Il survient de temps en temps des crises qui semblent bien suffisantes pour détruire cette harmonie merveilleuse de la création, mais les lois de la nature, ces lois qui président à la formation des êtres, ne manquent jamais de rétablir tôt ou tard l'équilibre. L'espérance est le dieu de la terre, et sans elle, la vie de l'homme ne serait qu'une longue agonie.

Il faut donc reprendre courage et lutter avec force, avec persévérance contre un mal auquel on attribuerait à tort un caractère chronique. La maladie des pommes de terre commence à disparaître, celle de la vigne n'a plus la même intensité, et si nous en croyons quelques sériciculteurs intelligents et pratiques, la gâtine deviendrait chaque année plus faible et exercerait une influence moins pernicieuse sur le ver à soie.

Nous ne saurions donc trop recommander aux habitants des campagnes de conserver leurs mûriers avec le plus grand soin. Ah! certes, ce n'est pas en quelques jours que l'on forme un arbre vigoureux et productif, et si la maladie venait à disparaître, on regretterait une détermination prise trop rapidement, un acte que l'on pourrait en quelque sorte qualifier de vandalisme, et la France tout entière est intéressée à ce que le produit de la soie s'accroisse dans de larges proportions, au lieu de s'affaiblir, comme cela se produit malheureusement depuis quelques années.

On a beaucoup discouru sur les causes de la maladie des vers à soie; on a écrit de longs mémoires, et, malgré tous ces travaux, les sériciculteurs se trouvent toujours dans la situation où ils étaient lorsque ces chenilles précieuses ont été atteintes par l'épidémie. Des remèdes nombreux ont été indiqués et chacun des inventeurs s'est proclamé avec un peu trop d'emphase, il faut en convenir, le sauveur de la sériciculture. Tous ces remèdes plus ou moins empiriques n'ont donné aucun résultat; la maladie a continué d'exercer des ravages dans les magnaneries.

Les éducateurs sont allés chercher des œufs de vers à soie dans tous les pays. Les malheureux espèrent toujours améliorer leur sort en abandonnant le pays qu'ils habitent et en courant après la fortune, mais le succès répond rarement aux espérances. Les chercheurs de graines étrangères ont été le plus souvent mystifiés; quelques éducateurs ont réussi, il faut en convenir, mais la réussite n'a pas été de longue durée; la maladie a repris toute sa force, et il a fallu recourir à d'autres localités fort éloignées, à la Chine, au Japon, etc., etc.

Qu'a-t-on obtenu avec ces importations qui ont occasionné des dépenses considérables et à la suite desquelles des graines plus ou moins fraudées, quoique munies d'un certificat de naturalisation, ont été payées à des prix exorbitants et ont atteint 25, 30 et même 40 fr. les 25 grammes?

L'histoire des insuccès serait bien plus longue à faire que celle des succès. La maladie a sévi avec violence dans un grand nombre de magnaneries, les rendements ont été peu satisfaisants et la qualité de la soie a laissé beaucoup à désirer.

Nous avons en France une fâcheuse habitude, qui consiste à nous jeter à corps perdu dans toutes les productions étrangères. Nous devenons tour à tour Anglais, Allemands, Chinois, Japonais, Italiens, etc., sans nous rendre bien compte des causes qui nous font agir de la sorte. Oh! c'est une question de mode! Et cependant la France est bien riche à tous les points de vue, et certes elle pourrait largement suffire pour donner satisfaction à toutes les convoitises.

Lorsque la gâtine a commencé ses ravages, nous possédions en France une race splendide de vers à soie; nos magnifiques cocons jaunes présentaient tous les avantages au double point de vue du rendement et de la qualité de la soie; eh bien! nous avons abandonné tous ces avantages pour courir les aventures, alors que nous devions faire des efforts inouïs pour conserver les races précieuses qui avaient fait notre richesse jusqu'à ce jour. Mais pour cela il fallait étudier sérieusement, se rendre bien compte de la situation, modifier très-sensiblement les méthodes vicieuses, se livrer à des éducations rationnelles et moins artificielles, consulter enfin les lois de la nature et les appliquer avec intelligence.

Est-il possible de trouver de réelles garanties dans les œufs fournis par le commerce? Ah mon Dieu! tous les habitants du Midi et des départements séricicoles savent à quoi s'en tenir à ce sujet. Des déceptions amères! voilà quel a été le résultat de leur imprudence et de la légèreté avec laquelle ils se sont jetés dans une voie qui ne pouvait que les égarer et les conduire au précipice.

Vous avez voulu réaliser des bénéfices immédiats, vous vous êtes refusé à lutter courageusement contre le mal en fabriquant vous-même des graines qui vous offraient toutes sortes de garanties ; vous avez écouté la voix de tous les intéressés qui vous offraient des graines étrangères et qui ne craignaient pas, pour vous séduire plus facilement, de vous montrer de loin le paradis de Mahomet, et cela avec tous les grands moyens que donne la publicité ; rien n'était épargné : la grosse caisse, le tam-tam, la trompette de la renommée, et la marchandise trouvait ainsi de nombreux acquéreurs !

Les éducateurs ont-ils pris la peine de réfléchir un instant, eux qui sont cependant des hommes compétents dans la question ; se sont-ils rendu compte de tous les inconvénients provenant d'un grenage incomplet et mauvais, puisqu'il s'agissait pour le marchand de produire beaucoup et à bas prix ; n'ont-ils pas entrevu tous les dangers que présentent le mélange des graines et leur entassement dans des sacs, le transport et le colportage de ces semences précieuses ?

Voici ce qu'écrivait en 1856 un de nos amis, M. Taurigna, dans son *Manuel pratique* de l'éducateur de vers à soie :

« La plupart des éducateurs, ne se trouvant plus dans des conditions favorables pour obtenir les graines dont ils avaient besoin, se sont vus dans la nécessité de se pourvoir chez les grands producteurs qui, chaque année, font sur cette semence de fructueuses spéculations, souvent peu loyales. Sans raisons plausibles, presque tous les éducateurs ont voulu suivre cet exemple ; la graine étrangère était ainsi devenue, en quelque sorte, la poule aux œufs d'or.

» Les éducations ont d'abord bien réussi, les résultats obtenus ont échauffé les imaginations : ce qui se comprend ; car, en général, les changements de semences sont favorables, surtout la première saison ; mais il faudrait que ces changements fussent faits dans de bonnes conditions, et non pas livrés à l'arbitraire et à l'égoïsme individuel d'une masse d'oiseaux de proie qui se précipitent sur leurs victimes avec la ferme conviction d'assouvir et leur faim et leur soif de pièces d'or, soif et faim que l'on éprouve beaucoup trop dans le temps où nous vivons. Malheureusement l'illusion des éducateurs a bientôt cessé, et l'insuccès est venu prendre la place de cet engouement peu rationnel. La dégénérescence a progressé alors d'une manière effrayante : il est certes facile d'en comprendre la cause.

» Du moment où la cupidité est venue se mêler à la spéculation, il s'est commis chaque année de déplorables abus dans la confection et dans la vente de la graine. Les industriels ont cherché à produire de la graine sur une large échelle, d'où il est nécessairement résulté des vices, des défauts majeurs conduisant à la dégénérescence de l'espèce.

» Les fabricants de graines n'ont plus pris la peine de choisir les meilleurs cocons, et c'est là cependant une précaution d'une importance extrême; pour réaliser, au contraire, des bénéfices plus certains et plus considérables, ils se sont servis des cocons de rebut, des doubles; ils ont ramassé tous ces papillons qui, dans les filatures, sortent accidentellement des cocons, soit parce qu'ils sont faibles, soit parce qu'on tardé trop de les étouffer, soit enfin parce qu'un événement imprévu accélère le développement plus hâtif de la chrysalide. Cette méthode ne peut être que pernicieuse et doit produire les effets les plus fâcheux sur la confection de la graine.

» Cette fraude a été reconnue tout aussi bien en Italie qu'en France; probablement même elle se commet sur une plus grande échelle, car les éducations sont plus nombreuses, plus importantes et par conséquent la spéculation a dû rencontrer des éléments plus favorables. Il en sera de même pour tous les pays envahis par la spéculation.

» Nous avons d'ailleurs bien rarement trouvé dans le commerce les premières qualités de graines de la Lombardie ou d'autres provenances. Nous savons que cette précieuse semence se vend sur les marchés à des prix tout à fait inférieurs, sans aucune garantie, il est vrai, mais qu'importe à celui qui cherche la fortune dans la spéculation?

» Du trafic peu honorable que nous venons d'indiquer a dû nécessairement résulter le mélange des graines. On s'inquiète généralement fort peu du mélange et de la confusion des races; de là un pêle-mêle qui place les éducateurs dans une situation très-fausse. Les chambrées ne peuvent plus être conduites avec ensemble; les mues sont tout à fait irrégulières, et certains vers sont plus avancés les uns que les autres. Voilà, sans aucun doute, la cause d'une multitude de non-réussites; voilà une cause de dégénérescence qui se produit encore malheureusement de nos jours, sans que l'on cherche à y appliquer le véritable remède. »

Bien des éducateurs ne se doutent pas non plus des effets terribles produits par le transport et le colportage des œufs, car ces œufs, entassés dans des boîtes, dans des sacs, sont soumis à des variations de température brusques et anormales.

Voilà un avertissement, un cri d'alarme qui date déjà de dix ans. Eh bien ! les éducateurs n'ont pas voulu l'entendre ; ils ont persisté dans leur erreur, et cependant il aurait été possible, dès cette époque, d'enrayer le mal et peut-être de faire refleurir les beaux jours de la sériciculture.

Tout n'est point encore perdu. Que faut-il donc faire pour détruire le mal ?

Puisque les graines du commerce, sont loin de présenter les garanties désirables, et que les vers en provenant sont atteints de la maladie, souvent dès la première année et presque toujours dès la seconde, il faut que les éducateurs placés dans les conditions les plus satisfaisantes se décident à fabriquer eux-mêmes de la graine en prenant toutes les précautions propres à obtenir les meilleurs résultats, et cette graine produira d'excellents cocons jaunes, riches en soies, d'une qualité supérieure. Ce qu'il y a incontestablement de mieux à faire, c'est de chercher à rendre aux races indigènes leur rusticité première.

Écoutons à ce sujet M. Guérin-Méneville, le savant sériciculteur français :

« Il faut regretter avant tout que nos éducateurs aient renoncé, dès le début de la maladie, aux graines indigènes. S'ils avaient continué de faire eux-mêmes leurs graines, en choisissant scrupuleusement les sujets reproducteurs, la maladie n'aurait certainement pas acquis ce caractère de gravité qu'elle a revêtu. Au lieu de cela on a demandé à l'étranger des graines pour remplacer celles qui nous faisaient défaut. Une nuée de graineurs s'est abattue sur divers pays de l'Orient, attirés la plupart par la pensée de faire rapidement fortune, trouvant tous les cocons propres à la reproduction, achetant des graines à bas prix et les revendant à 50, 100, 200 pour 100 de bénéfice. Ces masses de graines faites sans soins par des personnes qui n'avaient le plus souvent aucune idée du grainage, emballées tant bien que mal, expédiées comme toute autre marchandise, livrées, à leur arrivée en France, aux mains des mercenaires et transportées sans cesse d'un lieu dans un autre, ne pouvaient donner que de mauvais résultats. Plus la maladie sévissait, plus on se roidissait contre elle en mettant plus de graines, et, par un entraînement fatal, plus l'infection devenait générale. Voilà surtout la cause de nos malheurs. Avec les graines faites dans le pays, on n'aurait jamais plus mal réussi qu'avec les graines étrangères ; les graines auraient été moins abondantes, en raison des soins qu'on aurait mis à les confectionner, et tout porte à croire que la maladie n'étant plus alimentée ou favorisée par des quantités énormes de vers malades, aurait sensiblement diminué. »

Des faits nombreux démontrent la vérité de cette assertion : des graines faites dans quelques localités ont donné les résultats les plus satisfaisants. Que l'on consulte à ce sujet MM. Jaubert-Claire, à Brignoles (Var), Amalrie, directeur de la poste à Luc; Colliard, regisseur du domaine de Valbourget (près Trans); Eug. Robert, propriétaire de la magnanerie modèle de St-Tulle; Mme Chauvière, de St-Just, près Marseille; MM. Arnoux, adjoint aux Mées; Raybaud-l'Ange, directeur de la ferme-école de Paillerols (Basses-Alpes); Tartenson, propriétaire à Digne; Rémondi, à Digne; Fileau, de Gobert, près Digne, etc., etc.

On a soutenu que la maladie des vers à soie devait être attribuée à une altération de la feuille du mûrier. Nous ne savons ce qu'il peut y avoir de vrai dans cette assertion au sujet de laquelle nous n'entrerons aujourd'hui dans aucun détail; seulement nous nous permettrons de faire observer que si la feuille du mûrier est altérée par des accidents météorologiques, toutes chambrées de vers appartenant à des races diverses et nourries avec la même feuille devraient avoir le même sort, et ce n'est certes pas ce qui s'est produit dans la pratique; la graine provenant de papillons vigoureux et sains a donné de bons cocons, la mauvaise graine, au contraire, n'a rien produit du tout. Ce sont là des faits qu'il est impossible de révoquer en doute.

D'un autre côté, si la feuille est malade, il ne faut pas conseiller aux éducateurs de faire leurs graines, puisqu'alors même qu'ils s'entoureraient de toutes les précautions, le vice se trouverait dans l'alimentation de la chenille et attaquerait incontestablement et quoi que l'on fasse, le principe de l'existence. Dans ce cas, il serait plus sage de laisser courir les événements dans lesquels la main de l'homme ne pourrait exercer aucune influence.

Nous ne pensons pas que cette opinion soit l'expression de la vérité; nous aimons mieux nous ranger du côté des idées émises par MM. Decaisne, Peligot, de Quatrefages et répéter avec eux :

« Pour obtenir presque à coup sûr des récoltes satisfaisantes, il faut d'abord opérer avec des œufs fécondés et pondus par des parents entièrement exempts de maladie, cette maladie étant contagieuse et héréditaire, et ensuite observer fidèlement les règles de l'hygiène, pendant toute la durée de l'éducation. »

Il semble résulter de là que la maladie est en grande partie le résultat de l'inobservation des lois hygiéniques pendant la domesticité des vers à soie. Cependant nous devons faire quelque réserve au sujet de la contagion qui n'est pas suffisamment établie par l'expérience. Nous avons nous-mêmes placés des vers contaminés dans des boîtes où se trouvaient des chenilles tout à fait saines, et ces dernières n'en ont pas moins parcouru toutes les phases de leur existence dans les meilleures conditions.

Nous croyons avoir suffisamment établi qu'il y aurait intérêt pour tous à ce que les éducateurs français fabriquassent eux-mêmes de la graine; mais comment doivent-ils s'y prendre pour arriver à bonne fin?

Il faut d'abord se procurer de la graine provenant d'une chambrée dans laquelle la maladie n'a pas sévi, et la chose n'est pas bien difficile, car il existe dans tous les pays séricicoles des éducateurs qui prennent de grandes précautions et qui obtiennent presque tous les ans de bons cocons; il est surtout important de tirer ces graines des maisons où les vers à soie ne sont pas élevés sur une trop large échelle. 500 œufs donnant naissance à une quantité à peu près égale de vers produiraient sans contredit au moins deux à trois-onces de graines, mais il faut remarquer que tous les vers ne parcourent pas avec une égale vigueur les phases diverses de leur existence et qu'il sera prudent de laisser de côté tous ceux qui paraîtront faibles, délicats, en suivant les règles que nous indiquerons plus tard.

Il est important de choisir pour ces sortes d'éducations régénératrices un local convenable, haut de plafond et bien aéré; la grandeur de ce local doit être en rapport avec le nombre de vers que l'on veut élever; mais, nous l'avons déjà dit, il est toujours préférable de faire une éducation qui ne dépasse point 2,000 à 3,000 sujets, et, par conséquent, le local n'a pas besoin d'être bien spacieux. Il est absolument nécessaire que cette petite magnanerie soit chauffée par un feu de cheminée et non par un poêle: on sait tous les avantages qu'offrent les feux de cheminée pour l'aération.

On placera au milieu de la pièce deux ou trois cadres en fil de fer, suivant l'importance de l'éducation, ou bien des filets ordinaires, des grillages en corde, en roseau, en osier, etc. Ces espèces de claies seront placées à la portée de la main et resteront tout à fait à nu, sans être recouvertes de papier ou de tout autre objet.

Lorsque la végétation du mûrier commencera à se produire, les graines seront placées dans une boîte, et étendues de façon qu'elles ne soient pas amoncelées les unes sur les autres ; il serait sans aucun doute bien préférable de trouver des graines qui fussent encore adhérentes au linge ou au carton sur lequel elles ont été pondues, car les germes n'auraient pas été blessés dans la coque et les petits animaux auraient ainsi un point d'appui pour en sortir plus facilement.

La température de la petite magnanerie doit s'élever progressivement et ne pas dépasser, pendant le premier jour, 12 à 15 degrés ; il n'y aurait aucun inconvénient à supprimer le feu pendant la nuit, et l'on suivrait ainsi les règles tracées par la nature avec d'autant plus de raison que la chaleur du jour se fera sentir la nuit. Peu à peu la température deviendra plus chaude et augmentera environ d'un degré par jour, jusqu'à ce qu'elle ait atteint 20 degrés ; elle sera ainsi maintenue jusqu'à la fin de l'éclosion. A partir du cinquième ou sixième jour, il faudra aussi chauffer pendant la nuit, mais ne jamais aller au delà de 15 à 17 degrés.

On ne doit pas craindre, pendant cette période de l'éclosion, qui peut se prolonger jusqu'au douzième jour, de renouveler plusieurs fois l'air dans la journée et d'activer le feu de manière à maintenir la chaleur au degré indiqué ci-dessus.

Il faut enfin se comporter et agir de telle sorte que l'air de la pièce dans laquelle s'opère l'éclosion soit libre comme l'air extérieur, et contienne dans tout son entier ce principe de vitalité sans lequel les êtres animés et les végétaux ne peuvent avoir qu'une existence frêle et peu robuste.

Des petits vers, commencent à paraître le neuvième ou dixième jour et quelquefois même avant. L'éclosion doit avoir lieu en masse, après le lever du soleil, c'est-à-dire vers six ou sept heures. Les vers qui éclosent au soleil couchant arrivent rarement à bonne fin, et par conséquent il faut les laisser de côté : nous en dirons autant pour ceux qui naissent isolément dans le courant de la journée.

Pour que l'éducation marche avec ensemble pendant les diverses mues, il est absolument nécessaire que les levées de vers aient lieu seulement en deux fois, alors que les éclosions sont les plus nombreuses, les chenilles qui arrivent les premières ou les dernières peuvent être recueillies, mais il est prudent de les laisser en dehors de l'éducation destinée au grainage. Chacune des deux levées doit être déposée séparément sur un papier. Pour rendre les levées plus faciles, il est convenable de placer un morceau de tulle sur la graine avant l'éclosion ; le jeune ver trouve dans ce tulle, pour sortir de la coque, un point d'appui et de résistance semblable à celui qu'il aurait eu dans le cas où les œufs n'auraient pas été détachés du linge sur lequel ils ont été pondus. D'un autre côté, avec ce tulle, ces petits insectes n'entraînent pas avec eux de la graine non éclose, qui donnerait lieu à des naissances tardives et compromettrait cette marche régulière qui doit exister pendant tout le temps de l'éducation.

On place sur le tulle quelques bouquets de jeunes feuilles assez rapprochés, de manière que ces petits animaux n'aient pas trop à courir pour les atteindre. Lorsque ces bouquets sont bien garnis de vers, on les enlève avec précaution, on les dépose sur une feuille de papier placée sur un cadre quelconque, et on les place dans un lieu où la température ne doit pas être inférieure à 18 ou 19 degrés centig.

On met ensuite de nouveaux bouquets de feuille sur le tulle, et le lendemain on recommence la même opération, en ayant soin de s'arrêter là. Comme nous l'avons déjà dit, les vers qui arrivent trop tôt ou trop tard sont le plus souvent entachés d'un vice, et il faut bien se garder de s'exposer à un danger quelconque lorsque l'on veut faire une éducation régénératrice. Les vers malades dans une chambrée proviennent généralement des dernières éclosions, et par conséquent les cocons produits par ces derniers sont presque toujours d'une qualité inférieure.

Il en est d'ailleurs des vers comme de tous les autres animaux Les derniers nés sont moins robustes et moins forts que les premiers, et il est facile d'en comprendre la cause pour peu que l'on veuille se rendre compte de l'organisation des êtres et des lois qui président à leur formation.

Il est donc très-important, nous le répétons, de laisser de côté les vers qui sont trop précoces à l'éclosion et ceux qui sont trop tardifs comme entachés d'un vice radical : il ne faudrait pas, pour réaliser de bien faibles économies, introduire dans l'éducation des chenilles débiles, malades, qui pourraient occasionner de grands désastres, et faire perdre tout le fruit des soins que l'on aurait pris pour atteindre un résultat satisfaisant.

Dans un prochain article, nous nous occuperons des détails relatifs aux divers âges du ver, et nous tâcherons d'indiquer les méthodes qui nous paraissent les meilleures pour conduire à bonne fin une éducation régénératrice. Ces éducations, du moins nous le croyons, peuvent seules servir la sériciculture si gravement compromise. A. de La Valette.

La noctuelle de la betterave (*Noctua segetum*).

Voici le moment où l'on sème la betterave à sucre. Cette culture, depuis deux ans, est ravagée, dans le Nord, par la noctuelle des moissons, qui lui cause de graves dommages. Le hasard nous ayant mis sur les traces d'un moyen pour se débarrasser de cet insecte destructeur, nous nous empressons de le porter à la connaissance des praticiens. Notre découverte se recommande surtout aux fermiers qui ont le plus souffert, ceux des arrondissements de Douai, de Cambrai et de Valenciennes.

La chenille, appelée ver gris à cause de sa couleur terne, a environ 5 centimètres de long (V. pl. III, fig. 2). Son corps est glabre et n'a de poils qu'aux points noirs du dos. De même que le papillon qu'elle produit, elle ne mange que la nuit, et se tient cachée tout le jour dans la terre. Elle s'attaque, dit-on, indistinctement à la betterave, à la chicorée cultivée pour ses racines et aux céréales; mais cette particularité ne semble pas bien établie. (V. fig. 1, pl. III, pour le papillon.)

On ne connaît pas encore d'une manière bien exacte ses transformations. Les jeunes chenilles se montrent dans les premiers jours de juin et atteignent toute leur croissance vers la mi-juillet; elles s'enfoncent alors à quelques centimètres dans le sol et se changent en chrysalides, au sujet de l'éclosion desquelles les entomologistes ne sont pas d'accord. Les uns prétendent que ces chrysalides donnent des papillons au mois d'août; les autres, et nous sommes de cet avis, qu'elles passent tout l'hiver dans cet état et qu'elles ne se transforment en papillons qu'au mois de mai de l'année suivante ou vers le commencement de juin, selon que la température est plus ou moins élevée.

On croit généralement que les papillons déposent leurs œufs sur les feuilles de la betterave ou les confient à la terre; mais c'est là une erreur; les observations faites par un fermier des environs de Douai nous permettent d'affirmer que les papillons déposent leurs œufs sur la graine de betterave elle-même et non ailleurs. Cette particularité est très-importante à noter, car elle offre à la pratique un moyen aussi simple que facile pour détruire complétement la noctuelle.

On a généralement constaté dans les environs de Valenciennes que les betteraves semées au commencement d'avril étaient bien moins atteintes par l'insecte que celles semées tardivement. Ce fait s'explique de lui-même. Lorsque, vers le commencement de juin, la chenille éclot, la betterave semée la première est déjà trop dure pour lui servir d'aliment. Au contraire, celles semées en dernier lieu sont beaucoup plus tendres, plus facilement assimilables. Voilà pourquoi la noctuelle les préfère. Cette particularité est pour les cultivateurs un indice qu'il faut semer la betterave de bonne heure. Mais, dans le département du Nord, les emblaves sont si considérables, que, chaque année, au mois de mai, il reste encore des étendues considérables à semer.

C'est au collet de la betterave que la chenille s'attaque de préférence; elle en dévore tout le pourtour extérieur et laisse intactes les parties qui forment la tige herbacée (V. la planche III, fig. 2); elle détruit également les racines; la plante ainsi maltraitée semble ne point être malade; mais elle est profondément atteinte et ne laisse plus qu'un faible rendement pour la sucrerie. Parfois, lorsque l'insecte pullule en trop grande quantité, la végétation disparaît; il suffit alors de gratter la terre pour en découvrir des milliers qui s'agitent très-vivement sous les impressions que l'air et la lumière leur font éprouver.

Les naturalistes prétendent que les papillons éclos en août ne donnent qu'une faible ponte et que les chenilles qui en proviennent ne causent que de minces dégâts aux plantations. S'il en était autrement, il faudrait s'en étonner; car, puisque les chenilles nées à la fin de mai trouvent déjà trop dures les betteraves semées au commencement d'avril, à plus forte raison les chenilles nées en septembre ne pourront-elles se nourrir de betteraves déjà vieilles de quatre à cinq mois. Cette impossibilité nous fait supposer que la seconde génération de la noctuelle au mois de septembre n'existe réellement pas. C'est sans doute là une méprise de la part des entomologistes.

Lorsqu'un insecte nuisible ne se nourrit que d'une plante, il est facile de le détruire par l'alternance des cultures ou par l'assolement; mais lorsqu'il vit sur plusieurs plantes et que celles-ci se succèdent l'une à l'autre, alors cette succession contribue à les multiplier. La chenille de cette noctuelle, par exemple, qui, dit-on, vit indistinctement sur la betterave et sur le blé, se trouverait dans cette catégorie. L'assolement du Nord comprend la betterave, le blé et le fourrage artificiel. En faisant venir le blé après la betterave, on favorise la reproduction de cet insecte; il faudrait donc, entre ces deux cultures, en intercaler une troisième qui deviendrait alors un agent destructeur.

Les systèmes de culture exercent une influence capitale sur la génération des insectes. La grande culture, qui consacre de vastes étendues à la même plante, offre aux insectes de puissants moyens de propagation. Au contraire, dans les cultures alternes et morcelées, les faibles étendues occupées par chaque plante, limitent forcément les zones infestées, et ne permettent pas aux parasites de se développer outre mesure. Le cultivateur expert combinera donc son assolement de manière à ce que jamais deux plantes favorables au même insecte ne succèdent l'une à l'autre. On arrivera ainsi d'une manière sûre et facile à faire disparaître les ennemis de nos récoltes.

Divers moyens ont été essayés par les cultivateurs du Nord pour arrêter les ravages du ver gris ; on a semé de la chaux et des cendres pyriteuses sur les betteraves atteintes. On les a arrosées de purin, on les a fumées avec des résidus infects de chair et d'os bouillis, on a entouré la plante d'un petit tas de terre. Mais tous ces expédients n'ont rien produit. On a voulu faire usage du poulailler roulant, employer des fossés vides ou remplis d'eau pour arrêter les émigrations ; ces moyens n'ont pas mieux réussi que les autres et prouvent leur impuissance.

Le hasard seul a été plus fort que tout le monde. L'année dernière un cultivateur des environs de Douai voulait réensemencer de betteraves une terre que le ver gris avait détruites. Comme la saison était avancée, pour aller plus vite, il mouilla ses graines avant de les semer.

Quelque temps après, en entrant dans le local où l'opération avait été faite, il découvrit une multitude de petits vers gris qui s'agitaient au milieu de graines restées sans emploi. Ce fait, annoncé dans les journaux, passa inaperçu ; mais, en y réfléchissant, on voit tout de suite que le papillon du ver gris doit déposer ses œufs sur la graine de betterave elle-même, et les y faire adhérer au moyen d'une matière visqueuse quelconque. C'est là une loi de la nature qui a voulu assurer la reproduction de tous les êtres les plus infimes. Des œufs microscopiques déposés sur le sol ou sur la feuille de la betterave auraient infailliblement péri d'une année à l'autre. En les collant sur la graine, le papillon assure l'avenir de sa descendance ; car en semant la graine, l'homme sèmera également le ver gris.

La particularité que l'œuf du papillon de la noctuelle est déposé sur la graine de betterave est très-importante à connaître. Pour se débarrasser de cet insecte, il doit suffire, avant de semer les graines, de les imbiber d'un liquide assez corrosif pour faire périr l'œuf et pas assez corrosif pour priver la graine de toutes ses vertus germinatives; ce liquide n'existe point encore il est vrai; mais la chimie le découvrira facilement. Les cultivateurs du Nord, qui ont déjà déployé tant d'intelligence pour arrêter les ravages de l'insecte, trouveront très-probablement eux-mêmes ce topique conservateur.

Il est un autre moyen plus simple, d'une application facile, que l'on pourrait essayer. L'œuf de la noctuelle est collé sur la graine de betterave à l'aide d'une matière visqueuse. Il s'agit de l'en détacher en mettant la graine dans un bain d'eau à la température de 30 ou 40 degrés et en l'agitant avec force; sans nuire au germe, on décollerait probablement l'œuf, qui resterait dans le bain et le problème serait résolu. Comme une opération de ce genre ne réclame point de matériel spécial, et n'exige qu'une dépense insignifiante, les cultivateurs feront bien d'y recourir.

Un savant entomologiste, peu versé dans l'insectologie pratique, a visité le Nord, pour y étudier les ravages de la noctuelle. Après des observations qui ont duré plusieurs jours, il conseille comme moyen de préservation, d'abord l'échenillage à la main, ensuite le tassement du sol avec de forts rouleaux, un peu avant l'époque où les papillons sortent de leur retraite et se montrent au dehors.

Ces prescriptions ne doivent point être prises aux sérieux. L'échenillage à la main n'est pas possible, car il coûterait bien plus que ne valent les récoltes; et d'ailleurs on manquerait de bras pour l'exécuter. Le tassement du sol avec des rouleaux est tout aussi impraticable, car la betterave se trouverait complètement détruite, ce qui serait une perte trop forte. Ajoutons qu'il est très-douteux que cet expédient fût efficace. Aussi les conseils du savant dont nous parlons sont-ils restés sans application; les fermiers du Nord se sont contentés d'en rire, c'est ce qu'ils avaient de mieux à faire.

Au reste, il est à présumer que le moyen employé par la nature pour conserver les œufs de la noctuelle, elle l'emploi également à l'égard d'autres insectes de la plus petite taille, de telle sorte que le cultivateur emmagasinerait lui-même dans ses greniers les œufs de la plupart des ennemis qui ravagent ses récoltes. Dès lors, il devrait suffire pour l'en affranchir de préparer toutes les semences comme nous venons de l'indiquer. D'ailleurs, notre hypothèse est confirmée par les bons résultats que l'on obtient chaque jour du sulfatage des céréales employées aux semailles.

Cette pratique contribue beaucoup à débarrasser nos champs de céréales d'une multitude de petits parasites qui échappent à nos regards et qui déciment nos cultures. Il importe donc que tous nos producteurs de betteraves fassent subir à toutes leurs graines sans exception un lavage qui les purge des germes malfaisants que les papillons peuvent y déposer. Nul autre moyen que celui-là n'est aussi simple, aussi efficace, aussi peu coûteux pour se débarrasser des insectes nuisibles et surtout de la noctuelle. JACQUES VALSERRES.

On peut consulter sur la noctuelle des moissons les *Essais sur l'entomologie agricole* du Dr Boisduval, édité par M. Donnaud, 9, rue Cassette; les *Insectes,* par M. Ernest Menault, édité par MM. Furne et Jouvet, 45, rue Saint-André-des-Arts; *Leçons sur les animaux utiles et nuisibles*, par M. Carl Vogt, éditées par M. Reinwald, 15, rue des Saints-Pères.

L'altise ou puce de terre.

Le retour des belles journées de mai fait apparaître dans les cultures un genre d'insecte de l'ordre des *Coléoptères*, qui, à l'état de larve comme à l'état parfait, fait le désespoir des jardiniers et des cultivateurs. C'est d'abord un petit ver allongé, à six pattes, à tête dure, et munie de mâchoires, qu'on voit pendant tout l'été sur les plantes, surtout sur celles de la famille des *Crucifères*, comme : choux, colzas, pastels, raves, radis, navets, aubriettes, juliennes, et particulièrement au commencement du printemps, sur les semis de toutes ces plantes. Ces larves en mangent les cotylédons, plus tard les feuilles, et arrêtent ainsi la végétation. Trois mois suffisent pour leur transformation, et l'insecte dévastateur, sous sa nouvelle forme, pourvu d'une tête saillante, de fortes mandibules, de muscles vigoureux, poursuit, quoique très-petit, son œuvre de destruction.

Cet insecte est l'*altise,* mangeur vorace, orné parfois de belles couleurs noires, vertes ou bleues, mais de mœurs moins belles que son habit. On lui donne aussi les noms de *puceron*, *pucerotte*, *tiquet*, *puce de terre.* D'où lui viennent tous ces noms? — De cette particularité que, grâce à la vigueur de ses pattes de derrière, il s'élève, saute, et fait des bonds de plus d'un pied de haut. Vous croyez le saisir, et le petit saltimbanque vous échappe et semble se moquer de vos efforts à le poursuivre. Parvenez-vous à le surprendre, autre ruse : il fait le mort, et grâce à sa petitesse et à son enveloppe coriace, ovale, il glisse entre vos doigts, tombe à terre et s'enfuit.

Il est pourvu d'ailes, mais rarement il s'en sert, sinon pour déménager, changer de logement et de canton, quand il a tout ravagé dans celui qu'il habitait.

Feuilles, fleurs, fruits, tout lui est bon, et surtout les jeunes et tendres semis dans les bâches; tout est perforé et dévoré.

Bien des procédés ont été mis en pratique pour détruire cette maudite engeance; presque tous ont échoué ou n'ont donné que des demi-résultats ou quarts de résultats.

On a arrosé les jeunes plantes avec des décoctions de tabac, de sureau, de noyer, de plantes âcres et fétides. Ces moyens n'ont pas répondu à ce qu'on en attendait.

On a obtenu de meilleurs effets de l'épandage de suie, de cendre de bois, d'arrosages de vieille urine tournant à l'ammoniaque. On réussissait une fois, on échouait une autre fois.

La chaux éteinte est préférable à toutes ces substances, elle est plus énergique; mais elle ne doit être employée qu'avec ménagement : on peut brûler les feuilles des jeunes plantes, et par conséquent faire plus de mal que de bien.

Pour parvenir à quelque chose de mieux, nous croyons qu'il convient de faire une distinction entre les deux phases de l'existence de ces insectes. Tant qu'ils sont à l'état de larves, il est aisé de les poursuivre et de s'en emparer ; mais la tâche serait longue en raison de leur nombre et de la petitesse des vers. C'est du moins le moment, à ce premier âge, de répandre dessus soit de la chaux éteinte, soit de la cendre de bois en assez grande quantité pour les arrêter, absorber l'humidité qui est nécessaire à leur existence, ou boucher les ouvertures (*stigmates*) par lesquelles ils respirent. Si on ne les détruit pas tous, on peut du moins en diminuer considérablement la quantité. Le remède est peu coûteux, d'une exécution facile, et peut être renouvelé jusqu'à ce qu'on se soit aperçu d'une diminution dans cette population malfaisante.

Quand l'animal s'est transformé, la guerre à lui faire est moins aisée. il échappe par sa vigueur et sa prestesse à la chasse qu'on peut lui livrer. Un abaissement subit de la température, une pluie froide, quelques jours d'une chaleur intense et continue, un fort orage en débarrassent quelquefois à l'improviste, au moment où l'on désespérait de s'en défaire; mais il revient souvent après en moins grand nombre, mais toujours destructeur. Il n'était pas mort, son instinct l'avait fait se cacher sous les feuilles, et après avoir secoué ses ailes, il reprend sa tâche dévastatrice.

On a habilement profité de sa prestesse naturelle à sauter pour s'en emparer. On construit un petit chariot à deux roues, sur lequel on assujettit une planchette goudronnée ou engluée en dessous, et garnie, à l'arrière d'un morceau de toile flottante. On promène l'appareil dans les jeunes plants infestés. L'insecte, inquiété dans son travail par le bruit qui se fait au-dessus de lui, saute, et se colle à la planchette goudronnée. Le chasseur, quand il juge la récolte suffisante, n'a plus qu'à s'en débarrasser en l'écrasant.

Cette tactique peut être pratiquée dans les bâches et sous les châssis aussi bien que sur les plates-bandes. Mais lorsque ces *galérucites* auront pénétré dans les bâches, l'horticulteur aura, en outre, la précaution d'en enduire les parois de coaltar ou d'essence de térébenthine, pour prévenir l'éclosion des œufs qui s'y trouveraient collés.

Quand ces insectes deviennent trop incommodes dans la grande culture, comme les céréales, quand ils persistent après tous les moyens de destruction sur lesquels on comptait dans les houblonnières, nous ne voyons pas d'autre expédient pour mettre un terme à leurs déprédations, que de changer de nature des plantations, et, après la récolte faite, que de brûler de la paille ou du fumier sur le sol infecté, afin d'anéantir les germes qui s'y trouvaient enfouis.

On a souvent préconisé pour la destruction des différentes espèces d'altise, qui dévorent les jeunes semis de *Crucifères*, la fleur de soufre, le crottin de cheval, les arrosages d'une solution de savon noir, d'eau de goudron, d'assa-fœtida mélangée d'eau. Toutes ces recettes ne sont pas beaucoup plus efficaces que les solutions âcres que nous avons citées plus haut. Le petit chariot goudronné a toujours mieux réussi dans les jardins.

De nombreuses espèces d'altises, de quinze à vingt, se rencontrent aux environs de Paris. Ces insectes criblent quelquefois toutes les feuilles des plantes potagères et même des arbres. Ils se nourrissent de toutes les plantes. Ce sont du reste les mêmes mœurs que celles de l'*altise potagère* dont nous nous sommes occupé ici plus spécialement; partout ce sont les mêmes moyens de destruction, quand on peut les employer.

Il en est une espèce fort jolie, à corsage d'un rouge éclatant, qu'on trouve plus rarement, et qu'on a nommée, à cause de son brillant costume, *altise rubis*. Elle fait peu de mal, et est recherchée et poursuivie seulement par les entomologistes pour leurs collections. GUEZOU-DUVAL.

Travaux apicoles de la saison.

Dès la fin d'avril l'essaimage commence dans les localités abritées, et même avant dans les cantons méridionaux. Il y a des indices apparents de la sortie prochaine des essaims. Une colonie est souvent prête à essaimer lorsque, depuis six ou huit jours, l'on y aperçoit des mâles ou faux bourdons (on sait que les faux bourdons ne naissent qu'au printemps dans nos latitudes), et que ces mâles font des sorties bruyantes vers le milieu de la journée. Elle est d'autant plus sur le point d'essaimer qu'une partie des abeilles se tiennent à l'entrée de la ruche et sur le tablier, où elles font la *barbe* (elles simulent en se groupant une sorte de barbe). Cependant il est des ruches qui font la barbe et qui n'essaiment pas. — Une disposition du temps à l'orage accélère toujours le départ des essaims; l'électricité, on l'a remarqué, a beaucoup d'action sur les abeilles. C'est de neuf heures du matin à trois ou quatre heures de l'après-midi, et plus ordinairement vers le milieu de la journée qu'a lieu le départ des essaims. Un essaim se compose d'abeilles de tout âge, dont la plupart ont soin de se charger de vivres. Il est accompagné de l'abeille-mère de la ruche qu'il quitte.

La plupart du temps les essaims, après avoir voltigé un moment en l'air et parcouru un petit espace, se fixent à une branche d'arbre peu élevé, dans un buisson ou une haie. Il faut se hâter de les recueillir. Pour cela on a disposé des ruches que quelques personnes frottent de plantes aromatiques, ce qui n'est pas indispensable. L'essentiel est que les ruches soient propres et n'aient pas de mauvaise odeur.

On vient présenter la ruche, qu'on tient d'une main, sous la grappe d'abeilles que forme l'essaim, et de l'autre main on secoue la branche à laquelle est fixée cette grappe pour la faire tomber dans le panier qu'on retourne doucement et qu'on pose sur une cale afin que les abeilles puissent facilement entrer. Au bout d'un moment, quinze ou vingt-cinq minutes, lorsqu'elles sont toutes entrées, et qu'il n'y en a plus que quelques-unes qui voltigent à l'extérieur, on va placer la ruche au rucher et on l'abrite du soleil, surtout si ses rayons ardents tombent directement dessus.

Les essaims ne se fixent pas toujours à une branche qu'on peut secouer: ils se placent quelquefois contre un mur, un tronc d'arbre, ou dans une fourche formée par des branches très-fortes; dans ces circonstances, on présente la ruche de son mieux sous l'essaim, que l'on fait tomber au moyen d'un plumeau, d'un rameau touffu ou d'une baguette de bois.

On voit aussi des essaims se poser à terre, ce qui annonce, ou que la mère a les ailes avariées, ou qu'elle a été prise de lassitude. Rien n'est plus facile que de loger ces essaims: on pose doucement la ruche pardessus ou tout proche, et on la tient soulevée d'un côté au moyen d'un tasseau ou d'un caillou. Si les abeilles ne se décident pas à monter de suite dans la ruche, on les y contraint en leur projetant un peu de fumée de chiffon ou de tabac.

Les personnes qui craignent excessivement la piqûre des abeilles font bien de se couvrir la tête d'un camail et les mains d'une paire de gants en cuir. Ce n'est pas dans la réception des essaims que les abeilles pensent souvent à piquer; elles sont ordinairement très-abordables dans cette circonstance, et on peut rester au milieu du nuage qu'elles forment sans qu'elles aient d'autre intention que de se poser sur vous pour se reposer.

Des ruchées donnent plusieurs essaims la même année; mais ceux qui viennent après les primaires sont de beaucoup moindre valeur et doivent, la plupart du temps, être rendus à la ruche d'où ils sortent. On les recueille comme les autres et on les place à côté de la souche; puis le lendemain soir (avant ils ressortiraient) on les secoue à l'entrée de la ruche mère dans laquelle les abeilles se hâtent de rentrer.

La multiplication des colonies n'est pas le seul but à atteindre, et si on laisse agir la nature, cette multiplication est souvent trop abondante; mais il faut chercher à obtenir des produits, et c'est alors qu'il est nécessaire de modérer la nature, de limiter l'assaimage, et parfois de l'empêcher. On modère l'éssaimage en agrandissant les ruches en temps voulu, quinze jours ou trois semaines avant l'époque de la sortie des essaims, en les calottant ou en les haussant. On empêche la sortie de l'essaim en retenant la mère prisonnière dans un étui de toile métallique, ou en l'internant dans un compartiment de sa ruche, à l'aide de tôle perforée. Ainsi confinée, elle pond beaucoup moins, et les ouvrières étant moins occupées à l'éducation du couvain s'adonnent davantage à la cueillette du miel.

On peut pareillement confiner l'abeille mère des essaims dont on désire obtenir une récolte la même année. H. Hamet.

Cours des produits des insectes.

Soies, cocons, graines. — 28 avril. — Les derniers avis de Marseille annoncent une nullité complète des transactions en soies, avec de la baisse sur les qualités communes. On a coté les filatures de Brousse et Andrin 108 fr. le kil. à la consommation; Salonique et Volo, 80 à 100 fr.; Grèce, 96 à 102 fr.; Syrie, 80 à 105 fr.; Italie, 95 à 100 fr.; Bengale, 80 à 88 fr.

Cocons jaunes de Colomata, Grèce, Salonique et Volo, 22 à 26 fr. 50 c. le kil.; Scio, Smyrne, Mételin et Candie, 25 fr.; Syrie, 27 à 29 fr.; Caucase et Arménie, 10 à 9 fr. 50 c.; Espagne et Portugal, 23 à 25 fr.— Cocons blancs, Lefké et Demidech, 29 fr.; Brousse et Ponderma, 24 à 27 fr.; Andrinople, 26 à 29 fr.; Amasia et autres provenances inférieures, 20 à 24 fr.

Le calme a continué sur nos marchés producteurs.

Miels, cires et *abeilles*. Les miels blancs sont restés en baisse, et les rouges à peu près stationnaires. Les cires jaunes ont été cotées de 4 à 4 fr. 20 le kil. hors barrière. Quelques cires à livrer de la Bourgogne ont été traitées 440 fr. les 100 kil. dans Paris (entrée, 22 fr. 90 c.). — Avril a été mauvais pour les abeilles que la pluie et le froid ont empêchées de profiter des premières fleurs.

Cantharides. L'article a baissé; on a coté 3 fr. 25 le kil.

Cochenille des Canaries, même cours: 8 fr. 75 à 10 fr. le kil.

Galles en sorte d'Alep, 290 fr. les 100 kil.; noires triées d'Alep, 360 fr.; dito de Smyrne, 325 fr.; noires et vertes, 240 à 250 fr.; blanches, 150 à 135 fr.; Istrie 150 à 135 fr.

Kermès, 17 fr. le kil. à la consommation.

Laque (gomme laque) en feuille, orange, 250 fr. les 100 kil.; dito cerise, 225; dito blonde, 250 fr.; dito brune, 175 fr. — Ces divers articles à Marseille.

L'Éditeur-propriétaire : E. Donnaud.

Paris. Imprimerie de E. DONNAUD, rue Cassette, 9.

N° 4. **1re ANNÉE.** **Mai 1867.**

L'INSECTOLOGIE AGRICOLE

SOMMAIRE :

Bulletin insectologique.

Guerre générale aux insectes nuisibles. — A l'exemple de la Suisse qui vient de déclarer la guerre aux hannetons, il faut que dans tous les pays avancés on déclare la guerre aux insectes nuisibles, qui, après l'ignorance, sont les plus grands ennemis de l'agriculture et du bien être de l'homme. Devront former les premières phalanges de combattants ceux à qui la vue des engins de destruction de l'homme exposés au Champ-de-Mars a inspiré des instincts belliqueux, ceux qui, en général, éprouvent le besoin d'occire quoi que ce soit. Il faut d'ailleurs appeler tous les contingents, car les ennemis sont nombreux. Là sont à combattre des torrents de criquets et des nuées de sauterelles ; ailleurs, des légions de mans, de calandes, de pucerons, de pyrales, etc., etc. L'hiver doux et le printemps humide que nous traversons ont développé des avalanches d'escargots dont les dégâts vont, cette année, faire pâlir l'oïdium. Que tous ceux donc qui s'intéressent à l'agriculture s'organisent en une *landver* universelle pour une croisade, dont l'*Insectologie* se propose d'être le Pierre-l'Ermite, contre ces êtres pullulants, grouillants et rongeants. Les intérêts bien entendus de tous exigent impérieusement que nos frontières soient étendues de ce côté.

L'action est commencée contre les escargots, et voici les premiers avantages que nous signale notre correspondance particulière.

Escargottage. — Dans le n° 2 de l'*Insectologie agricole*, il est dit, page 37 : « Une grande humidité détruit plus d'insectes que le froid ri- » goureux ; mais malheureusement elle développe quelques espèces qui » sont nuisibles aux racines des plantes. » On aurait pu ajouter et aux plantes elles-mêmes, en dévorant les feuilles, agents indispensables à la végétation.

Voici un fait qui confirme mon assertion. Par suite de pluies constantes, notre vignoble vient d'être envahi, dans les parties basses surtout, par des myriades d'escargots; j'ai recueilli dans une vigne d'environ 36 ares 50 cent., et cela dans environ 20 heures de travail, 7 paniers d'escargots pesant 14 kilog. chaque et contenant environ 10,000 de ces insectes pour totalité.

Je n'ai vu que trop tard le dégât, qui me coûtera la perte de moitié de la récolte sans compter que cette pauvre vigne, qui a beaucoup de raisins, mais pas de feuilles pour élaborer la séve et la transformer en cambium, poussera peu en bois et en souffrira encore l'année prochaine ; une forte gelée eût fait moins de mal.

Voici ce que m'aurait coûté un escargottage (passez-moi le mot) dans les conditions ci-dessus : une personne à 2 fr. 50 par jour et pour 10 heures de travail, soit comme ci-dessus pour 20 heures . . . . 5 »

Mais, d'un autre côté, sur les 10,000 escargots ramassés, prenons seulement 2,000 bons, comestibles, valant à Tours 25 cent. le cent, soit pour 2,000. . . . . 5 »

Ainsi une femme ramassant les escargots pour le marché pourrait gagner à la campagne 2 fr. 50 par jour, rendre un service important, sans compter que le propriétaire pourrait réclamer les escargots de rebut ; car, écrasés, ils sont dévorés avec avidité par la basse-cour, et si l'on prend le soin d'y joindre un peu de son et d'orties coupées, les pondeuses répondront largement à leurs manières à ces soins.

Mais les coursons de la vigne sont fragiles, le moindre choc les fait tomber ; il ne faut donc aller dans les vignes à cette époque que le moins possible ; d'ailleurs le meilleur moment de destruction est l'hiver, alors que les escargots se trouvent par tas dans les murs, sous les arbres verts, aux pieds des ceps ; l'escargot, à cette époque, est même plus délicat. Avis donc aux gourmands et aux vignerons vigilants ; quant à moi, j'ouvre mes vignes cet hiver à tous les mangeurs d'escargots.

Recevez, Monsieur, etc.

CH. GAURICHON.

Au château du Grand-Martigny, près Tours.

Les avantages de l'escargottage dans les vignes s'établissent donc : 1° par l'assurance de la production du raisin ; 2° par la production d'un comestible dans le gros escargot qui n'est pas à dédaigner ; 3° par la production d'un aliment dans les petits pour les oiseaux de basse-cour, aliment d'une grande valeur, puisque les poules qu'on en nourrit pondent tous les jours, voire même parfois deux œufs par jour. Or, au prix où sont les œufs, une poule qui pond deux fois par jour est, sinon la poule aux œufs d'or, du moins une poule d'argent.

La poule qui, comme on le sait, est carnivore, s'arrange d'autant mieux de cette nourriture, qu'elle trouve dans les coquilles broyées des escargots le carbonate de chaux dont est formée l'écaille de ses œufs.

Les escargots peuvent aussi être donnés, broyés et mêlés à des farineux, aux porcs à l'engrais.

Dans le Bordelais les ravages causés par les escargots sont estimés au quart de la récolte. Voici ce qu'on lit à ce sujet dans le *Journal d'agriculture* de la Gironde : « La vigne allonge ses bourgeons et développe ses feuilles avec une rapidité qui va la mettre enfin à l'abri des ravages des escargots qui lui ont porté cette année un tort immense. C'est rester au-dessous de la vérité que d'estimer à un quart de la récolte les pertes occasionnées dans les vignes par les escargots.

» A la suite d'un hiver sans gelée soutenue, ces insectes se sont montrés en nombre incalculable et ont envahi les vignes dont ils ont dévoré les bourgeons au fur et à mesure de leur apparition. Sous peine de perdre la récolte tout entière, il a fallu faire la chasse à ce dangereux ennemi, et l'on a vu dans les vignobles du Médoc une armée de femmes et d'enfants aussi nombreuse qu'au temps des vendanges. On peut dire que la quantité d'insectes détruits de la sorte sur tous les points du département s'élève à plusieurs milliers d'hectolitres.

» Le dommage causé par les escargots ne porte pas seulement sur les produits de l'année, qui sont diminués dans une proportion sensible, par suite du nombre considérable de mans à l'état d'embryon dévorés par ces insectes ; il affecte encore notablement la récolte qui suit. Les bourgeons broutés poussent mal ou donnent lieu, comme dans tous les cas de pincement trop sévère, à des brindilles multipliées et débiles sur lesquelles il est impossible d'asseoir une taille d'avenir. »

La plaie des limaces en Sologne. — On lit dans le *Bulletin hebdomadaire du Journal de l'Agriculture*, sous la signature de M. E. Gaugiran : « L'Afrique a des sauterelles, mon jardin a des limaces. On les appelle, je crois, *limaces agrestes*. Elles sont petites, de couleur grise. L'année pluvieuse les fait naître en nombre infini ; leur désolante multiplicité est un véritable fléau. Elles s'attaquent particulièrement à mes salades, à mes haricots, qu'elles dévorent à mesure qu'ils paraissent ; je les accuse d'avoir détruit tous mes semis de carottes et mes trèfles semés au printemps. Contre ces petits mollusques hermaphrodites, on conseille l'emploi du sel, du marc, du nitre, des cendres, de la chaux, etc. Pour se défendre, chacun prend l'arme qu'il a sous la main ; j'ai la mousse de nos chênes. Depuis quelques jours, j'étends de distance en distance, sur les planches menacées, des plaques de mousses humide. Les limaces aiment les lieux frais, couverts, humides ; ma mousse est un piége ; elles s'y laissent prendre. C'est merveille, et mon jardinier en apporte deux fois par jour des quantités prodigieuses à ma bande de canetons, qui s'en régalent. Il faut tirer parti de tout : c'est la science du cultivateur. »

Remède contre la maladie des oliviers. On lit dans le même journal : Mon gendre a les plus belles plaines qui bordent l'Hérault, complantées d'oliviers. Quand il s'aperçut qu'ils commençaient à noircir, il fit racler l'écorce et badigeonna tout l'arbre avec une forte dissolution de chaux vive dans l'eau ; la maladie fut guérie et, depuis, il n'a pas eu un seul arbre malade. — JAMME.

Hannetonnage. — Par arrêté de M. le préfet de l'Aube, il sera alloué, en 1867, une prime de trois francs par hectolitre (soit 3 centimes par litre) de hannetons détruits, et une prime de 9 fr. par hectolitre (soit9 centimes par litre) de vers blancs.

Il sera justifié de cette destruction par un certificat du maire produit avant le 1er juillet prochain, pour les hannetons, et avant le 15 novembre pour les vers blancs.

Des primes communales pourront être accordées, en dehors des conditions ci-dessus, aux personnes qui auront coopéré à la destruction des hannetons et vers blancs ; MM. les maires sont autorisés : 1° à demander aux conseils municipaux les crédits nécessaires, ou à prélever, si cela est possible, et selon les formes légales, une partie de ces encouragements sur les fonds des dépenses imprévues de la commune (exercice 1867) ; 2° à recueillir dans le même but des souscriptions particulières.

Le hanneton à toutes sauces. — On ne s'est pas contenté, pour épargner les bras, de faire ramasser les hannetons par les chiens et les cochons et d'en nourrir ces derniers ; on affirme aujourd'hui que c'est un excellent gibier, fricassé à l'état de larve (ver blanc). Voici la recette culinaire que donne la *Gazette des Campagnes* et que pourront essayer, sans crainte d'attraper d'indigestion, ceux dont l'estomac est déjà accoutumé à digérer du cheval.

« Rouler les vers blancs, qui sont gros et courts, dans la farine mélangée de chapelure et additionnée de sel et de poivre, puis les envelopper d'une feuille de fort papier beurré en dedans avec libéralité; introduire le tout sous la cendre brûlante ; laisser cuire vingt minutes, plus ou moins, suivant la chaleur des cendres.

» Quand vous éventrez l'enveloppe, un fumet des plus appétissants vous dispose favorablement à bien accueillir ce mets, cent fois supérieur à l'escargot. Essayez, si le cœur vous en dit, toute prévention à part, vous avouerez n'avoir jamais rien mangé de meilleur. »

Le baron Brisse de la *Gazette des Campagnes* oublie d'indiquer les moyens de faire dégorger les vers blancs avant de les fricasser.

De son côte, M. Florent Prévot, membre de la Société impériale d'agriculture, propose de convertir les hannetons en farine, laquelle, mélangée à une pâtée de pain de pomme de terre ou de son, devient une bonne nourriture pour élever les jeunes gallinacés de basse-cour. Cette farine est particulièrement recherchée par les faisans et les pintades. — Après avoir ramassé les hannetons dans des sacs de toile, on les fait périr en exposant les sacs au soleil ou devant le feu ; ensuite on les fait sécher en les étendant sur des toiles, des planches ou des greniers bien secs; puis on les réduit en poudre, à l'aide d'un mortier de bois.

Un *anti-cafard*. — Les cafards n'ont qu'à bien se tenir. L'huile de pétrole, si usitée aujourd'hui pour l'éclairage, est un insecticide d'une efficacité incomparable. La meilleure pour cet effet est la non épurée. Elle se vend à très-bas prix dans le commerce de drogueries en gros.

L'arrosage des fraisiers avec de l'eau à laquelle on a ajouté par arrosoir quelques grammes d'huile de pétrole, détruit ou éloigne le « mans » ou ver blanc du hanneton, qui fait tant de mal à cette culture

Un peu de pétrole brut mêlé à beaucoup d'eau (30 gr. par litre, — on agite le mélange avant de s'en servir) est un poison sûr pour les courtillières. Avec un entonnoir on verse un peu de ce mélange dans leurs trous ; elles ne tardent pas à mourir.

La peste immonde des cafards, cette vermine tenace de nos maisons, est obligée de battre en retraite devant le pétrole (comme devant la benzine : mais le pétrole a bien moins d'odeur). Des injections d'eau pétrolisée (60 gr. par litre) sous les fourneaux et dans les crevasses et trous des murs purgent infailliblement les maisons de ces hôtes incommodes. Mais il faut y revenir à plusieurs reprises, afin de détruire les jeunes générations écloses des œufs pondus avant une première opération.

La gale étant occasionnée par le développement d'un insecte parasite, l'*acarus*, est très promptement et radicalement guérie *au début* par des onctions de pétrole. Des frictions d'eau pétrolisée nettoient instantanément les animaux domestiques des insectes parasites qui les incommodent. On doit savonner l'animal quelques instants après la friction.

Le journal d'horticulture de l'Aube assure qu'un membre de la société d'horticulture de ce département, dont la maison était infestée de rats et de souris, fut débarrassé de ces hôtes malfaisants peu de temps après l'introduction dans sa cave d'un dépôt d'huile de pétrole. Ce même sociétaire, ayant eu l'idée d'arroser son jardin avec de l'eau qui avait séjourné dans les tonneaux vides ayant renfermé du pétrole, en vit disparaître toutes les limaces.

Une punaise qui ferait pâlir l'oïdium. — La rumeur publique nous apporte de l'Algérie qu'une punaise volante, inconnue jusqu'alors, aurait fait son apparition dans les vignes des environs de Blidah et serait une sorte de *vomito* pour la plante au jus divin qu'elle tuerait en moins de 24 heures. Ainsi que le microscopique champignon appelé oïdium, qui a tout à coup surgi au nord, ce chétif insecte semblerait avoir apparu tout exprès au sud pour dire à la vigne : « Tu n'iras pas plus loin! » Ne voulant pas nous faire alarmiste, nous attendrons de plus amples renseignements avant de rien affirmer sur cette nouvelle calamité.

Les sauterelles. — On écrit aussi d'Algérie que des nuées de sauterelles ont déjà envahi quelques régions de l'Atlas. Les cultivateurs se tiennent sur leurs gardes et se préparent à lutter contre le fléau. Dieu veuille qu'il les épargne, ou bien que son intensité ne soit pas hors de proportion avec le nombre et l'énergie des populations. Là encore il faut s'associer pour combattre cet insecte avec succès.

— M. Millery, de Tarbes, a obtenu une médaille d'or au Concours régional de cette ville, pour ses produits séricicoles.

H. HAMET.

Plaidoyer en faveur des oiseaux insectivores. (V. p. 73.)

« Voici un livre d'hier, un ouvrage belge, œuvre et chef-d'œuvre d'un jeune et savant professeur, M. Alfred Wesmael, neveu du grand entomologiste, mon maître, dont le nom est populaire dans toute l'Europe, sa patrie exceptée. M. Alfred Wesmael vient de faire une *Monographie des peupliers;* oh ! le malheureux arbre ! Écoutez l'énumération de ses ennemis, dans notre pays seulement. D'abord l'altière saperde et la compsidie hautaine, toutes deux orgueilleuses de la fine aigrette qui orne leurs fronts. Ensuite la grosse chrysomèle, toute rondelette, d'aspect semblable à une grosse dame bourgeoise et obèse; méfiez-vous de son obésité bonnasse. Ceux-là sont les ennemis qui viennent au soleil, mais combien plus dangereux ceux du crépuscule, les sesies, ceux de la nuit obscure, les liparis, les lourds cossus et les bombyx, pesants et ternes comme nos poëtes officiels, mais aussi féconds que ceux-ci sont stériles. Et par-dessus tous ces chancres qui volent et qui se traînent, le terrible hanneton. Je ne m'étonne plus maintenant de l'agitation fébrile de ton feuillage, du frémissement ondulatoire de ta tige ; c'est la souffrance, la douleur aiguë qui le cause, ô peuplier, arbre plus endolori que ne l'était le vieux Job travaillé de la lèpre et de la vermine, arbre autrefois si ferme, si calme, au temps où les oiseaux regardaient, qu'Hercule, le dieu et l'ami des forts, te voyant d'une prestance si assurée et si gaillarde, affrontant la foudre de ta tête droite, voulut lorsqu'il monta au ciel, tresser, de ton branchage, une couronne pour ceindre ses tempes divines.

Tempora populea fertur vinxisse corona.

» Quels remèdes à ce martyre ? On a du choix ; les bons seuls font défaut. En voici un, tel quel : « Un moyen par lequel, dit M. Wesmael, on » prend assez bien des vers blancs, consiste à repiquer ou semer, dans les » jeunes plantations, de la laitue dont ces larves sont très-friandes, et » aussitôt que l'on voit la plante jaunir et se faner, on peut être sûr que » le ver blanc l'a attaquée, alors on arrache la plante et on tue la larve. »

» O trois et cent fois honte ! Le cultivateur hersera, bêchera, labourera la terre pour un hanneton, moins que ça, un hanneton imparfait, son fœtus, l'ignoble ver blanc. Pour lui le paysan fera un jardin potager, plantera les plus nobles légumes, réduit, pour le prendre, à flatter le palais de ce gourmet de la fange qui se vautre dans la boue, l'argile, le fumier. L'homme est devenu serf de cet avorton, il s'est déshonoré, tandis que l'oiseau, proscrit par l'homme, fuyant à tire-d'aile, dit, en sifflant sa chanson narquoise : Moi seul avais remède à ces maux.

» Pardon, il y a encore un remède : « Il n'y a d'autre remède bien efficace de combattre la multiplication considérable de cet insecte vraiment désastreux, — continue M. Wesmael, — qu'en le détruisant, soit à l'état de larve, soit à l'état parfait ; encore n'arrivera-t-on à pouvoir employer ce moyen qu'alors que chaque propriétaire sera contraint, par une loi, de l'appliquer sur toutes ses propriétés boisées. On a bien fait une loi sur l'échenillage, pourquoi n'en ferait-on pas une sur le hannetonnage ? » Ce n'est pas nous qui oserions proposer à nos législateurs de sévir contre les hannetons. Passe encore si c'était contre d'autres bêtes. Puis, la loi faite, fera-t-elle plus que celle sur l'échenillage, dont se jouent si à l'aise les chenilles ?

» Voilà pour le seul peuplier. Faut-il vous dire les autres ennemis de nos prés, des céréales et des légumineuses de nos champs, fins routiers qui suivent la récolte dans nos greniers, par exemple, l'innombrable tribu des charançonides, les uns noirs, les autres gris, jaunes, fauves, nankin, vert pomme, vert tendre, saupoudrés d'argent, striés d'or, tous avec un long bec en trompe fine, qui fait des animaux de cette tribu les éléments du monde microscopique ? Chercher leurs larves dans la récolte, c'est littéralement chercher une aiguille dans une charretée de foin. L'oiseau seul le peut, « l'hirondelle qui n'a pas assez de 1,000 mouches par jour, le couple de moineaux qui porte à ses petits 4,300 chenilles ou scarabées par semaine, la mésange 300 par jour. » (Michelet.)

» Donc grâces soient rendues à feu notre illustre gouverneur, M. le baron de Stassart. A sa mémoire, tous nos hommages et tous nos respects. Il avait bien compris, car sa haute intelligence saisissait les rapports de toutes choses, le lien de solidarité étroite qui lie le bipède humain se traînant sur le sol, et le bipède ailé planant au-dessus, si étroite que celui-là ne pourrait longtemps subsister et durer sans celui-ci.

» La religion et la philosophie, ces deux sœurs rivales rarement d'accord, semblent convenir que si l'oiseau et l'homme n'ont pas formé jadis une seule et commune espèce, ils sont au moins unis à perpétuité par des relations de fraternité indissolubles. Saint François d'Assise disait : Oiseaux, mes frères, — *Fratres, mei aves*, — et il les prêchait, — hirondelles, mes sœurs, — *Sorores meæ, hirundines*, — et il les bénissait. Socrate, rencontrant des cygnes les saluait ainsi : Mes frères, pauvres compagnons de servitude. Car les oiseaux, suivant lui, étaient des gens autrement vêtus que nous, ayant d'autres habitudes, mais après tout nos très-proches parents. Socrate et saint François sont ici d'accord. Raille qui l'ose, mais une opinion en laquelle se rencontrent le plus sage de tous les hommes et le plus aimant de tous les saints est certes une opinion respectable.

» Malheur à qui ne se rend pas à cette opinion, comme le prouve une vieille histoire par laquelle nous terminerons, histoire antique, dont la morale est, pour le temps présent, un avis salutaire.

» Jadis, au commencement du monde, les oiseaux vivaient dans la familiarité des hommes et des dieux. Comme ils avaient leurs grandes et leurs petites entrées, à toute heure, dans l'Olympe, ils habitaient en maîtres dans les temples. Un jour cependant, sur les paroles mal entendues de l'oracle, quelqu'un osa troubler les moineaux qui nichaient dans les parvis d'un lieu saint. Lors une voix sortit du sanctuaire et dit : Oh ! le plus scélérat des impies ! Qu'oses-tu ? Expulser mes suppliants ! Tout alla bien pour les oiseaux et pour les dieux, deux siècles encore après ce miracle, tant que les vieilles divinités persévérèrent dans ces principes d'hospitalité. Mais les richesses finirent par corrompre leur cœur. Ils eurent peur, alors, que ces vieux amis, les oiseaux, ne souillassent leurs autels faits de métaux précieux. Un jeune prêtre, Ion (dans le drame d'Euripide), dit : Oiseaux, je vous défends de passer l'enceinte et de pénétrer dans nos temples tapissés d'or. J'ai horreur de vous tuer. Mais je dois remplir mon devoir, et ne serai pas infidèle aux dieux qui me font vivre. Au même moment, Aristophane disait : « Autrefois, pauvres oi- » seaux, vous étiez grands et sacrés, mais maintenant on vous regarde » comme des esclaves et des niais ; on vous jette des pierres, même dans » les lieux saints. » Hérodote, I, 137-159. Eurip. Ion, v. 153-183. Aristoph., Oiseaux.) Le jour où les oiseaux furent chassés des temples, les incrédules y entrèrent. Sceptiques, cyniques, épicuriens parurent ; les dieux, tout immortels qu'ils se croyaient, périrent, et Jupiter qui, sans sa barbarie, régnerait peut-être encore, sentit son trône s'ébranler et roula dans le néant. Que la catastrophe des olympiens enseigne donc aux humains à être doux et réservés avec les oiseaux, s'ils veulent rester les rois de la création.

» Mais peut-être est-ce la faute des oiseaux si l'homme les poursuit sans relâche. A les voir fourrager nos épis et nos fruits, à voir, en cette saison, leurs rapines dans nos champs et nos jardins, on serait bien près de mettre tous les torts de leur côté.

» Seraient-ils d'insectivores devenus frugivores ? Partageraient-ils l'horreur du sang et de la chair qui inspirait J.-J. Rousseau, dans ses livres, et Pythagore? Ou seraient-ils purement devenus omnivores? S'il en était ainsi, nous n'aurions plus aucun motif de les protéger et de les épargner.

» Ce sont de graves questions que le court espace de nos sessions ne nous permet pas de résoudre convenablement. Mieux vaut s'adresser à la députation, la priant de réunir les pièces du procès entre l'homme et l'oiseau.

» Nous nous bornerons donc à :

» Prendre en considération la requête demandant un règlement sur les diverses chasses des oiseaux insectivores;

» Prier la députation d'examiner les règlements des autres provinces auxquels fait allusion le pétitionnaire, et de préparer, s'il y a lieu, un projet de règlement, pour la session prochaine, règlement pouvant être utile à l'agriculture et aux intérêts des campagnards;

» D'examiner encore si, par rapport à la moralité publique et aux principes qui ont fait interdire les combats d'animaux, il n'y aurait pas lieu d'interdire certains exercices barbares auxquels les hommes, et particulièrement les enfants se livrent avec des oiseaux;

» De continuer entre temps à recommander l'échenillage;

» D'examiner s'il n'y aurait pas lieu de conseiller des mesures pareilles relatives au hannetonnage;

» De recommander aux administrations des communes où il y a des marchés d'oiseaux l'exécution stricte de l'arrêté royal du 27 avril 1846, notamment en ce qui touche les fauvettes, telles que la *grise* et la *babillarde*, dont la vente se fait publiquement au mépris de cet arrêté;

De recommander aux administrations rurales de poursuivre la répression d'autant plus facile qu'on sait les lieux et le temps où les oiseleurs se réunissent;

» De recommander aux instituteurs, comme déjà le font certains d'entre eux, d'interdire à leurs élèves de dénicher les oiseaux.

» Occupons-nous donc, d'ici à l'année prochaine, de ces questions, et soyons persuadés que pour nous récompenser de cette application, soit que nous allions sous la furieuse canicule, soit que nous soyons étendus à l'ombre, partout nous suivrons le moineau et son joyeux caquet, l'alouette, et la mésange avec leur chant si doux. »

(*Journal de la Société d'agriculture de la Belgique.*)

Note sur un nouvel ixode, parasite du cheval,

par M. Mégnin, vétérinaire attaché à l'artillerie de la garde impériale.

L'étude des insectes qui tourmentent nos animaux domestiques, ou qui, prenant leur peau pour habitat, deviennent la cause de maladies quelquefois très-graves, qui peuvent aller jusqu'à entraîner leur mort, cette étude, pensons-nous, est, aussi bien que la recherche des meilleurs moyens de les combattre, parfaitement de la compétence de la Société d'insectologie agricole. C'est pourquoi nous espérons qu'elle accueillera la communication que nous venons lui faire sur un insecte nouveau, parasite du cheval, que nous avons eu l'occasion d'étudier.

Vers le 15 juin dernier, une jument, âgée de 15 ans, appartenant au capitaine Pinard du 1er régiment de dragons en garnison à Versailles, présenta tout à coup une maladie de peau, d'une forme assez insolite, qui affectait les quatre membres exclusivement.

Cette maladie était caractérisée par une éruption pustuleuse, occupant la partie inférieure sans dépasser les jarrets ni les genoux, et s'accompagnant d'un fort prurit. Chaque pustule reposait sur une base dure, enflammée, et était coiffée d'une croûte de matière purulente desséchée qui se détachait facilement en entraînant un bouquet de poils et en laissant à découvert un petit ulcère. C'est au fond de cet ulcère et complétement caché par la croûte que se trouvait le parasite, et il était bien la cause déterminante de la pustule, puisqu'il suffisait de l'enlever pour la voir se guérir spontanément ; mais, comme la destruction de tous les individus aurait été trop longue en les prenant ainsi un à un, on en eut raison en masse au moyen de lotions d'une infusion de tabac au dixième. Huit jours après son apparition, et grâce à ce traitement, la maladie avait complétement cessé en laissant à la place de chaque pustule une petite cicatrice blanche et glabre.

Ce parasite, qui avait toute l'apparence d'un petit pou de couleur noire (c'est précisément cette ressemblance qui engagea à employer contre lui l'infusion de tabac), ce parasite, disons-nous, examiné au microscope, nous n'eûmes pas de peine à reconnaître en lui un acarien de la famille des Ixodides, mais différant notablement de tous ceux connus jusqu'à ce jour, et surtout de l'*Ixode-Ricin*, type de la famille. En effet, les Ixodes ont pour caractère : 1° d'avoir un suçoir composé de trois pièces : une lèvre très-forte, dentée en scie sur ses bords, obtuse à son extrémité et mamelonnée à sa face inférieure, et deux mandibules articulées, protractiles, indépendantes, et barbelées en harpon à leur extrémité ; 2e des palpes écailleuses, courtes, larges, valvées, creusées à leur bord interne, et formant gaîne au suçoir ; 3° d'avoir huit pattes composées de six articles dont les deux derniers forment un tarce conique qui est terminé par une palette qu'accompagnent deux forts crochets ; 4° de vivre de sang pur qu'ils sucent à travers la peau au moyen de leur bec qui seul pénètre dans le tégument ; 5° enfin d'avoir la propriété de se dilater démesurément quand ils sont repus.

Nous retrouvons bien, dans notre parasite (voyez la planche IV), les caractères généraux du bec et des pattes des Ixodes, mais il y a des différences de détails très-palpables : ainsi, sa lèvre est aiguë, lancéolée, dentée à la face inférieure comme sur les bords, et beaucoup plus longue, toute proportion gardée ; les palpes, tout en paraissant valvées, écailleuses, sont beaucoup plus allongées et étroites et ne forment pas gaîne au suçoir ; il ne jouit pas de la propriété de se dilater en se repaissant, car tous les individus trouvés dans les pustules étaient de la même taille, semblables à la fig. 1 de la planche ; enfin, et ceci est caractéristique, il se loge entièrement sous la peau, il est fouisseur, en un mot, et paraît vivre non de sang pur, mais des produits de l'inflammation, sérosité ou pus.

Nous avons fait la comparaison de notre Ixode avec tous ceux connus et décrits jusqu'à ce jour, mais nous n'avons pu trouver son analogue ; nous avons donc toute raison de croire que nous avons affaire à une espèce nouvelle, peut-être même à un genre nouveau.

En attendant que les savants spéciaux et d'une autorité reconnue se soient prononcés à cet égard, nous nommons provisoirement ce parasite l'*Ixode fouisseur*.

Pour compléter cette étude, nous ajoutons que, malgré l'examen le plus minutieux que nous ayons fait au microscope des croûtes et des produits des pustules, nous n'y avons point rencontré d'œufs ni de larves ; tous les individus étaient au même degré de développement, ce qui nous fait penser que ces parasites n'ont pas pullulé sur place, mais que tous venaient de l'extérieur, c'est-à-dire des broussailles ou des hautes herbes au milieu desquelles le cheval du capitaine de dragons se promenait chaque matin.

MÉGNIN.

Hannetons et vers blancs.

Les hannetons, qui d'ordinaire font leur apparition solennelle vers la mi-mai, ne se sont encore montrés cette année qu'en petit nombre. Le froid, le vent, la pluie, le temps anormal qui sévit depuis un mois, peuvent en être la cause. Peut-être aussi n'est-ce qu'un retard. D'ailleurs, on croit savoir que ce n'est que tous les quatre ans que ces insectes se montrent par gros bataillons. L'année 1867, s'ils manquent à l'appel, se trouverait une des années heureuses à noter d'une marque blanche que nous avons à traverser.

Il ne faut cependant pas attendre à être envahi pour préparer la défense : *Si vis pacem para bellum.* L'ennemi n'est pas à nos portes, c'est vrai ; mais il est sous terre, dans le sol où nous marchons et qu'il mine.

Il n'y a pas en Europe d'insecte plus nuisible à l'agriculture et au jardinage. C'est l'hydre de Lerne, le minotaure dont Hercule lui-même, ce héros destructeur des monstres, ne parviendrait pas à nous débarrasser. Ce qu'un seul ne peut faire, nous croyons que tous peuvent y parvenir.

C'est par cette considération que dans notre article d'introduction au journal l'*Insectologie agricole*, courant au plus pressé, nous avons fait appel aux cultivateurs de la terre, horticulteurs et agriculteurs, tous intéressés dans la question, en les invitant à nous faire part de leurs recherches, de leurs expériences, de leurs essais entrepris dans le but de la destruction de cet ennemi commun.

Cet appel a été entendu par quelques uns, et c'est avec grand plaisir que nous reproduisons la lettre qui nous a été adressée à ce sujet, au mois de mars dernier, par un agronome éminent.

« Les labours de semaille sont commencés presque partout, et comme la dernière période de beau temps a un peu ressuyé les terres, elles s'exécutent dans d'assez bonnes conditions.

» A ce sujet, permettez-moi de vous soumettre un moyen de détruire les *mans* du hanneton qui m'a rendu des services réels, et que peut-être quelques-uns de vos lecteurs jugeront à propos d'essayer à leur tour.

» Dès que la charrue entre en terre pour les labours de printemps, je lâche mes porcs d'élève, et je les mets en liberté dans la pièce en labour, sous la surveillance du porcher. Le troupeau se divise aussitôt de lui-même de manière à former autant de groupes qu'il y a de charrues en marche; chacun de ces groupes se met à l'une d'elles, en fouillant et en remuant les bandes retournées. Pas un ver blanc n'échappe dans toute leur épaisseur, ce que vous comprendrez facilement en vous rappelant combien est développé chez le porc l'organe de l'odorat. En suivant l'attelage à son pas, le troupeau, tout en nous débarrassant de nos ennemis, se procure une nourriture qui lui plaît, et en outre, ce qu'il faut avoir vu pour le croire, il donne au sol une culture d'ameublissement dont aucun instrument ne peut dépasser la perfection. Trouvant toujours devant eux un sol brisé et facile à remuer, les porcs ne songent plus à faire des trous ; ils se bornent, tout en marchant, à désagréger la bande de terre retournée, et la préparent à recevoir la semence aussi bien que pourrait le faire la meilleure herse.

» Pour que ces animaux puissent exécuter un travail complet en suivant le pas de l'attelage, il faut qu'ils soient au nombre de quatre à cinq par charrue. On peut employer à ce service des porcs de tous les âges, mais ceux qui s'en occupent avec le plus d'activité sont les jeunes porcs de 4 à 10 mois.

» Comme vous le pensez bien, je renonce à cette méthode dans les années humides où le piétinement et le travail des porcs feraient plus de mal que de bien en corroyant mon sol déjà plastique et battant.

» J'engage vivement ceux de vos lecteurs qui élèvent des porcs à tenter un essai qui, je n'en doute pas, leur réussira comme à moi. Porcs lorrains, porcs d'Essex, porcs du Hampshire, porcs du Berskshire, tous remplissent admirablement leurs fonctions, à la suite desquelles je n'ai jamais constaté l'apparence d'un accident. F. DE GUAITY. »

Le rédacteur du journal le *Sud-est*, l'honorable M. Prudhomme, a reçu de son côté la communication suivante, qui se rattache à la même cause et au même procédé que dessus :

« Parlons de votre croisade contre les hannetons.

» Les moyens préconisés jusqu'à ce jour par vous sont très-bons, sans doute; les enfants des écoles primaires en détruisent, il est vrai, des quantités considérables, et les primes font faire des merveilles; mais il est un moyen plus simple encore et que vous ne connaissez pas, à ce qu'il paraît, c'est celui de faire détruire les larves ou mans par les chiens.

» J'ai, dans ce moment, un gros chien de basse-cour de quatre ans, et un chien de chasse de dix-huit mois à deux ans, qui ont un goût particulier pour les mans. Au moment des labours de printemps et d'automne, ces deux chiens suivent chacun leur charrue. Ils marchent littéralement sur les talons du laboureur ; tous les vers blancs que la charrue amène sur le sol, tous les rats que le soc dérange du nid disparaissent et sont engloutis comme par enchantement. Les chats les plus lestes ne feraient pas mieux pour ce qui concerne les rats.

» Vous ne sauriez croire l'énorme quantité de mans que ces deux chiens me détruisent dans un jour. Ils coupent littéralement le mal dans sa racine en se nourrissant exclusivement de ces animaux, et quand ils rentrent à la maison, ils sont tellement repus, qu'il est impossible de leur faire manger leur soupe aux heures habituelles. »

On le voit par ce qui précède : bon nombre d'agriculteurs se sont mis à l'œuvre; nous leur tendons la main.

On croit généralement que, passé le mois de mai, les hannetons ne sont plus à redouter; c'est une erreur. Il en éclôt pendant toute l'année, d'espèces différentes, mais toutes signalées comme un fléau pour l'horticulture et l'agriculture. Les entomologistes en comptent 23 espèces en Europe seulement, et le célèbre professeur berlinois Ratzburg évalue à 140 (scarabéides phyllophages) celles connues en d'autres pays. Quand la température leur est favorable, toutes ces espèces malfaisantes s'attaquent aux plantes herbacées et ligneuses, à leurs racines sous forme de larves, à leurs feuilles, c'est-à-dire à leurs organes respiratoires, sous forme d'insectes parfaits. En présence de tant de ravages, secondons les efforts des hommes éminents qui cherchent sinon à les faire disparaître complétement, du moins à poser des limites à leurs déprédations.

Nous terminerons par une dernière communication que le vice-président de la société d'horticulture du Havre, M. Fauquet, vient d'adresser récemment aux journaux de cette ville.

M. Fauquet demande que le hannetonnage soit soumis aux dispositions de la loi au même titre que l'échenillage, et propose d'ouvrir dans les communes des souscriptions dont le produit serait employé à élever le taux de la prime accordée aux indigents qui s'occupent de la destruction du mans et du hanneton, de façon à ce que ces auxiliaires trouvent dans ce travail une rémunération équivalant au moins et supérieure, si cela est possible, au prix ordinaire de leur journée.

M. le vice-président termine sa lettre en disant que si en Angleterre, dont l'agriculture est si justement vantée, on n'a pas à déplorer trop les ravages causés par ces insectes, c'est que nos voisins d'outre-mer sont arrivés, sinon à purger complétement leur sol du mans, du moins à si bien décimer le hanneton, qu'il est devenu presque une rareté, à ce point qu'il se vend un penny aux enfants.

Le jour où le hanneton vaudra dix centimes en France sera un beau jour pour notre agriculture ; malheureusement, nous n'en sommes pas là.

GUEZOU-DUVAL,
l'un des rédacteurs de l'Echo agricole.

De la truffe et de la mouche truffière.

L'Académie prétend que la truffe est un cryptogame, mais elle n'admet pas qu'elle se forme de la même manière que la noix de galle; elle persiste à croire que c'est un cryptogame dont on ignore les modes de reproduction.

Eh bien, quoi qu'en dise l'Académie, voici la vérité vraie sur la truffe: Une petite mouche aux ailes azurées pénètre dans le sol vers les mois de juillet et d'août, et va piquer les radicelles du chêne, du noisetier, du charme, etc. (1) ; mais je veux me borner ici au chêne vert ou blanc, parce que ces deux espèces jouent un très-grand rôle dans la page d'histoire naturelle que j'essaye de retracer. La mouche de la truffe agit exactement comme celle de la noix de galle. L'excroissance qui résulte de la piqûre faite sur les racines donne un produit analogue à celui que l'on cueille sur les branches du chêne; seulement il y a dans ses modes de transformation des différences.

C'est au moment où la truffe commence à développer son parfum que l'œuf déposé par la mouche éclôt et se change en larve, c'est à ce moment-là qu'il faut extraire la truffe. Si elle reste dans le sol, les larves la dévorent, puis elles s'enveloppent dans un cocon où elles passent l'hiver. Au printemps elles se transforment en mouches qui bientôt recommenceront le travail de leurs devancières.

Lorsque la truffe est extraite en temps utile, elle est propre aux usages culinaires. Si elle n'est pas consommée tout de suite, elle est dévorée par des vers. On croit généralement que ces vers ont été formés par les mouches de nos appartements, mais c'est une erreur. Les vers qui dévo-

(1) Un de nos abonnés, qui a habité Cuba, a remarqué que dans cette île la truffe se produit dans les champs d'indigo, et qu'elle disparaît avec l'indigotier. — *La Rédaction.*

rent les truffes proviennent des œufs déposés par les mouches lorsqu'elles piquent les racines du chêne.

Les mouches n'exécutent leur travail que sur un sol dépouillé de toute végétation. Lorsque, par suite de la sécheresse, aux mois de juillet et d'août, le sol est trop compacte, la récolte de la truffe est compromise. Les mouches ne peuvent alors s'enfoncer dans la terre pour y piquer les racines. Les mouches aiment le soleil, l'air et la lumière, ce qui explique pourquoi on ne rencontre jamais de truffes dans les massifs ombreux. Les chênes truffiers doivent donc être tenus à distance et débarrassés de toutes herbes parasites.

J'arrive maintenant à la culture de la truffe. Une fois la manière dont la nature procède connue, il est facile de se placer dans des conditions favorables à la production du précieux tubercule. Les deux chênes vert et blanc sont, comme je l'ai déjà dit, les agents qui se prêtent le mieux au travail des mouches. Multiplions les deux essences, c'est ce que depuis vingt ans on fait dans le Vaucluse. Aujourd'hui, sur les revers du mont Ventoux, plus de vingt mille hectares ont été plantés de chênes uniquement en vue d'obtenir de la truffe. J'ai visité les truffières de M. Auguste Rousseau, à la porte de Carpentras, qui sont en plein rapport. J'ai également visité les semis que la commune de Bedouin fait exécuter sur le mont Ventoux, et j'ai pu me convaincre combien la culture du chêne truffier est avantageuse.

Cette industrie est dans le Comtat l'objet d'études et d'observations qui la placeront sur le même pied que la culture de la vigne, de la garance ou des céréales. On sème les glands à la charrue par lignes espacées de 10 à 12 mètres. A quatre ans on relève les semis, et souvent à cet âge on extrait déjà quelques tubercules du sol. A huit ans on éclaircit les lignes de manière à écarter et soustraire les chênes à la projection de l'ombre. A douze ou quinze ans, la truffière est en plein rapport. Celle de M. Auguste Rousseau que je viens de citer donne en moyenne un revenu de 500 fr. par hectare. La terre sur laquelle on l'a plantée ne valait pas 500 fr. M. Rousseau laboure sa truffière pour la débarrasser des mauvaises herbes. Au mois de juillet et d'août, lorsqu'il fait trop sec, il l'arrose par infiltration. Avec ces soins, sa récolte ne manque jamais.

Voilà des faits que tout le monde peut vérifier. Quant à l'idée de multiplier le chêne pour avoir de la truffe, elle est déjà ancienne. Les plantations visitées par l'auteur du Traité des champignons remontent aujourd'hui à plus de soixante ans. Elles furent faites par M. Talon père, et appartiennent aujourd'hui à ses deux fils. Des plantations furent également entreprises il y a bien des années, dans les Basses-Alpes, le Var, et dans la Vienne; j'ai, sur la partie historique de cette question un dossier volumineux que je pourrais communiquer au besoin.

Lorsque la pratique a aussi éloquemment sanctionné, sur plusieurs points du territoire, la théorie que je viens d'émettre, je pense qu'il n'est plus permis à personne, même à l'Académie des sciences, de la mettre en doute.

Jacques Valserres.

Vers à soie. Grainage.

Il ne suffit pas de bien conserver la graine, de la faire éclore avec précaution, il faut encore conduire convenablement l'éducation pendant les divers âges.

La feuille du mûrier sauvage est incontestablement la meilleure et la plus salutaire pour les vers, non-seulement au premier âge, mais pendant tout le cours de l'éducation. Les propriétaires devront donc faire spécialement usage de cette feuille pour les éducations régénératrices.

A l'état naturel, les chenilles mangent lorsqu'elles ont faim; il ne nous semble donc pas qu'il soit utile de régler les repas du ver à soie; il faut donc prendre de jeunes feuilles, les couper en petits morceaux ou les laisser entières et les servir aux vers lorsque le besoin s'en fait sentir: il serait inutile cependant d'en donner une trop grande quantité.

La température doit être de 16 à 17 degrés centigrades pendant le jour et de 14 à 15 degrés pendant la nuit. Ce serait une erreur de croire que les vers ont besoin d'une plus forte chaleur pendant leur jeune âge que lorsqu'ils sont arrivés à la quatrième mue et à la montée, l'état naturel est là pour servir de règle supérieure, et il serait imprudent de s'écarter de cette règle. Or la température est toujours moins élevée quand les vers éclosent que lorsqu'ils se mettent en mesure de faire leurs cocons.

Il est important de ne jamais tenir les chenilles serrées les unes contre les autres, sans cependant laisser entre elles trop d'espace.

Il ne faut jamais craindre de renouveler l'air le plus souvent possible, et de réchauffer par un bon feu clair de cheminée la température, dans le cas où elle s'abattrait.

La propreté est une condition essentielle pour la bonne réussite; mais il ne nous paraît pas nécessaire de déliter les petits vers pendant le premier âge, à moins que la litière ne fût trop abondante.

Au bout de quelques jours l'appétit des vers diminue, leur tête devient grosse, leur corps prend une couleur jaunâtre livide, paraît transparent et reste immobile. Les vers arrivent à la première mue, que l'on appelle vulgairement sommeil; on doit alors s'abstenir de leur donner à manger.

L'éducateur prendra toutes les précautions pour que la montée des vers soit régulière; il faut absolument que les vers faisant partie de la petite chambre s'endorment et s'éveillent tous ensemble; c'est là un point excessivement grave et duquel dépend en partie le succès. Les retardataires seront laissés de côté, car le plus souvent ils donnent d'assez mauvais résultats. Lorsque l'on s'aperçoit que le plus grand nombre des petites chenilles terminent leur travail de transformation, on jette sur elles quelques légers bouquets de feuilles, on enlève ces bouquets aussitôt qu'ils sont bien garnis de vers et on les dépose sur une feuille de papier placée sur une table. Nous le répétons, il ne faut pas chercher à ramasser les traînards et faire tout au plus deux levées, afin de ne recueillir que les animaux les plus robustes.

A partir de ce moment, on agit comme on l'a fait pendant le premier âge, en ayant soin d'opérer des délitements toutes les fois que la litière est trop abondante; on sert de la feuille sauvage, on maintient la température et on renouvelle l'air quand le temps le permet.

Survient bientôt la deuxième mue, on cesse de nouveau la distribution de la feuille, et dès que le sommeil est terminé pour le plus grand nombre, on procède comme nous l'avons indiqué plus haut, en laissant encore de côté les retardataires.

Au troisième âge, les vers commencent à être gros. Il est convenable alors de les transporter dans une petite magnanerie garnie de cadres en fils de fer, de grillages en cordes ou en roseaux que l'on aura transportées à l'aide de papiers-filets troués, dits papiers-filets. On fera couper sur des mûriers sauvages des rameaux ou tiges de toute longueur, et on les déposera avec précaution sur les vers qui ne tarderont pas à grimper dessus pour prendre la nourriture dont ils ont besoin.

A partir de cette époque, les repas ne doivent être composés que de rameaux et même de petites branches étagées les unes sur les autres. Les vers grimpent de branche en branche : les excréments traversent le grillage et tombent sur le plancher et par conséquent il est facile de les faire disparaître. Ces insectes se trouvent ainsi dans les meilleures conditions de propreté et d'aération ; ils se trouvent en quelque sorte à l'état naturel, sans qu'ils aient à supporter les inconvénients provenant des éducations en plein air.

Une trop grande chaleur serait nuisible, 15 à 18 degrés suffisent, et il est même préférable d'en donner moins que plus.

Au fur et à mesure que les vers croissent, il faut écarter les branches afin que l'espace occupé soit aussi vaste que possible, sans exagération.

La troisième mue ne tardera pas à se produire. Les vers s'endormiront sur les branches et on en servira d'autres dès que le réveil sera général. Les vers les plus robustes seront toujours perchés à la sommité des rameaux et par conséquent on enlèvera tous ceux qui seront restés en dessous. On procédera de la même façon jusqu'à la fin du cinquième âge, c'est-à-dire jusqu'à l'époque de la montée et du coconnage, en ne pas oubliant, et c'est un point important, de laisser toujours de côté les retardataires ; il ne restera de cette façon que des vers robustes, vigoureux, qui auront traversé dans les meilleures conditions toutes les phases de leur existence.

Voici le moment de faciliter le travail des vers qui deviennent d'un jour à l'autre plus jaunes, plus transparents et qui demandent à faire leurs cocons. A cet effet, on construira des cabanes en bruyères ou bien des claies coconnières sur des étagères un peu élevées et placées à côté de celles sur lesquelles se trouvent les vers ; on fixera de nombreuses baguettes de bois assez grosses qui partiront des étagères garnies de vers et qui aboutiront aux étagères destinées au coconnage, et suivant nécessairement une direction oblique.

Nous savons tous que dans les magnaneries, les meilleurs cocons sont généralement ceux que l'on voit le plus près des planches, c'est le signe de la vigueur et de la robusticité des vers ; ces petits animaux ont du courage et ils montent un peu haut. Les chenilles désireuses de faire leur cocon, suivront les baguettes et iront se placer dans les cages ou dans les claies coconnières disposées à cet effet.

L'éducation ayant été conduite avec une grande régularité, les bons vers doivent monter en un ou deux jours au plus, les traînards seront enlevés et ne feront pas partie d'une éducation destinée à régénérer l'espèce.

Nous ne croyons pas qu'il soit nécessaire d'entrer dans de plus longs détails. Les éducateurs intelligents ont sans aucun doute déjà compris les avantages du système que nous venons d'indiquer. Qu'ils le suivent en prenant toutes les précautions suggérées par une pratique habituelle. Nous avons planté quelques jalons, ce qui est certes bien suffisant pour que l'on marche avec profit dans la voie que nous venons de tracer.

Les éducations régénératrices à la suite desquelles auront lieu de très-bons résultats indigènes peuvent seules sauver la sériciculture si gravement compromise.

Il ne suffit pas d'avoir obtenu de bons cocons dans une éducation régénératrice faite dans les conditions que nous venons d'indiquer, il faut encore procéder convenablement à la confection de la graine; c'est là une opération délicate et de la plus haute importance.

Quelques sériciculteurs pensent que les cocons destinés au grainage ne doivent pas être détachés de la bruyère et qu'il est très-avantageux d'attendre ainsi la sortie du papillon; les autres déclarent qu'on peut laisser le plus longtemps possible les cocons à la bruyère, et qu'il n'y a plus alors grand inconvénient à les enlever la veille ou l'avant-veille de la naissance du papillon, soit le dix-huitième ou le dix-neuvième jour, après la montée.

Il est sous tous les rapports préférable, du moins nous le croyons, de ne pas décoconner afin de ne pas déranger la chrysalide pendant la période de sa transformation. Cette chrysalide, sans doute effrayée, se contracte, se resserre à l'intérieur, lorsqu'elle aperçoit l'ombre des doigts humains sur sa vitre soyeuse, lorsqu'elle sent les secousses données à sa maison. Ce sont des atteintes à son tranquille développement, et il peut bien arriver alors qu'elle sorte chétive et faible pour les ardeurs de l'accouplement.

Il est donc important de ne pas trop palper les cocons, sous prétexte de choisir les meilleurs et de déterminer entre les mâles et les femelles un nombre à peu près égal ; la nature doit, sur une quantité donnée, prise au hasard, avoir mieux pourvu que nous ne pourrions le faire à l'équilibre des mariages des nymphes. Il faudra seulement avoir bien soin de détacher les cocons manqués, inachevés, faibles, tachés, comme on retranche d'un arbre couvert de boutons ou de fruits les vieilles têtes flétries des fleurs avortées, les sujets qui ne pourraient pas arriver à maturité.

En agissant ainsi, on se tiendra d'ailleurs tout à fait dans les lois tracées par la nature, et toujours ces lois sont les meilleures, surtout pour l'élève et la reproduction des animaux. Les cocons n'auront été ni secoués ni manipulés et la bourre continuera de les envelopper, et si cette bourre embarrasse quelques papillons impuissants, les empêche de s'ouvrir un passage à travers, il faut s'en féliciter, car c'est là une épreuve concluante. Le papillon qui ne triomphe pas de ces obstacles était indigne d'aller plus loin. Le ver maladroit ou maladif succombant dans l'effort prévu du percement de son cocon périt à juste titre dans l'intérêt de l'espèce; il n'aurait probablement donné naissance qu'à une postérité misérable. La nature est toujours prévoyante, c'est elle qui a créé ces obstacles, c'est elle qui a établi une sorte de douane, de frontière difficile à franchir, c'est une espèce de bataille pendant laquelle il faut vaincre ou mourir. A l'état de liberté, presque tous les animaux mâles se battent entre eux pour se rapprocher de la femelle et obtenir ses faveurs ; le plus fort, le plus vigoureux l'emporte et la génération future devient ainsi plus robuste. La nature n'a rien négligé pour que la reproduction des espèces ait lieu dans les meilleures conditions. Pourquoi les vers à soie ne seraient-ils pas aussi soumis à des épreuves d'un autre genre, afin que les nymphes les plus fortes puissent seules parcourir toutes les phases de leur existence et préparer ainsi l'avenir prospère de leur espèce ?

Les éducateurs feront bien d'enlever de la bruyère tous les cocons qui leur paraîtront tant soit peu suspects et qui ne sont pas fermes et durs, particulièrement à leur extrémité. Les cocons doubles doivent le moins possible être employés pour le grainage, car ils ne sont pas toujours de très-bonne qualité, l'un des deux vers peut être mort et le contact d'un cadavre ne doit pas être très-favorable à la santé de l'autre. Les cocons doubles sont d'ailleurs peu nombreux dans une éducation régénératrice, puisque l'on a évité toute agglomération de vers et qu'on leur a donné le plus grand espace pour le coconnage.

Les cocons placés à la bruyère seront tenus très-proprement, l'air de la chambrée sera sans cesse renouvelé en laissant les fenêtres ouvertes le jour et même la nuit, lorsque la température extérieure est favorable. Dans le cas où les cocons auraient été détachés de la bruyère deux ou trois jours avant la sortie du papillon, ce que nous sommes loin de conseiller, il faudrait bien se garder de débourrer ; on pourrait chercher à choisir les cocons contenant les nymphes mâles ou femelles ; les premiers sont généralement un peu petits, bien conformés, resserrés ou étranglés vers le milieu, le grain de la soie est fin ; les seconds sont plus gros, plus irrégulièrement conformés, ne sont pas déprimés dans le milieu et accusent un poids comparativement plus fort. Ces signes ne sont pas tellement précis qu'il soit possible de ne jamais commettre d'erreurs, cependant ils sont suffisants pour opérer un triage à peu près exact des mâles et des femelles.

Les cocons ainsi choisis pour la confection de la graine seront placés sur un cadre ou grillage en fil de fer recouvert de papier; on met les mâles d'un côté et les femelles de l'autre, en les tenant à une certaine distance.

Vingt à vingt et un jours après la montée, les papillons ne tarderont pas à sortir du cocon, ce que l'on reconnaîtra facilement à un bruissement qu'ils produisent en grattant l'intérieur du cocon pour pratiquer une ouverture; on verra d'un autre côté les cocons mouillés à l'un des bouts, on rencontrera aussi quelques papillons avant-coureurs.

On a soutenu que la sortie des papillons et l'œuvre de la fécondation devaient avoir lieu dans l'obscurité; nous ne savons vraiment à quelle cause doit être attribuée cette théorie, qu'il nous paraît tout à fait inutile d'introduire dans la pratique. Il vaut bien mieux, sous tous les rapports, laisser pénétrer à l'intérieur de l'appartement non-seulement l'air libre et la clarté du jour, mais encore les rayons bienfaisants du soleil.

L'obscurité recommandée par plusieurs auteurs n'a pas de raison d'être. Nous voudrions bien savoir si, dans l'état primitif du ver à soie, la nature couvrait le soleil d'un voile épais à l'époque de l'accouplement des papillons. C'est là sans contredit une vieille tradition qui s'est propagée sans aucun motif sérieux, et il faut d'autant plus regretter cette tendance probablement superstitieuse que l'obscurité devient fort incommode pour donner aux papillons tous les soins dont ils peuvent avoir besoin.

Les papillons exposés au grand jour s'épuisent, dit-on, par le battement continuel de leurs ailes; cette opinion ne nous paraît guère fondée, car il est dans la nature du papillon vigoureux de se livrer à ces sortes de mouvements; il est tout à fait naturel que ce petit animal soit exposé à la clarté du jour et à l'obscurité de la nuit, où il se trouve ainsi dans les conditions ordinaires communes à tous les êtres. Les enseignements de la nature sont incontestablement les plus vrais et les meilleurs; il serait bien difficile de croire que les vers fussent originaires d'un pays où l'obscurité de la nuit règne pendant toute la durée de l'existence des papillons.

Les papillons sortent ordinairement du très-grand nombre des cocons le matin, avec le lever du soleil; l'éducateur doit, autant que possible, assister à cette apparition afin d'examiner avec attention les nouveaux venus et de distinguer les mâles des femelles que l'on reconnaît aux signes suivants :

Le papillon mâle est petit, court, alerte ; il agite presque continuellement les ailes; les femelles, lourdes et calmes, ont le ventre plus arrondi, plus volumineux, plus allongé, puisqu'il contient environ 500 à 600 œufs.

On saisit alors doucement par les ailes les mâles, les femelles et on les sépare au fur et à mesure de leur apparition. On les pose sur des tables. Là ils se vident en laissant échapper une sorte de liqueur rousse, résidu du travail de la transformation qui s'est opérée; ils sèchent à l'air en relevant ou abattant alternativement leurs ailes, et ils songent à voler à leurs éphémères amours.

Pendant ce temps, l'éducateur se livrera aux recherches les plus minutieuses. Muni d'un microscope, il examinera avec soin chacun des papillons, afin de savoir s'il sont bien sains, et s'ils ne sont pas atteints de certains corpuscules qui ont été considérés par M. Pasteur comme les symptômes caractéristiques de la maladie. Ce travail sera fait avec attention, car il a, selon nous, une très-grande importance. A l'aide des procédés indiqués par M. Pasteur, consignés dans les travaux publiés par ce savant naturaliste, on peut examiner un certain nombre de papillons réunis, et on découvre ainsi tous ceux qui sont exempts de corpuscules.

Lorsque toutes les précautions ont été prises, on laisse un libre champ aux papillons qui, le plus souvent, se réunissent pour l'accouplement qui s'opère naturellement et de lui-même, car les papillons ainsi abstenus et sévèrement choisis sont presque toujours vigoureux, robustes et alertes; dans le cas cependant où les papillons ne s'accoupleraient pas d'eux-mêmes, l'éducateur les rapprocherait en les plaçant deux à deux côte à côte et en groupes assez éloignés pour que les ébattements des voisins ne les dérangent pas ; l'union s'opère presque immédiatement et cela dure longtemps. Des linges étendus ont été suspendus d'avance le long d'une muraille; on pend alors les papillons accouplés et, sans interrompre l'accouplement, on les place sur le linge préparé à cet effet. Après plusieurs heures passées ensemble, le mâle bat des ailes comme épuisé, la fécondation est terminée, l'œuvre de la famille est accomplie et par conséquent il tombe naturellement pour ne plus se relever.

Quelques éducateurs ont la fâcheuse habitude d'interrompre, après quelques heures, l'acte de la fécondation par une séparation forcée et brusque ; c'est là une pratique peu rationnelle et même dangereuse. Il n'est pas possible de reconnaître le temps convenable et nécessaire pour la fécondation, et si cet acte n'est pas suffisamment avancé, de graves inconvénients résultent de l'interruption subite de l'accouplement. La nature a réglé les choses pour le mieux et il n'est pas nécessaire que l'homme intervienne, surtout lorsqu'il s'agit de la reproduction des êtres au sujet de laquelle tout a été sagement organisé.

La ponte ne se fait pas attendre. La gestation des œufs est souvent accomplie une heure après la séparation des mâles. Les femelles se promènent sur les linges et y couvent en quelque sorte les œufs avec tous les soins que la maternité leur inspire. Il arrive parfois que le travail de la ponte se reprend et se continue pendant assez longtemps et va toujours en s'affaiblissant ; il est prudent de ne pas chercher à obtenir des œufs tardivement pondus, et, à cet effet, il suffit de détacher les femelles du linge 24 heures au plus tard après le commencement de la ponte.

Les graines passent par plusieurs teintes avant d'arriver à un gris violacé qui est leur couleur normale et indique leur état de perfection ; ils sont d'abord jaunes, bruns, roussâtres et enfin gris ; au retour de la chaleur, ils deviennent bleuâtres, violets, cendrés, jaunâtres et puis blanchâtres, suprême pâleur qui indique le moment de l'éclosion ; ces nuances variées, ces modifications diverses font parfaitement comprendre la sensibilité extrême des œufs et tous les soins que doit prendre l'éducateur.

Lorsque le local dans lequel les œufs ont été pondus n'est pas habité et que l'on n'y fait pas de feu habituellement, la graine peut y être conservée dans de bonnes conditions ; à cet effet, les linges sont suspendus et étendus contre les meubles de façon qu'ils ne soient pas exposés à l'atteinte des rats. On peut aussi rouler les linges, en ayant soin de placer un autre linge en toile du côté de la graine, puis on met le tout dans un lieu sec, frais et aéré jusqu'aux premiers jours du printemps.

Il vaut toujours mieux tenir la graine dans un lieu exposé au froid et même à la gelée que dans une chambre où la chaleur serait trop élevée, car il se produirait ainsi un mouvement fâcheux d'incubation. Les œufs non séparés des linges supportent très-bien, dans nos climats, un froid de 3 à 4 degrés, et ils n'en sont nullement altérés.

Telle est en résumé la méthode simple et facile que l'on doit employer pour obtenir de la graine dans les meilleures conditions.

Que les éducateurs se livrent donc à des éducations régénératrices, qu'ils confectionnent eux-mêmes la graine en prenant les plus grandes précautions, et les beaux jours de la sériciculture ne tarderont pas à revenir brillants et radieux. La gatine ne peut pas toujours se perpétuer; Dieu a placé le bien à côté du mal, mais il faut que l'homme fasse des efforts pour marcher dans la bonne voie : *Aide-toi, le ciel t'aidera.*

A. DE LA VALLETTE.

La sériciculture au Sénat et à l'Assemblée législative.

ASSOCIATION COOPÉRATIVE POUR LE GRAINAGE.

Il y a quelqués jours la question séricicole a été portée au Sénat et à l'Assemblée législative. Au Sénat, il s'agissait d'une pétition qui appelait la sollicitude du gouvernement sur les misères d'une industrie à laquelle la maladie inflige tous les ans une perte de plus de 120 millions. Les pétitionnaires demandaient que des grainages *domestiques* soient pratiqués dans les départements non infectés et avec les encouragements de l'État pour obtenir des graines de bonne qualité.

M. Dumas a fourni des explications intéressantes sur les résultats des éducations précoces, créées par M. Pasteur depuis trois ans. D'après une lettre du savant professeur, les nouvelles graines présenteraient une amélioration si certaine qu'il espère approvisionner l'an prochain tout le Midi d'une certaine quantité de graines régénérées, qui seront elles-mêmes des types reproducteurs parfaitement sains. La commission a fait envoyer dans les départements 50 microscopes au moyen desquels les délégués de l'industrie séricicole discernent si la graine est saine ou infectée. En outre, 25,000 fr. ont été donnés en primes aux éducateurs qui élèvent de 5 à 10 grammes dans les conditions requises pour la régénération et pour encourager le *grainage* domestique, dont les produits sont supérieurs à ceux des grands établissements industriels des localités infectées. Enfin l'administration a invité les municipalités des pays séricicoles à encourager par des moyens semblables les efforts des particuliers pour multiplier les éducations en petit, dont on attend la régénération du précieux insecte.

Au Corps législatif M. Fabre, député du Vaucluse, a demandé des exemptions d'impôts et des mesures rigoureuses contre les vendeurs de graines dont le microscope accusait l'état d'infection. M. le ministre de l'agriculture a répondu avec raison que l'État a fait tout ce qu'il pouvait faire, et que c'était aux particuliers à s'occuper du reste; qu'en un mot, les sériciculteurs doivent chercher à être leur propre providence. Tous ensemble les sept sages de la Grèce n'eussent pas mieux parlé. En effet, c'est en s'associant pour produire de la graine saine et pour propager cette graine que les sériciculteurs pourront compter sur l'avenir.

Un de nos départements initiateurs, l'Isère, n'a pas attendu l'explosion des jérémiades de ceux qui ne comptent que sur le gouvernement pour se mettre à l'œuvre. Il a ouvert une enquête, habilement conduite par M. Prudhomme, l'intelligent éditeur du *Sud-est*, enquête dont les principales constatations ont été : 1° que les petites éducations donnaient plus de résultats heureux proportionnellement que les grandes chambrées; 2° que les graines acclimatées depuis longtemps dans le pays ont moins été affectées de désastres que les graines étrangères ; 3° que les cocons des races acclimatées dans le pays ont plus de valeur que les cocons de races étrangères.

Cette enquête ayant révélé que les petites éducations faites avec soin pouvaient seules assurer de la graine saine, la Société d'agriculture de l'Isère a cherché a étendre par l'association le développement de ces petites éducations. Voici l'appel qu'elle a adressé aux sericiculteurs et le projet de statuts qu'elle a publié le 4 mars dernier.

« La Société d'agriculture de Grenoble, vivement préoccupée des souffrances de l'industrie séricicole, a réuni quelques personnes pour entendre un projet de Société coopérative séricicole proposé par M. Achard, docteur à Saint-Marcellin, destiné à rechercher les moyens de porter remède à ce mal.

» L'Assemblée à nommé, séance tenante, une commission spéciale composée de MM. Paganon, président; Dupont-Delporte, vice-président; Buisson, filateur à la Tronche; de Mortillet; Dander; Michal-Ladichère, avocat; Vasseur, administrateur de l'*Universelle*.

» La Commission a déclaré qu'une association seule pouvait trouver et mettre à exécution les mesures propres à rendre à notre industrie séricicole toute son ancienne prospérité. »

Voici quelles sont les bases de l'association proposée :

Art. 1er des Statuts. — Entre les soussignés et tous ceux, soit du département de l'Isère, soit de tout autre pays, qui adhéreront aux présents Statuts, il est formé une société *civile* ayant pour but de procurer à *ses* membres des œufs de vers à soie de bonne qualité et de prix réduit.

Art. 2. Pour y arriver, la Société réunit, au moyen de souscriptions, un capital qui lui servira :

1° A acheter en France ou à l'étranger des œufs exempts de maladie ;

2° A étudier toutes les questions qui se rattachent à l'amélioration de la race de vers à soie et à leur éducation ;

3° A amener la régénération des races de vers à soie par de petites éducations spéciales consacrées uniquement au grainage.

Art. 4. — La Société est fondée pour 6 ans, à partir du 4 mars 1867.

Le nombre des associés est illimité ; le minimum de la souscription est fixé à 10 fr. Chaque associé n'est responsable que jusqu'à *concurrence du montant de sa souscription.*

Art. 11. C'est dans l'assemblée générale des associés que réside le souverain pouvoir. Elle le délègue à un Directeur qui administre avec le concours d'un conseil d'adminstration et sous le contrôle d'un comité de surveillance.

Art. 14. — Le Directeur est responsable envers les tiers sur tous ses biens personnels, mais envers les associés il n'est responsable que pour les actes qu'il aura irrégulièrement faits ou autorisés, en ne se conformant pas aux statuts.

« La Société *s'efforcera* de procurer à ses souscripteurs des œufs de provenance sûre et non infectée ; elle les livrera au prix de revient, augmenté d'un 10e prélevé pour la formation d'un fonds de réserve. La Société ne livrera qu'à ses associés. Elle recherchera et indiquera tous les renseignements qui pourront garantir la race, la couleur et la provenance des vers à soie.

» La Commission a décidé qu'il serait fait appel à tous les éducateurs, filateurs, fabricants, etc., à tous ceux que cette précieuse industrie intéresse directement ou indirectement, pour concourir à une œuvre aussi considérable. Elle a fixé le minimum de la souscription à 10 fr. pour la rendre accessible à tous, ce qui n'exclut pas l'apport de sommes plus importantes rémunérées par un intérêt fixe du 5 p. 100, intérêt auquel auront droit les souscripteurs pour leur cotisation.

» Les services que cette institution est appelée à rendre nous font espérer, Monsieur, que vous voudrez bien donner votre adhésion.

Pour les membres de la Commission, Buisson, filateur à la Tronche. »

Nous donnons toute notre adhésion à cette manière d'agir si largement pratiquée au Nouveau-Monde. H. H.

Travaux apicoles de la saison.

La flore mellifère est à son apogée ; les prairies naturelles et les prairies artificielles exhalent une odeur de miel qui stimule singulièrement nos abeilles ; mais le sainfoin, la plante par excellence pour le miel blanc, est à la fin de sa floraison, et déjà la faux l'a atteint dans un certain nombre de cantons. C'est à la dernière période de son épanouissement que cette fleur donne le plus de miel; au début elle ne donne que du pollen. Il en est à peu près de même de toutes les fleurs des prairies. Cette période dure peu en général, parce que l'agriculteur a intérêt à ne pas trop laisser durcir la plante pour la couper ; le foin qu'elle donne est supérieur. Il ne doit pas non plus la couper avant son entier développement, car le foin est moins abondant et moins nourrissant. Mais, comptant sur une seconde coupe plus abondante, il se hâte trop souvent d'abattre la première, et il prive ainsi nos abeilles de précieuses ressources.

La fleur du sainfoin à une seule coupe est conservée jusqu'à sa dernière période, parce qu'il n'y a pas l'espoir d'une deuxième coupe. Aussi elle est plus avantageuse pour les abeilles; elle leur procure plus de miel. Les sainfoins destinés à porter graine offrent aussi plus de ressources, parce que la floraison y est complète et dure longtemps.

Mais quelle que soit la flore d'une localité, les colonies fortes amassent des produits pour peu que le temps soit beau pendant la bonne saison. Fortes populations et grandes ruches donnent presque toujours du miel. C'est facile d'avoir l'un et l'autre. On a de fortes populations en réunissant les petites colonies et notamment tous les essaims au-dessous de deux kilogrammes d'abeilles qui arrivent tardivement. On a de grandes ruches — qui donnent de forts essaims — en augmentant leur capacité par une ou plusieurs hausses ou par un chapiteau.

Veut-on des essaims naturels plus forts que ne les donnent les souches, le lendemain matin ou le jour même de la sortie de ces essaims, on fait une transposition avec leurs mères : on déplace celles-ci et on apporte à leur place leur essaim. La quantité d'abeilles que perdent les souches au profit des essaims contribue souvent à empêcher la sortie d'essaims secondaires.

Procède-t-on par essaimage artificiel et dans la vue de récolter les souches trois semaines après, lorsqu'elles sont dépouillées de tout couvain, on réunit alors la *chasse* de la souche opérée à l'essaim artificiel qu'on a extrait trois semaines avant et l'on a ainsi une forte population. On n'augmente pas le nombre de ses colonies, mais on les maintient fortes, et par là on s'assure annuellement une récolte. — La réunion des chasses aux essaims forcés ou aux essaims naturels se fait le soir. Après avoir enfumé jusqu'à l'état de bruissement la ruche renfermant l'essaim, on secoue à son entrée les abeilles de la chasse qu'on veut lui donner. Afin de mettre les abeilles dans de bonnes dispositions de s'accepter, on peut aussi verser sur les rayons de l'essaim quelques cuillerées de miel délayé.

Il faut aussi réunir les colonies des ruches à chapiteau et de celles à hausses qu'on a récoltées trop fortement ou qui n'ont pas suffisamment de provisions pour la mauvaise saison. On peut le faire aussitôt après la récolte, ou on peut attendre que les secondes coupes soient passées, si on jouit de cette ressource. — Pour les colonies récoltées qui doivent être transportées à un autre pacage, il faut opérer les réunions la veille du transport, au moment de l'entoilage des ruches. Ces réunions se font par superposition de corps de ruche ou de hausses. Lorsqu'on a eu soin d'enfumer suffisamment les abeilles des deux ruches avant de les réunir, le mariage s'accomplit sans querelle, et s'il n'a pas lieu de suite, les cahots pendant le transport l'accompliront sûrement. Mais si les colonies à réunir sont populeuses et si la température est élevée, mieux vaut les transporter isolément et faire leur réunion après leur arrivée à destination. On ne réunit ces colonies populeuses que dans la vue de récolter l'une des deux ruches, la plus vieille, qu'on a placée en dessous, ou en dessus comme chapiteau. — On placera la vieille en-dessous si les ressources mellifères sont peu abondantes, et en-dessus si elles sont abondantes.

Puisque l'addition de population est indispensable pour la production du miel, il est évident que toute soustraction d'abeilles est toujours faite au détriment de cette production. Donc, si l'on a des essaims abondants, on ne peut guère espérer qu'ils soient forts et que leur souche donne une récolte. L'intérêt du producteur de miel n'est donc pas d'avoir beaucoup d'essaims. Mais l'éleveur, celui qui gagne plus à vendre des colonies qu'à faire des récoltes, tient aux essaims, et il en obtient plus sûrement avec des ruches plutôt petites que grandes, et en stimulant ses abeilles par quelque nourriture au printemps. Mais aussi, pour que ses essaims deviennent populeux et viables, il est tenu d'en substanter un certain nombre, — ainsi que des souches, — et il le fait immédiatement et non en arrière-saison. (*L'Apiculteur.*)

Société d'insectologie agricole.

Séance du 9 mai 1867. — Présidence de M. Boisduval.

Il est donné lecture du procès-verbal de la dernière séance, qui est adopté sans réclamation. Le secrétaire général lit ensuite les articles du projet de règlement élaboré par la commission nommée à cet effet dans la dernière séance. Ces articles sont successivement adoptés après une discussion à laquelle prennent part MM. de Lavalette, Guezou-Duval, Rivière, Megnin, Boisduval, Donnaud, Pinçon, de Liesville, Jekel, Dupuiset et Hamet.

Il est procédé en outre à la nomination de membres des sections : 1° de sériciculture; 2° d'apiculture; 3° d'insectologie générale. Les deux premières sections comptent chacune cinq membres. Celle de la sériciculture se compose de MM. Guérin-Méneville, de Lavalette, Gelot, Pinçon et J. Valserres. Celle d'apiculture de MM. Hamet de Liesville, P. Richard, Guezou-Duval et J. Valserres. Celle d'insectologie générale se compose de neuf membres, qui sont : MM. Boisduval, le colonel Goureau, Guérin-Méneville, Dupuiset, Jekel, Rivière, Megnin, Deyrolle et Guezou-Duval.

Ces diverses commissions sont invitées à nommer leurs président et secrétaire, et elles reçoivent pour mission d'urgence d'examiner chacune en ce qui lui compète les produits insectologiques exposés au Champ-de-Mars, et d'en faire un compte rendu à la Société.

M. Rivière présente, comme membre de la Société d'insectologie, M. Jean Sisley, horticulteur à Lyon, qui est admis séance tenante. Sont aussi admis les membres présentés à la dernière séance.

M. Megnin dépose un Mémoire sur le *Coccus du laurier rose* et une Note sur un *nouvel Ixode* parasite du cheval. (Voir p. 107.) Il est demandé publication de ces deux études.

M. Boisduval croit devoir déclarer que la Société ne peut partager en tous points les opinions que M. J. Valserres a émises dans un article sur la Noctuelle de la betterave, publié dans le n° 3 de l'*Insectologie agricole*. — Un membre répond que la Société n'a pas à se prononcer sur telle ou telle opinion énoncée dans les divers articles du journal de l'*Insectologie*, qui est la propriété d'un éditeur, lequel a déclaré (V. page 2, n° 1er) qu'il laissait aux auteurs la responsabilité des assertions et des théories qu'ils pourraient émettre dans leurs articles. Cet incident vidé, la séance est levée. *Pour extrait : le secrétaire-adjoint*, Deyrolle.

Cours des produits des insectes.

Soies, cocons. — 30 mai. Les vers à soie ne paraissent pas avoir souffert des derniers froids et ont généralement monté en bruyère et d'une façon satisfaisante. Aussi les marchés de l'intérieur sont plus calmes et les cocons abondent. Néanmoins des plaintes assez sérieuses et justifiées s'élèvent de plusieurs localités séricigènes. On écrit d'Alais que la récolte ne doit s'estimer qu'à une demi-campagne. Les provenanees qui ont le mieux réussi sont celles du Japon, du centre et du nord de la France. Les cocons sont de bonne qualité. Prix des cocons jaunes, 8 fr. à 8 fr. 50 le kil.; ancienne race blanche, 8 fr.; vert du Japon, 6 fr. 50 à 7 fr.; blanc *dito*, 4 à 5 fr. 50 le kil. Cours de la soie, 115 à 120 fr. le kil.

A Anduze on a coté, le 23 mai : 1er choix rare, de 7 fr. 50 à 8 fr. 50 le kil. — Cocons verts du Japon, 6 fr. 50 à 7 fr.; blancs *dito*, 4 fr. à 5 fr. 50

A Valence, le prix de 18 fr. pour les cartons japonais s'est élevé à 20 fr. Les éclosions prématurées ont donné des résultats peu satisfaisants. Les autres paraissent s'être mieux comportées.

A Marseille les filatures de Brousse et Andrin ont éte cotées de 100 à 112 fr. le kil. à la consommation ; Salonique et Volo, 80 à 105 fr.; Grèce, 96 à 102 fr.; Italie, 95 à 100 fr.; Bengale, 80 à 88 fr. ; Cocons jaunes de Colomala, Salonique, Volo et Grèce, 22 à 26 fr. 50 ; Espagne et Portugal, 23 à 25 fr. ; Blancs d'Andrinople, 26 à 29 fr. le kil.

Abeilles, miel, cire. Mai pluvieux et froid a été contraire aux abeilles ; la récolte du miel s'annonce assez mal. Toutefois les prix des produits n'en sont pas affectés ; ils restent lourds. Les cires jaunes ont perdu 15 à 20 fr. les 100 kil. On les a cotées 400 fr. les 100 kil. hors barrière.

A Bordeaux les cires des grandes landes ont été payées à la foire de Saint-Fort, de 390 à 412 fr. les 100 kil; des petites landes et du Périgord, de 360 à 370 fr.; de la Saintonge et Rivière, 350 à 360 fr. C'est une baisse de 10 à 12 p. 100 sur les prix de la dernière campagne. On a traité environ 60,000 kil. — Le miel a été coté de 56 à 58 fr. les 100 kil.

Cantharides. De 7 à 7 fr. 50 le kil. à Marseille.

Cochenilles des Canaries, de 8 fr. 50 à 9 fr. 75, sur la même place.

Galles en sorte d'Alep, 250 fr. les 100 kil.; noires triées, 360 fr.; *dito* de Smyrne, 325 fr.; blanches d'Istrie, 130 à 135 fr.

L'Éditeur-propriétaire : E. Donnaud.

Paris. Imprimerie de E. DONNAUD, rue Cassette, 9.

N° 5. 1re ANNÉE. Juin 1867.

L'INSECTOLOGIE AGRICOLE

SOMMAIRE :

Bulletin insectologique.

Ravages causés par les insectes. — Ce n'est pas sans preuve qu'il a été dit dans ce journal que les ravages annuels des insectes se chiffrent par plusieurs millions, et qu'il importe de combattre à outrance ces terribles ennemis de l'agriculture, dont les dégâts sont assurément une des causes du renchérissement des denrées. On peut en juger par la correspondance suivante adressée la première quinzaine de juin au *Journal de l'agriculture*. On mande, du Pas-de-Calais : Les œillettes, ressemées pour la troisième fois, continuent d'être mangées en terre par les insectes ; il en est de même dans les jardins potagers où le plant est détruit dès sa levée. De la Somme : Les pommiers sont chargés de fruits, mais les chenilles, d'une abondance extrême, en dévorent les feuilles. De l'Aisne : On sème les betteraves, mais malheureusement, en labourant, on rencontre une grande quantité de vers blancs qui feront beaucoup de tort aux jeunes plants. De ce même département : On est en plein fauchage de luzernes et sainfoins, qui sont pleins d'herbes et qui ont été décimés par les vers blancs ; les betteraves ont été atteintes au moment où elles commençaient à lever par les limaces. De l'Oise : Des blés ont eu à souffrir des déprédations des limaces. Des Vosges : Les altises ravageaient les lins et les navets, on s'est empressé de répandre sur ces récoltes des cendres non lessivées, à la faveur des premières pluies, ce qui les fera périr. Du même département : Le hanneton horticole apparaît à foison sur les saules et sur l'herbe des prairies ; il fait ordinairement plus de tort aux plantes, à l'état parfait, que le hanneton vulgaire. Les limaces occupent beaucoup les agriculteurs, découragés par leur grand nombre. De tous les moyens employés pour leur destruction, le sel de cuisine en poudre et en arrosage produit un effet surprenant.

De la Loire-Inférieure on écrit : La récolte de fourrages de l'an prochain se trouve déjà atteinte par l'insuccès de beaucoup de semis de fourrages artificiels ravagés par les limaces à leur sortie de terre. De l'Indre : Les prairies artificielles semées cette année sont généralement dévorées par les limaces. De Loir-et-Cher : Cette année, on se plaint vivement des dégâts causés par les vers blancs, les limaces et les escargots. De la Haute-Vienne : Les limaçons et d'autres insectes ont détruit les trèfles semés au printemps. De la Charente-Inférieure : Les insectes continuent leurs ravages sur nos plantes potagères et nos arbres fruitiers, qui se montreront très-avares. De la Haute-Loire : Nos vesces de printemps et nos féveroles sont dévorées par des myriades de pous qui en atténueront considérablement la récolte. De l'Allier : Des pommiers sont tous brûlés, comme par un vaste incendie, par des innombrables essaims de chenilles.

De l'Ariége on mande : Le *colapter atra* (négrils) commence à reparaître. De l'Isère : Les semis de betteraves et de carottes ont été dévorés par les limaces qui sont extraordinairement abondantes. De la Gironde : Mai a favorisé les mollusques, limaçons et limaces, qui ont continué durant ce mois leurs dégâts commencés en avril. On se rappellera qu'il a été nécessaire, dans plusieurs communes, pour secourir la vigne, d'augmenter les ouvriers employés à détruire les limaçons, de donner vacance aux élèves des écoles, et qu'il a été nécessaire aussi, pour garantir la santé publique, de prescrire par des arrêtés spéciaux l'enfouissement de ces mollusques. De la Dordogne : Les limaces ont continué leurs dégâts, détruisant les plants de tabac repiqués, les jeunes betteraves et les carottes aussi bien que les haricots. Du Lot-et-Garonne : Les fruits sont rares ; les chenilles dévorent les arbres fruitiers.

Comme on le voit, les ravages des insectes ont lieu sur la plupart des plantes alimentaires, et en totalisant les localités où ils s'étendent, c'est plus qu'une province que ces petits mais innombrables ennemis vont ravager cette année. C'est en leur faisant une guerre incessante que nous pourrons empêcher de pareils dégâts pour l'année prochaine. La lutte constante de l'homme, ce prétendu roi de la création, contre de misérables insectes dont il ne triomphe pas toujours, fait remarquer un de nos confrères, n'est pas une des moindres preuves de la grandeur de notre vanité et de la petitesse réelle de notre puissance.

Malgré notre génie et notre persévérance, nous n'aurions pas toujours le dernier mot, si les intempéries ne venaient de temps en temps à notre secours, noyant nos adversaires par les inondations ou les détruisant par la sécheresse.

Hauteur à laquelle s'élèvent les papillons. — Dans une ascension scientifique en ballon que M. C. Flammarion a accomplie il y a quelques jours, il a rencontré des papillons à une hauteur où ne s'élèvent pas les oiseaux. Voici l'extrait de son récit : « Des papillons volent autour de nous. Jusqu'à ce jour, j'avais pensé que ces petits êtres passaient leur éphémère existence sur le sein de leurs fleurs bien-aimées, et qu'ils voltigeaient de bosquets en bosquets sans s'élever à une grande hauteur dans les airs. La vérité est qu'ils s'élèvent plus haut que les oiseaux de nos bois, voire même à plusieurs milliers de mètres, comme nous le vérifierons dans la seconde partie de ce voyage. Une autre remarque, c'est qu'ils n'ont pas peur du ballon, tandis que les oiseaux en sont effrayés. Pourquoi? La grande faiblesse ne saurait craindre la grande force. Peut-être aussi leurs yeux ne voient-ils pas comme les yeux des oiseaux. » Plus loin, il ajoute : « De petits papillons blancs ont voltigé autour de nous à 1,000 mètres de hauteur. »

Les sauterelles en Sardaigne. — Les journaux de Sardaigne continuent à déplorer le fléau des sauterelles qui ont achevé de désoler ce malheureux pays. Une correspondance publiée par le *Corriere de Sardegna* du 18 dit que cette nuée compacte et dévorante qui s'est abattue sur le pays a tout dévasté, à l'exception des vignobles. Si ce n'est pas un effet du hasard et si la vigne ne partage pas le sort des autres produits, c'est un fait qui mérite d'être étudié.

— M. Balbiani vient de publier une remarquable étude sur la maladie psorospermique des vers à soie, dont nous comptons faire jouir les lecteurs de l'*Insectologie*.

H. Hamet.

La pyrale de la vigne.

Tous les viticulteurs connaissent la pyrale de la vigne. C'est un petit papillon jaunâtre à reflets plus ou moins dorés. Les mâles sont généralement plus petits que les femelles. Chez les premiers, les taches et les bandes des ailes antérieures sont très-marquées, elles sont au contraire fort affaiblies et presque nulles chez les femelles.

Ces papillons apparaissent dans le courant de juin. Ils ne vivent souvent que trois à quatre jours, mais la moyenne de leur vie est de dix jours. Ils ne volent qu'au moment où le soleil se couche, jusqu'à ce que la nuit soit complétement close et le matin au crépuscule. Leur vol est bas et de très-courte durée. Les pyrales s'accouplent peu après la sortie de la chrysalide. La femelle ne manque jamais de déposer ses œufs à la surface supérieure des feuilles ; ils sont alors d'un vert tendre pomme qui passe successivement au jaunâtre, puis au brun. L'enveloppe des œufs, après la sortie de la chenille, reste d'un blanc de neige argentin. Les œufs éclosent dix, quinze ou vingt jours après la ponte.

Pour se débarrasser de la pyrale, on a conseillé de faire la cueillette des pontes et de détruire les papillons par l'emploi de feux allumés dans les vignes.

Trente ouvriers, femmes ou enfants, ont détruit en onze jours, par la cueillette des pontes dans une vigne de 120 hectares, 1 million 134,000 plaques d'œufs; or, en multipliant ce chiffre par 60, représentant la quantité moyenne d'œufs contenus dans chaque plaque, on obtient un total de 68 millions destinés à donner naissance à un égal nombre de petites chenilles. La cueillette des pontes est variable, l'apparition des premiers papillons servira d'avertissement aux vignerons. Pour exécuter ce travail, chaque ouvrier, muni d'un tablier replié ou même cousu sur les côtés en forme de poche, devra, après avoir délié le cep, chercher et cueillir avec soin toutes les feuilles chargées de plaques d'œufs ou de pontes ; puis on brûle ces feuilles ou, ce qui vaut encore mieux, on les enfouit dans des trous profonds de 60 centimètres à 1 mètre, qu'on recouvre d'une certaine épaisseur de terre bien tassée avec les pieds. La cueillette des pontes doit être renouvelée deux ou trois fois par an.

On a préconisé la destruction de la pyrale à l'état de papillon, et pour cela on a allumé dans les vignes de grands feux clairs et élevés auxquels les papillons se brûlent en grand nombre. On fait usage aussi de feux bas durant environ deux heures, des sortes de lampions formés d'un vase plat, placés sur le sol et dans lesquels on met de l'huile et une mèche. Dans le Mâconnais, on a ainsi placé 200 vases pour un hectare et demi, à la distance de 8 mètres les uns des autres. Au crépuscule les papillons se mirent à voler tout au tour et ne tardèrent pas à se noyer; chacun des 200 vases contenait environ 150 papillons, ce qui donnait un total de 30,000 insectes détruits. Il y avait un cinquième de femelles prêtes à pondre 60 œufs, ce qui aurait fourni 360,000 œufs.

Les feux crépusculaires sont donc, sous ce rapport, une excellente chose; mais il existe de très-grandes difficultés. Il faudrait que l'opération fût faite sur tous les points; d'un autre côté, ce travail est long, embarrassant, dispendieux, car il faut en faire usage pendant la durée de l'apparition du papillon, c'est-à-dire au moins pendant vingt jours; ces feux exigent enfin un temps calme, sans pluie et même sans clair de lune.

Voici un autre procédé qui est pratiqué avec soin par M. Raclet, l'habile vigneron de Romanèche; il a dirigé toutes ses attaques contre les chenilles et, pour les détruire, il choisit le moment où, engourdies sous l'écorce des ceps, elles guettent l'apparition des premières pousses.

Ce procédé consiste à verser, au mois de mars, sur chaque cep de vigne un litre environ d'eau bouillante, à l'aide d'une cafetière à très-long col. Un ouvrier auquel on apporte l'eau bouillante peut échauder trois ou quatre ceps par minute. L'appareil qui sert à chauffer l'eau est peu coûteux, et l'échaudage d'un hectare, main-d'œuvre comprise, ne coûte que 25 fr. Ce procédé n'est d'ailleurs jamais dangereux pour la vigne et donne des résultats bien supérieurs à tous ceux obtenus par les autres moyens. Cette opération n'est efficace que lorsqu'elle est faite avec beaucoup de soin et dans de bonnes conditions. Si l'eau n'est pas bien bouillante lorsqu'on la verse sur le cep, les chenilles des pyrales échappent à la mort; aussi quelques propriétaires ont-ils cherché à remplacer cette eau bouillante par un liquide toxique.

M. Baldy, de Bédarieux, est le premier qui ait eu la pensée de remplacer l'eau bouillante par l'acide sulfurique étendu d'eau. Les résultats ont été excellents, et dans un grand nombre de localités on fait usage avec grand profit de ce procédé.

Voici comment on emploie l'acide sulfurique :

On met cet acide dans des cuviers en bois et on y ajoute une assez grande quantité d'eau pour que le mélange reste à 10 degrés de l'aréomètre; des femmes puisent dans ce mélange avec un vase quelconque et le versent sur la souche, de façon à la mouiller complétement. Presque toujours, à la première année de ce traitement, les souches, surtout si elles sont vieilles, se dépouillent de presque toute leur écorce, de telle sorte qu'à partir de la seconde année l'opération devient plus facile et peu coûteuse, puisqu'il faut beaucoup moins de liquide pour humecter la souche dans toutes ses parties. On détruit ainsi non-seulement les pyrales, mais encore un très-grand d'autres insectes qui à l'état de larves ou de nymphes passent l'hiver sous l'écorce des souches.

On ne saurait trop faire détruire les insectes, car si les habitants des campagnes ne prennent pas à ce sujet de grandes précautions, ils seront bientôt si fortement envahis qu'ils se trouveront dans l'impossibilité de défendre leurs récoltes.

L. DE VAUGELAS.

Sur la vermine des poules.

Nous avons reçu des plaintes nombreuses sur la mauvaise réussite des couvées. Comme nous devons avant tout la vérité à nos correspondants, nous leur dirons que très-certainement cet insuccès tient plutôt à eux-mêmes qu'à l'intempérie des saisons. La cause de l'avortement des couvées est, dit-on, la vermine. Or, lorsqu'une couveuse est placée dans un lieu propre, exempt d'humidité, qu'elle peut quitter son nid librement pour aller prendre sa nourriture et aussi ses ébats sur quelque tas de poussière ou de cendres, on n'a pas à redouter pour elle les effets de la vermine, et on est assuré qu'elle mènera à bien son incubation, quelque temps qu'il fasse.

Mais la plupart des ménagères ont la mauvaise habitude d'emprisonner leurs couveuses dans un lieu obscur, de les *lever*, c'est le mot, tous les jours à une certaine heure, de les faire manger et de les remettre immédiatement sur leurs œufs.

Cette stabulation permanente engendre et favorise la vermine; l'absence d'exercice altère la santé de la couveuse, lui enlève les forces, et, par conséquent, la chaleur; de sorte que l'éclosion se fait mal, et souvent ne se fait pas du tout. Quelquefois même la couveuse tombe dans un tel état de faiblesse, qu'elle en meurt.

Dans le cas où l'éclosion aboutit, les poussins sont infectés de vermine à tel point qu'ils ne tardent pas à périr successivement jusqu'au dernier. Quelques empiriques conseillent alors de frotter le ventre et le dessous des ailes de la mère avec une certaine huile qu'ils prennent la peine de désigner, ce qui est inutile, car toutes les huiles comme tous les corps gras sont un poison sûr pour toute espèce d'insectes qu'ils asphyxient; mais, dans ce cas, le remède est pire que le mal, car les poussins, en se glissant sous le ventre et les ailes de la mère, ne manquent pas de s'imprégner d'huile, et dans cet état ne vont pas loin. Une de nos abonnées nous écrit qu'elle a perdu ainsi en peu de jours trois couvées, ce qui paraît l'étonner fort, car elle avait relevé ce conseil dans un journal spécial. Ce qui serait bien plus étonnant encore, c'est que les poussins enduits d'huile eussent filé des jours prospères. (*Journal d'agriculture et d'horticulture de la Gironde.*)

Emile Crugy.

Le Liparis disparate (*Liparis dispar*, Linn.).

Très-commune et parfois d'une prodigieuse abondance, la chenille de ce papillon (fig. 13) est une de celles qui maltraitent le plus nos fruitiers lorsqu'elle s'établit dans nos jardins. Toutefois, ce n'est pas toujours

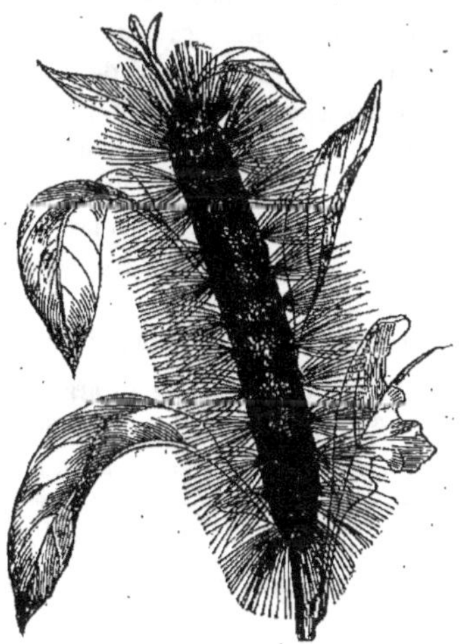

Fig. 13, chenille du Liparis disparate.

là qu'elle vit; presque tous les arbres forestiers, chênes, peupliers, saules, etc., sont aussi ses victimes. Vorace autant que chenille peut l'être, elle mange toute feuille qui se présente, et laisse, dans certaines parties de nos forêts, les arbres sans verdure. Les souches ou rocards qui bordent nos champs leur offrent un habitat qu'elles recherchent, et là, comme ailleurs, leur dépouillement est prompt et complet.

Pour peu qu'on y prête la moindre attention, on peut rencontrer cette vilaine bête partout; il est bien rare que l'on batte, en juillet, une branche d'arbre sans la faire tomber, et il est tout aussi fréquent de la trouver, à cette même époque, collée contre le tronc des arbres, en grand nombre souvent. Voici son signalement :

D'un brun taché de gris, elle présente, sur chacun des cinq premiers anneaux, deux tubercules bleus; sur les anneaux suivants, ces tubercules sont d'un rouge ferrugineux, et, sur chacun des côtés, est une rangée de taches de même couleur. Tête grosse, d'un gris brun, marquée, dans son milieu, d'une tache triangulaire jaunâtre. Tous les tubercules sont garnis de poils assez roïdes, d'un noir roux ; les deux premiers, après la tête, sont munis de poils plus longs que les autres.

En juillet, elle a toute sa taille et se transforme dans les anfractuosités de l'écorce des vieux arbres, dans les cavités des murs ou autres lieux qui peuvent lui offrir un abri. Elle fait peu de frais pour cela, s'entoure seulement de quelques soies mêlées de fragments de poils, et elle se chrysalide sans plus de façon. La chrysalide est noirâtre, avec les anneaux garnis de petits faisceaux de poils courts; celle de la femelle est fort lourde, et son poids fait souvent rompre la toile soyeuse que la chenille a filée ; la chrysalide ne tombe pas cependant : elle se trouve maintenue, par son extrémité postérieure, à ladite toile, au moyen de crochets dont elle est armée à sa partie postérieure.

Quinze jours suffisent à ces insectes pour arriver à l'état parfait; vers la fin de juillet, ils commencent à éclore et se montrent avec la même abondance que la chenille. Bien que les auteurs l'aient rangé dans la famille des nocturnes, cet insecte (le mâle du moins) vole surtout au plus fort de la chaleur et recherche sa femelle avec une ardeur incroyable. Son vol le fait aisément reconnaître, car peu de papillons ont les allures aussi désordonnées que celui-ci; il est toujours en mouvement, s'inquiète peu de la ligne droite, vole de ci, de là, toujours avec la plus grande vivacité, traverse les buissons, suit un sentier qu'il quitte bientôt pour gagner un fourré; en un mot, il a l'air d'un fou furieux, courant sans but et se ruant sur tout obstacle qu'il rencontre. Il paraît n'avoir d'autre souci que d'user ses ailes le plus vite possible.

La femelle, au contraire, quoique pourvue d'ailes bien plus développées, ne vole jamais et se tient immobile dans le voisinage de la chrysalide qu'elle vient de quitter. Comme elle ne se déplace pas, il faut bien que le mâle la recherche, et c'est pour la découvrir qu'il se livre à toute espèce d'investigations dans les broussailles où il a cru la flairer.

L'odorat est d'une délicatesse incroyable chez cet insecte. Je me souviens d'une femelle que j'avais fait éclore chez moi, et que j'avais, par mégarde, emportée dans ma boîte de chasse un jour que j'allais à la campagne. A peine avais-je dépassé les dernières maisons de la ville, qu'un attroupement de papillons se fit autour de moi; je les reconnus de suite, et n'y pris pas garde. Cependant, plus j'avançais, plus les nouveaux arrivants étaient nombreux et désagréables; ils se jetaient sur ma figure, et, malgré tous mes efforts pour les éloigner, ils revenaient sans cesse avec une fureur qui me déroutait. Enfin, cherchant le pourquoi d'une pareille obstination, je me rappelai la femelle, et je pris la boîte pour l'en retirer : jusqu'alors, je n'avais vu que les mâles qui tourbillonnaient autour de mes mains et de ma figure; mais le dessus de ma boîte en était couvert, et j'en avais à ma suite plus que devant; les plus téméraires tentaient même d'ouvrir la boîte ou cherchaient quelques issues pour y pénétrer. Afin de donner satisfaction à cette bande de volatiles autant que pour me débarrasser d'un cortége si importun, je plaçai la femelle sur un arbre où presque tout cet essaim la suivit. La pauvre femelle ne manqua pas de courtisans, car j'évaluai petitement à 500 le nombre de mâles qui l'avaient suivie.

Tout ne se borna pas là, et, pendant tout le temps que je gardai ma boîte en bandoulière, je fus suivi par d'autres mâles, en plus petit nombre il est vrai, qui sentaient encore ma boîte où la femelle avait séjourné.

Depuis cette époque, il m'est arrivé souvent d'avoir chez moi des éclosions de femelles que les mâles venaient trouver. Rien ne décourageait ces enragés. Je les ai vus par vingtaines se ruer sur mes vitres fermées, et répétant ces tentatives pendant assez longtemps.

Le nom de disparate a été donné à cette espèce en raison de la différence qui existe entre le mâle et la femelle, comme on pourra s'en convaincre par les descriptions ci-après.

Le mâle a 4 centimètres d'envergure; il est roux, avec deux raies en zigzag plus foncées qui traversent les ailes supérieures. Entre elles on voit deux points noirs. Les inférieures sont rousses, avec un point plus foncé au milieu; antennes pectinées; corps de la couleur des ailes.

Fig. 14, Liparis disparate les ailes déployées.

Fig. 15, Liparis disparate.

Femelle (fig. 14 et 15) de 0,06 c. d'envergure; blanche, avec quatre raies noires, dont la première et la deuxième, en partant du corselet, sont mieux écrites à la côte. Entre ces deux dernières, un point. Frange blanche, entrecoupée de noir. Ailes inférieures blanches, avec un croissant de couleur sale dans son milieu, et une bande de même couleur longeant leur extrémité; frange comme aux supérieures. Corps roussâtre; abdomen très-volumineux, terminé par un bourrelet roux; antennes à tige noire courtement pectinées.

La femelle fécondée dépose ses œufs sur le tronc des arbres ou contre les murs, et les enveloppe d'une bourre soyeuse qu'elle tire de l'extrémité de son abdomen au fur et à mesure qu'elle pond; le tout est ensuite recouvert par une couche supplémentaire de cette même bourre, qui a la couleur de l'amadou. Comme ces œufs sont pondus vers la fin août et qu'ils doivent passer l'hiver sans éclore, cette précaution n'est pas sans importance et les préserve d'un trop grand froid.

Ces plaques d'œufs sont faciles à découvrir, et leur couleur, tranchant sur celle de l'écorce, mur ou palissade où ils ont été déposés, permet de les voir facilement. Ils occupent le plus souvent un espace rond ou ovale de 3 ou 4 centimètres de diamètre, que l'on croirait recouvert d'amadou.

Quand un insecte est susceptible de causer autant de dégâts que celui qui nous occupe, il n'est pas indifférent de lui faire la guerre, et, pour la lui faire avec fruit, il faut rechercher avec soin les paquets d'œufs dont je viens de parler. C'est l'hiver qu'on doit les enlever au moyen d'un couteau, et les faire brûler ensuite. Le temps que l'on peut y employer ne sera pas perdu, pour peu que l'on détruise de pontes, car chacune d'elles est composée d'au moins 500 œufs. MAGDALA.

P. S. Les figures de cet article sont empruntées à l'ouvrage de M. le Dr Boisduval, *Essai sur l'Entomologie horticole.*

Les vers à soie de l'ailante (*Bombyx cynthia*).

La maladie des vers à soie du mûrier qui sévit d'une façon si cruelle, depuis quelques années, a mis les chercheurs en mouvement. On s'est demandé s'il ne serait pas possible de trouver une chenille qui pût remplacer celle du mûrier, sinon avec avantage, de façon du moins à affaiblir les pertes immenses qu'éprouvent l'agriculture, l'industrie et le commerce. Les entomologistes, les praticiens se sont mis sérieusement à l'œuvre; ils ont consulté l'histoire des voyages, ils ont visité grand nombre de pays, et certes, disons-le bien, leur mission était difficile, puisqu'il s'agissait de découvrir un ver qui non-seulement fût susceptible de s'acclimater en France, mais encore d'y trouver une nourriture propre à lui faire parcourir dans les meilleures conditions les phases de son existence.

On savait que les habitants de la Chine et du Japon élevaient plusieurs sortes de vers, et que les diverses soies en provenant étaient employées avec succès pour la fabrication de tissus dont l'élégance et la solidité ne laissaient rien à désirer. Mais comment fallait-il obtenir des échantillons en état de donner des semences? comment acquérir la certitude que ces petits insectes se nourrissaient avec la feuille provenant de telle plante, de tel arbuste?

La science marche sans cesse en avant; l'apostolat qu'elle remplit l'encourage; elle sait bien que ses recherches ont pour but d'améliorer la situation matérielle de l'homme et qu'elle poursuit ainsi une œuvre de haute moralité. Le savant n'est pas à la vérité toujours récompensé du travail pénible auquel il s'est livré avec tant d'ardeur, mais que lui importe, il est soutenu par la foi que lui inspire le mystère qu'il veut approfondir, et si la génération actuelle ne le paye pas de ses fatigues, il sait bien que l'avenir impartial lui réserve, sans arrière-pensée, des couronnes qui le placeront au premier rang des citoyens utiles. Il meurt souvent dans la misère, mais il a été riche pendant sa vie, puisqu'il a fait briller, aux yeux de tous, le flambeau éclatant de l'intelligence et du savoir, privilége que possèdent seuls les hommes laborieux, heureusement doués de la nature, privilége qui leur est envié par tous les grands de la terre. Voilà l'homme de génie ! il plane dans les régions élevées, et, sans lui, le monde serait resté éternellement dans le chaos et dans l'ignorance.

A la suite de longues et laborieuses études, quelques hommes d'élite, à la tête desquels nous devons placer M. Guérin-Meneville, savant entomologiste, praticien distingué, vice-président de la Société *d'insectologie agricole*, ont réussi dans leurs recherches, et ils ont présenté au monde agricole, au monde industriel diverses variétés de vers à soie dont l'éducation convenablement suivie pouvait présenter des avantages incontestables. Le ver à soie de l'ailante, le ver à soie du ricin, le ver à soie du chêne, etc., etc., ont fait leur apparition, et les éducateurs attachés au progrès ont bientôt pu se convaincre par l'expérience que ces insectes divers étaient d'une acclimatation facile et qu'ils se nourrissaient avec des feuilles de plantes ou d'arbres que l'on pouvait propager dans tous les pays et faire croître dans tous les sols.

Le problème était donc en grande partie résolu ; il ne s'agissait plus que de se livrer à des applications, en faisant passer la théorie dans le domaine de la pratique ; et c'est précisément pour élargir le terrain que nous allons nous occuper successivement des vers à soie de l'ailante, du ricin, du chêne, etc., etc. Nous commencerons par le ver à soie de l'ailante (*bombyx cynthia*) que l'on élève déjà avec succès dans un grand nombre de localités, et sur lequel on fonde des espérances qui se traduiront tôt ou tard en réalité.

Nous diviserons notre petit travail en trois parties :

1° Quelle est la nourriture de cette chenille, et comment peut-on l'obtenir sur une large échelle ?

2° Quelles sont les règles qu'il faut appliquer à l'éducation du ver de l'ailante ?

3° Quel parti peut-on tirer du cocon produit par ce ver et de la soie en provenant ?

La chenille dont nous nous occupons, fig. 1, pl. 5, se nourrit avec la feuille de l'ailante ou faux vernis du Japon. Ailante vient d'un mot chinois ou indien *ailanto*, qui veut dire arbre du ciel, probablement parce qu'il s'élève très-haut et qu'il tend sans cesse à monter. Cet arbre a été introduit dans notre pays en 1751 par le père d'Incarville. Ce savant et zélé missionnaire croyait donner à l'Europe un arbre précieux produisant le vernis dont se servent les Japonais et les Chinois pour la confection de ces splendides meubles qui font l'admiration du monde entier. Et c'est précisément à cause de cela qu'on lui avait donné le nom de *vernis du Japon*. Le père d'Incarville avait commis une erreur, car, depuis cette époque, le véritable arbre à vernis a été apporté en Europe, et pour ne pas jeter la confusion dans l'esprit des gens habitués à cette dénomination, on a continué à l'appeler ailante ou faux vernis du Japon.

Ce grand arbre appartient à la famille des térébinthées. Linné l'avait classé dans le genre sumac, et le professeur Desfontaines en a fait un genre particulier auquel il a donné le nom d'*aylanthus*. Ses feuilles ressemblent à celles du sumac; elles sont ailées, à folioles impaires, ovales, aiguës; elles ont à leur base, de chaque côté, une dent terminée par une petite glande sensible sous le doigt, d'où son surnom d'ailante glandulée.

L'ailante produit, à l'extrémité de ses rameaux, des panicules de fleurs nombreuses d'un jaune verdâtre; les individus sont ou mâles ou femelles, quelquefois hermaphrodites. Son fruit consiste en une petite silique plate, ailée, longue d'environ 2 centimètres, elle ne contient qu'une seule graine plate et réniforme.

Ses graines mûrissent à l'automne, on les récolte depuis le mois de novembre jusqu'en janvier, mais il faut avoir soin de les rentrer bien sèches, afin de les mettre à l'abri de toute fermentation.

La culture de l'ailante est excessivement facile et on peut la faire dans toutes sortes de terrains. Cet arbre prospère dans les sols schisteux, calcaires, argileux, sablonneux, ferrigineux, arides, secs et pierreux et même sur le sommet dénudé des montagnes; sur tous les points enfin sa végétation est brillante; cependant c'est dans les terrains les plus calcaires qu'il se plaît le mieux, par conséquent il réussit merveilleusement dans les plaines de la Champagne, les habitants pourraient donc trouver dans cette culture un avantage considérable au double point de vue de l'éducation du ver à soie et du boisement qui a lieu difficilement dans cette contrée avec les autres essences.

La multiplication du faux vernis du Japon est tout à fait simple. Elle peut avoir lieu par graines, par drageons, par la plantation de fragments de ses racines et même par boutures.

Un kilogramme contient 55,000 graines, et cette quantité, en supposant que la graine soit de bonne qualité, suffit largement pour ensemencer 5 à 6 hectares, ou bien pour produire en pépinières les sujets nécessaires à la plantation d'une terre de même contenance. Il faut à peu près 5,000 pieds par hectare.

Les semis se font en place, en lignes ou en poquets. Les lignes doivent être distantes de deux mètres l'une de l'autre, et les poquets doivent conserver entre eux un espace de 50 centimètres à 1 mètre environ. On donne des binages et des sarclages si le besoin s'en fait sentir, et lorsque les plantes sont assez fortes pour résister à tous les accidents météorologiques ou autres qui peuvent se produire, on procède à l'éclaircissement, en prenant toutes sortes de précautions pour ne pas trop ébranler le plant destiné à rester en place.

Il serait peut-être avantageux de faire des semis en pépinières, de laisser bien grossir le plant, et de l'arracher seulement, pour le mettre en place, à la fin de la première ou de la seconde année.

Dans tous les cas, les semis doivent être faits dans une excellente terre très-meuble et bien fumée ; la graine sera placée à deux centimètre environ de profondeur. Ces semis ont lieu en lignes de février en mai, et souvent ils donnent la même année des sujets atteignant une hauteur de 30 à 50 centimètres. Ces plants sont repiqués en novembre ou bien en février et en mars à un mètre de distance l'un de l'autre et en lignes espacées entre elles de deux mètres au moins. Ces lignes formeront ainsi des haies continues sur lesquelles les vers se nourriront avec une grande facilité.

Les drageons, si l'on peut s'en procurer, rempliront tout à fait le même objet, et on se mettra ainsi à l'abri de tous les embarras que donnent les semis ; on les traitera d'ailleurs de la même façon que les plants obtenus par semis.

Les racines prises au pied des grands arbres sont aussi employées pour la multiplication de l'ailante; on les coupe en tronçons de 3 à 4 centimètres de longueur, et on plante ces tronçons de la même façon que les pommes de terre.

Il y aurait moyen de tirer un parti fort avantageux des jeunes sujets obtenus par semis, en supprimant la moitié de la longue racine qu'ils ont émise pendant le temps qu'ils sont restés en terre; ces fragments de racines sont placés dans le sol de la façon dont nous l'avons indiqué ci-dessus, et on double le nombre des jeunes arbres dont on disposait pour les plantations.

On obtient aussi des sujets par le bouturage ; à cet effet, on se borne à ficher en terre des branches de l'année; cependant cette méthode n'est point encore suffisamment sanctionnée par l'expérience, et il ne faudrait par conséquent pas avoir en elle une confiance illimitée.

Il va sans dire que toutes ces plantations pratiquées en forme de haies doivent être recépées de temps en temps, afin qu'elles ne s'élèvent pas trop et qu'elles produisent des feuilles nombreuses et plus succulentes.

M. Givelet s'est beaucoup occupé d'ailanticulture ; avec sa grande habitude des affaires, avec cette intelligence hors ligne qui distingue les hommes d'elite, M. Givelet a obtenu des succès éclatants qui ont parfaitement répondu à ses prévisions, et il a publié sur la matière un livre fort estimé. M. Givelet est d'abord allé en tâtonnant, puis il a posé des principes et sur la culture de l'ailante et sur l'éducation du ver. Il a fait de nombreuses plantations. Voici comment il s'exprime à ce sujet.

« Ce que nous savons jusqu'à présent sur l'éducation en plein air du bombyx-cynthia paraît réserver exclusivement à la grande culture l'avenir de cette nouvelle acclimatation. Les vers disséminés sur de petits espaces seront toujours trop exposés aux insectes carnivores pour laisser quelques chances de succès :

Nous avons reconnu la nécessité des binages, qui activent et entretiennent la végétation, qui détruisent les plantes parasites et qui renouvellent la fertilité du sol, en l'ouvrant aux influences atmosphériques. Mais ces travaux seront difficilement exécutés à la main sur de grandes exploitations, où l'on fait usage ordinairement de la houe à cheval.

D'un autre côté, l'air, la lumière, le soleil ne sont pas moins nécessaires au développement de l'ailante que l'entretien du sol, et sont, en outre, aussi favorables à la santé des vers qu'à la végétation des arbres.

Ainsi les buissons qui m'ont donné, cette année, les plus beaux résultats en cocons sont ceux que des voisins moins vigoureux laissaient dans l'isolement. Il est également remarquable que des ailantes de trois ans, plantés dans mes bois et ne recevant que deux à trois heures de soleil par jour, portent à peine une vingtaine de feuilles qui n'en valent pas dix de celles que nous fournissent nos buissons.

Enfin, les racines de l'ailante, lorsque rien ne s'oppose à leur croissance, prennent en peu de temps une extension considérable, et l'on sait que la production en feuilles est en raison directe de la dimension des racines.

Notre plantation doit donc être combinée de manière à économiser les frais d'entretien, et ménager à chaque buisson la proportion d'air, de soleil, et de terrain convenable pour assurer la plus grande production de feuilles possible.

Le système répondant le mieux à toutes les conditions de ce programme est, il me semble, la disposition des plants en quinconce. Les touffes placées à 1m 50 les unes des autres, dans tous les sens, jouissent chacune et sans partage d'un cercle de terrain équivalant à 1m 75 carrés et laissent au binage des diagonales de 1m 30, largeur bien suffisante pour le passage d'un cheval.

C'est ainsi, du reste, qu'opèrent les Chinois, les maîtres du monde en sériciculture. Nous lisons dans un rapport publié par la mission scientifique russe à Pékin : « Les Chinois forment, à l'aide d'un marqueur, » des lignes croisées pour y semer les graines d'ailante sur les points » de leurs croisements. Chaque touffe doit occuper cinq pieds carrés. »

Une pareille autorité venant confirmer encore les données de notre expérience propre me paraît décider la question d'une manière irréfutable.

Ces quelques ligne que je viens de citer prouvent que les Chinois pratiquent le semis sur place. J'ai voulu, l'an dernier, imiter les Chinois, mais sans succès. La sécheresse des mois d'avril et mai 1863 n'a pas laissé lever ma graine. Un sainfoin semé dans une pièce voisine n'a pas mieux réussi, ce qui me donne l'espoir d'être plus heureux dans une seconde tentative que je compte faire au printemps prochain. »

Les idées émises par M. Givelet ne sont point partagées par M. le docteur Forgemol qui a fait aussi des études fort sérieuses sur l'ailante et le ver qui se nourrit de sa feuille et auquel on est redevable d'un procédé ingénieux appliqué au filage des cocons percés de l'ailante ou autres.

« Les maîtres en ailanticulture, dit M. Forgemol. conseillent de planter en allées de 2 mètres de large et d'espacer de 1 mètre les arbres de chaque allée. Ces préceptes, suivis jusqu'à ce jour, sont évidemment bons quand on a à sa disposition de larges espaces ; là où l'on peut prendre à volonté ses coudées franches, en un mot sur de grandes propriétés Mais il en résulte tout d'abord une grande perte de terrain, et la culture nouvelle, qui a tant besoin de se propager, reste l'apanage des grands propriétaires, tandis qu'il est éminemment opportun, selon nous, de se livrer aux expériences multiples et variées qui ne peuvent provenir que des efforts du plus grand nombre. Cette perte de terrain, cet empêchement à la multiplicité et à la diversité et si désirables si précieuses de cette culture, ne sont pas les seuls inconvénients de cette manière de planter, d'autres sont encore à signaler.

Ainsi, dans la plantation actuelle, un arbre peut venir à manquer, et la *continuité* de la rangée se trouve rompue. Or, l'expérience n'ayant pas encore dit combien de vers un arbre peut nourrir, il s'ensuit que les chenilles ne peuvent plus trouver à passer d'un sujet à un autre et qu'elles *meurent*, puisque, si elles descendent, elles ne savent pas remonter.

En outre, le feuillage de l'ailante est relativement rare. Dès lors les arbres placés à 1 mètre de distance sur une rangée distante elle-même de 2 mètres de sa voisine, n'offrent plus à notre précieux travailleur un abri suffisant protecteur contre les vents et contre ses ennemis qui sont surtout les guêpes et les oiseaux.

S'il fallait un jour absolument couvrir les plants pour sauvegarder les vers, quelle dépense ne devrait-on pas faire pour abriter de si grands espaces?

Comment donc remédier à de si nombreux et de si graves inconvénients? Nous croyons y parvenir en agissant de la manière suivante :

Nous formons un véritable buisson avec trois rangées alternatives d'arbres. Chaque rangée est à 40 cent. de distance de la voisine, et les plants de chaque rangée ne sont éloignés entre eux que de 40 cent. d'un buisson à l'autre, nous ménageons un intervalle de deux mètres. Nous produisons ainsi par une véritable *imbrication* de branches très-rapprochées, la haie mystérieuse où se fait la délicate éducation du bombyx.

Ce *buisson* nous paraît avoir les avantages que voici :

1° La surveillance de la plantation et de l'éducation du ver est rendue plus facile et moins coûteuse.

2° La nouvelle culture se multiplie et se diversifie plus facilement. Les petits propriétaires, même sur un petit espace de terrain, peuvent recueillir là des bénéfices très-encourageants. Voyez le mûrier, songez à la division infime de sa culture seulement en France, et réfléchissez à quel rendement prodigieux on arrive chaque année. Pourquoi cette diffusion si heureuse et lucrative n'aurait-elle pas lieu pour l'ailante?

3° Possédant plus de plants, l'agriculteur est assuré de plus de feuilles, c'est-à-dire de plus de vers, par conséquent de plus de cocons. Ne doit-on pas s'attacher à produire *le plus de feuilles possible sur un espace donné?*

4° Quelques pieds viennent-ils à manquer, notre triple plantation offre toujours au ver un passage possible, facile même, d'un arbre à l'autre, et tient toujours à sa portée des branches nombreuses qui lui servent de points verdoyants pour ses voyages.

5° Non-seulement notre *buisson* assure au bombyx une ample nourriture ; il fait plus, il le sauvegarde complétement contre les vents, les guêpes et les oiseaux, en le couvrant par la contexture dure et serrée d'un abri vraiment efficace.

6° Si notre petit et charmant travailleur n'est pas assez protégé ; s'il devient absolument nécessaire, comme cela serait plus sûr, de placer sur les plants des filets tutélaires, combien ne sera-t-il pas plus aisé et moins coûteux de le faire avec notre système qui réunit si bien un très-grand nombre de pieds sur un terrain restreint.

7° Enfin, si l'on veut, comme on commence à le faire pour ménager la vigueur des plantations, recéper les pieds de deux ou de chaque année, cette précaution, que cependant nous ne croyons pas *indispensable*, sera encore plus facile avec le système que nous préconisons, et ne dérangera en rien la *continuité*, assurée quand même, des trois rangées d'arbres si rapprochés. »

L'expérience seule démontrera s'il y a avantage à suivre le système de plantation adopté par M. Givelet, ou celui pratiqué par M. Forgemol ; tout ce que nous pouvons dire, c'est que nous avons visité les plantations de ce dernier et que nous les avons trouvées très-prospères.

Lorsque des recépages ont lieu, il est convenable de ne pas les pratiquer trop près de terre, il faut au moins laisser une distance de 30 à 40 cent. ; lorsque les feuilles sont trop rapprochées du sol, les vers qui cherchent à les manger sont exposés aux ravages des insectes, tels que fourmis, coccinelles, etc., etc.

Il serait peut-être bon, lorsqu'on procède à l'opération du recépage de laisser s'élever un baliveau de cinq en cinq mètres, afin que sa longue tige servît de point d'attache à des épouvantails destinés à chasser les oiseaux. On ferait peut-être bien de laisser les ailantes s'élever à une plus grande hauteur du côté du vent dominant dans la contrée, on formerait ainsi un abri pour le reste de la plantation.

Cet arbre est d'ailleurs si rustique et d'une reprise si facile que dans des plantations comprenant 15 à 20 mille sujets, il est rare d'en trouver un seul qui ait manqué. La tige peut périr durant l'hiver, mais il sort du collet des jets qui relèvent bien vite l'arbuste.

On a dit que la fleur de l'ailante exhalait une odeur désagréable, c'est là un fait qui n'est pas bien établi, car les personnes qui se trouvent, soit dans les promenades, soit ailleurs, à proximité de ces arbres ne s'en plaignent guère ; et puis les plantations destinées à la nourriture des vers doivent fleurir rarement.

L'ailante est très-favorable pour le reboisement des mauvais terrains, des landes et des montagnes ; il croît avec une très-grande rapidité, par conséquent les racines parcourent beaucoup d'espace et retiennent ainsi la terre. D'un autre côté, l'odeur de la feuille n'est pas agréable aux animaux qui s'abstiennent complétement de la ronger, ce qui est une grande garantie.

Le bois est aussi, à ce qu'il paraît, de bonne qualité. M. d'Héricour déclare que le bois de l'ailante ressemble, sous certains rapports, à celui du frêne et surtout à celui de l'érable. Il est d'un blanc jaune, quelquefois veiné de vert; son tissu est serré, fin, élastique et assez dur pour prendre un beau poli. Sa pesanteur spécifique est de 0,81 pesé à l'état sec, c'est-à-dire peu inférieure à celle du chêne. Comme le frêne, le poirier, l'érable et autres bois de cette catégorie, il est susceptible de recevoir toutes sortes de couleurs.

On lui reproche d'être un peu cassant et de se voiler quand on l'emploie sans qu'il soit entièrement sec ; il serait facile d'obvier à cet inconvénient, en laissant le bois plongé pendant plusieurs mois dans l'eau après le desciage et avant de le mettre sécher, comme cela se pratique pour plusieurs autres bois; il devient ainsi propre aux travaux d'ébénisterie les plus délicats. On l'emploie avec profit pour le charronnage.

Le bois d'ailante brûle facilement quoiqu'il ne soit pas bien sec, il produit un feu ardent et une flamme vive. Les fagots valent autant que ceux du chêne pour le chauffage des fours. Son charbon ne le cède en rien à celui de l'orme et du mûrier. On fait encore avec les jeunes rameaux un charbon excellent pour la fabrication de la poudre à canon.

A tous ces titres, les plantations d'ailantes méritent une attention particulière de la part des cultivateurs, qui trouveront dans cet arbre le moyen d'élever des vers et de fabriquer de la soie, de boiser fructueusement les terrains incultes et particulièrement les montagnes dont la nudité occasionne de si terribles inondations. Le bois enfin est avantageusement employé pour l'ébénisterie, le charronnage et brûle utilement tout aussi bien dans la chaumière du riche que dans celle du pauvre.

Avant d'entrer dans les détails relatifs à l'éducation des vers à soie de l'ailànte, nous avons cru devoir donner quelques renseignements précis sur l'arbre avec la feuille duquel se nourrissent ces insectes. Il faut toujours commencer par le commencement.

A. de La Valette.

Les acarus des fruits et leurs habitudes noctambules.

Accidents provoqués par leurs attaques. — Erreur des savants sur les causes de ces accidents. — Le sarcopte ou acarus de la gale et la punaise de l'homme. — Moment le plus opportun et moyens de les détruire. — Il y a une douzaine d'années, en parlant dans plusieurs de mes Notices du rôle des *acarus* dans les maladies de certains végétaux, j'avais fait observer que ces insectes, ou au moins certaines espèces d'entre eux, notamment ceux de la vigne et de plusieurs autres arbres fruitiers, m'avaient paru être *noctambules*, c'est-à-dire qu'ils quittent pendant la nuit la retraite où, durant le jour, ils se cachent et se tiennent au repos. Je disais que c'était à cette cause qu'on devait attribuer leur présence, pendant la nuit, à la surface des grains de raisins, des pommes, des poires, des prunes, des abricots (*de plein vent* plus particulièrement), des oranges, etc., et aussi des feuilles de certains arbres, du tilleul notamment. Sur les fruits, ils provoquent surtout, par leurs piqûres ou par la destruction de l'épiderme, le développement d'accidents consécutifs divers : taches, pustules, gerçures, etc. Sur les pommes, cette destruction est *circulaire* et amène bientôt la formation d'une petite moisissure *noire*, suivie de la formation d'une escarre. La desquammation de l'épiderme qu'on remarque dans la cavité pédonculaire des pommes, et les sillons filiformes qui se voient quelquefois sur les pommes et les poires, et qui se dirigent, en ligne droite, de l'œil au pédoncule du fruit, sont l'œuvre des acarus.

Ces sillons se trouvent surtout sur la poire de curé et sur la pomme d'api rose.

Comme je l'ai dit dans ma Notice de 1857, c'est surtout sur les parties du fruit exposées au soleil, et plus particulièrement dans le voisinage de l'œil du fruit, que se trouvent ces lésions *circulaires* que l'insecte abandonne pour attaquer une autre partie de la surface du fruit, dès que la moisissure *noire* s'y montre.

C'est *sur ces mêmes parties*, piquées ou privées d'épiderme, pendant que le fruit est à l'arbre, que *plus tard* apparaît *une autre* moisissure (*blanche*) annonçant la pourriture prochaine ou déjà commencée du fruit.

La lésion produite par l'insecte est donc la cause première de cette pourriture antérieure à la décomposition naturelle du fruit.

Ces accidents avaient été jusqu'alors considérés comme étant le résultat de coups de grêlons, de coups de soleil, de gelées tardives, de pluies froides, de gouttes d'eau ayant formé lentille, etc., *ce qui est une erreur complète.* L'eau de pluie, les rosées, le soleil, les brouillards, les changements brusques de température peuvent bien, et plus particulièrement l'humidité et la chaleur réunies, provoquer des désorganisations plus ou moins promptes, mais c'est d'abord sur la partie lésée, suivant le degré de développement ou de maturation du fruit, et selon que la lésion de l'épiderme ou de la pulpe a été plus ou moins profonde ; il en est à peu près de même pour le parenchyme de la feuille.

Les habitudes noctambules de l'acarus de l'homme étant sans doute les mêmes que celles de l'acarus des fruits, j'avais cru pouvoir y trouver l'explication de la démangeaison plus grande qu'éprouvent, pendant la nuit, les individus atteints de la gale. L'*acarus* des fruits sort la nuit de dessous l'*écorce* fissurée ou soulevée, et l'*acarus* de l'homme de dessous l'*épiderme* qu'il a percé pour s'y creuser un petit sillon. C'est donc la nuit que l'acarus se trouve à la surface des fruits et aussi de la peau de l'homme.

Partant de ces observations, je demandais, comme je demande encore aujourd'hui, s'il n'y aurait pas avantage à pratiquer les frictions de savon noir, d'acide phénique, de phénol sodique, ou avec les préparations sulfureuses, et à faire prendre, DE NUIT PLUTOT QUE DE JOUR, les bains aux malades. Je crois, du reste, que ma première Notice avait déjà appelé sur cette question l'attention de quelques médecins de Paris, et, puisque j'en trouve aujourd'hui l'occasion, j'en profite pour réclamer la priorité de l'idée de traitement *nocturne.*

Ces observations, au sujet des habitudes noctambules du sarcopte de la gale, m'amènent à en rapprocher celles de la punaise de l'homme.

En effet, cet insecte ne se montre jamais pendant le jour, et il se tient si bien caché qu'il est souvent très-difficile, ou même impossible, malgré les recherches les plus minutieuses, de le découvrir et par conséquent de de le tuer.

Il me paraîtrait donc opportun, quand on projette des poudres pour détruire les punaises, de faire cette opération pendant la nuit, c'est-à-dire quand elles sont sorties de leurs retraites ; elles seraient alors plus facilement atteintes, car la lumière les fait fuir immédiatement, et on ne devrait pas, en porter pendant cette opération. Le succès dépend surtout du *contact* de la poudre insecticide avec la punaise, qui ne circule que *quand la lumière est éteinte et qu'on est couché*, son instinct ou son odorat lui annonçant sans doute le moment opportun pour venir sucer sa proie.

Il est encore un moyen, qui n'est pas assez connu, de les détruire, c'est tout simplement de mettre un peu d'*onguent napolitain* dans les mortaises et les fissures des bois de lit, des meubles, des boiseries et même des enduits, où elles peuvent se cacher pendant le jour. Ce moyen est infaillible, et je crois devoir aussi l'indiquer, au moment surtout où un très-grand nombre d'étrangers, venant des pays méridionaux, vont assurément apporter dans leurs bagages de grandes quantités de punaises à Paris, où elles ne pourront, pendant la durée de l'Exposition, manquer de se multiplier et de devenir fort incommodes.

L'*onguent napolitain* est d'ailleurs plus à la portée des petites bourses, des classes ouvrières, que les diverses poudres employées avec plus ou moins de succès, et c'est surtout pour les petites bourses que je désire en propager l'usage. Pour empêcher son contact avec le linge, dans les lits, on peut coller de petites bandes de papier sur les fissures dans lesquelles on en a introduit, surtout si, pour le faire pénétrer plus profondément, on l'a délayé avec un peu d'essence de térébenthine. Victor CHATEL,

A Valcongrain, par Aunay-sur-Odon (Calvados).

Insectes nuisibles. — Travaux de destruction à exécuter.

A l'approche de ce mois si impatiemment désiré, la nature se montre dans tout son éclat. La séve s'est élancée jusqu'à l'extrémité des arbres pour nourrir ce tendre feuillage, qui bientôt devra nous procurer son ombre bienfaisante. Le magnifique tapis vert que foulent nos pieds s'est émaillé de fleurs qui semblent comme les étoiles d'un autre firmament; l'atmosphère est embaumée de mille parfums qui s'élèvent à la faveur d'une tiède brise; les oiseaux chantent leurs amours, et le soleil de mai ranime et embellit la nature entière par la splendeur de ses rayons.

Hélas! si toutes ces beautés pouvaient vivre jusqu'au temps des frimas! Mais, nous le savons, le sommeil léthargique de la nature n'était qu'apparent; sous nos pieds, au-dessus de notre tête, de tous côtés, des légions d'ennemis n'attendaient pour surgir que le moment qui vient de sonner.

Voyez-les sortir de partout par centaines, par milliers ; ils s'attaquent aux racines, aux tiges, aux feuilles, aux fleurs qui viennent de naître. Voyez-les voltiger en quête déjà d'un endroit favorable au dépôt de leur funeste produit, et les nouveau-nés viendront, peut-être cette année encore, achever la déprédation que leurs parents ont commencée.

Oui, je le répète, si le mois de mai est le plus beau de l'année, il est aussi celui qui nous amène le plus d'ennemis. C'est pendant ce mois que nous devons leur faire la guerre la plus acharnée, car de leurs destruction plus ou moins complète dépend l'avenir, non-seulement des fleurs et des fruits, qui ne sont le plus souvent qu'agréables, mais aussi et principalement des récoltes.

Ne nous endormons donc pas dans une confiante indolence, n'oublions pas que l'ennemi veille à nos portes, n'oublions pas surtout ce que disait l'immortel fabuliste :

> ..... Entre nos ennemis
> Les plus à craindre sont souvent les plus petits.

Apprenons donc à connaître les insectes dont nous avons à redouter les dégâts, et étudions avec soin les moyens préconisés pour empêcher, autant que possible, leur effrayante multiplication.

Si la saison est arriérée, on devra naturellement observer les indications du mois précédent. En tout cas, il est bon de continuer l'échenillage et d'abattre les charançons des arbres fruitiers, car un grand nombre d'entre eux n'éclosent que dans le courant de mai. Les pruniers et les cerisiers seront particulièrement soignés.

La vigne est souvent attaquée par un petit coléoptère xylophage, connu sous le nom de grand rongeur de la vigne (*Sinoxylon sexdentatus*). Il n'est pas rare de rencontrer différents arbres ou arbustes envahis par le même insecte ; ainsi, dans le midi de la France, le robinier, le figuier, la clématite et le mûrier en souffrent parfois beaucoup. Une espèce voisine (*Xylopertha sinuata*) vit souvent en société avec le sinoxylon et occasionne les mêmes dégâts. On peut facilement éloigner ces insectes de la vigne en lui donnant de la force par la culture et les engrais et coupant les branches languissantes pour donner plus de vigueur aux autres. On devra brûler tout ce qu'on croira envahi par les larves.

On surveillera l'apparition des rhynchites et l'on s'efforcera d'en empêcher la ponte. Le rhynchite du bouleau (*Rhynchites betuleti*) est l'un des plus grands ennemis de la vigne. On le rencontre en mai et en juin, et une seconde fois en automne, non-seulement sur la vigne, mais encore sur le hêtre, le peuplier, le noisetier, le poirier, etc. Il cause de grands dégâts en coupant en partie le pédoncule des bourgeons, qui doivent nécessairement se flétrir après une pareille mutilation. La ponte se fait dans des feuilles préalablement roulées en cylindre. Le meilleur moyen de se débarrasser de ce rhynchite est de secouer les branches et de recevoir les insectes sur une grande toile étendue sous la vigne ou sous l'arbre qu'on veut nettoyer. On devra en même temps récolter les feuilles roulées et les anéantir par le feu, pour tuer les larves ou les œufs qu'elles contiennent. On fera la même chose pour les jeunes rameaux flétris par la présence des larves du coupe-bourgeon (*Rhynchites conicus*).

La vigne est encore attaquée par de petits chrysomélides du genre eumolpe (*Eumolpus vitis*), qui se nourrissent non-seulement des bourgeons et des feuilles, mais encore des jeunes grappes de raisins. On peut heureusement détruire ces insectes en masse, en disposant sous la vigne une grande toile sur laquelle ils tombent tous à la moindre secousse donnée aux sarments; il est alors facile de les recueillir et de les écraser.

Vers la fin du mois on devra ramasser les jeunes fruits à mesure qu'ils tombent, afin d'empêcher les larves des *Rhynchites bacchus* et *cupreus*, qu'ils pourraient contenir, d'entrer dans la terre.

La chenille d'une noctuelle (*Episema cæruleocephala*), qui mène généralement une vie solitaire, se montre au mois de mai de certaines années en si grande quantité, qu'elle est réellement préjudiciable aux arbres fruitiers. Il est donc nécessaire de bien faire l'échenillage des abricotiers, cerisiers, amandiers, etc. Il en est de même pour un microlépidoptère (*Yponomeuta malinella*), dont les chenilles vivent en colonies à l'extrémité des branches de pommiers. Mais comme celles-ci se tiennent dans de grandes toiles, qui prennent chaque jour plus d'extension et finissent même par envelopper feuilles et fleurs, on doit enlever avec soin les toiles entières et les écraser afin d'anéantir les chenilles qui s'y trouvent. On peut se servir pour cette opération d'un balai de houx emmanché d'une perche assez longue.

Les pommiers sont aussi parfois attaqués par un faux puceron (*Psylla mali*), qui occasionne de grands dommages par la destruction des bourgeons. Au printemps de 1863, les pommiers des environs de Saint-Pétersbourg furent fort éprouvés par les ravages de cette espèce. Le meilleur moyen de se débarrasser des psylles est d'enlever les bourgeons et les feuilles envahis et de les brûler. On peut aussi poudrer les larves et les nymphes avec de la poudre de pyrèthre, de la fleur de soufre, etc.; l'emploi d'un soufflet dirigeant sur les larves une fumée âcre peut aussi produire de bons résultats.

Certains arbres fruitiers, ainsi que les céréales, sont souvent en partie détruits par de petits hannetons (*Anisoplia horticola* et *Anisoplia fruticola*); on pourra employer à leur égard les mêmes procédés que pour le hanneton commun.

Les betteraves sont parfois attaquées par la larve d'un coléoptère assez gros (*Silpha opaca*); comme ces larves sont très-visibles, on peut facilement nettoyer à la main les plantes envahies; c'est d'ailleurs le seul moyen de destruction connu.

Un ennemi plus dangereux pour les betteraves est l'atomaire (*Atomaria linearis*), qui vit dans le sol où il ronge les germes de ces plantes à mesure qu'ils apparaissent. Les meilleurs moyens de destruction sont : 1° faire alterner les récoltes; 2° plomber le sol avec des rouleaux ; 3° bien préparer le champ, fumer convenablement et semer quand la saison est assez avancée pour que la végétation ne languisse pas; 4° si les insectes se multiplient outre mesure, et qu'on soit obligé de semer une seconde fois, on doit augmenter, doubler même quelquefois la quantité de la semence. Ce sont là des procédés vraiment pratiques, proposés par M. Bazin, qui les a toujours employés avec succès.

Le colza a souvent à souffrir, pendant le mois de mai, des larves d'un petit hyménoptère (*Athalia spinarum*), qui ronge non-seulement les feuilles de cette plante oléagineuse, mais aussi celles du navet et des rosiers cultivés. Lorsqu'elles sont très-nombreuses, elles peuvent gravement compromettre la récolte. Il paraît qu'en versant du noir de fumée sur les plantes infestées, on parvient à les débarrasser complétement de ces larves.

On devra également, pendant ce mois, débarrasser les framboisiers, les mûriers et les rosiers des pentatomes (punaises) et des larves. Le meilleur moyen de détruire les pentatomes en général est de secouer fortement les végétaux qui en portent : on écrase immédiatement ceux qui tombent. On peut aussi, et avec succès, arroser les plantes attaquées avec des substances très-amères.

La luzerne a un terrible ennemi dans la classe des coléoptères : c'est le colaphe noir (*Colaphus ater*), qui se multiplie avec une telle rapidité, que les champs de luzerne en paraissent quelquefois tout noirs. On fait la chasse aux colaphes et à leurs larves au moyen d'un grand filet Faucheux qu'on promène sur les luzernières. M. L. Dufour dit que ce procédé est très-usité dans le midi du royaume de Valence, où cette espèce est excessivement commune; il ajoute que les paysans prennent, par ce moyen, plusieurs livres d'insectes et de larves en moins de dix minutes. On conseille également de répandre sur les luzernières, et autant que possible par un beau soleil, une substance ayant la composition suivante :

Cendres de bois déssèchées,	25 litres.
Goudron de houille,	2 —
Eau,	3 —
Aloès hépatique en poudre,	50 —

Il paraît qu'à l'aide de ce procédé, tous les insectes sont détruits au bout d'une couple de jours.

Les plantes potagères et les légumineuses seront bien surveillées pendant le mois de mai, et purgées des pucerons et des autres insectes destructeurs.

Il est convenable de continuer pendant ce mois les travaux de destruction commencés précédemment. Beaucoup d'insectes, éclos en mai, continuent leurs déprédations durant encore un quinzaine de jours, ou se préparent à la perpétuation de leur espèce.

A partir du premier, on brûlera les arbres d'appât.

Les plantes d'agréments seront nettoyées tous les quinze jours si c'est nécessaire.

Dans les vignobles et les vergers, on continuera sans relâche la desruction des rhynchites.

Les artichauts et les betteraves seront débarrassés des cassides (*Cassida viridis et C. nebulosa*), qui vivent aux dépens du parenchyme des feuilles. On écrasera ces insectes à l'aide d'un instrument propre à cet usage.

Dans les localités ravagées par les saperdes (*saperda carcharias*), on fera bien d'enduire les troncs des peupliers, jusqu'à environ 5 pieds de hauteur, d'une couche de terre glaise et de bouse de vache. De cette façon, on empêchera les femelles de faire leur ponte.

Dès les premiers jours de juin, on voit voltiger autour des noisetiers une quantité de petits longicornes (*Oberea linearis*), qui se laissent facilement prendre au filet. Les larves de ce coléoptère vivent au détriment de la moelle et du bois tendre; pour satisfaire leur appétit vorace, elles creusent des galeries dans l'intérieur des branches. On peut les combattre en coupant les rameaux qui se flétrissent par leur présence.

Dans les champs et les potagers, on fera la chasse aux papillons du chou et l'on écrasera les plaques d'œufs placées sur le revers des feuilles.

(*J. des travaux de l'Académie nationale.*) Dr Alphonse Dubois.

Travaux apicoles de la saison.

Si ce n'est dans les localités où il existe des châtaigniers, des sapins, de la bruyère, et où l'on cultive le sarrasin et la luzerne sur une grande échelle, la récolte du miel est terminée, et l'époque de l'essaimage passée vers la fin de juin, quoique des ruches fassent encore fortement la barbe. L'expulsion des faux-bourdons est un signe certain que les abeilles ne trouvent plus ou presque plus de miel à la campagne. L'époque de cette expulsion subit les variations du temps. Il y a des années où mai est si mauvais qu'on voit des colonies détruire leurs faux-bourdons dès le milieu de ce mois, et sans avoir produit d'essaims; d'autres fois c'est en juin, à la suite de plusieurs jours pluvieux et froids. Mais on voit aussi, par les années de miellée abondante, des colonies conserver leurs mâles jusqu'en août. Dans les localités de châtaigniers, de bruyère et de sarrasin, elles les conservent souvent jusqu'en septembre, l'essaimage se faisant en juillet et en août. On voit aussi parfois une émission de mâles après l'expulsion de ceux nés au printemps : c'est lorsqu'une miellée extraordinaire est produite par la feuille de certains arbres, ou que les abeilles d'un pacage épuisé ont été conduites quelque temps après dans un pacage qui offre de nouvelles et abondantes ressources.

Un indice certain de la pénurie du miel est la cessation du ronflement que faisaient entendre les ruches, et le ralentissement que les abeilles ont apporté dans leurs allées et vênues : on ne les voit plus sortir et rentrer avec précipitation. Elles semblent avoir perdu toute leur activité; seulement chaque ruche a son moment d'ébats et de récréation entre midi et quatre heures ; mais tout se borne à un mouvement passager d'abeilles qui veulent respirer librement le grand air.

Il ne faut pas attendre une saison plus avancée pour récolter le miel s'il y en a à récolter. Il faut l'enlever aussitôt que les abeilles n'en trouvent plus pour la peine dans les fleurs, surtout si on a affaire à des ruches à calottes, à hausses et à cadres mobiles. Mais si on a affaire à des ruches communes qui nécessitent le transvasement, on peut attendre que le nombreux couvain qu'elles on encore soit éclos, ce qui ne tardera pas à avoir lieu.

On sait que quand les abeilles commencent à ne plus rien trouver à la campagne, il est plus difficile de les faire sortir de leur ruche ; elles se tiennent entre les rayons et il est difficile de les en déloger. Elles sont hargneuses, intraitables, mais ce n'est encore là que le moindre inconvénient. Peu de moments après l'opération du transvasement commencé, des masses d'abeilles, attirées par l'odeur du miel, viennent s'abattre sur les ruches sur lesquelles on opère. Elles sentent les produits qu'on vient de transporter en lieu couvert, et cherchent à pénétrer par les portes, les croisées et les cheminées. Ne trouvant pas à satisfaire leur convoitise qu'on a excitée, elles se jettent sur les colonies qui clochent, sur celles qui ont perdu leur mère par suite de l'essaimage. Les habitants des ruches orphelines résistent rarement à cette impétueuse agression. Malheur aussi aux ruches qu'on n'a fait que tailler ; le miel qui coule des rayons entamés provoquera immanquablement une agression qui sera toujours au détriment du propriétaire de ces ruches. On doit, pour éviter ces inconvénients, n'opérer que vers la fin de la journée.

Un motif qui doit encore déterminer à récolter des ruches à l'époque indiquée ci-dessus, dit le *Calendrier apicole*, c'est que le miel est d'autant plus blanc qu'il a moins séjourné dans la ruche. Qu'on essaye d'en prendre moitié en juin ou en juillet et moitié en septembre, on verra une grande différence de l'un à l'autre pour la blancheur et le goût. D'un autre côté, le miel en juillet étant plus chaud et plus liquide, il se séparera plus facilement de la cire, et le pressoir ou la chaleur du four n'aura plus à faire couler qu'une faible quantité de miel de second choix. — On n'attend à récolter en septembre que lorsque les fleurs des premières coupes n'ont rien donné et que celles des secondes ont été productives. — Quelle que soit l'époque de la récolte, il faut laisser aux abeilles — si on tient à les conserver — assez de provisions pour qu'elles puissent passer l'hiver. On peut les en dépouiller totalement si on se propose de les marier à des ruchées garnies. — On ne saurait préciser la quantité de miel qu'il faut laisser à cette époque ; cela dépend principalement de l'état du couvain de la ruche et de la manière dont se comporteront le temps et les fleurs de l'arrière-saison. Mais mieux vaut en laisser trop que trop peu, surtout lorsqu'on ne veut pas s'occuper de l'alimentation de ses abeilles en août et en septembre.

Il importe de ne pas oublier que le miel qu'on vient d'extraire et déloger dans des vases doit être mis dans un endroit sec et surtout chaud, s'il provient d'un localité humide. Tout miel qui contient de sa nature un excès d'eau, ou qui a été placé dans un lieu humide lorsqu'il était en sirop, est inférieur et se conserve mal. (*L'Apiculteur.*)

Insectes ennemis des abeilles.

Libellules ou demoiselles. — Les libellules ou demoiselles sont bien connues et passent pour très-inoffensives. Mais les apiculteurs ne peuvent leur accorder ces qualités, car il est avéré qu'elles saisissent des abeilles sur les fleurs et les dévorent. Ils doivent donc s'appliquer à leur faire la chasse. Voici comment M. Figuier, dans ses *Insectes*, parle des caractères et des mœurs des libellules.

« Les *libellules* sont des insectes au type bien caractérisé. L'élégance de leurs formes, la grâce de leurs mouvements leur ont valu la dénomination vulgaire de *demoiselles*. Elles sont toujours d'une assez grande taille. Plusieurs offrent des couleurs vives et métalliques, qui ne le cèdent pas en beauté à celle des papillons. Leurs ailes, d'une délicatesse extrême, toujours lisses et brillantes, présentent des teintes variées ; quelquefois elles sont complétement transparentes et agréablement irisées. Souvent la coloration des mâles diffère de celle des femelles. On les voit voltiger au bord de l'eau, pendant tout l'été, surtout en plein soleil. Elles volent avec une rapidité extrême, rasant par intervalle le liquide, et s'échappant toujours sans peine quand on veut les saisir. Rien de plus joli qu'une troupe de *demoiselles* prenant ses ébats au bord d'un étang ou d'une rivière, par un beau jour d'été, alors qu'un soleil ardent vient lustrer leurs ailes des nuances les plus vives.

» Tant à l'état parfait qu'à celui de larve ou de nymphe, les *libellules* sont carnassières. Leur vol rapide en fait d'habiles chasseresses. Grâce à leurs yeux énormes, elles embrassent tout l'horizon. Elles saisissent au passage les mouches, les papillons, et les déchirent aussitot avec leurs fortes mandibules. Quelquefois, l'ardeur de la chasse les entraînant loin des ruisseaux, on les rencontre dans les champs.

» La femelle pond ses œufs dans l'eau. Il en sort des larves qui rappellent un peu la forme de l'insecte ; seulement leur corps est plus ramassé et la tête plus aplatie. — Larves et nymphes habitent le fond des étangs et des ruisseaux. Là, tapies dans la fange, elles guettent les insectes, les mollusques, les petits poissons. S'il passe une proie à leur portée, elles débandent, comme un ressort, une arme fort singulière, qui représente chez elles la lèvre inférieure. C'est une sorte de masque animé, armé de fortes pinces dentelées et porté par des pièces articulées, dont l'ensemble égale la longueur du corps lui-même. Ce masque agit à la fois comme une lèvre et comme un bras ; il saisit la proie au passage et l'amène à la bouche. »

On compte plusieurs espèces de libellules auxquelles on rattache les *œshnes*, les *calopleyx* et les *agrions*. Celle qui attaque le plus les abeilles est la libellule vierge de Linné ou l'agrion vierge de Fabricius, fig. 16.

Fig. 16, Libellule vierge.

Ses couleurs sont éclatantes, d'un bleu métallique chez le mâle, d'un vert bronzé chez la femelle. Il y a des agrions dont le corps est blond ou brun. Le type des libellules est la *libellule déprimée*, fig. 17. C'est la plus

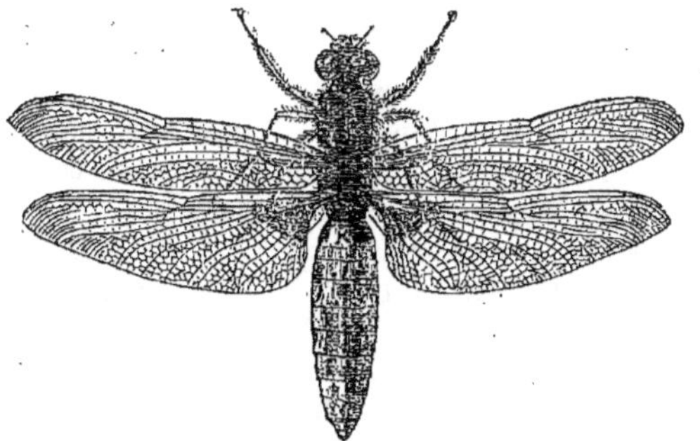

Fig. 17, Libellule déprimée.

commune en Europe. Le mâle est brun, avec l'abdomen bleu en dessus ; la femelle, d'un jaune olivâtre bordé de jaune sur les côtés. Tous deux ont l'abdomen large et déprimé. L'*œshne* a l'abdomen cylindrique et en forme de baguette. Elle atteint un décimètre de longueur ; son vol est plus rapide que celui des hirondelles. Les *caloptéryx* volent plus lentement. Le mâle est d'un bleu métallique ; ses ailes, diaphanes, sont traversées d'une bande bleue verdâtre ; la femelle, d'un vert bronzé, a les ailes d'un vert métallique, avec une tache jaunâtre au bord. Ces insectes aiment à se poser sur les roseaux et sur les tiges d'herbes élevées, ils tiennent alors les ailes relevées. H. Hamet.

Société d'insectologie.

Séance de juin. L'assemblée ne se trouvant pas en nombre suffisant, en vertu du règlement en vigueur, pour délibérer, décide que les objets à l'ordre du jour seront renvoyés à la séance prochaine, qui n'aura lieu que lorsque les commissions nommées pour étudier tout ce qui a trait à l'insectologie dans l'Exposition du Champ-de-Mars aura des travaux à présenter. Les membres de ces commissions sont invités à s'occuper activement des parties qui les concernent.

Nota. C'est par erreur qu'on a imprimé le nom de M. J. Valserres dans la commission d'apiculture ; il faut lire : M. Carcenac. D...

Cours des produits des insectes.

Soies, cocons. 30 juin. Bien que des journaux commerciaux de Marseille assurent une récolte satisfaisante, tant en France qu'en Italie, on ne doit pas moins constater encore de nombreux échecs dans un certain nombre de magnaneries, et n'estimer la récolte de cette année peut-être un peu meilleure que les précédentes, mais se trouvant beaucoup au-dessous d'une année moyenne avant la maladie.

A Lyon, les cours des soies ont été lourds; on a traité des organsins d'ordre du Piémont de 120 à 121 fr. le kil.; des filatures et ouvraisons de France, première qualité, de 122 à 128 fr. Les filatures des Cevennes, premier ordre, 120 fr. A Romans (Drôme), les derniers lots de cocons se sont payés 6 fr. 75 à 6 fr. 85 le kil. A Avignon, les cocons verts se sont raisonnés de 6 fr. 25 à 7 fr. 25 le kil.; blancs, 5 fr. 75 à 6 fr. 75; jaunes, 6 fr. 75 à 8 fr. 75. A Marseille, des cocons de Volo, au rendement de 4 kil., ont été vendus 25 fr. 50 à 26 fr. 60 le kil. — A Flaviac, on a coté des soies paquetailles bonne qualité de 80 à 100 fr. le kil.; sortes inférieures 60 à 75 fr. Les cours se sont améliorés à Alais: premier ordre, 115 à 116 fr. le kil.; deuxième ordre, 112 à 113 fr.; 2e fil, filature d'ordre, 100 fr.

Voici les cours pratiqués sur la place de Milan: organsins, 18/23, 123 fr.; 20/24, 122 fr.; 22/26, 100 fr.; trames, 20/24, 119 fr.; 21/28, 117 fr.; 26/30, 115 fr. On ne croit pas à la baisse.

Abeilles, miel, cire. La récolte de miel blanc est décidément mauvaise. Les premiers miels de Gâtinais sont tenus à 150 fr. les 100 kil.; les blancs ordinaires à 120 fr. — Les cires restent lourdes de 3 fr. 80 à 4 fr. 10 le kil. hors barrière. L'essaimage ayant été faible, le cours des bonnes ruchées devront être en faveur à la fin de la campagne.

Cantharides, de 7 fr. à 7 fr. 50 le kil. à Marseille.

Cochenilles des Canaries, de 8 fr. 75 à 9 fr. 75, sur la même place.

Galles en sorte d'Alep, 250 fr. les 100 kil.; noires triées dito, 340, fr.; dito de Smyrne, 325 fr.; noires et vertes, 230 à 240 fr.; blanches, 140 à 150 fr.; d'Itrie, 130 à 135 fr. à l'entrepôt de Marseille.

L'Éditeur-propriétaire : E. Donnaud.

Paris. Imprimerie de E. DONNAUD, rue Cassette, 9.

N° 6. 1re ANNÉE. Juillet 1867.

L'INSECTOLOGIE AGRICOLE

SOMMAIRE :

Bulletin insectologique.

L'insectologie à l'Exposition universelle. L'Exposition universelle du Champ-de-Mars présente beaucoup de choses sur les insectes, mais tellement disséminées que la plupart ne seront pas vues par les visiteurs qui ont intérêt à les étudier. Ainsi que tout ce qui est exposé dans la vue de l'enseignement, ces choses auraient dû être groupées et former une exposition spéciale dans l'exposition générale. Etait-ce possible ? Nous n'en doutons pas. D'ailleurs la Commission l'avait cru elle-même puisqu'elle avait créé, dans son programme, le *Parc aux insectes* (classe 81). Mais ce fameux parc aux insectes ne présente pour tout potage qu'un rucher, relégué dans un coin, et une magnanerie quelque peu éclipsée par une fromagerie à effet ; et, au lieu de se toucher, le rucher de la société d'apiculture et la magnanerie de M. Personnat sont isolés et perdus dans les cloches, les tonneaux phénoménaux, les volières de salon et les articles divers de gros boutiquiers de Paris. Quant aux spécimens d'autres insectes utiles, aux produits de ceux exposés là et aux appareils de leur culture, aux insectes nuisibles et aux engins de leur destruction, tout cela est éparpillé dans l'enceinte du palais, dans le parc et à Billancourt, comme pour mieux faire sentir le besoin d'une exposition spéciale.

La *Société d'insectologie* qui, précisément à cause de l'Exposition universelle du Champ-de-Mars, avait eu un moment la pensée de reculer la deuxième exposition des insectes au Palais-de-l'Industrie, dont la date a été fixée à 1868 par la Société d'apiculture, se met en mesure de réaliser cette exposition à l'époque primitivement arrêtée. Qu'on se prépare donc pour l'année prochaine.

Le ministère de l'agriculture devra d'autant plus encourager cette exhibition que les insectes de la ferme (les vers à soie et les abeilles) n'auront aucune part dans les nombreuses récompenses obtenues à la suite de concours particuliers ouverts à Billancourt.

Animaux qu'il ne faut pas détruire. Pourquoi mettre le pied sur ce joli grillet (1) ou carabe doré qui court dans nos jardins, puisqu'il fait la guerre aux chenilles, aux limaces, aux hannetons et qu'il les mange? Pourquoi tuer le petit orvet inoffensif qui croque les sauterelles? Pourquoi tuer la coccinelle (bête à bon Dieu), qui se nourrit de pucerons? Pourquoi tuer le crapaud, qui mange les limaces, les becmares et les fourmis? Pourquoi sacrifier la chauve-souris, qui fait aux papillons de nuit et aux hannetons la guerre que les hirondelles font aux moucherons? Pourquoi crucifier, comme le font encore certains sauvages de la banlieue de Paris, qu'on ne saurait trop signaler à la vindicte publique, la chouette, l'effraie, le scops, etc., oiseaux nocturnes qui détruisent, outre les rongeurs, un grand nombre d'insectes nuisibles?

Remède contre la gale des brebis. Bassiner les plaies successivement avec de l'huile de schiste. L'énergie du remède rend nécessaire de l'employer avec prudence. L'huile de schiste tue instantanément les insectes avec lesquels elle se trouve en contact; elle est donc un remède efficace pour atteindre l'acarus de la gale.

Mesure contre la destruction des petits oiseaux. Le ministre de l'agriculture vient de recommander par une circulaire aux préfets de prendre les mesures les plus énergiques pour empêcher la destruction des petits oiseaux, qui sont de puissants auxiliaires de l'agriculture. Il est bon de rappeler aux parents que les dispositions des art. 9 et 11 de la loi du 3 mai 1844, sur la chasse, qui fournissent à cet égard des moyens de répression suffisants, les rendent responsables des dégâts faits par leurs enfants mineurs. Il est à désirer que ces mesures soient efficaces. Les

(1) On désigne généralement sous le nom de grillet quelques petites espèces de sauterelles appartenant au G. *Tetrix.*

ravages exercés par les insectes dépassent tout ce que l'on pourrait imaginer. On évalue à près de 400 millions, dit M. Lomon, dans la *Revue d'économie rurale*; les dommages que les chenilles, les vers blancs, la cecydomie, etc., causeront aux récoltes cette année : blés, fourrages, légumes, fruits, vendanges, forêts, tout est plus ou moins atteint.

Recette pour la destruction des limaces et autres insectes qui ravagent les jardins potagers. Mettez 10 litres d'eau ammoniacale provenant des usines à gaz avec 100 litres d'eau de rivière ou de puits et arrosez la terre préparée pour recevoir une graine ou un plant quelconque. L'eau ammoniacale peut se mélanger avec les fumiers.

Recette contre les pucerons lanigères. Le *Bulletin de la Société nantaise* (2e semestre 1866) relate, à propos du *puceron lanigère*, que, d'après Réaumur, cinq générations provenues d'une seule mère produiraient 5,904,900,000 individus ; qu'il fut importé d'Amérique en Angleterre, en 1787, et que dès 1802, il traversa la Manche ; qu'il a pour principaux ennemis et destructeurs les bêtes à bon Dieu ou coccinelles, trop peu ménagées dans nos jardins, et les hémérobes ; et il termine en proposant, lui aussi, son remède qu'il dit *infaillible* contre le puceron lanigère. Le voici : Eau, un litre ; quassia en poudre, 3 grammes ; savon noir, 40 grammes. Faites bouillir pendant une demi-heure, et avec un pinceau fin étendez la liqueur sur les jeunes pousses des poiriers, des pêchers, des pommiers et des rosiers.

Destruction des courtilières. M. Henri Recoing donne le procédé suivant comme étant d'une application facile pour détruire les courtilières. Après s'être procuré de bon fumier frais de cheval, on en forme un tas de moyenne grosseur à l'extrémité de chaque petit chemin ménagé entre les planches de jardinage dévastées. Cet amas de fumier bien piétiné est laissé en repos complet pendant cinq à six jours ; au bout de ce temps on peut visiter le piège. Le jardinier, armé d'une fourche, s'avance doucement vers le monceau ; d'un seul coup il l'ouvre, l'éparpille et tue les courtilières à la hâte lorsqu'elles cherchent à s'échapper de tous côtés. Il faut ensuite refaire le tas, l'arroser s'il est trop sec, et renouveler souvent le fumier. Si l'on trouve des galeries tracées par les courtilières dans la direction du tas, il faut bien se garder de les déranger, car les premières venues indiquent la voie à beaucoup d'autres.

La Cécydomie et le Thrips produisant la nielle. M. Victor Châlet attribue la nielle et autres altérations des blés à la piqûre d'insectes à l'état parfait, ou plus souvent encore à l'état de larve. Dans des expériences qu'il a faites à Billancourt, il a montré sur un grand nombre d'épis de blé la cécydomie et le trips, deux petits insectes qui ne peuvent être aperçus qu'à l'aide d'une loupe grossissante et dont les ravages, exercés sur la substance du grain encore dans l'état pâteux, s'annoncent par une tache jaunâtre sur la face externe de la balle d'enveloppe. A la porte de l'Exposition, tout un champ de blé est atteint des ravages des insectes : deux tiges sur trois sont séchées avant la maturité du grain. Mais aujourd'hui que la récolte de ce champ est faite, il est un peu tard pour appeler, sur l'étude qu'il pouvait offrir, l'attention des savants officiels que leur fonction dans les jurys a conduits à Billancourt, j'allais presque dire dans cette île de Robinson Crusoé. H. Hamet.

L'Eumolpe de la vigne, ou Ecrivain.

Accroître les produits de la vigne, les élever à la hauteur des besoins, les mettre à la portée des classes ouvrières, tout en les conservant purs et hygiéniques; c'est là l'un des devoirs de l'économie rurale et commerciale.

Mais que d'obstacles dans la pratique ! La routine de la culture, la cupidité des intermédiaires, enfin l'exagération de l'octroi et la falsification !

Ces entraves à la consommation d'une boisson nécessaire deviennent encore plus sensibles, quand les intempéries et les maladies végétales qui en sont la conséquence, désolent les vignobles et diminuent la production; la moisissure, la coulure, l'oïdium, les insectes.

Un journal vinicole du Midi, le *Languedocien*, nous apporte d'assez tristes nouvelles : voici, en effet, ce que nous lisons dans cette feuille :

« L'alarme est au vignoble *médocain :* elle y serait à moins. Dans l'espace de quatre à cinq jours, l'oïdium s'est développé avec plus d'intensité que jamais, et cela à la suite de fortes chaleurs qui semblaient devoir en contrarier l'apparition. Presque toutes les grappes sont atteintes de moisissure, et, pour surcroît de malheur, des pluies sont survenues qui, en humectant le sol, ne peuvent que favoriser la marche du fléau et rendre vains les efforts de nos vignerons pour le combattre. »

Nous avons pu constater par nous-mêmes, dit *la Gironde*, que la semaine dernière, dans l'espace de deux ou trois jours seulement, l'oïdium a brusquement envahi un certain nombre de pieds de vigne, sur lesquels il s'est développé, en quelque sorte, à vue d'œil.

D'autres journaux agricoles nous apprennent que pour consommer la ruine de certains vignobles du Midi, des insectes connus sous les noms de charançons, d'eumolpes, de gribouris, d'écrivains, se sont répandus dans les vignes, qui avaient déjà grandement souffert du froid, des gelées du mois de mai ou de la grêle.

Un de ces charançons, appelé coupe-bourgeons (*rhynchites conicus*), un autre connu sous le nom de charançon du peuplier (*rhynchites populi*), un troisième sous celui de *rhynchites bacchus*, tous nuisibles aux arbres fruitiers, rongeraient en ce moment sous forme de larves les racines des cépages, ou couperaient, à l'état d'insectes parfaits, les pétioles ou queues des feuilles.

Fig. 18. Eumolpe sur feuille de vigne ravagée.

Nous ne croyons pas que ce soient ces derniers coléoptères à long museau qui se rendent coupables de ces dévastations; mais cela pourrait bien être les *écrivains* ou eumolpes de la vigne (*Bromius vitis*).

Ces insectes appartiennent à la tribu des chrysomélides; ils sont petits, courts, cylindriques, de couleur noire, avec les élytres brunes, ayant la tête enfoncée dans le corselet, les antennes écartées au point d'insertion, les mandibules courtes et tranchantes. Fig. 1, pl. 5, Eumolpe grossi (1) et fig. 18 ci-contre.

J'ai dit qu'ils sont petits; ajoutons qu'ils ont le corps ramassé, cylindrique, avec une tête plate, presque rentrée dans le thorax : ce qui leur a valu de la part des savants les noms de *cryptocéphales*, de *cycliques*.

Ils sont particulièrement abondants dans les pays tempérés, partout où l'on cultive la vigne, s'attaquant aux bourgeons, aux feuilles, et occasionnant parfois beaucoup de tort dans les vignobles (plus rarement sur les treilles de jardins). Ils sont lents dans leurs mouvements, et ne savent se défendre, quand ils sont inquiétés, qu'en contractant leurs pattes et leurs antennes, et en affectant l'insensibilité. Alors ils se roulent en boule, et se laissent tomber à terre, où il n'est pas aisé de les retrouver.

Du reste, ils se multiplient avec une grande promptitude, quand on le leur permet, ou qu'une cause extérieure ne vient pas mettre obstacle à leur propagation. Le soufre, employé au début de la saison contre les atteintes de l'oïdium, suffit souvent pour empêcher leur apparition; mais si l'opération n'a pas eu lieu, ou si elle n'est pas renouvelée en temps opportun, l'insecte se montre bientôt, en compagnie des souffrances de la végétation.

Nous ne connaissons d'autre remède contre ses ravages qu'une ressource extrême : le feu! On établit dans les vignes, de distance en distance, de petits tas de vieux fumier usé. Ces insectes, ainsi que plusieurs autres, s'y réfugient de préférence à tout autre couvert, pour y pondre ou s'y abriter contre l'air frais du matin. Alors on met le feu à ces tas de fumier, avant le lever du soleil. L'insecte surpris, lent dans ses allures, soit à l'état de larve, soit sous sa forme dernière, reste sans défense et est détruit.

La bête et les œufs anéantis, restent les cendres, qui peuvent être répandues au pied des vignes comme engrais stimulant.

(1) Les planches des livraisons 5 et 6 doivent porter le même chiffre. La planche portant le chiffre 5 est la planche 6, celle qui donne l'Eumolpe.

Voici, jusqu'à ce jour, le seul remède que nous connaissions contre les déprédations de l'eumolpe. Si quelques-uns de nos abonnés en avaient expérimenté d'autres plus efficaces dans les vignobles, nous accueillerions avec reconnaissance leurs communications.

Lors de l'exposition d'insectes à Paris, en 1865, un instituteur primaire nous adressa un assez grand nombre d'eumolpes renfermés dans une boîte avec des feuilles de vigne dévorées par eux. L'épiderme de la face supérieure était enlevé, le parenchyme souvent percé à jour.

Il ne se trouvait pas de larve jointe à l'envoi, et le docteur Boisduval, notre honorable président, affirme, dans son *Essai d'entomologie horticole*, n'en avoir jamais vue.

Nous sommes porté à croire qu'on a souvent confondu l'*eumolpe* avec des charançons également nuisibles à la vigne, mais qui s'en distinguent par le prolongement exagéré de leur museau.

GUEZOU-DUVAL.

L'Altise de la vigne.

Vainement le génie de l'homme s'affirme chaque jour davantage par des révélations toujours plus surprenantes. Vainement il enchaîne l'électricité pour faire converser les pôles entre eux, donne l'espace en pâture à la vapeur ou fabrique des prodiges d'industrie; rebelle à s'incliner sous le joug de cet insatiable conquérant, la terre, dépouillant sa fécondité native, semble se concerter avec les éléments pour élever une protestation contre celui qui s'intitule le roi de la création. Tandis qu'autour de lui les eaux et les terres se dépeuplent, que ce qui lui est utile disparaît, les animaux inférieurs et nuisibles, les insectes, se multiplient à l'infini comme pour lui révéler une puissance créatrice qu'il semble méconnaître et lui démontrer sa faiblesse relative en présence de la nature.

Il y a déjà dix-sept ans qu'une mucédinée infime et dont on ne tenait nul compte, développa, sous l'action d'une culture qui ne lui était point destinée, de telles forces agressives et expansives, qu'elle en vint à ravager tous les vignobles connus. Quelques années plus tard, un de nos collègues du Comice de Toulon, propriétaire dans les *Maures* d'Hyères, nous signalait un insecte qui, rongeant et les feuilles et l'écorce verte des sarments, et le pédoncule herbacé des grappes, lui avait enlevé plus du quart de sa récolte de vin. C'était une altise, un insecte connu, un insecte polyphage, qui cette fois s'était rué par milliards sur sa vigne. Heureux ceux qui n'ont point éprouvé les ravages de ce nouveau fléau, de cet ennemi si difficile à combattre!

Quand se développent les jeunes bourgeons des vignes aux premières excitations du printemps, il faut rechercher les plus hâtives, celles qui sont placées dans les lieux abrités et chauds; quelques trous aux feuilles indiquent la présence des premières altises. Il est urgent de les faire rechercher au plus tôt et détruire, car ces insectes seront les auteurs de la génération déprédatrice qui dévorera bientôt les vignobles.

On se sert, pour leur faire la chasse, d'une sorte de plat de fer-blanc dont le milieu est percé d'un trou qui aboutit à un sac placé inférieurement et destiné à recueillir les insectes qui y tombent dedans à mesure qu'on secoue la vigne; ces appareils ont une échancrure pour pouvoir embrasser le pied de la vigne. D'autres fois, deux femmes ouvrant leur tablier contre le pied de la vigne font tomber dedans les altises qu'elles écrasent ensuite. Cette guerre contre l'insecte parfait m'a paru assez expéditive; néanmoins cette opération suffit rarement, et même, après deux chasses pareilles, il y a encore des insectes qui, garantis par le feuillage ou ayant sauté au loin, ont échappé à toutes les poursuites. Comme tous les coléoptères, les altises ont la vie dure, le soufre ne paraît pas leur nuire. J'en ai enseveli sous la chaux hydraulique; après s'être secoués, ils parvenaient à sortir sans avoir souffert de cette opération; cependant j'ai remarqué que lorsque les vignes étaient couvertes de rosée, la chaux en poudre ou ses mélanges tombant de suite en ébullition, en détruisaient beaucoup; aussi, à cause de cela, je fais faire mes premiers soufrages avec moitié chaux et moitié soufre.

Le nom de *niéroun* qu'on lui donne en Provence indique que, comme la puce, l'altise saute, et cet insecte a d'autant plus de vigueur que la température est plus chaude. Par opposition, il est plus facile à saisir le matin et quand le temps est frais. Quand il saute et tombe à terre, il demeure un moment immobile; il faut alors l'écraser; mais il n'est pas toujours facile de le tuer quand la terre est meuble, et j'en ai vu que je croyais avoir écrasés, sortir de terre laissant dans le sol meuble l'empreinte de leur corps et prêts à repartir si un second coup de pied fortement appliqué ne venait les mettre hors d'état de le faire. Comme tous les coléoptères, l'altise vole, mais pour cela il faut que le temps soit chaud.

Quelques jours après avoir révélé leur présence, ces insectes s'accouplent, et dans la première quinzaine de mai, pondent des œufs jaunâtres contre le revers des feuilles alors existantes. Dans la seconde quinzaine du même mois, ces œufs donnent naissance à des myriades de petits vers noirs qui rongent en dessous le parenchyme des feuilles. Il faut faire une guerre incessante à cet insecte sous toutes les formes. Insecte parfait, il perce la feuille; larve, ses déprédations sont plus grandes, car elles s'étendent non-seulement aux feuilles qui se dessèchent en entier ou en partie, mais aussi à l'écorce verte des sarments et au pédoncule des grappes qui alors se flétrissent. Il faut, dans ce cas, faire supprimer les feuilles contaminées, les fouler aux pieds ou les brûler. Du reste, les larves se trouvent fin mai sur les larges feuilles du bas et du centre de la vigne; or, la suppression de ces feuilles, dans lesquelles est le foyer de l'*oïdium*, sera utile pour neutraliser celui-ci ou le combattre avec plus d'efficacité.

Après la ponte, les insectes parfaits disparaissent, mais les ravages ne sont que suspendus; au bout de dix à douze jours, suivant la température, les œufs éclosent, des myriades de petites larves noires s'en échappent pour se changer en chrysalides au bout de sept à huit jours, et devenir insectes parfaits au bout de quinze jours et fournir avant les vendanges une nouvelle génération de larves et d'insectes dévorants. Après les vendanges, les feuilles de vignes étant coriaces, sauf celles des extrémités, les altises se rejettent sur les greffes et les provins, atteignent ainsi leur développement complet, et lorsque s'avance la saison rigoureuse se mettent en quête d'une retraite abritée pour y passer l'hiver; les feuilles tombées, les brousailles voisines de la vigne, l'écorce rugueuse même de ces arbustes leur offrent alors un abri contre les rigueurs de la saison.

L'altise a fait sa première apparition en Languedoc, bien avant qu'elle fût connue en Provence comme insecte ampélophage.

Cazalis-Allut, dans un excellent article publié en 1849, constate ses ravages et indique l'année 1825 comme la date de sa première invasion dans l'Hérault. Il était trop bon observateur pour ne pas donner à ce sujet les conseils les plus judicieux; après avoir mentionné les deux opérations que j'ai indiquées, il ajoute : « Je me propose à l'avenir (1) de » renoncer à la chasse aux altises toutes les fois que ces insectes ne

(1) Œuvres agricoles, p. 148.

» seront pas assez nombreux pour arrêter la végétation, et, au lieu d'en-
» lever les feuilles après l'éclosion des larves, je supprimerai immédia-
» tement après la ponte toutes les feuilles et toutes les pousses au-
» dessous des raisins maîtres. » Ce précepte est excellent, puisqu'il tend à détruire l'insecte; cependant, c'est parce que les premières années nous avons dédaigné, vu leur petit nombre, de faire la guerre aux insectes parfaits, que l'altise s'est autant multipliée, et j'ai dans les *maures* d'Hyères un vignoble où après avoir fait passer deux fois les femmes pour faire la guerre à l'insecte parfait, toutes les feuille inférieures de mes vignes sont encore couvertes de larves; quant aux punaises vertes qui dévorent l'altise et qu'on doit conserver, j'en vois fort peu. Je suis donc fondé à croire qu'une surveillance active, constante, générale peut seulement arriver à détruire cet insecte déprédateur. Cazalis-Allut observe que les altises séjournent rarement plus de trois ans dans les mêmes localités. Voilà trois ans que, dans ma propriété d'Hyères, j'ai à compter avec ces tristes insectes; mais il y avait deux ans qu'ils étaient chez un voisin dont les vignes étaient plus âgées que les miennes, et ils s'y trouvent encore. Fasse le ciel que je les voie disparaître !

Dans les pays de vignobles, il faudrait que les maires, instruits par les gardes champêtres de la présence de l'altise sur tel ou tel point du terroir, en ordonnassent la chasse comme on ordonne l'échenillage, et la destruction de l'altise serait un fait qui aurait des résultats bien plus importants. Je n'hésite pas à affirmer, en outre, que là où sévit l'altise, ses ravages peuvent s'élever à l'égal de ceux de l'*oïdium*; j'en ai fait la triste expérience en 1864. C'est chose déplorable pour celui qui tient aux bonnes cultures, ainsi qu'au bon état de ses vignobles, de voir les grenaches avec toutes leurs parties vertes dévorées, les sarments comme incinérés, les grappes desséchées, la vigne souffreteuse, ses feuilles percées ou sèches; quelques années de ce triste régime suffiraient pour détruire le vignoble. Ainsi, en attaquant résolûment et sous toutes ses formes l'altise, en l'attaquant au début surtout avec persistance, on la détruira plus facilement, et il y aura profit pour le présent comme pour l'avenir; et si je n'ai pu, en m'y prenant tardivement, neutraliser ses ravages sur des vignobles éloignés de ma résidence habituelle, éclairé par l'expérience, j'ai cru devoir me hâter et la poursuivre sans relâche. Elle n'affectionne pas seulement le grenache, mais l'aramon ou ugni noir, le moulan ou brun-fourca sont aussi ses cépages de prédilection, et quand ils sont mélangés aux mourvèdres, on est sûr de trouver les altises en grand nombre sur les premiers et en si petite quantité sur les autres que je ne les fais point effeuiller par les femmes. Les chasselas sont également recherchés par les altises.

En indiquant les habitudes des altises et la nécessité de les détruire, j'ai cru rendre un grand service aux viticulteurs méridionaux, mais surtout à ceux du Var et des Bouches-du-Rhône qui ne les connaissent que très-exceptionnellement, mais qui, s'ils n'y prennent garde et ne donnent la chasse aux premières qui apparaissent, les verront bientôt dévorer leur vignobles.

On a mentionné diverses recettes contre ces insectes, notamment la poudre de pyrèthre, le coaltar, le pétrole, les aspersions avec l'eau dans laquelle on a fait infuser du tabac. J'avoue en toute franchise que je n'ai point essayé ces recettes, mais il m'a été confirmé que la poudre de pyrèthre les détruit, de même que les autres insectes inférieurs ; malheureusement son emploi est très-coûteux et n'est efficace que quand la vigne a peu de feuilles. Cazalis-Allut conseille de brûler les broussailles voisines des vignes; ajoutons-y aussi les débris secs des végétaux et les feuilles sèches surtout auprès des abris ; le raclage de l'écorce rugueuse des pieds de vigne serait aussi une bonne mesure, si elle n'était trop longue à exécuter ; on pourrait l'appliquer seulement aux vignes précoces et à celles voisines des abris.

Plusieurs écrivains ont attribué les ravages de la vigne à l'altise bleue ; il y a, il est vrai, des altises bleues dans le nombre, mais beaucoup aussi sont vertes, et il serait plus rationnel de conclure avec notre savant compatriote M. Guérin-Méneville, que l'insecte déprédateur est l'*altica ampelophaga* (1).

A. PELLICOT,
Président du Comice agricole de l'arrondissement de Toulon.

Le Crapaud.

Tiré du livre de M. le professeur Vogt : *Les animaux utiles et nuisibles*.

« Le crapaud, zoologiquement, diffère de la grenouille, moins par sa peau visqueuse, sa démarche lente et rampante, que par l'absence de dents dans la bouche. Y a-t-il rien de plus hideux que ce gros crapaud

(1) Le véritable nom de l'altise est celui de *altica oleracea* (F. C.).

épaté, au ventre gonflé, qui promène ses lentes pérégrinations nocturnes à travers les plantes et les pierres ? Il trouble le calme du clair de lune pendant les chaudes nuits d'été et répand autour de lui une repoussante odeur d'ail. Le gamin de Paris, comme l'habitant de Sachsenhausen, appellent leur adversaire « crapaud, » quand ils veulent lui témoigner un profond mépris. »

« On a pu remarquer un fait signalé récemment par tous les journaux. Il se fait actuellement entre la France et l'Angleterre un commerce considérable de crapauds. Un crapaud de bonne grosseur et en bon état se paye à Londres jusqu'à un shilling (1 fr. 25 c.), et une livre sterling (25 fr.) la douzaine. On met dans les jardins maraîchers (*potagers*) ces crapauds, auxquels on a préparé des abris. Beaucoup de gens ont secoué la tête en apprenant cette nouvelle bizarrerie des Anglais ; mais rira bien qui rira le dernier. Les Anglais ont raison cette fois. J'avais dans mon jardin un crapaud brun, gros comme le poing. Le soir, il rampait hors de son buisson et allait sur un banc de jardin. Je veillais soigneusement sur lui ; une femme qui l'aperçut un jour, le tua d'un coup de bêche et crut avoir fait une belle action ; mais les limaçons mangèrent les résédas qui embaumaient tout autour du banc.

« La sécrétion cutanée des crapauds peut avoir un goût et une odeur désagréables, peut-être même des propriétés caustiques, mais elle n'est ni venimeuse, ni même dangereuse pour l'homme. J'ai ouvert bien des crapauds, j'en ai longtemps tenu dans ma main, et je ne me suis jamais trouvé trace de rougeur ou d'irritation.

« Les crapauds ne lancent pas de venin. Quand on les tourmente, ils émettent souvent par le derrière un liquide clair comme de l'eau ; la grenouille en fait autant, et aucun homme ne regarde chez elle ce liquide comme venimeux ; c'est presque de l'eau pure que ces animaux projettent hors d'eux de cette manière à l'aide de leur vessie, et il n'y a pas le moindre poison là-dedans.

« La morsure du crapaud, dit-on, est très-venimeuse. Je le croirai volontiers quand j'aurai vu la morsure d'un crapaud. Les mâchoires sont privées de dents, recouvertes d'une peau molle, si mince, si faible qu'un crapaud ne peut pas serrer à beaucoup près aussi fort qu'un enfant nouveau-né avec ses gencives dégarnies.....

« C'est bien ! Ils ne mordent pas ; mais ils tettent les chèvres et les vaches dans les étables, et leur bave, par son action venimeuse, fait perdre le lait aux animaux. De la bave, ils en ont à peine, et les crapauds peuvent aussi peu teter que les grenouilles; la conformation de leur bouche ne le leur permet pas.

« Toutes ces accusations sont des erreurs et des calomnies. Laissons cela de côté et allons au fond des choses. Nous voyons qu'un animal nocturne, d'une épouvantable laideur, par sa vie étrange, son odeur désagréable, doit nécessairement amasser sur sa tête tous les préjugés défavorables. Mais interrogeons l'observation, la froide observation, et notre horreur se changera tout au moins en tolérance. Nous trouvons un animal qui, à la chute du jour, par les temps humides et la pluie, abandonne ses sombres retraites et s'avance lentement sur le sol, moitié sautant, moitié rampant, explorant de l'œil le champ ou le jardin. Il peut supporter la faim extrêmement longtemps, il sèche et passe alors presque à l'état de momie. Il peut prendre des repas abondants et dévorer presque sans mesure. Mais on ne trouvera jamais dans son estomac autre chose que des débris non digérés d'insectes, de coléoptères, de larves et de vers, et surtout de limaces; un crapaud en détruit de si grandes quantités qu'on ne saurait trouver un meilleur gardien pour les tendres plants de salade et les jeunes légumes. Quand la nuit, par les temps humides, les limaçons sortent du sol, le crapaud commence sa chasse lente, mais sûre, et ne la cesse qu'au lever du soleil. Il n'a qu'un petit district, il l'explore à fond et apprend d'autant mieux à le connaître qu'une longue vie lui permet de le parcourir pendant bien des années.

« Dans le fait, les crapauds s'habituent à l'homme et ne paraissent pas insensibles aux sentiments tendres. On connaît l'histoire, qui semble empruntée aux vieux contes populaires, d'un crapaud qui, depuis trente ans, habitait sous un escalier et sortait le soir, quand la famille prenait son repas, pour en avoir sa part comme les chiens et les chats. La famille pleura le jour où un accident priva de la vie ce dévoué serviteur. Quelques-uns de mes amis croient qu'après avoir comblé de bienfaits un crapaud, ils ont obtenu de ce vilain animal des preuves évidentes de reconnaissance. Un certain capitaine Percy m'a raconté que, dans un voyage à l'intérieur de la Sicile, il avait trouvé, sur un chemin, un serpent en train de dévorer un crapaud. Il tua le serpent; le crapaud s'éloigna. Six jours plus tard il repassait par le même chemin; tout à coup quelque chose lui saute après la jambe : c'était son crapaud qui voulait de cette manière lui témoigner sa reconnaissance et qui l'avait positivement reconnu.

« Mais, capitaine, lui dis-je, comment avez-vous pu reconnaître le crapaud que vous avez sauvé ? Un crapaud ressemble autant à un crapaud qu'un œuf à un œuf.

« C'est vrai, reprit le capitaine, mais il m'a regardé avec des yeux si reconnaissants que je n'ai pas pu douter de son identité. »

Nous ajoutons les faits suivants :

Un maître d'école de Pichelsdorf a observé pendant plusieurs années un cas particulier d'intelligence d'un crapaud. Cet animal, si utile au laboureur par la consommation qu'il fait des hannetons et des insectes, possède aussi une prédilection toute particulière pour les abeilles et le miel. Il y a dix ou douze ans, le maître d'école remarqua un beau matin devant sa ruche un gros crapaud gris occupé à avaler des abeilles ; il prend une bêche et lance le crapaud au loin. Le lendemain, un crapaud se trouvait devant la ruche. Il vient en pensée au maître d'école que ce pourrait bien être le crapaud de la veille ; pour s'en assurer, il le prend et lui attache à la patte de derrière un fil bleu, puis il le fait jeter dans un ruisseau éloigné. Le deuxième jour, le crapaud se trouvait de nouveau devant la ruche. Cette fois il le fait transporter à un endroit très-éloigné ; deux jours après, l'animal avait retrouvé le chemin de la ruche à travers les champs et les prairies.

Le maître d'école le porte lui-même alors à une distance de plusieurs lieues : huit jours après environ, le crapaud était de nouveau devant la ruche, occupé à attraper des abeilles. Il cessa alors de le chasser, d'autant plus qu'il remarqua que l'animal ne dévorait que les abeilles malades. Cette observation dura plusieurs années, jusqu'à ce qu'un jour le crapaud tomba sous la dent d'un putois.

A l'île de Cuba, le crapaud est le bien-venu de la maison ; on le rencontre partout, dans les rez-de-chaussées, sous les lits, les tables, il circule jusque sous les jupons des dames sans qu'on songe à le déranger ; on se garderait bien de le chasser et de lui faire le moindre mal. Sans lui le quartier de Sainte-Catherine entre autres serait inhabitable. On sait que dans ce pays, les kankrelats ou blattes sont extrêmement abondants et qu'ils laissent une odeur insupportable à tout ce qu'ils touchent. Mais les crapauds leur font une guerre acharnée et s'en repaissent.

Destruction des parasites des animaux domestiques.

Le grand nombre de remèdes préconisés pour la destruction des parasites témoigne suffisamment de l'immense avantage de débarrasser le plus promptement possible nos animaux domestiques de ces hôtes dangereux. Qui ne sait, en effet, que leur présence sur le corps de nos utiles auxiliaires détruit l'énergie en s'opposant au repos, enraye les progrès de l'engraissement et altère jusqu'à la santé? Mais, le mal étant reconnu par tous, ce que chacun doit savoir, c'est le moyen le plus sûr et le plus efficace de le détruire.

Rendre les endroits envahis par les parasites des milieux délétères pour eux, voilà le problème dont il faut trouver la solution. On choisira dans ce but un liquide ou une substance dont l'odeur rendra le corps inhabitable pour les animaux qui l'infestent. Il va sans dire que les substances nuisibles à l'économie du sujet à soulager seront écartées; s'en servir serait substituer un mal souvent pire au mal existant.

A cette occasion, je recommande une grande circonspection dans l'usage des remèdes mercuriels, qu'il faudra écarter le plus possible. Tour à tour, je me suis servi de benzine, d'huile de cade, de goudron de bois, d'acide phénique, de phénol Bobœuf, de sulfures de potassium et de chaux, d'huile de schiste. Voici comment j'ai employé ces substances :

1° La benzine a été mélangée d'eau dans le rapport de 1 à 2; elle m'a servi en frictions sur les places envahies chez l'espèce bovine. J'ai l'habitude de faire tondre le toupet et la ligne dorsale, sur 10 à 12 centimètres de largeur, de tous mes jeunes veaux. Je me trouve très-bien de cette coutume; les longs poils qu'ont les jeunes animaux, bien nourris même, pendant la première année de leur existence, sont un obstacle à un pansage régulier. Le paysan de ma contrée emploie comme insecticide, au cas particulier, l'infusion de tabac.

2° L'huile de cade a été appliquée en onctions sur les parties malades de la peau d'un chien; j'en ai discontinué l'emploi, l'efficacité ne m'ayant pas paru assez puissante.

3° Le goudron de bois m'a rendu les meilleurs services dans une affection dartreuse du chien.

4° L'acide phénique, médicament très-actif, demande à être employé à dose minime, 1 partie sur 20 d'eau. Je lui préfère le phénol Bobœuf, qui ne présente pas l'inconvénient d'une faible solubilité dans l'eau. Je recommande beaucoup ce dernier liquide dans toutes les affections de la peau ; j'ai obtenu de bons effets répétés sur les chiens et sur les jeunes veaux.

5° J'emploie en aspersions, sur le sol des écuries, étables et poulaillers, les eaux de distillation du gaz, qui le purgent des parasites qui s'y trouvent.

6° Les sulfures de potassium et calcium m'ont rendu d'éminents services à l'état de pommade, c'est-à-dire mélangés à l'axonge ou en dissolution à dose de 5 à 10 grammes par litre d'eau. C'est la proportion pour les bains, si utiles et si recommandables lorsque la pratique en permet l'usage. Les sulfures de potassium et de calcium sont les ennemis implacables de l'acarus de la gale ; ils détruisent tous les insectes qui souillent la peau de nos animaux et tonifient la totalité de l'organisme. Ces bains ne sauraient être assez recommandés à raison de deux chaque semaine pour les petits animaux. Les lotions de sulfure de potassium mêlé d'eau (1 litre d'eau pour 10 gr.) m'ont rendu d'excellents services pour la guérison d'une jeune vèle affectée du mal de râfle. (Ce mal est appelé ainsi du nom du résidu qui l'occasionne, lorsque l'alimentation en renferme dans une forte proportion. L'affection réside dans une tuméfaction des flancs et de l'hypogastre s'étendant jusqu'au poitrail, accompagnée de suppuration ; les jambes sont également prises.)

7° J'arrive à l'huile de pétrole. Elle est, selon moi, la reine de ces liquides à odeur mortelle pour le monde vampire. Après une friction générale sur le corps des animaux infestés, le succès de la bataille est complet. Cette huile doit être manipulée avec précaution en raison de sa grande inflammabilité ; mais son efficacité et son bas prix me la font vivement recommander contre tous les parasites de nos animaux domestiques, et contre les maladies cutanées.

(*Journal de l'Agriculture.*) Jean Kiener jeune.

Sur un moyen très-simple de constater la présence ou l'absence des corpuscules chez les papillons de vers à soie.

Note de M. Balbiani, présentée par M. Ch. Robin.

« On sait que la conclusion pratique des recherches de M. Pasteur sur la maladie des vers à soie se résume dans ce précepte qu'il donne aux sériciculteurs, de n'employer pour leurs éducations que des graines provenant de papillons privés des organismes parasites connus sous le nom de *corpuscules vibrants*. Pour s'assurer si les papillons se trouvent dans cette dernière condition, il recommande d'examiner au microscope la plupart, sinon la totalité de ceux d'une même chambrée, après les avoir broyés dans un mortier avec quelques gouttes d'eau.

» En attendant que l'expérience ait prononcé sur la valeur de cette nouvelle méthode, je désire faire connaître ici un moyen aussi sûr et beaucoup plus expéditif que le broyage des papillons pour reconnaître s'ils renferment ou non des corpuscules parasites. Je me hâte de le porter à la connaissance des sériciculteurs, afin qu'ils puissent l'expérimenter encore avant la fin de la campagne actuelle. Ce moyen se fonde sur les deux faits suivants, dont un grand nombre d'observations me permettent de garantir la parfaite exactitude, savoir : 1° tout papillon qui présente des corpuscules dans l'intérieur de ses ailes en renferme aussi dans ses organes profonds ; 2° tout papillon dont les ailes sont dépourvues de corpuscules n'en présente pas non plus dans ses parties internes.

«J'ai été conduit à formuler ces deux propositions en étudiant collatéralement la marche de la production parasitique dans l'intérieur des chrysalides et le mode de développement des ailes de l'insecte parfait, développement qui coïncide, au moins pour la plus grande partie, avec cette même période de l'évolution des vers. En effet, chez tous ceux de ces animaux qui n'ont pas déjà succombé à une époque antérieure, c'est pendant l'état de nymphe que la généralisation des corpuscules dans l'intérieur des tisus fait le plus de progrès ; aussi peut-on affirmer qu'il n'est pas un seul des organes de la chrysalide, y compris, par conséquent, les ailes, qui ne renferme une plus ou moins grande quantité de ces petits corps. Souvent même j'ai réussi à constater leur présence dans ces appendices à une époque encore moins avancée de leur développement, c'est-à-dire lorsque la chenille vient d'accomplir sa dernière mue. On sait, en effet, depuis les observations d'Oken, de Carus et de Newport, que les ailes existent déjà chez celui-ci, dans leur état le plus grand rudimentaire, sous la forme de petits tubercules ayant à peine le volume d'une tête d'épingle et cachés sous les téguments qui recouvrent les parties latérales de deux anneaux thoraciques.

» Pour apprécier l'état des papillons d'après l'axamen des ailes, il suffit d'enlever, à l'aide de ciseaux, une partie d'un de ces appendices ne dépassant pas la moitié de la largeur totale, de placer cette portion coupée sur un porte-objet, puis, après l'avoir humectée d'un peu d'alcool pour la rendre transparente, de la recouvrir d'une lamelle de verre mince et de la porter sous le microscope. Si elle renferme des corpuscules, il suffit souvent du premier coup d'œil pour les apercevoir, soit dans l'épaisseur de sa trame, soit, si le papillon est frais, dans le contact des nervures que l'on a fait sortir par leur extrémité coupée à l'aide d'une pression exercée sur la lamelle de verre qui recouvre le fragment d'aile enlevé. Dans le cas où les écailles masqueraient plus ou moins la transparence de la membrane sous-jacente, on les éloignerait en grattant celle-ci avec la pointe d'une aiguille. Grâce à ce procédé fort simple, on arrive aisément, avec un peu d'habitude, à examiner de cent à cent cinquante papillons dans une heure. En outre, comme il ne compromet nullement l'existence ni même aucune des fonctions de l'insecte, on peut l'employer chez les papillons à l'état vivant. Il en résulte qu'il n'est pas nécessaire d'ajourner l'examen des individus reproducteurs jusqu'après le moment où le grainage a eu lieu, mais que tout sériciculteur possède ainsi le moyen d'opérer une sélection aussi parfaite que possible de sa graine, par la faculté qu'il a de déterminer d'avance et au moment même de l'éclosion des cocons quels seront les papillons qu'il faudra conserver pour la reproduction, et ceux qu'il devra, au contraire, rejeter. »

Appareil à étouffer les cocons.

Cet étouffoir se compose d'une boîte en bois de 1 mètre de longueur, sur 0m50 de largeur et 0m70 de hauteur. Dans cette boîte se trouve (formant doublure) une caisse en fer-blanc de la hauteur de 0m50. A un angle se trouve le foyer; la cheminée, pour éviter une déperdition de chaleur, traverse deux fois la caisse en fer-blanc; de cette manière on utilise toute la chaleur. Cette caisse en fer blanc se remplit d'eau et les tiroirs courant au-dessus, sur des tringles en fer, sont exposés directement à la vapeur d'eau.

L'appareil, pour fonctionner, n'a besoin d'aucuns soins, ni d'aucun effort d'intelligence. On brûle dans le foyer, soit du bois, soit du charbon de terre ; dès que l'eau est en ébullition, on place les deux tiroirs et au bout de cinq minutes l'opération est terminée.

Toutes les heures on peut étouffer par cet appareil soixante kilogrammes de cocons. Le prix de revient de cet appareil, dont les avantages sont incontestables, est de 64 fr.

(*Rapport au comité agricole de Pierrelatte.*)

L'étouffage des cocons par les producteurs leur procure des avantages sur la vente qu'ils en font non étouffés. Voici des chiffres fournis par M. Chuvin, de Suze-la-Rousse, au comice de Pierrelatte qui établissent les bénéfices obtenus.

J'ai une filature à vapeur de 32 bassines et un étouffoir à fournoyer trois mille kilog. par jour, que je mets à la disposition des propriétaires. Sur le nombre des opérations que j'ai faites, en voici deux dont les relevés sont concluants :

1re *opération*. M. Marius Jaccomet, propriétaire de Suze-la-Rousse, avait 73 kilog. de cocons frais, produit de trois cartons blancs annuels.

On lui offrait 4 fr. le kilog., ce qui aurait produit 292 fr. Il me livra ses cocons pour *étouffer*.

Au 1er septembre les 73 kilog. s'étaient réduits à 23 kilog. 800 gr., que je lui payai 18 fr. le kilog., ce qui faisait. . . . . 428 fr. 40

COMPARAISON.

1° Somme offerte.	292 fr.	»	428 40
2° Bénéfice pour le vendeur	136	40	

Produit. Ces 23 kilog. 800 gr. en cocons secs ont produit 4 kilog. 800 gr. de soie, ce qui fait une rentrée de 4 kilog. 900 gr. secs, ou 15 kilog. 200 gr. frais.

J'ai vendu les 4 kilog. 800 gr. 92 fr. le kilog.	441 fr.	60
J'ai eu 4 kilog. 510 gr. de doubles que j'ai vendus à 6 fr. le kilog.	27	06
4 kilog. 500 gr. de frisons que j'ai vendus à 15 fr. le kilog.	18	55
1 kilog. de bassinés que j'ai vendus à 2 fr. 25 le kilog.	2	25
Total. .	489 fr.	46
A déduire le montant d'achat.	428	40
Différence	61 fr.	06
A déduire tous frais de filature	41	50
Reste bénéfice net pour moi.	19 fr.	56

En résumé le propriétaire a vendu ses cocons à raison de 5 fr. 87 c. frais, et mon petit bénéfice de 19 fr. 56 c. est net sans supporter d'intérêt.

2e *opération*. Un propriétaire qui avait 48 kilog. de cocons race portugaise comportant le quart ou 25 p. 0/0 de doubles, ayant un payement à faire, était obligé de vendre au prix de 5 fr. 25 c. le kilog., ce qui montait à 252 fr.

Ayant trouvé à emprunter 250 fr. pour trois mois au 5 p. 0/0, il me confia ses cocons que j'ai filés en septembre.

Les 48 kilog. s'étaient réduits à 17 k. 500 gr. Doubles 4 kilog. 380 gr. resté net 12 kilog. 120 gr. qui ont produit 3 kilog. 390 gr. de soie que j'ai payée à 95 fr., 322 fr. Les 4 kilog. 380 gr. de doubles,

	à 6,	26 28	
1 kil. 014 gr. de frisons,	à 15,	15 21	43 fr. 89
» 800 gr. bassines,	à 3,	2 40	

Que j'ai gardés comme prix convenu pour frais de filature et étouffage.

Bénéfice net pour le vendeur.	70 fr. »
A prélever l'intérêt de l'emprunt de 250 fr. pour trois mois.	3 15
Net. . . .	66 fr. 85

Je pourrais constater une infinité de pareils faits. Mais je me borne à prouver que neuf années sur dix, les propriétaires auraient un grand intérêt à suivre cette méthode quand même ils ne feraient que de faire étouffer et garder sec; ils auraient un intérêt considérable et faciliteraient le commerce.

A l'appui de ce que j'avance ci-dessus, je dirai que je connais un membre de la Société, propriétaire aisé, qui a acheté 2500 kilog. de cocons jaunes; sa moyenne était de 6 fr. 50 c., ce qui montait à 16,250 fr.

Ils ont été étouffés et triés.

Il lui est resté à fin septembre 700 kilog. de cocons fins qui ont été vendus à 25 fr. le kilog. soit	17,500 fr.
136 de doubles, à 6 fr. 50 c., soit	884
Total.	18,384 fr.
Différence.	3,134 fr.

Je ne suis pas en mesure de déduire les frais, mais il est facile à voir qu'il lui reste un joli bénéfice.

Suze-la-Rousse, le 27 octobre 1866.

Travaux apicoles de la saison.

Il ne faut ni labourer, ni fumer, ni ensemencer pour entretenir un rucher. Mais, en revanche, il n'est point d'industrie plus que celle de l'apiculteur exposée aux caprices des saisons, comme aux caprices de ceux qui labourent les champs, sèment et fauchent les plantes fourragères sur les fleurs desquelles les abeilles trouvent d'amples provisions, lorsque la floraison n'est pas contrariée par le mauvais temps et qu'elle arrive à son entier développement. Il n'y aurait que demi-mal que l'été et le printemps fussent humides si, précisément à cause de cette humidité, le cultivateur, à la moindre éclaircie de soleil quelque peu persistante, ne se hâtait pas de mettre bas ses sainfoins, ses luzernes et ses plantes fourragères à fleurs mellifères non entièrement développées.

Quoi qu'il arrive, il ne faut pas se borner à condamner le sort et, comme les fatalistes de l'Inde, à s'endormir sur les deux oreilles. Mais, dans la vue de réparer le mal autant que possible et de venir en aide aux abeilles, il faut engager le cultivateur — pour qui tout fourrage est une mine précieuse — à s'adonner aux cultures dérobées de la moutarde blanche et du sarrasin, deux plantes qui peuvent encore être semées en août et donner un fourrage vert d'une grande ressource à la fin de l'été et en automne. La fleur de ces plantes ne sera pas d'une moins grande ressource pour les abeilles qui, si la saison n'est pas trop sèche et les nuits trop froides, y butineront une certaine quantité de miel, et plus encore de pollen. Ce sera alors le moment de compléter les provisions d'hiver des colonies insuffisamment pourvues.

Pour engager les agriculteurs à s'adonner à la culture dérobée de la moutarde blanche et du sarrasin, il faut — comme pour toute propagande qu'on veut voir fructifier — prêcher d'exemple, c'est-à-dire commencer par ensemencer les lopins de terre disponibles qu'on possède et employer le fourrage, qu'on coupe vers la fin de la fleur, à l'alimentation de vaches, de moutons, etc. — L'époque est venue aussi de semer le trèfle incarnat, fourrage hâtif du printemps dont la fleur est très-fréquentée par les abeilles. On sait que la navette à raison d'un huitième ou d'un dixième se mélange avec avantage au trèfle incarnat. La récolte du fourrage est plus abondante, et la fleur de cette dernière plante n'est pas moins mellifère ; elle précède de quelques jours celle du trèfle.

Nous transvasons encore les ruches destinées à être récoltées entièrement et dont on se propose de réunir les abeilles ou de les conduire à la bruyère ou au sarrasin en fleurs. Nous opérons la chasse apres midi, car avant midi les abeilles se décident plus difficilement à déguerpir de leur ruche; il semble que le matin elles soient endormies sur les rayons, et, pour les faire sortir plus vite nous employons la fumée concurremment avec le tapotement. (Voir le *cours pratique d'apiculture* pour les détails de l'opération.)

La ruche à hausses montre tous les avantages qu'elle a dans les localités où l'on pratique le transvasement et par suite duquel on transporte les abeilles au sarrasin ou à la bruyère. Il arrive souvent que le transport ne se faisant pas de suite et que la fleur manquant, les chasses ou trévas logés à nu meurent de faim ou souffrent beaucoup en attendant l'époque du transport. Il est vrai qu'on peut leur bâtir des cires artificielles dans lesquelles elles se conservent mieux. La ruche à hausses procure des bâtisses toutes faites dans les hausses inférieures qui contiennent toujours un peu de miel, ce qui entretient la vigueur de nos travailleuses. Ces bâtisses leur permettent, à l'arrivée au pacage, de se mettre de suite à l'emmagasinement des produits si les fleurs en donnent.

On peut donc, à la récolte d'été, enlever presque tout le miel blanc, et compter sur des provisions suffisantes de miel inférieur au pacage dernier. La ruche à hausses permet en outre de récolter l'excès de miel inférieur si le butinage en a été très-abondant; cette récolte se fait par l'enlèvement de la hausse supérieure, soit avant l'hiver, soit plutôt après, car il vaut mieux laisser un excès de produits pour la mauvaise saison que de s'exposer à en enlever trop. Elle rend enfin très-facile, en année où le butinage dernier est mauvais, la réunion des colonies qui n'ont pas assez de provisions. Ces hausses du haut, qui renferment les provisions et dans lesquelles se trouvent les abeilles, sont, vers la fin de la campagne, détachées par deux ou par trois, selon la valeur des colonies à réunir. Un peu de fumée est jetée à l'une et à l'autre pour que les abeilles de familles différentes s'acceptent sans querelle. Quant aux hausses inférieures qui ne contiennent que des rayons secs, elles sont soigneusement conservées pour être posées en chapiteau au moment de la miellée du printemps. (*L'Apiculteur*).

Insectes ennemis des abeilles.

Le clairon des ruches. — Le clairon est un coléoptère assez inoffensif.

Audouin a dit — il n'a sans doute fait que répéter l'imputation : — « La larve du clairon des ruches dévore les larves d'abeilles, » et sur ce thème on a brodé une histoire presque aussi jolie que celle de la génération des abeilles de Virgile. Écoutons M. H. B., entomologiste poëte, qui, l'un des derniers, a mis la main à la pâte :

« Qui prendrait au premier coup d'œil pour un ennemi du cultivateur ce joli insecte à la robe violette, vivant toujours sur les fleurs? Qui penserait que cette cuirasse rouge à bandes transversales n'est pas créée tout exprès pour trancher sur les teintes plus tendres du pavot, de la rose, ou le bleu azuré des pervenches ? Point. Le *clairon des ruches*, que les entomologistes nomment *Trichodes alocarius* (il y a aussi le *trichodes apiarius*, clairon des abeilles, espèce voisine), est un des plus dangereux ennemis abeilles. des — C'est bien le cas de dire au cultivateur ce que la souris disait à son souriceau :

Garde-toi, tant que tu vivras,
De juger des gens à la mine.

» Ce n'est point à l'état parfait que le clairon est dangereux, c'est à l'état de larve, et alors il est carnassier. S'introduisant dans les ruches des abeilles mellifères, il s'y nourrit presque uniquement de miel, mais ne dédaigne nullement les larves qu'il rencontre sur son passage. Le clairon est, à cet état, un ver d'une belle nuance rouge carminée, ne portant que quelques poils semés par-ci par-là. Sa tête est noire, dure, écailleuse, armée de fortes mandibules, comme il convient à un animal vivant de proie. Se trouvant bien au milieu de la ruche, où il rencontre abondamment le vivre, et par-dessus le marché le couvert, le clairon y établit la toile où il se métamorphose.

» Cette espèce de cocon est par lui placée dans une cellule qu'il tapisse d'une sorte de tissu tendu, lisse et uniforme, ressemblant plutôt à du parchemin qu'à de la soie, et présentant la grosseur et la couleur d'un grain de café. C'est là-dedans qu'il se métamophose en insecte parfait ; puis il abandonne la ruche et va sur les fleurs passer la dernière partie de son existence et pourvoir à la conservation de sa race. »

Cette description est fort belle, mais très-inexacte. La larve qui s'établit dans les rayons des ruches, qu'elle dévore, et qui s'y file une coque soyeuse, est celle de la *gallerie de la cire* (fausse-teigne), et non celle du clairon. La larve du clairon ne s'établit pas dans les ruches habitées ; elle s'établit dans les rayons que l'humidité a fait pourrir et entre les cadavres d'abeilles amoncelés et en putréfaction. Elle ne vit pas non plus de miel sain, mais de miel décomposé. Elle vit de diverses matières animales en décomposition, et non spécialement de cadavres d'abeilles et de larves, de cire et de miel altérés. En résumé, elle ne touche ni aux produits des ruches saines ni aux larves vivantes. Le clairon dit des ruches n'est donc pas un ennemi des abeilles. H. HAMET.

Protection due aux oiseaux.

Dans une notice communiquée à la *Société impériale d'acclimatation*, M. le docteur Turrel fait observer que presque tous les oiseaux se nourrissent d'insectes destructeurs de nos aliments, les uns exclusivement et d'une manière absolue, les autres par occasion et pendant une certaine période de leur existence; d'autres enfin associent l'insecte à leur régime dans une proportion plus ou moins notable. A part les pigeons, qui sont complétement granivores, et les rapaces, qui se nourrissent de la chair d'autres animaux, on ne connaît point de familles d'oiseaux qui ne comptent de chasseurs d'insectes, et qui ne méritent par conséquent notre intérêt et notre protection.

Des erreurs intéressées ou volontaires ont été longtemps accréditées contre la plupart des oiseaux sédentaires ou de passage. Il appartenait à un savant français, M. Florent-Prévost, de donner la démonstration expérimentale du régime presque universellement insectivore des oiseaux de passage, par l'examen de leurs estomacs. Ce mode de vérification est irréfutable, à la portée de tout le monde, et permet d'apprécier les services rendus par les oiseaux à l'agriculture.

Un cultivateur normand, qui faisait garder son champ nouvellement ensemencé contre les prétendus larcins de vols de corneilles qui s'abattaient en grand nombre, en ayant tué quelques-unes dont il fit l'autopsie, remarqua qu'elles n'avaient dans le gésier que des vers, des larves de hannetons et d'autres insectes nuisibles, tandis qu'il ne s'y trouvait pas un seul grain de blé.

Mieux avisés, les cultivateurs de la Sarthe assurent que les freux, variété de la corneille, protégent les grandes fermes, près desquelles ils s'établissent, contre les rongeurs, les vers blancs et les reptiles venimeux; aussi les associations agricoles de ce département ont-elles interdit le tir de ces oiseaux, et l'on sait qu'en Angleterre, où les cultures sont conduites avec tant d'intelligence, les propriétaires aiment à voir ces curieuses républiques noires se fixer sur leurs domaines d'où elles chassent les animaux malfaisants. Il est aussi facile de vérifier, par l'examen du gésier des alouettes, que s'il s'y trouve quelques grains de blé, on y trouve en abondance des vers, des grillons, des sauterelles, des œufs de fourmis, des élatérides, des cécydomies du froment et le taupin des moissons qui naît de la larve redoutable connue sous le nom de *ver jaune.*

Or, tous ces petits insectes détruisent d'énormes quantités de blé. MM. Ch. Bazin, Géhin et Châtel ont constaté les ravages causés sur le froment par ces insectes, ravages qui, au rapport de M. Géhin, ont été, en 1856, pour le seul département de la Moselle, d'une valeur de 4 millions de francs. N'est-ce donc pas une question sociale que la conservation des oiseaux qui débarrassent nos froments d'hôtes aussi dangereux?

Dans le Beaujolais et dans quelques autres contrées vinicoles du midi, les agriculteurs remarquaient jadis, à la belle saison, des troupeaux d'oiseaux envahissant les vignes et faisant sur les ceps un travail analogue à celui du pivert sur les chênes: « C'était un bruit incessant, répété et comparable à celui des cigales, » dit un praticien du Midi, qui se souvient d'avoir fait cette observation au temps où les diverses maladies de la vigne ne se produisaient pas. Ces espèces protectrices de la vigne appartenaient surtout au genre traquet (grassel) et au genre fauvette. Ces oiseaux, ainsi que la mésange, se nourrissent des larves de la pyrale, de l'attelabe, de l'eumolpe et de la teigne. Or, l'administration des contributions évalue à 34,080,000 fr. soit plus de 3 millions par an, les dommages causés par la pyrale, de 1828 à 1837, dans 23 communes du Mâconnais et du Beaujolais (Victor Audoin).

Le moineau, si décrié par Bosc et par Valmont de Bomare, qui veut que sa tête soit mise à prix, a été réhabilité par MM. Ray, Châtel et Florent-Prévost.

M. Ray plaça, au mois de mai, dans une cage, un nid de moineaux francs. Pendant douze jours, la moyenne des carapaces de hannetons apportés par les parents pour la nourriture des jeunes fut chaque jour de 60 à 65. Si l'on fait entrer en ligne de compte les hannetons consommés par les parents, approximativement 25 par jour, on trouve un total de 1,000 hannetons détruits en douze jours par une seule nichée de moineaux francs; en admettant les femelles pour moitié dans ce total, on a 500 femelles qui auraient pondu 12,500 œufs, et la descendance de ces germes peut se compter par millions au bout de trois ou quatre générations.

Pour une autre nichée de moineaux francs qui s'était établie sur une terrasse de la rue Vivienne à Paris, où cependant les débris de cuisine leur fournissaient une abondante nourriture qui semblait devoir les dispenser des fatigues de la chasse, M. Ray a observé que le nombre des élytres de hannetons rejetés du nid était de 1,400. C'était donc 700 hannetons détruits pour l'alimentation d'une seule couvée, et il faut admettre que le ménage en consommait pour son compte une notable quantité.

R. Bradley, cité par M. Domenico Sacchi, professeur d'agriculture à Turin, évalue à 3,360 insectes, larves, sauterelles, scarabées, vers et fourmis, la matière alimentaire qu'emploie chaque semaine un couple de moineaux pour la nourriture de sa couvée.

On voit donc quels sont les services rendus par cet oiseau, si calomnié parce qu'il prélève une dîme un peu large sur nos grains et sur nos fruits. Outre qu'on a exagéré beaucoup le bilan de ces larcins, l'histoire nous rapporte ce qui est arrivé partout où l'on a essayé de le détruire. L'Angleterre, la Prusse, la Hongrie, le pays de Bade, avaient fait une guerre d'extermination à cet auxiliaire, d'autant plus précieux qu'il se multiplie de préférence près des habitations et dans les lieux où le sol est le plus divisé : au bout de peu d'années, ces pays de proscription pour le moineau ont dû le réintroduire à grands frais, parce qu'aucune culture n'était plus à l'abri du ravage des insectes. (Tschudi.)

Dans son ouvrage sur les oiseaux, Mac-Gillivrey constate que « les jardins potagers des environs de Londres ne pourraient pas fournir un seul chou au marché de cette ville, sans les moineaux aux recherches desquels n'échappent pas ces larves (chenilles) qui, déposées tous les ans, sous forme d'œufs, sur les feuilles, et cachées à la vue de l'homme, auraient bientôt pris tout leur développement et porté la disette au foyer des cultivateurs de ces jardins. »

A plus forte raison, les oiseaux exclusivement insectivores nous rendent à l'envi d'inappréciables services aussi gratuits que mal récompensés.

L'hirondelle, outre les mouches et les moucherons qu'elle happe dans ses gracieuses et rapides évolutions, saisit les cécydomies, les élaters, les taupins du blé et les altises ou puces de terre, ce grand ennemi des colzas, des choux et des navets. Un cultivateur de Chémillé (Maine-et-Loire), cité par M. Châtel, raconte qu'une luzerne attaquée et à moitié dévorée par les altises, fut sauvée en quelques jours par le retour des hirondelles.

Dans le gésier d'un martinet, M. Florent-Prévost a compté 680 insectes, dont le plus grand nombre se composait de nitidules, coléoptères plus petits qu'un grain de millet, et dont la larve vit aux dépens des écorces des arbres.

Le martinet avait été tué vers le soir, et cette masse d'insectes se trouvait encore intacte. Or, comme les martinets chassent deux fois par jour, un peu après l'aurore et un peu avant le crépuscule, on peut en conclure qu'un seul martinet détruit de 10 à 11 mille insectes par semaine.

Dans les hautes régions de l'air qu'il fréquente, le martinet rencontre surtout les insectes qui s'élèvent très-haut dans l'atmosphère pendant les soirées de la belle saison. Les scarabées, les hémiptères disparaissent dans la vaste ouverture de son bec, aussi bien que les tipules et les cousins microscopiques qu'il engloutit par myriades.

L'engoulevent, grande hirondelle crépusculaire, se nourrit de hannetons, de stercoraires et d'insectes nocturnes auxquels il fait la chasse la plus active.

Le guêpier se nourrit de guêpes, de frelons, d'abeilles, de bourdons, qu'il saisit adroitement de son bec aussi largement ouvert que celui de l'engoulevent, dans ses rapides et incessantes évolutions.

Le loriot fait justice des insectes destructeurs du bois : les noctuelles, les lasiocampes, les sphynx, les charançons du sapin, la guêpe cartonnière dont l'aiguillon est si dangereux.

L'étourneau débarrasse les troupeaux de la vermine qui les infeste ; de plus, comme le merle et la grive, ses congénères, il détruit les sauterelles, les limaces et les limaçons, les mordelles, les vers de terre, et une infinité d'insectes qui vivent aux dépens de la vigne.

Le coucou a pour spécialité la recherche des chenilles velues des bois que peu d'autres oiseaux peuvent manger, et de processionnaires que les insectivores évitent, et dont le contact est malsain. On peut compter qu'il détruit toutes les cinq minutes au moins une chenille, environ 180 en un jour, dont les poils restent attachés à la membrane muqueuse de l'estomac, et souvent la tapissent entièrement.

Le vanneau est pour l'homme un précieux auxiliaire, car il le défend contre les effroyables ravages du taret, ce destructeur des constructions navales et des digues de la Hollande.

Le héron garde-bœuf défend au pâturage les troupeaux contre les mouches bovines et les tiquets. C'est une race rare et proscrite malgré les services qu'elle peut rendre. Elle a le malheur de tenter les assassins par son beau plumage blanc. (Toussenel.)

L'auteur signale encore des auxiliaires plus directs de l'agriculture.

Le pic, cet infatigable forestier, si étrangement accusé d'attaquer les arbres sains, qu'il creuserait pour le plaisir d'un travail pénible et sans but, est incontestablement le meilleur et le plus sagace destructeur des larves qui vivent aux dépens des bois.

Son bec robuste fouille les profondeurs des galeries creusées par les vers, et va les saisir au fond de leurs mines. Le pivert, les pics cendré, noir et tridactyle ne s'attaquent jamais à des arbres sains, mais seulement à ceux qui sont pourris ou atteints par des insectes. Ils détruisent ainsi d'énormes quantités de noctuelles, de lasiocampes, de sphynx du pin, de hilotomes; ils attaquent aussi les guêpes du bouleau, les bostryche du pin, les charançons du sapin, enfin des masses de fourmis sur lesquelles ils dardent leur langue longue et gluante.

L'été dernier, dit M. Aimé de .., je me promenais dans une allée de mon parc, lorsque je vis un pivert se placer à une cinquantaine de pas devant moi, regarder s'il était épié, puis se coucher et faire le mort, étendu immobile, la langue tirée démesurément, de temps à autre il la faisait rentrer dans son bec; près de lui était dans l'allée une fourmilière souterraine. Les fourmis sortant de leur demeure croyaient voir dans le pivert un être mort et s'ammoncelaient sur sa langue pour la dévorer; mais le contraire arrivait : lorsque la langue du pivert était couverte de fourmis, il les avalait. Il recommença ce manége jusqu'à ce qu'il fût complétement rassasié. Alors il courut vers son nid pour porter la nourriture à ses petits. Je remarquai pendant plusieurs jours la même manœuvre. » (*Les Mondes*.)

Les grimpereaux et les sitelles cherchent constamment les larves et les œufs des insectes sur les écorces des arbres. Ils détruisent aussi les cloportes et les femelles de guêpes qui hivernent dans les troncs creux et près de terre.

La fauvette fait la chasse la plus active aux mêmes insectes, et de plus aux mouches, aux pyrales de la vigne, aux pucerons, aux bruches, aux taupins, aux cécydomies du froment, aux cynips du chêne, aux charançons, aux calandres et aux sauterelles.

La mésange, si féconde et si avide d'insectes, puisque c'est par centaines qu'elle donne en pâture les chenilles à ses jeunes couvées, est le plus merveilleux écheniileur des vergers et des bosquets. De plus elle débarrasse les plantes des pucerons qui en soutirent les sucs, et consomme pendant l'hiver des millions de ces œufs que les insectes pondent si prodigieusement. Une seule mésange en détruit de 200,000 dans une seule année (Gloger). M. Girardeau-Leroy a constaté, par expérience directe, qu'en 21 jours, temps nécessaire aux mésanges pour élever leurs petits, une nichée de ces oiseaux avait consommé 45,000 chenilles, et la mésange fait jusqu'à trois nichées par an.

Le troglodyte, le roitelet huppé, les plus petits des insectivores, fournissent par jour à leur couvée 150 chenilles. De plus ils détruisent pendant l'hiver d'innombrables quantités d'œufs d'insectes, qu'ils quêtent très-adroitement sur les troncs d'arbres et sous les feuilles.

Le rossignol, ce chantre merveilleux des nuits du printemps, est en même temps un infatigable destructeur des cossus, des scolytes et des œufs de fourmis.

Le rouge-gorge est l'émule du rossignol, dans sa quête incessante des larves et des œufs d'insectes.

Il est inutile, conclut M. le docteur Turrel, d'insister plus longuement sur les services que nous rendent les oiseaux et sur la protection qui leur est due.

DELAPIERRE.

Les Vers à soie de l'ailante (*Bombyx cynthia*) (1).

Le ver à soie de l'ailante est originaire du Japon, mais on le cultive aussi en Chine. Nous trouvons les lignes suivantes dans l'*extrait d'un ancien livre chinois, qui enseigne la manière d'élever et de nourrir les vers à soie, pour l'avoir et meilleure et plus abondante:*

« Il y a d'autres mûriers sauvages qu'on nomme *tche* ou *ye-sang*. Ce sont de petits arbres qui n'ont ni la feuille ni le fruit du mûrier. Les feuilles sont petites, âpres au toucher et de figure ronde qui se termine en pointe. Elles ont dans le contour des portions de cercle rentrant. Le

(1) Voir l'*Insectologie agricole* du mois de juin 1865.

ruit du *tche* ressemble au poivre, il en sort un au pied de chaque feuille (ce qui laisse supposer que l'arbre dont parle l'auteur chinois n'est autre que le *fagara piperita* dont il n'existe que quelques spécimens en France). Les branches épineuses et épaisses viennent naturellement en forme de buisson. Ces arbres veulent être sur les coteaux et y former une espèce de forêt.

» Il y a des vers à soie qui ne sont pas plus tôt éclos dans les maisons qu'on les porte sur ces arbres où ils se nourrissent et font leurs coques. Ces vers campagnards et moins délicats deviennent plus gros et plus longs que les vers domestiques, et, quoique leur travail n'égale pas celui de ces derniers, ils ont pourtant leur prix et leur utilité, comme on peut en juger par ce que j'ai dit sur l'étoffe nommée *kien tcheou*. C'est de la soie produite par ces vers que l'on fait les cordes des instruments de musique, parce qu'elle est forte et résonnante.

» Au reste, il ne faut pas croire que ces arbres ou mûriers sauvages ne demandent aucun soin. Il faut ménager, dans ces petites forêts, quantité de sentiers, en forme d'allées, afin de pouvoir arracher les mauvaises herbes qui croissent sous les arbres. Ces herbes sont nuisibles, en ce qu'elles cachent des insectes, et surtout des serpents, qui sont friands de ces gros vers. Ces sentiers sont encore nécessaires, afin que les gardes parcourent sans cesse le bois, ayant, le jour, une perche à la main ou un fusil pour écarter les oiseaux ennemis de ces vers, et battant, la nuit, un large bassin de cuivre pour éloigner les oiseaux nocturnes. On doit prendre cette précaution chaque jour, jusqu'au temps où l'on recueille les coques travaillées par les vers. »

Ces quelques lignes démontrent que le *bombyx cynthia* est polyphage, c'est-à-dire qu'il ne se nourrit pas seulement de la feuille de l'ailante; cependant il ne faudrait pas en conclure que tous les végétaux qu'il mange lui sont aussi favorables que le vernis du Japon ou le fagara.

M. Guérin-Meneville signale quelques autres végétaux qui ont conduit le *bombyx cynthia* jusqu'à la fin de son existence. Tels sont le ricin que ces vers mangent très-bien et avec lequel on obtient de beaux cocons; le salsifis des prés, la scorsonère et le chardon à foulon. Mais les cocons provenant de ces trois végétaux herbacés ont fourni des papillons d'un tempérament faible; le fusin ou bonnet de prêtre (*Evonymus europæus*) a produit de bons cocons, qui ont donné au printemps suivant de vigoureux papillons et des œufs très-bien fécondés; le troëne du Japon (*Ligystrum japonicum*) convient aussi au *cynthia*, et les cocons obtenus ont donné, comme dans le cas précédent, des reproducteurs vigoureux; le mollé ou poivrier d'Amérique (*Schinus molle*), joli arbrisseau que l'on cultive en pleine terre dans le midi de la France, a aussi bien réussi.

Le cynthia prospère sur le *ceanothus*, l'érable à feuilles de frêne, l'arbre de Sainte-Lucie, l'épine-vinette et même le chêne.

Dans tous les cas, il serait peut-être dangereux de s'obstiner à nourrir le ver de l'ailante avec les divers végétaux que nous venons d'indiquer, et à continuer ce régime pendant plusieurs générations, car il pourrait bien en résulter une dégénérescence plus ou moins rapide et même l'extinction de la race. Ce n'est pas en vain que l'on enfreint les lois de la nature et que le Créateur à assigné telle ou telle nourriture à tel ou tel animal. Ce qu'il y a de mieux, c'est de se conformer toujours à ces lois.

En parcourant les divers pays qui étaient encore fort éloignés de la civilisation, les missionnaires ont rendu de grands services à l'Europe, et, pour s'en convaincre, il suffit de jeter un regard attentif sur les nombreux travaux et sur les relations intéressantes que ces promoteurs ardents du christianisme ont publiés à la suite de leurs lointains voyages.

C'est encore le père d'Incarville qui, vers le milieu du XVIIIe siècle, il y a environ 120 ans, a signalé le premier le ver à soie de l'ailante dans un mémoire sur les vers à soie sauvages fait en 1740.

Plus tard, en 1760 ou 1765, d'Aubenton, le jeune, donnait une figure de ce bombyx et lui assignait le nom de *croissant*, à cause des lunules transparentes arquées en forme de croissant que l'on rencontre au milieu des ailes du papillon; mais ce n'est qu'en 1773 que l'entomologiste anglais Drury l'a désigné par le nom scientifique de *Bombyx cynthia*. Cramer en 1779, Olivier en 1790, et quelques autres auteurs se sont encore occupés de ce ver; ils l'ont figuré et décrit sous le même nom, mais ils n'ont pas pensé qu'il fût question du ver à soie sauvage de la Chine, signalé déjà depuis longtemps par le père d'Incarville.

(*La suite au prochain numéro.*) DE LAVALETTE.

Cours des produits des insectes.

Soies, cocons, graines. La vente des cocons est terminée dans un certain nombre de localités. A Saint-Jean-du-Gard, on a coté 6 fr. 75 à 7 fr., les cocons verts du Japon ; 4 à 6 fr., cocons blancs du Japon ; 8 à 9 fr., ancienne race de France. La reproduction des cocons ayant passablement réussi cette année, beaucoup d'éducateurs font grainer. On offre le carton Japon d'importation directe, éclosion et qualité garantie après essais pour 1868, à 15 fr. le carton. Dans la même localité les soies de 1er ordre valent 110 à 115 fr. le kil. ; 2e choix, 100 à 110 fr. ; 3e choix, 86 à 100 fr. Cocons percés de graines, 6 à 8 fr. le kil. ; frisons de 8 à 12 fr. ; bassine, de 1 à 2 fr. 50 le kil. ; soie double, 18 à 20 fr. le kil. ; bourre de soie, de 7 à 9 fr. le kil. — A Lyon les organsins de France ont été cotés 124 à 127 fr. les 100 kil. à Aubenas les 1res qualités de soie ont été payées 80 à 88 fr. le kil., 2e qualité 75 à 80 fr.

A Marseille les vendeurs soie et de cocons, ont fait quelques concessions ; on a traité filature de Smyrne, de 102 à 104 fr. le kil. cocons à Volo, 25 75 le kil. ; du Japon, 18 25.

Malgré le mauvais temps l'éducation du vers à soie du chêne (yama-maï) a mieux marché que l'année dernière ou du moins dans le Midi, car au jardin d'acclimatation et aux environs de Paris, la maladie s'est encore montrée intense. Tout fait espérer que cette race est apppelée à rendre de grands services. Mais sa graine reste à un prix par trop élevé, 1 fr. le gramme.

Abeilles, miel, cire. La récolte du miel blanc est plus mauvaise qu'on la croyait il y a un mois ; elle est au-dessous d'une demi-récolte, dans un grand nombre de localités, et nulle dans d'autres. La Lorraine seule est avantagée. Dans le Gâtinais les cours ont été fixés à 140 fr. le 100 kil. Les cires ont été payées 2 fr. le demi-kil. hors barrière.

Les bonnes ruchées seront tenues aux environs de Paris à 2 ou 3 fr. au-dessus du cours de l'année dernière ; elles varieront de 15 à 20 fr. selon poids et population. — Colonies italiennes (abeilles liguriennes) livrables en octobre, avec provisions nécessaires, de 30 à 40 fr.

Cantharides. Les prix n'ont pas varié à Marseille (7 à 7 50 le kil.).

Cochenilles des Canaries 9 à 10 fr. le kil. sur la même place.

Galles en sorte d'Alep, 250 les 100 kil. ; noires triées dito, 3 25 à 3 30 ; dito de Smyrne, 3 fr. à l'entrepôt de Marseille.

Kermès de Provence, le kil., 17 fr. à la revente.

L'Éditeur-propriétaire : E. DONNAUD.

Paris. Imprimerie de E. DONNAUD, rue Cassette, 9.

N° 7. 1re ANNÉE. Août 1867.

L'INSECTOLOGIE AGRICOLE

SOMMAIRE :

Bulletin insectologique.

Lauréats séricicoles du Champ-de-Mars. Les distinctions accordées aux produits séricicoles exposés au Champ-de-Mars se bornent, tant pour la France que pour l'Algérie, à huit médailles de bronze et à quatre mentions honorables. C'est peu pour des produits d'une telle importance et assez bien représentés. Voici les noms des lauréats : *médaille de bronze :* MM. Valdeau, à Boufarick, pour cocons; Costes frères, à Ambert ; Duseigneur, à Lyon ; comte de Cosnac, à Gallen ; Chabod fils, à Lyon ; Mlle de Bromio-Bronski, à Saint-Selve ; Dhombre, à Lyon ; Estève à Lignères. *Mention honorable :* Mlle Dagincourt à Saint-Amand ; les ursulines de Montigny-sur-Vingenne; M. Personnat, à Laval ; Émile Nourrigat, à Lunel.

Les produits des abeilles ont obtenu a peu près le même nombre de nominations. — On attend avec impatience le rapport du jury de la classe 43 qui, en quatre jours, a eu le talent d'apprécier les soies, les les cotons, les laines, les chanvres, les lins, les miels, les cires, les fromages, les beurres, les racines et tubercules, les graines, les farines, les huiles, les résines, les fourrages, les houblons, les tabacs, les engrais et autres produits agricoles divers qui auraient demandé quinze jours d'études à autant de jurys spéciaux.

Utilité du scorpion. Comme le crapaud, le scorpion fait la chasse aux cancrelats dont il se nourrit. A l'île de Cuba, les scorpions sont nombreux et vivent aussi bien dans les maisons qu'au dehors; ils sortent la nuit et il n'est pas rare de voir, lorsqu'on rentre dans les chambres à coucher, un ou plusieurs scorpions courant sur les murailles et souvent avec un cancrelat entre leurs mâchoires ou crochets. Personne ne les craint, quoiqu'on les évite cependant, à cause de leur piqûre qui est moins douloureuse que celle de l'abeille; l'effet de cette piqûre ne dure qu'une ou deux minutes. On les tue parce que leur piqûre, quoique légère, compense les services qu'ils rendent et parce qu'on les rencontre partout: sur le lit, dans les draps, dans la chemise, le pantalon, etc. Il n'est pas rare de recevoir cinq ou six piqûres de ces importuns avant de pouvoir les chasser des habillements; on les tue dans cette circonstance, mais ailleurs on les laisse tranquilles.

En parlant du crapaud, nous avons dit qu'il est également nombreux à l'île de Cuba, et si nombreux que l'Européen, au commencement de son séjour dans cette île, est péniblement affecté et même effrayé d'en voir passer et repasser de très-gros dans ses jambes, sous sa chaise; de les voir entrer dans la maison, parcourir la salle, les chambres, rentrer et sortir à leur gré sans que personne s'en préoccupe le moins du monde. S'il demande pourquoi on ne chasse pas ces êtres importuns, on lui répond avec le plus grand sang-froid : « Pourquoi tuerions-nous ces petites bêtes inoffensives qui ne nous font aucun mal et qui au contraire nous rendent de bien grands services, car c'est pour faire la chasse aux ravets qu'elles parcourent les maisons. » Néanmoins, si l'étranger est par trop effrayé des crapauds qu'il aperçoit sous son lit de camp, on appelle un nègre ou un enfant qui se baisse sous le lit, prend successivement et avec ménagement les crapauds par la tête et va les porter à une petite distance de la maison.

Interdiction de la vente des oiseaux. Le préfet de la Somme vient, par un arrêté, d'interdire la vente des oiseaux qui se pratiquait sur une trop grande échelle sur le marché de Saint-Firmin à Amiens. Au dernier marché, la police a dressé des procès-verbaux contre plusieurs détenteurs de cages où étaient entassés, déjà à demi-morts, des quantités de malheureux oiseaux pris la veille au filet.

La destruction générale de ces pauvres oiseaux, qui meurent quelques jours après leur captivité, est un véritable fléau pour les campagnes, presque entièrement dépeuplées aujourd'hui de ces aides intéressants de l'agriculture, qui la débarrassent d'innombrables quantités de chenilles et d'insectes.

Mesures contre la grande levée des hannetons. Sur la proposition de son troisième bureau, et d'accord avec M. le sénateur-préfet, le conseil général de la Seine-Inférieure a inscrit à son budget de 1868 une somme provisoire de 25,000 fr. pour combattre la grande levée de hannetons qu'on redoute pour le printemps de l'année prochaine. — Il serait bon de généraliser cette mesure.

Le conseil général du département de la Somme a aussi voté quelques centaines de francs pour le même objet.

Dans sa séance du jeudi 27 août, le rapporteur de la Commission d'agriculture du conseil général de l'Aisne a lu une monographie complète du hanneton et des phases successives par lesquelles passe cet insecte ennemi de nos fleurs, de nos fruits, de nos légumes, de toutes nos moissons. Le conseil général a voté une somme de 2,000 fr. pour les fonds d'encouragement à la destruction des hannetons en 1868. Dans beaucoup de communes de l'Aisne, cette destruction est confiée aux enfants des écoles primaires, sous la surveillance de l'instituteur communal. L'instruction n'en souffre pas : les enfants sont toujours rentrés à l'heure ordinaire de la classe, car la chasse aux hannetons ne peut se faire utilement que de bon matin.

— Le conseil général du Gard s'est occupé de sériciculture ; il a exprimé un vœu en faveur des *éducations en liberté*, et il a demandé au gouvernement qu'il soit donné le *passage gratuit* aux délégués des cantons séricicoles pour aller chercher au Japon des graines de vers autres que les grainages du commerce.

Consommation d'escargots par les capucins. L'abondance extraordinaire des escargots cette année a développé la consommation de ce mollusque dans toutes les classes de la société. On lit dans la *Suisse radicale* : « Un instituteur de Lauton a fait avec les capucins de Dornach un contrat par lequel il s'engage à leur fournir 10,000 escargots pour le prochain carême. »

Destruction des pucerons des arbres à fruits. On écrit à la *Gazette des campagnes* : « Je viens d'essayer, avec un succès complet, le moyen suivant pour tuer les pucerons innombrables, cette année-ci, du prunier et du poirier.

» J'ai fait une décoction de savon, de soufre en poudre, de poivre et de sel de cuisine, j'ai immergé, le soir après le coucher du soleil, les jeunes rameaux de ces arbres avec ce liquide, où j'ai fortement aspergé les feuilles par-dessous, le lendemain j'ai trouvé tous les pucerons morts, sans que les jeunes feuilles eussent souffert le moins du monde. J'avais déjà essayé la décoction de suie, mais ce mordant avait brûlé les jeunes pousses, et j'y ai renoncé pour m'en tenir exclusivement au procédé ci-dessus énoncé; je vais l'essayer aussi sur d'autres arbres, surtout sur le pêcher. Je vous dirai plus tard si j'ai réussi.

Destruction des fourmis. Prenez du sable bien fin et très-sec, de préférence du sable de grès, lorsque vous pouvez vous en procurer; versez ce sable au moyen d'un arrosoir de jardin, doucement et très-lentement, sur la fourmilière, pour bien le faire pénétrer dans les innombrables sinuosités et porosités de celle-ci. Lorsqu'elle est, de cette façon, couverte de 5 centimètres de sable au moins, ce qui occasionne l'emploi de 25 litres environ, et si vous avez soin de n'opérer que le soir, alors que toutes les fourmis sont rentrées au logis, leur destruction est complète, car pas une ne sortira. (*Journal d'agriculture progressive.*)

Insectes cause de l'oïdium. M. Victor Chatel attribue l'une des causes de l'*oïdium* aux ravages de plusieurs insectes. Voici ce qu'il dit dans son article intitulé *Maladie de la vigne* et publié récemment dans le *Journal d'agriculture pratique :*

« Si l'on n'a pas soin de supprimer les nouveaux rameaux et les faux bourgeons qui se développent à la suite du premier ébourgeonnement et du pincement, c'est à la face *supérieure* et non à la face *inférieure* de leurs feuilles que se montre l'*oïdium* ; toutefois, on peut voir, à la longue, que ces mêmes feuilles portent, à leur face *supérieure*, des traces évidentes de piqûres antérieures d'insectes. C'est ce qui me porte toujours à penser que les lésions de certains insectes, piqûres ou destruction de l'épiderme, sont bien la cause de l'altération ou désorganisation qui provoque le développement de l'*oïdium*, d'autant plus que les premières plaques apparaissent généralement au *début de la maladie* sur divers points de la face *inférieure* des feuilles, surtout à la base des lobes et sur les nervures, où l'on peut constater également qu'il y a eu lésion préalable de l'épiderme. A la base de ces lobes, j'ai trouvé, surtout *dans ma serre*, des *acarus*, et le long des nervures, des larves jaune pâle du *thrips gris*, et ce *thrips* lui-même. Il y aurait là analogie avec ce qui a lieu sur les *cosses des pois*, dont l'épiderme est, particulièrement à leurs deux extrémités, rongé par la larve jaune, à tête noire, du *thrips noir*, qu'on trouve en si grande quantité dans les fleurs, surtout dans les dernières, de cette légumineuse. C'est surtout la nuit que les larves de ce thrips attaquent les cosses des pois, et ce sont surtout les dernières formées qui sont plus particulièrement rongées.

» Sous les glumes ou balles des épis de blé, mais particulièrement sous la glumelle, on trouve aussi un *thrips* d'une autre espèce, à ses deux états de larve et d'insecte parfait, dont les lésions me paraissent provoquer le développement d'une espèce particulière de rouille.

» Sur la vigne paraît d'abord un petit *acarus* blanc, dont les piqûres sur les feuilles *herbacées* me paraissent provoquer le développement de l'*erineum vitis*. Il court très-vite quand on le force à sortir des petits paquets cotonneux de cette phyllériée. Les feuilles atteintes d'*erineum* se couvrent à la face supérieure de bosselures dont la cavité est tapissée, en dessous des feuilles, de paquets cotonneux, d'abord blancs, puis passant au jaune orange, et enfin au marron clair. L'*acarus* n'habite plus l'intérieur des plaques d'*erineum* lorsqu'elles ont perdu leur couleur blanche.

» Exposer la face inférieure de la feuille au soleil et gratter en même temps le dessus (renversé) de la bosselure avec l'ongle, est le seul moyen que j'aie trouvé pour faire sortir de sa retraite ce petit *acarus* microscopiqu

» Quant à celui qui se tient également, mais plus particulièrement à la face inférieure des feuilles, à la base des lobes ou échancrures principales du bord des feuilles, il ne se montre que plus tard ; il est plus gros, verdâtre, avec deux petites taches marron, et il couvre de fils soyeux la partie de la feuille où il établit son domicile : c'est sans doute le *telarius*. Une tache jaune ne tarde pas à se former sur une partie de la feuille, surtout sur les vignes en serre, si par suite de causes particulières l'*oïdium* ne s'y est pas développé.

» J'ai toujours trouvé aussi, à l'époque de l'apparition de l'*oïdium*, un petit insecte *sauteur*, jaune safran, aptère, moins gros qu'une très-petite puce, mais dont je ne connais pas le nom. Je l'ai rencontré également sur d'autres végétaux, mais plus particulièrement sous les feuilles du poirier, du pommier et du fraisier. Toutefois, sur le pommier, elles sont plus particulièrement dues aux lésions de certains *aphies*, lésions qui, *là comme partout*, *précèdent* l'apparition des cryptogames.

» D'après mes observations, la lésion, quelle que soit sa nature, produite par chacun de ces trois insectes, serait la cause *déterminante*, *avec le concours d'une influence atmosphérique anormale*, non encore définie par la science, et qui peut-être ne le sera jamais, de l'*apparition* PREMIÈRE de l'*oïdium*. Elle a lieu d'abord sur la partie des feuilles ou du grain de raisin, où, par suite de la destruction ou seulement de la perforation de l'épiderme, la séve et les tissus sous-épidermiques se sont trouvés en contact direct avec les gaz atmosphériques, particulièrement *avec l'oxygène*. Le rôle de la matière verte ou chlorophylle qui recouvre les feuilles n'est-il pas précisément de les préserver de ce contact direct? »

Enseignement de l'insectologie agricole dans les écoles rurales. Le *Moniteur* vient de publier un rapport sur l'organisation de l'enseignement agricole, qui a été présenté à l'Empereur par MM. de Forcade et Duruy, ministres de l'agriculture et de l'instruction publique. Nous faisons des vœux pour qu'on comprenne dans cet enseignement — qui n'est encore qu'à l'étude — l'insectologie agricole. Il importe qu'on apprenne aux enfants de la campagne à savoir distinguer un insecte qui peut rendre des services à l'agriculture d'avec un autre qui est essentiellement nuisible et que les gens de la campagne détruisent indistinctement ou qu'ils laissent se développer à volonté. On arrivera vite à divulguer ces connaissances en mettant sous les yeux des élèves des tableaux d'entomologie ou collections d'insectes les plus communs dans chaque localité avec des notes succinctes sur leurs mœurs. Ce sera une dépense de vingt à vingt-cinq francs par école publique pour le budget communal. On en fait assurément de moins utiles. H. HAMET.

L'Hylurgus thuiæ.

Le procès-verbal de la séance du 11 juillet dernier de la Société impériale et centrale d'horticulture de France contient une lettre de M. Martin Müller, horticulteur à Strasbourg, relative à un coléoptère, l'*Hylurgus thuiæ*, qui fait de grands dégâts sur certaines conifères cultivées par lui. La rédaction dit : « Les espèces sur lesquelles il l'a observé jusqu'à ce jour sont les suivantes : *Cupressus Lawsoniana*, *Thuia Warreana*, *T. nepalensis*, *T. orientalalis foliis variegatis*, *T. plicata*, *T. Lobii*, *T. gigantea* ; *T. aurea* ; *T. compacta* ; *Thiuopsis borealis* ; *Sequoia gigantea* ; *Libocedrus chilensis* ; *Juniperus communis* ; *J. sinensis*, *J. hispanica*. Tout à côté de ces espèces, les autres de la même famille sont épargnées. Cet insecte se tient d'habitude à l'aisselle des mêmes branches, et il creuse là un petit trou suffisant pour s'y loger. Les rameaux ainsi atteints sèchent et tombent. Le coléoptère se porte alors sur un autre qu'il perce de la même manière. Ce membre désirerait savoir s'il n'y a pas quelque procédé de destruction plus praticable et plus expéditif, et c'est principalement pour s'en informer qu'il a écrit sa lettre, avec laquelle est arrivée une boîte renfermant quelques-uns de ces petits animaux. — M. Boisduval dit que l'*Hylurgus* n'est que trop connu à Paris où il fait beaucoup de dégâts.

» M. Forest indique le procédé suivant comme commode pour la destruction du coléoptère dont il s'agit. On étend une toile sous les jeunes arbres envahis par l'insecte, en ayant soin de ne pas les ébranler. Le matin, on donne à chacun de ses arbres un coup sec qui a pour effet de faire tomber les Hylurgues. On ferme promptement la toile où ils restent pris, et on peut alors les faire périr de diverses manière. Quant à la larve de cet insecte, elle vit à l'intérieur même des arbres, et il est dès lors impossible de l'atteindre. »

A la séance suivante, M. Boisduval ajoute quelques détails à ceux qui ont été donnés, relativement à l'*Hylurgus*. « Cet insecte, dit-il, fut observé, pour la première fois, à la date d'une vingtaine d'années, dans le département des Landes, par MM. Léon Dufour et Perris, de Mont-de-Marsan. Ces entomologistes le décrivirent et lui donnèrent le nom d'*Hylurgus thuiæ*. Il exerce ses ravages particulièrement sur les conifères de la famille des Cupressinées. Comme les auteurs plus anciens ne l'ont pas connu, il est à présumer qu'il n'appartient pas à notre faune, et qu'il a été introduit involontairement en France avec des Cupressinées importées de pays étrangers. Le procédé que M. Forest a conseillé de mettre en pratique pour le détruire est regardé par M. Boisduval comme le meilleur qu'on ait essayé jusqu'à ce jour. — M. Rivière rapporte que l'insecte dont il s'agit ravageait, à la date de quelques années, les plantations de conifères, dans le jardin de l'École de médecine. — M. Jamin (J.-L.) a vu cet insecte dans les pépinières de M. André Leroy, à Angers, et malheureusement il le voit aussi trop fréquemment dans les siennes propres. — M. Boisduval fait observer qu'on doit bien se garder de confondre l'*Hylurgus thuiæ* avec un autre *coléoptère* qui attaque les conifères, mais qui est sept ou huit fois plus gros; celui-ci est l'*Hylesinus piniperda*, qui est connu depuis longtemps. (*Journal de la Société impériale et centrale d'horticulture de France.*)

Les Arpenteuses, la Pyrale, l'Agriote.

La saison s'avance ; la moisson est faite ; les arbres fruitiers ont donné ce qu'on attendait d'eux ; les chaleurs du mois d'août ont desséché les feuilles. Avec les moyens de se nourrir, diminue le nombre des insectes phyllophages. Toutefois, nous voyons encore les chenilles arpenteuses surnommées *géomètres*, si extraordinaires dans leur allure, la *pyrale* de la vigne, la *chrysomèle* du peuplier, et la larve si nuisible de l'*agriote* des moissons, continuer assidûment leurs ravages.

Le nom d'arpenteuses ou *géomètres* a été donné à des chenilles qui semblent, par leur manière de marcher, mesurer géométriquement le terrain qu'elles parcourent. Quand elles veulent avancer, elles se fixent d'abord par leurs pattes antérieures, élèvent leur corps en manière d'anneau, se cramponnent au moyen des pattes postérieures, dégagent les premières, et portent leur corps en avant. Souvent l'animal, soutenu par ses pattes de derrière et le corps suspendu en l'air, reste une heure et plus immobile, fixé aux branches ou aux rameaux. Tant qu'il trouve à manger, il ne change pas de posture. Le rameau dépouillé, il reprend sa démarche géométrique.

Le papillon est nocturne : il appartient au grand ordre des *phalènes*, dont les ailes sont rapprochées dans le repos, sans se croiser, sur un plan horizontal. Les antennes du mâle sont en forme de peigne. On distingue plusieurs espèces d'arpenteuses : celle du *groseillier* est la plus commune. Ses ailes sont arrondies, blanches, avec beaucoup de taches rondes et noires. — L'arpenteuse du *lilas* a les ailes dentelées et anguleuses, grises, variées de jaune et de rougeâtre. La chenille est remarquable par deux petites cornes courbées par le bout.

Ces chenilles, qui éclosent généralement en juillet, août, et jusqu'en septembre, ne peuvent produire, en ce dernier mois, que peu de mal; mais il est bon de connaître l'insecte arrivé à son dernier état, afin de le surveiller, de le détruire s'il est possible, avant qu'il ne s'accouple et que la femelle ait assuré l'avenir de sa prodigieuse postérité...

Ces phalènes sont cousines germaines d'une autre engeance qui, pendant bien des années, a fait le désespoir des vignerons. Le nombre en a diminué, on ne sait trop comment ; car, malgré toutes les études scientifiques faites à cet égard, on n'a pu longtemps trouver un remède efficace à leurs dégâts devenus considérables. Soit hasard, soit un effet de changement de température, soit peut-être encore une observation plus attentive des recommandations faites d'épargner les petits oiseaux, la *pyrale* de la vigne, puisqu'il faut l'appeler par son nom, a presque subitement disparu des vignobles du Mâconnais, du Bordelais et de la Bourgogne tout entière. Au surplus, cette espèce n'est pas seulement ennemie de la vigne : elle s'attaque aussi pruniers, aux aux cerisiers, aux pommiers, et y dépose des larves qui font souvent tomber le fruit avant la maturité. On la désigne généralement sous le nom de phalène de la vigne, parce que c'est par les ravages qu'elle a fait subir dans le principe aux meilleurs crus de France, qu'elle s'est d'abord signalée.

Le moyen le plus sûr de se débarrasser de ces *noctuelles* serait non-seulement de protéger la vie et la multiplication des petits oiseaux insectivores, mais encore l'augmentation d'autres insectes connus sous le nom de *carnassiers*, et qui en feraient un grand massacre, si on le leur permettait. Nous voulons parler des carabes, des cicendèles, des procustes, des calosomes, des féronies, des bembidions, des staphilins, des pédères, et d'une foule d'autres que nous énumérerons plus tard ; mais malheureusement inconnus encore des agriculteurs et des horticulteurs, qui les détruisent comme tous les autres insectes, par ignorance, ne sachant pas qu'ils tuent leurs meilleurs auxiliaires.

L'agriote des moissons (*noctua segetum*) est encore un de ces ennemis déclarés de toute culture. Tout lui est bon : fleurs, fruits, choux, raves, betteraves. On se rappelle les dégâts qu'elle exerça il y a deux ans, dans les départements du Nord, du Haut et du Bas-Rhin, sur les plantations sucrières, à peu près à cette époque-ci. Elle s'attaque au collet de l'*atriplicée*, le dévore, arrêtant la végétation, et amenant le dépérissement de la plante. Les plaintes de la culture acquirent un tel retentissement, que le gouvernement s'en emut et envoya sur place un habile professeur du Jardin des Plantes de Paris, pour s'enquérir des mœurs de cette larve dévastatrice et des moyens de la détruire. Ses mœurs en ont été parfaitement décrites, quelques moyens de destruction indiqués. Ont-ils réussi ? Il faut le croire, puisque depuis deux ans les plaintes ont cessé.

GUEZOU-DUVAL.

La maladie du pied du blé.

En France, la maladie du pied du froment n'a jamais sévi d'une façon bien formidable. Quand elle se montre partiellement dans les plaines à blé de Seine-et-Marne et d'Eure-et-Loir, les cultivateurs de la Brie et de la Beauce disent que les blés ont le ver; quel ver? C'est ce qu'ils ne se mettent guère en peine de vérifier. Dans les années où les blés ont le ver, la moisson est un peu moins abondante que de coutume; cela n'arrive jamais deux années de suite, et l'on ne s'en préoccupe que médiocrement.

Je dois d'abord faire une courte excursion sur le domaine de la pathologie végétale, division de la physiologie qui traite des maladies des plantes, cultivées ou non. Depuis le grand ouvrage de l'Italien Philippo Ré, intitulé : *Maladies des végétaux*, on a beaucoup écrit sur ce sujet, sans aboutir à de grands résultats pratiques; la médecine des végétaux en est encore, à peu de chose près, où en était la médecine humaine du temps de Molière : « Les médecins, disait-il, savent nommer en latin et en grec toutes les maladies, les classer, les définir; mais, les guérir? C'est ce qu'ils ne savent pas du tout. »

Depuis que l'entomologie, aidée de l'observation microscopique, a fait de rapides progrès dans l'étude des infiniment petits, on a reconnu que la plupart des maladies dont les végétaux cultivés sont atteints, proviennent de divers insectes et de leurs larves. Reste la question de savoir si les plantes sont malades parce qu'elles sont attaquées des insectes, ou bien, si elles sont attaquées des insectes parce qu'elles sont malades. Ce dernier cas se reproduit assez fréquemment. Certaines plantes atteintes de diverses maladies organiques exhalent une odeur particulière qui attire de loin les femelles de plusieurs insectes. L'instinct de ces femelles les avertit que ces végétaux malades fourniront un excellent aliment aux larves qui naîtront de leurs œufs qu'elles y viennent déposer en grand nombre; les larves, dans ce cas, achèvent la destruction de la plante, commencée par la maladie.

Le doute, à cet égard, n'existe pas; quant à la maladie du pied du froment, cette maladie est bien réellement le fait de deux insectes, la *Tipule* et le *Chlorops*, qu'avec un peu d'attention il n'est pas bien difficile de surprendre en flagrant délit; ces deux insectes appartiennent à l'ordre des *Diptères*, qui a pour caractère distinctif deux ailes membraneuses, demi-transparentes.

La Tipule, de l'ordre des Diptères, fait partie du groupe des *culicidés*, ayant pour type le cousin commun, nommé par les naturalistes : *Culex*. La ressemblance de la Tipule et du cousin est telle, sauf les dimensions, qu'il n'est personne qui ne la prenne pour un énorme cousin, et qui ne s'empresse de la tuer, dans la crainte d'en être piqué. Cette crainte est d'ailleurs tout à fait chimérique ; la Tipule ne pique pas, par la meilleure de toutes les raisons : elle n'a pas d'aiguillon, et elle n'en a aucun besoin. De même que beaucoup d'autres insectes, parvenue à l'état parfait après avoir subi en terre sa dernière transformation, la Tipule ne vit que le temps nécessaire pour se reproduire ; le mâle meurt le premier, d'épuisement ; la mère fécondée opère sa ponte et meurt. L'un et l'autre vivent si peu de temps qu'ils n'ont pas besoin de nourriture ; la faim leur est inconnue. C'est parce que le cousin vit plusieurs jours qu'il est pourvu d'un aiguillon pour piquer la peau, y attirer le sang et s'en nourrir.

La Tipule, comme toutes les femelles de tous les insectes, sans exception, connaît, bien qu'elle ne mange pas, la nourriture qui convient à ses larves. En conséquence, elle dépose ses œufs en terre au moyen d'un organe spécial nommé *Oviducte*, à proximité des racines des plantes que ses larves doivent ronger pour s'en nourrir et subir leurs transformations. Habituellement, elle pond dans les champs d'avoine ; les racines fibreuses de l'avoine sont l'aliment de prédilection des larves de la Tipule. Cette année, à l'époque où les Tipules ont éprouvé le besoin de pondre, la végétation des avoines étant très-peu avancée, les Tipules ont pondu en grand nombre dans les champs de froment d'hiver ; leurs larves se sont contentées des racines de ce froment, faute de mieux. Au printemps de l'année prochaine, parcourez les champs des jeunes avoines récemment levées, vous y verrez les Tipules se dresser sur leurs longues pattes, enfoncer leur oviducte en terre et opérer leur ponte. L'insecte est assez gros pour que cette observation puisse être faite à l'œil nu. Quant à sa larve, qui consiste en un tout petit ver blanchâtre, vous en trouverez des paquets attachés aux racines des avoines et des froments qui languissent en mai et juin, faute de pouvoir former leurs épis, parce que leurs racines sont fortement endommagées.

Le chlorops, de l'ordre des diptères, fait partie du groupe des « muscidés », ayant pour type la mouche commune, si justement nommée par les naturalistes : mouche importune (*musca importuna*). C'est une mouche facile à reconnaître à ses deux gros yeux ronds, d'un vert brillant. La femelle du chlorops ne pond pas en terre ; elle dépose son œuf, si petit qu'on l'aperçoit à peine à l'aide du microscope, au centre de la jeune plante du froment d'hiver, au moment où il vient de lever. L'œuf n'empêche pas le blé de bien passer l'hiver et de bien végéter au printemps. Mais les premières chaleurs font sortir de cet œuf une larve qui commence à sucer le cœur de la plante et à l'affaiblir. C'est alors que, réellement, comme disent les cultivateurs, les blés ont le ver. Au moment de l'épiage, la plante meurt et sèche sur pied, ou bien, si elle réussit à former son épi, celui-ci est vide et ne parvient pas à maturité.

Le chlorops subit sa dernière transformation aux environs de la moisson. La femelle, qui a la vie très-dure, se soutient comme la mouche commune, sa proche parente, en suçant diverses substances alimentaires, jusqu'à ce que les blés d'hiver soient semés ; dès qu'ils lèvent, elle pond et meurt. C'est la loi de toutes les femelles d'insectes. Il y a des années où le chlorops semble avoir disparu ; c'est ce qui arrive quand le beau temps se prolonge à l'arrière-saison et que les hirondelles retardent leur départ ; il ne reste plus guère d'autres insectes ; les hirondelles recherchent le chlorops et le détruisent. L'année dernière, les hirondelles sont parties de très-bonne heure ; il est probable qu'elles ont quitté la Grande-Bretagne encore plus tôt qu'elles n'ont quitté la France ; de là l'abondance des chlorops et les ravages du ver des blés dans ce pays.

Je viens d'exposer les causes du mal : passons au remède.

L'homme, par les moyens dont il dispose, ne peut pas même tenter de détruire le chlorops et la Tipule, ou de s'opposer à leur désastreuse multiplication ; mais il peut et il doit chercher à donner aux plantes cultivées la force de résister aux larves de ces deux insectes. On connaît dans l'agriculture anglaise, sous le nom de *top dressing*, terme intraduisible en français, l'usage de répandre sur les céréales d'hiver des engrais pulvérulents au printemps, dans le but d'activer la reprise de leur végétation suspendue par le sommeil hivernal.

Quand l'abondance du chlorops et de la Tipule fait redouter une invasion formidable du ver des blés, on répand sur les champs de céréales de 300 à 500 kil. par hectare de sulfate d'ammoniaque grossièrement pulvérisé. La moitié de cette dose produit déjà un effet utile très-appréciable.

Le sulfate d'ammoniaque, autrefois d'un prix trop élevé pour qu'il fût possible d'en conseiller l'emploi en agriculture, est actuellement à un prix modéré, parce que les usines à gaz en produisent avec économie de grandes quantités. On en obtient beaucoup aussi des « eaux vannes, » partie liquide de l'engrais humain desséché pour être vendu en qualité d'engrais pulvérulent, sous le nom de poudrette.

Le sulfate d'ammoniaque ne doit pas être recouvert par un hersage ; on le répand à la volée sur les céréales, en mars et en avril, selon la température et l'état plus ou moins avancé de la végétation des blés et des avoines. La pluie et la rosée des nuits suffisent pour le dissoudre et le faire pénétrer jusqu'aux racines des plantes. Le contact du sulfate d'ammoniaque ne fait périr ni les larves de la tipule ni celles du chlorops ; mais il imprime aux plantes une vigueur qui fait développer au bas de la tige un nouveau cercle de racines fibreuses, à la place de celles que les larves de la tipule ont rongées. Ces racines, chez le froment attaqué du chlorops, émettent de jeunes tiges qui portent des épis féconds. On dit alors que le blé « talle » ; l'épi rongé par la larve du chlorops n'est pas sauvé ; mais, grâce à la vigueur que le sulfate d'ammoniaque imprime à la végétation de la plante, cet épi est remplacé avec avantage, et le rendement en grains atteint le maximum des bonnes années.

Ce que je viens d'exposer n'est pas de la théorie. En Belgique, où j'ai longtemps cultivé, j'ai expérimenté l'efficacité du sulfate d'ammoniaque contre les ravages du ver des blés, et j'ai trouvé de l'avantage à m'en servir à une époque où il valait 60 fr. les 100 kilos. Il vaut en ce moment 30 fr. les 100 kilos, à Paris, et il est probable que celui qui traiterait pour de fortes parties l'obtiendrait encore à meilleur marché. Quant à la production de ce sel, elle peut être, pour ainsi dire, illimitée ; la fabrication n'est bornée que par le défaut de débouchés.

J'ajoute que le sulfate d'ammoniaque, mêlé au fumier des bestiaux, même à dose modérée, en augmente les propriétés fertilisantes. Presque tout ce qui s'en fabrique en ce moment à Paris, est vendu aux fabriques d'engrais artificiels pulvérulents ; il en est l'élément essentiel.

(*Moniteur de l'Agriculture.*) A. YSABEAU.

Teigne à étui du poirier, *tinea* (COLEOPHORA) *Hemerobiella.*

PAR LE Dr BOISDUVAL.

Il y a des années et des localités où l'on voit les feuilles des poiriers de nos jardins fruitiers couvertes de taches noirâtres, arrondies, vésiculeuses, produites par la mortification et le dessèchement de l'épiderme. Ces taches, dont beaucoup d'horticulteurs ignorent la cause, sont occasionnées par une petite chenille renfermée dans un fourreau d'un noir brun, composé de petits fragments de l'épiderme de la feuille. Cette espèce d'étui, dont la chenille augmente la dimension au fur et à mesure qu'elle prend de l'accroissement, présente sur un côté une sorte de suture, et à l'extrémité antérieure, une ouverture un peu dilatée en forme de collerette par laquelle la chenille fait sortir sa tête à volonté; l'extrémité opposée se termine par une valvule, sorte de clapet, pour la sortie des excréments.

Cette petite chenille (voir pl. 7), qui a été fort commune cette année, se tient constamment renfermée dans son fourreau. Lorsqu'elle s'établit sur une feuille, elle perce en dessus l'épiderme à l'aide de ses petites mandibules pour ronger tranquillement le parenchyme, sans cependant s'enfoncer entièrement dans son tissu. Elle se tient dans une position verticale ne laissant sortir et pénétrer dans la feuille que les premiers anneaux de son corps. Elle adhère assez fortement à la partie où elle s'est fixée et ne change de place que lorsque, arrêtée par la petite collerette dont nous avons parlé, elle ne peut plus atteindre sa nourriture. Il n'est pas rare de trouver sur la même feuille de quatre à six de ces petits cylindres noirs qui paraissent immobiles. C'est vers le milieu de mai que l'on peut observer cette chenille dans les jardins et les pépinières; à la fin de ce mois, elle a acquis son entier développement; alors elle déménage, emportant son habitation sur son dos, se fixe à une branche à l'aide de quelques fils de soie, se retourne dans son fourreau et se change en chrysalide. L'insecte parfait éclot dans le commencement de juin. C'est un très-petit papillon, dont les ailes sont allongées, étroites, linéaires, munies d'une frange soyeuse. Les supérieures sont grisâtres, pointillées de brun, avec un point plus prononcé et plus obscur sur le milieu.

Il y a une seconde génération de chenilles à la fin d'août et au commencement de septembre dont les chrysalides passent l'hiver pour éclore au printemps et propager l'espèce.

Les feuilles attaquées par cette Tinéide sont toutes parsemées de macules noires s'exfoliant facilement. Dans cet état, l'élaboration de la séve, se fait moins bien et les poiriers en souffrent plus ou moins.

Nous avons aussi observé cette petite chenille sur le pommier, mais ce cas est plus rare. Elle se tient presque toujours dressée sur la face *supérieure* des feuilles, et c'est à tort que le peintre chargé du dessin qui accompagne cette petite note l'a placée sur la face *inférieure* (voir la planche).

Il n'y a pas d'autre moyen de détruire cet ennemi de nos vergers que de couper au mois de mai et d'août les feuilles sur lesquelles sont implantés ces fourreaux noirs, redressés comme des quilles.

Cet insecte, qui nous paraît être le même que celui figuré par Hubner sous le nom d'*Anseripenella*, n'appartient plus au genre *Tinea*, tel qu'il est limité par les entomologistes modernes; il fait aujourd'hui partie du grand genre *Coleophora* de Zeller, dont le nom tiré de deux mots grecs signifie qui porte un étui.

Voyez, pour d'autres détails, notre Essai d'Entomologie horticole, p. 588.

Le Tlalsahuate.

M. Chevreuil a communiqué à l'Académie des sciences, dans la séance du 29 juillet, une note de M. Lemaire sur l'importation en France du Tlalsahuate. Voici un extrait de cette note :

« Il existe au Mexique un petit insecte, appelé par les Indiens *Tlalsahuate*. Cet insecte vit dans le gazon. Il est presque imperceptible à l'œil nu. Il attaque l'homme et se fixe presque toujours aux paupières, aux aisselles, au nombril et au bord libre du prépuce. Sa présence est annoncée par la démangeaison; puis surviennent de la rougeur, du gonflement et quelquefois de la suppuration. Ces phénomènes morbides durent ordinairement six jours et restent toujours locaux, ce qui me paraît indiquer que cet insecte ne s'y multiplie pas. Il suffit de l'enlever pour que les phénomènes morbides cessent. Les Mexicains se servent le plus ordinairement pour cela d'une aiguille ou d'une tige de graminée.

» Cette maladie, pour laquelle les Mexicains ne réclament point les soins des médecins, est très-commune dans les terres tempérées et est inconnue dans les terres chaudes. — Je tiens tous ces renseignements de M. et Mme L. Biart, qui ont habité le Mexique pendant longtemps. Mme Biart, qui a été élevée dans la terre chaude, n'en avait jamais eu avant son habitation à Orizava. — Je n'ai rien trouvé, dans les ouvrages de médecine et d'histoire naturelle que je possède, qui ait pu m'éclaircir sur l'histoire de ce petit animal. Il me paraît inconnu des médecins français. — J'arrive maintenant au fait que j'ai constaté.

» Samedi dernier (15 juillet), Mme Biart me présenta sa fille, âgée de quatre ans, qui se plaignait d'une assez vive démangeaison à la paupière de l'œil gauche. J'y constatai, entres les cils, un peu de rougeur et de gonflement, dans une étendue de 5 à 6 millimètres. Pensant alors, d'après les renseignements qui me furent donnés, que ces effets pourraient bien être ceux du *Tlalsahuate*, et me rappelant que M. Biart avait reçu de nombreuses caisses du Mexique, que des nattes et autres objets qu'elles contenaient avaient séjourné assez longtemps à côté de la pelouse de leur jardin, où jouent constamment leurs enfants, je cherchai à découvrir le petit insecte. Alors, nous aidant d'une loupe nous découvrîmes le *Tlalsahuate* fixé entre deux cils et placé au centre de la rougeur dont j'ai parlé. Sa forme est oblongue et d'une couleur jaune orangé très-vive. M. et Mme Biart le reconnurent très-bien. Je désirais le recueillir pour l'étudier et en déterminer l'espèce, mais je le laissai tomber, et il nous fut impossible de le retrouver. Il est probable qu'il en existe d'autres et que nous serons assez heureux pour nous en procurer un et pour pouvoir l'étudier.

» De tout ce qui précède il résulterait ce fait important, qu'un très-petit insecte qui, au Mexique, produit une maladie de la peau, a pu être importé en France, sans doute à l'état d'œuf, par des collections d'objets inanimés et y reproduire cette maladie inconnue en France. »

A ce propos M. Chevreuil fait remarquer qu'il a toujours cru à l'existence d'un grand nombre de maladies qui sont dues à des matières (inorganiques, mortes ou vivantes), prises au dehors par des êtres vivants, et qu'il regarde le fait observé par M. Lemaire comme confirmant cette opinion.

La Sauterelle américaine. (*The american locust.*)

Cet insecte est ordinairement désigné sous le nom de *sauterelle des dix-sept ans*. Elle a été observée en 1851 dans les bois qui se trouvent sur les bords pittoresques de la Brandejwine, dans la Delaware. C'est à cette époque qu'a eu lieu sa dernière apparition.

Au commencement du mois de mai 1861, les cochons, qui sont friands de cet insecte, se mirent à fouiller la terre sous les arbres, à une profondeur de 4 à 10 pouces. En ratissant le sol, en cet endroit, on apercevait des trous ronds, au fond desquels, à quelques pouces de profondeur, se trouvait l'animal. Le 20 mai, les insectes commencèrent à sortir de la terre en quantités innombrables, et à monter sur les arbres, les arbrisseaux, les bornes et les garde-fous auxquels ils s'attachèrent au moyen de leurs pattes crochues. En ce moment a eu lieu une de leurs métamorphoses. Le jeune hémiptère a quitté sa première enveloppe en passant par une déhiscence qui s'est produite sur le dos, près du thorax. L'enveloppe est restée fortement attachée à l'arbre.

En quelques heures les insectes ont pris leur développement complet. Leur couleur, qui était d'abord fort claire, est devenue brun foncé ou jaunâtre, et une partie du dos et de la tête est devenue d'un noir éclatant. L'insecte a un pouce et quart de longueur environ et un demi-pouce de largeur. Sa forme est celle d'un gros taon. En se dispersant dans les bois, ils ont produit un bruit particulier que l'on a entendu jusqu'à la fin d'août. Les sons émis sont produits par un appareil délicat et membraneux situé sous les ailes des mâles, entre le thorax et l'abdomen.

Ces insectes sont tout à fait inoffensifs. La seule arme dont ils soient munis est un aiguillon dont la femelle se sert pour fendre et percer le dessous des branches tendues des jeunes arbres pour y placer ses œufs. Ils rongent les pousses des pêchers, des pommiers et des caroubiers, et placent leurs œufs dans les jeunes branches. A la fin de l'été ces œufs éclosent, il en sort des petits vers qui s'enfoncent dans la terre d'où ils ne sortent qu'au bout de 17 ans.

Les sauterelles d'Amérique paraissent s'absorber aucun aliment. La dissection ne montre chez eux aucun appareil digestif. Une masse charnue et blanchâtre remplit leur abdomen. Elle ressemble en couleur et en consistance aux œufs de l'insecte, qui probablement en sont formés. Elles ne piquent pas, quoique l'aiguillon de la femelle, semblable à une alène, soit capable de percer la peau d'un animal ; mais ces insectes n'ont aucun penchant à s'en servir.

Si on arrache une de ces sauterelles d'une branche, au moment de la ponte, on voit l'aiguillon placé directement sous des écailles qui le recouvrent quand elle ne s'en sert pas. Cet aiguillon, d'un pouce environ de longueur, est toujours plié sous le thorax.

On a remarqué que leur cri finit par un son analogue à la dernière syllabe du mot *pharaoh*. Sur les ailes se trouve une marque semblable à la lettre W, aussi le peuple regarde leur apparition comme un signe de guerre, parce qu'en anglais le mot *war* (guerre) commence par un w.

Voici la description scientifique de cet insecte. Je la traduis d'un article publié sur ce sujet par l'éminent P. A. Brown, de Philadelphie :

« La sauterelle américaine appartient au 6e ordre de sa classe. *Insecta* (alata), dit *hemiptera*, de deux mots grecs *hemi* demi, et *pteron*, aile, parce que ses élytres, dans leur moitié antérieure, ont une consistance assez solide, tandis que leur moitié postérieure est membraneuse. L'ordre est divisé en deux sections l'*hemiptera* dont les elytres sont cornées près de la base et aux extrémités, et dont la bouche se trouve sur la partie antérieure de la tête; et les *homoptères*, dont les ailes antérieures ont partout la même consistance, et dont la bouche se trouve à la partie inférieure de la tête.

» La sauterelle dont nous parlons fait partie de cette dernière section. Les homoptères se divisent en trois familles : les *cicadiens* (dont la sauterelle est un type), les *asphidiens* et les *cocciniens*. Les éléments de zoologie décrivent comme suit les *cicadiens :* — trois yeux unis, six sections aux antennes, l'élytre presque toujours transparente et couverte de veines; le mâle ayant aux deux côtés de la base de l'abdomen un appareil vocal; ne saute pas; s'attache aux arbres et arbrisseaux; la femelle a une tarière munie d'une gaîne et de trois lames écaillées, dont deux se terminent comme une lime, pour percer la moelle des petites branches mortes, afin d'y déposer ses œufs.

» Mais revenons à la sauterelle de dix-sept ans. La tête est dure, triangulaire, noire et opaque. Sa dimension entre les yeux est de 0,17 d'un pouce (le pouce anglais a 0m 025). Les deux autres côtés de la tête ont chacun 0,18 pouces. La face triangulaire est velue, ridée en travers, rayonnée sur chaque côté de la ligne du milieu. Le nombre des bandes est de 9. Les yeux sont au nombre de 5, savoir: deux composés, gros, saillants, placés de chaque côté de la tête, allongés latéralement, de couleur éclatante, de 0,17 de pouce de diamètre, à facettes nombreuses et hexagonales; et trois unis, placés en triangle au sommet de la tête, de couleur grenat, ovales, de 1/625 de pouce de diamètre.

» Les *antennes* sont au nombre de deux, placées près des yeux, à la base de la tête. Elle sont composées de 6 pièces dont les diamètres sont respectivement 1/50, 1/61, 1/102, 1/225, 1/364, 1/500 de pouce. La première de ces pièces a une teinte fauve; les autres sont de couleur foncée et opaque.

» Le suçoir se compose de 3 pièces : un tube velu, foncé, opaque, de 1/8 de pouce de long et de 1/40 de pouce de diamètre, à l'extrémité bifurquée, garnie d'un appareil en forme de tulipe, et terminé par une projection de tripode (*tripod projection*) à l'extrémité extérieure; — une gaîne bifurquée; et deux lames aux pointes d'alène.

» Le *tronc* ou *thorax* est corné, à la forme d'un écu, est de couleur foncée, opaque; composé de deux segments ou anneaux, au premier desquels appartiennent les deux membres antérieurs, tandis que le quatre autres membres et les ailes sont insérés sur le deuxième anneau. Les largeurs de ces segments sont 0,15 de pouce pour le premier et 0,25 pour le second.

» Les *membres*, du nombre de 3 paires se composent : d'une hanche, d'une cuisse, d'une jambe et d'un torse au pied terminé par une gréffe à double crochet.

» Les *ailes*, au nombre de 2 paires, sont membraneuses, transparentes, à nervures creuses à la base. Les muscles de deux des membres et des ailes sont larges et vigoureux. Entre le thorax et l'abdomen du mâle seulement, se trouvent les organes du son. Ces organes sont sous-ovalaires, membraneux, blancs et transparents. Chacun d'eux a sept lignes foncées, parallèles et courbes, et possède des muscles très-forts et vigoureux qui s'agitent avec une grande vitesse et produisent un son bruyant.

» *L'abdomen* a 0,6 de pouce de long, et peut s'allonger en outre de 0,1 de pouce. Sa plus grande circonférence est de 1,1 pouce. Il se compose de segments imbriqués. Le mâle en a 9 et la femelle 6. Dans le mâle le premier segment est dorsal et recouvre l'appareil du son. Les 7 suivants sont annulaires, et le dernier, de forme conique, contient les organes de reproduction. Dans la femelle, les 5 premiers segments sont annulaires ; le 6e contient les organes de reproduction et l'oviducte.

» *L'organe respiratoire* du mâle et blanc, transparent de 0,2 de pouce et 0,03 à 0,04 de diamètre. Il est enfermé dans une gaîne brune et cornée, et est pourvu à son extrémité de deux crochets durs plats, de couleur foncée, dentelés. Celui de la femelle est globuleux, blanc et opaque. La femelle seule est pourvue d'un instrument pour percer les petites branches des arbres et des arbrisseaux afin d'y déposer ses œufs. Cet organe, ou aiguillon, se compose d'une gaîne de couleur brune et opaque, contenant une tarière de 4 et 5 dixièmes de pouce de longueur. Il n'y a, à la base de cette arme, aucune vésicule qui y dépose un liquide vénéneux. J'ai forcé l'insecte à me piquer le bout du doigt, jusqu'à en tirer du sang, et je n'ai ressenti ni malaise, ni incommodité. Il n'y a ni enflure, ni inflammation. La partie antérieure de cet instrument est protégée par deux appendices en forme de rame, et l'aiguillon tout entier peut disparaître dans le segment conique de l'abdomen qui le protége.

» *L'anus* est de couleur orange, opaque. A côté de celui du mâle se trouvent deux crochets de couleur foncée et opaques. Les organes respiratoires sont placés à la surface intérieure de l'enveloppe cornée; leurs lignes parallèles sont distantes de 1,7500 de pouce.

» *L'estomac* est ovalaire de 1/100 à 4/100 de pouce de large. Il est blanc et transparent. Tous ceux que j'ai disséqués étaient vides. Les *œufs* sont très-elliptiques, très-volumineux et reliés ensemble. »

M. Brown, termine sa description en faisant remarquer qu'elle a été aite sur nature et qu'il ne s'est nullement préoccupé des nombreux récits, souvent peu exacts qui se trouvent dans les livres. Il a arrangé chaque partie de l'insecte pour l'observation microscopique, et c'est en les étudiant successivement qu'il a acquis les notions consignées dans l'article que je viens de traduire.

(*La Science pour tous.*) M. Lubbren.

La Musaraigne.

« La musaraigne, nous dit Buffon, plus petite encore que la souris, ressemble à la taupe par le museau, son nez étant beaucoup plus allongé que ses mâchoires; par les yeux, qui, quoique un peu plus gros que ceux de la taupe, sont cachés de même et sont beaucoup plus petits que ceux de la souris; par le nombre des doigts, dont elle a cinq à tous les pieds; par la queue, par les jambes, surtout celles de derrière, qu'elle a plus courtes que la souris; par les oreilles, et enfin par les dents; et cependant, malgré ces rapports très-sensibles dans les caractères généraux, les différences sont essentielles dans l'espèce. »

Les hommes, les oiseaux, les chats (ces derniers surtout) lui font une guerre acharnée, mais sans toutefois se repaître de sa chair, et cela sans doute à cause de l'odeur qui s'exhale du corps de ce petit animal.

C'est évidemment de cette répugnance instinctive qu'éprouvent les chats qu'est venu le préjugé, fort répandu dans nos campagnes, de croire mortelles les blessures faites par la musaraigne.

Ce préjugé est aujourd'hui tellement enraciné dans l'esprit de nos paysans, que c'est pour eux une sorte d'œuvre pie que de poursuivre avec acharnement ce pauvre paria fort inoffensif qui nous rend une foule de petits services dont nous devrions lui savoir gré.

Un jour, pendant une partie de chasse, je me vis dans la nécessité, pour échapper à un orage, de chercher un refuge dans une grange.

J'étais à peine installé depuis un quart d'heure sur une botte de foin quand je vis mon chien, qui s'amusait à *muloter* à quelques pas de moi, s'élancer en aboyant contre un objet qu'il m'était impossible de voir, puis se retirer vivement en hurlant.

Je crus à un combat contre un rat, et j'excitai Dick à le continuer.

Loin de m'obéir, Dick, la queue entre les jambes, recula jusque au fond de la grange.

Après avoir soulevé sept ou huit bottes de foin, j'aperçus une musaraigne qui s'enfuyait.

Je m'y pris sans doute assez maladroitement pour la saisir, car elle me mordit ou plutôt elle me piqua au doigt.

Malgré les avis de mes compagnons de chasse, je me contentai d'un simple pansement à l'eau fraîche, et, deux heures après, il n'y paraissait plus.

En 1859, une jument de selle que j'avais achetée quelques jours auparavant, tomba subitement malade ; les rebouteurs déclarèrent qu'elle avait été mordue par une musaraigne et qu'elle était perdue. Le vétérinaire, après avoir soigneusement examiné la bête, reconnut la présence d'un anthrax, et la soigna en conséquence ; quelque temps après, elle était sur pieds.

J'ai dit que cet animal rendait d'utiles services : il fait une grande destruction d'insectes nuisibles, il s'attaque aux chairs en putréfaction, il débarrasse les trous des cadavres de rats, de souris, de mulots, de taupes, et il nous épargne peut-être ainsi des maladies graves qui ne manqueraient pas de résulter de cette agglomération de corps en décomposition.

Certains naturalistes ont prétendu que la musaraigne s'attaquait aux vers blancs ; le fait ne me semble nullement prouvé ; j'ai même tenté, en plusieurs circonstances, de vérifier ce qu'il pouvait avoir de vrai, et je ne suis jamais arrivé à aucun résultat favorable.

En 1863, j'avais capturé toute une portée de ces petits animaux ; je les avais placés dans deux boîtes séparées, et pendant que je ne donnais pour nourriture aux uns que des vers blancs, j'élevais les autres en leur donnant toute sorte de viandes de rebut. Après trois jours, les premiers étaient morts, tandis que les seconds étaient pleins de vie. Je voulus alors renouveler l'expérience en ne leur donnant à leur tour que des vers ; mais ils ne tardèrent pas à périr.

Plusieurs fois j'ai disséqué des sujets jeunes ou adultes, et jamais je ne me suis aperçu que le ver blanc entrât pour rien dans leur régime ordinaire.

Cessons donc de poursuivre cet utile et intelligent auxiliaire, et surtout élevons-nous de toute notre force contre le sot préjugé qui nous le présente comme dangereux. D'AMEZEUIL.

Vers à soie de l'ailante (suite).

En 1804, le botaniste anglais Roxburg faisait connaître une autre variété, se rapprochant beaucoup du *Cynthia*, variété élevée dans l'Indoustan à l'état domestique, avec la feuille du ricin ; il s'agissait du *Bombyx Arrindia*, vulgairement appelé ver à soie du ricin. Le papillon de ce dernier ressemble beaucoup à celui du *Cynthia* par l'ensemble de ses formes et de sa coloration. Voilà pourquoi ces deux variétés ont été confondues ; cependant il existe des différences assez sensibles qui ont été parfaitement caractérisées par M. Guérin-Meneville.

Les différences qui distinguent ces deux variétés sont faciles à saisir depuis les œufs jusqu'aux papillons et aux cocons. Voici les principales :

L'œuf du ver de l'ailante est blanc, mais l'enduit qui le recouvre est tacheté ; celui du ver du ricin est totalement blanc.

La chenille du *Cynthia* porte, sur chaque segment ou anneau, de nombreux points noirs ; elle devient d'un beau vert émeraude ; lorsqu'elle approche de son entier développement, le dernier anneau prend la couleur d'un beau jaune d'or. La chenille de l'*Arrindia* reste entièrement verte.

Le cocon du ver de l'ailante est gris, celui du ver du ricin est d'un roux très-prononcé.

Le papillon du *Cynthia* est plus grand que celui de l'*Arrindia*; le ventre du premier est jaunâtre, avec de petites taches blanches bien séparées. La ligne blanche qui traverse les ailes, un peu au-delà de leur milieu, est suivie extérieurement d'une large ligne d'un rose vif; la lunule transparente du milieu des quatre ailes est plus grande, plus large, et l'espace brun placé en dessus, aux ailes supérieures, est très-allongé, il est souvent deux fois plus long que large et souvent même davantage.

Le ventre du papillon de l'*Arrindia* est entièrement blanc ; la large ligne qui suit extérieurement la ligne blanche partageant les ailes en deux portions est d'un gris terne; la lunule des quatre ailes est plus courte, et l'espace brun placé en dessus, aux ailes supérieures, est très-court, il est à peine un peu plus long que large.

Le ver de l'ailante ne se reproduit normalement que deux fois dans la même année et passe l'hiver dans l'inaction. Celui du ricin se reproduit de sept à douze fois et peut être constamment mis en éducation, soit l'hiver, soit l'été, ce qui serait fort difficile dans nos climats; l'un se nourrit *normalement* des feuilles de l'ailante et l'autre *normalement* des feuilles du ricin.

Tous les deux, comme nous l'avons déjà dit, peuvent être plus ou moins complétement nourris avec d'autres végétaux. Ces variétés sont d'ailleurs tellement rapprochées l'une de l'autre, qu'il a été possible de les croiser et d'obtenir des métis féconds, ce qui a peu d'importance au double point de vue économique et pratique.

Quelles sont les règles qu'il faut appliquer à l'éducation du ver à soie de l'ailante ?

Les œufs du Bombyx cynthia sont à peu près deux fois plus gros que ceux du ver à soie du mûrier, et les femelles en pondent la moitié moins. Ces œufs sont blancs, ovalaires, également gros aux deux bouts et tachetés de noir : chacun d'eux pèse environ 1 milligramme 1/2 à 2 millig. On peut admettre qu'un gramme contient en moyenne 500 œufs en chiffres ronds, soit 15,000 à l'once de 30 grammes.

Quand les papillons sont en bonne santé et de grosseur normale, ils fournissent chacun de 200 à 400 œufs au plus; la moyenne ne peut guère dépasser 250. Les papillons du ver à soie du mûrier en produisent habituellement le double.

Le *Bombyx cynthia* donne trois récoltes par an dans les pays chauds, mais il n'en produira que deux dans le centre de la France et probablement une seulement dans le nord.

Les deux récoltes correspondent au mouvement de la séve, par conséquent la première se fait de mai en juin et la seconde d'août en septembre. Une seule éducation aurait lieu de fin juin à fin août.

Les graines du ver à soie ordinaire sont pondues par la femelle quelques jours après la fin de l'éducation; ces graines sont conservées jusqu'à l'année suivante dans un lieu frais et mises à l'éclosion lorsque le mûrier commence à végéter.

Le même système ne s'applique pas au *Cynthia* : on conserve les cocons de la seconde récolte et seulement une portion de ceux de la première; ces cocons renferment les chrysalides vivantes qui restent inactives jusqu'au printemps suivant. Dans les régions froides où l'on ne fait qu'une seule récolte, presque tous les cocons se conservent parfaitement.

Ces cocons sont ordinairement réunis en chapelets de 50 à 100, au moyen d'un fil que l'on passe avec une aiguille, en ayant soin de ne pas aller trop en avant, ce qui tuerait la chrysalide.

(La suite au prochain numéro.) DE LAVALETTE.

Travaux apicoles de la saison.

Si ce n'est dans certains cantons de bruyères et de blé noir, tout espoir est passé pour les abeilles. Sans doute elles peuvent encore butiner sur la moutarde, sur quelques regains de luzerne et sur les sanves dont se couvrent quelques champs que la charrue a négligés; mais ces fleurs ne sauraient plus donner une picorée abondante et capable d'assurer les provisions des colonies qui n'ont rien amassé précédemment. Il faut penser à compléter la nourriture des ruchées dont les provisions ne sont pas suffisantes pour passer l'hiver. Mais, pour alimenter avec succès, il faut que les colonies soient très-populeuses, et toutes celles qui ne le sont pas doivent être réunies. Mieux vaut 15 ruchées fortes en population que 30 faibles. Après une campagne peu productive en miel, le nombre des colonies à nourrir est grand et nécessite des dépenses qu'on n'est pas toujours disposé à faire, parce qu'on n'est pas certain que ces dépenses seront remboursées. Le moyen de dépenser moins et d'avoir de plus grandes chances de rentrer dans ses débours consiste à diminuer le nombre de colonies à nourrir en faisant des réunions. Quelle que soit la forme de la ruche qu'on emploie, on peut toujours, sinon réunir les produits, du moins réunir les abeilles. A-t-on, par exemple, des ruches communes en planches, on peut réunir les produits si l'on ne tient pas à ménager les logements: on scie ces ruches à peu près vers le milieu, et on réunit les parties supérieures. Cette opération se fait vers le soir; on jette un peu de fumée dans la ruche à opérer et on l'entoile; on la couche sur un chevalet et de façon que la scie atteigne en même temps tous les rayons. On a besoin d'être deux pour cette opération : l'un tient la ruche et l'autre manœuvre la scie. On lance de la fumée de part et d'autre dans les sections de ruches différentes qu'on veut réunir, et ces sections étant juxtaposées, on bouche avec du mastic les endroits qui ne coïncideraient pas exactement.

Les ruches à dôme peuvent se greffer, c'est-à-dire se superposer, si le dôme de celle qu'on place en dessous n'est pas élevé. On rogne en creux la cire de celle qu'on doit placer en dessus, et on pratique un trou de communication dans celle qui doit être en dessous. La superposition a lieu le soir, mais les opérations préalables, rognement de la cire et perçage du trou, doivent être faites en plein jour.

Mais, si l'on veut ménager les logements, pour garder la bâtisse intacte, il faut, si le transvasement des abeilles ne peut se faire par le tapotement, employer l'asphyxie momentanée par la vesse-de-loup ou par le chiffon nitré. L'opération se fait encore à la fin de la journée.

Pour qu'elle soit le plus profitable, l'alimentation doit être faite dans le moins de temps possible. Si le complément de nourriture peut être donné en une fois et enlevé en une nuit, il profitera beaucoup plus que s'il est donné en plusieurs fois et s'il est monté lentement. La meilleure nourriture est, au point de vue de l'économie, celle qui contient le plus de principes saccharins, autrement dit celle qui est la plus sucrée, à prix égal de revient. On allie souvent avec avantage le sucre avec le miel, les sirops de fécule et le moût de plusieurs fruits. Il faut avoir soin que le mélange de ces aliments soit, autant que possible, dans les proportions du sucrage du miel, de 75 à 85 p. 100 de matières saccharines. Aucune des matières mélangées ne doit avoir fermenté. Il est bon de chauffer sans atteindre l'ébullition pour que le mélange se fasse bien. Présenter tiède aux abeilles en dessus de la ruche, s'il y a une issue de ce côté, et en dessous s'il n'y en a pas. Le lendemain matin, veiller les ruches dont le nourrisseur ne serait pas vidé, et rétrécir l'entrée si quelques pillardes viennent rôder autour; enlever même le nourrisseur si les rôdeuses se montrent en grand nombre, et le remiser dans un logement clos.

(*L'Apiculteur.*)

Destruction des insectes parasites (1).

Les expériences nombreuses et variées que j'ai faites depuis 1859 jusqu'à ce jour sur le coaltar et ses dérivés, m'ont appris que de très-petites quantités d'acide phénique, de benzine et d'aniline suffisent pour faire mourir les microphytes et un grand nombre d'animaux appartenant aux rayonnés, aux insectes, aux mollusques et aux vertébrés; elles ont, de plus, mis en évidence un fait important : c'est que les animaux inférieurs fuient les émanations de ces substances. Tous ces faits m'indiquaient d'importantes applications à faire pour détruire les parasites ou les éloigner des végétaux ou des animaux qu'ils attaquent.

Destruction des parasites. — Cette destruction peut être obtenue avec l'acide phénique et avec le coaltar. Une solution aqueuse contenant 1 p. 100 d'acide phénique détruit instantanément les acares qui donnent la gale à l'homme et aux animaux ; les poux, les púces, les punaises, les teignes sont dans le même cas.

Les teignes de l'homme et des animaux, qui sont causées par les microphytes, sont aussi détruites par cette solution ; seulement pour ces dernières, j'y ajoute deux cinquièmes de vinaigre ordinaire pour faciliter la pénétration du médicament à travers l'épiderme et lui permettre d'attaquer les microphytes qui existent jusqu'au fond des bulbes pileux. Une seule application suffit pour détruire les microphytes qui existent à la surface du corps; mais pour ceux qui ont envahi le fond des bulbes pileux, il faut tous les jours en faire l'application pendant un ou deux mois. D'assez nombreuses guérisons de ces maladies rebelles ont déjà été obtenues par ce moyen et sans épilation.

Pour détruire les microphytes qui attaquent les végétaux supérieurs, la solution d'acide phénique au centième ne peut pas être employée sans s'exposer à tuer du même coup les parties des végétaux qui les recèlent. Mais j'ai employé, avec un succès complet, les émanations du coaltar pour détruire l'*oïdium tuckeri* et l'*uredo candida*. Pour cela, il suffit d'incorporer avec soin 3 p. 100 de coaltar à de la terre en poudre grossière ou à du sable, et de répandre, sous les ceps et autour des

(1) La 6e livraison de l'*Insectologie* traite déjà de ce sujet, mais plus au point de vue de la destruction des parasites des animaux. Les applications plus étendues que renferme le travail ci-dessus, que nous extrayons du *Journal de la Société d'agriculture de Belgique*, nous engagent à y revenir.

plantes attaquées par l'*uredo*, une couche de deux centimètres d'épaisseur de cette poudre. Les émanations du coaltar se répandent naturellement dans la plante et font rapidement mourir les microphytes. Si une première application n'a pas fait tout disparaître, les rebelles ne résistent pas à une seconde couche de terre.

Les plantes, sous cette influence, reprennent de la vigueur, et le raisin malade guérit. Une vingtaine de ceps, traités de cette manière, ont fourni un excellent produit, tandis que vingt autres, existant à côté des premiers qui ont été abandonnés à eux-mêmes, ont eu leurs raisins complétement perdus. Mille pieds de salsifis atteints par l'*uredo candida* ont été aussi complétement débarrassés de ce champignon à l'aide de ce moyen.

Les insectes ou leurs larves qui attaquent les végétaux ne peuvent être combattus, pour les motifs que je viens de signaler, qu'avec des solutions faites d'acide phénique; il ne faut pas que l'eau contienne plus d'un millième d'acide phénique, sans cela on s'exposerait à tuer les feuilles et les fleurs.

En imprégnant les animaux parasites de cette dernière solution, à l'aide du *soufflet bruineur* de M. Sales-Girons, plus facilement avec un *irrigateur* d'*Eguisier*, auquel on adapte un petit tube en cuivre percé de cinq ou six trous capillaires, on en détruit un certain nombre, d'autres se sauvent, enfin il en est qui restent et qui vivent. Mais en répétant l'application, on peut obtenir leur destruction. J'ai détruit de cette manière plusieurs espèces de pucerons et de petites chenilles, sans nuire aux végétaux qui les portaient.

La difficulté de détruire les parasites sans nuire aux végétaux m'a fait chercher un autre moyen. J'ai mis à profit, avec un grand succès, la propriété que possèdent les émanations du coaltar et de l'acide phénique de faire fuir les animaux inférieurs.

Moyen d'éloigner les animaux inférieurs des végétaux. — Ici, deux cas se présentent : dans le second, lorsqu'il est envahi, on éloigne les animaux nuisibles. En employant la poudre coaltarée, comme je l'ai dit pour la vigne, on peut obtenir ces deux résultats. Dans le premier cas, les escargots, les limaces, de nombreuses larves ou des insectes parfaits, des lombrics terrestres ne s'approchent pas des végétaux tant qu'il existe une quantité suffisante des principes volatils du coaltar. Lorsqu'on s'aperçoit que son action faiblit, on ajoute une nouvelle couche de poudre coaltarée à la première.

Cent cinquante-six pieds de verveines qui étaient couverts de pucerons, plus de deux cents pieds de choux de Bruxelles et de choux-fleurs, des planches entières de radis et des artichauts qui étaient dévorés par ces mêmes animaux, principalement par l'altise, en ont été complément débarassés. M. Paul Thénard et M. Victor Châtel ont obtenu les mêmes résultats sur des champs de colza.

J'ai aussi constaté un autre effet remarquable de cette poudre coaltarée. Lorsqu'on introduit dans le sol la quantité dont j'ai parlé, tous les petits animaux fuient cette substance, et leurs végétaux soumis à sa protection acquièrent une vigueur inaccoutumée. On obtient un résultat analogue en arrosant le fumier, au moment de l'enfouir, avec de l'eau phénique à trois millièmes ; mais le résultat est moins durable qu'avec la poudre coaltarée.

Dans une discussion établie dans mon livre sur l'acide phénique, j'ai été conduit à considérer les engrais comme une des sources microphytes qui envahissent les plantes. J'ai donné le conseil de les traiter avec de l'eau phéniquée, avant de les enfouir pour tuer ces petits êtres ou leurs spores. Ce serait donc encore un encouragement de plus pour user de ce moyen.

Des treilles qui étaient malades depuis plusieurs années sont guéries depuis que j'ai entouré les racines de poudre coaltarée à 3 p. 100. Enfin, le blé et tous les produits végétaux ou animaux que l'on conserve à l'état sec peuvent être préservés des moisissures et des attaques des insectes en imprégnant d'acide phénique l'air des magasins. Il suffit, lorsqu'on veut livrer ces substances à la consommation, de les exposer à l'air pour qu'elles perdent rapidement l'acide phénique qu'elles contiennent.

Dr Jules Lemaire.

Les Kermès.

C'est sous ce nom que nous désignons des insectes dont le corps des femelles est ovoïde, naviculaire, globuleux ou lenticulaire, ressemblant à de petites excroissances ou de petites élévations que les horticulteurs remarquent tous les jours, collées et immobiles sur les écorces ou sur les feuilles persistantes des arbres et autres plantes. Leur couleur varie beaucoup, depuis le blanc pur jusqu'au brun foncé.

Les kermès, dont le nombre égale peut-être celui des pucerons, sont bien moins connus que ces derniers. Les mâles sont si petits et semblent si peu nombreux, relativement aux femelles, qu'ils échappent souvent à notre vue. C'est tout au plus s'il y en a une trentaine d'espèces décrites par les entomologistes qui se sont occupés plus spécialement de la tribu des Coccides, tels que Burmeister, Bouché, Geoffroy, Degeer, Réaumur et quelques autres ; les espèces le mieux étudiées sont celles qui vivent sur nos arbres indigènes et qui sont déjà passablement nombreuses, puisqu'il y a des arbres, comme le chêne, par exemple, qui en nourrissent trois ou quatre ; celles qui sont propres aux végétaux cultivés dans les serres ont été bien plus négligées ; il est vrai que le chiffre en augmente tous les jours, en raison des importations de plantes provenant des différentes contrées du monde, dont les tiges ou les feuilles sont parfois habitées par un kermès inaperçu. Cet insecte exotique se trouvant alors dans un milieu convenable, s'y multiplie d'autant mieux que les plantes sont plus languissantes que sur leur sol natal.

Les kermès, comme beaucoup d'autres parasites, choisissent toujours de préférence un végétal chétif dont les sucs sont modifiés par un état de souffrance. Nous pouvons citer comme exemple le laurier-rose : à l'état sauvage, cet arbuste croît naturellement, comme nos saules, sur le bord des ruisseaux ; dans ces conditions, il est presque toujours exempt de kermès ; tandis qu'il en est couvert lorsqu'il végète péniblement en pot et dans de la terre usée. Nous pouvons dire la même chose de nos orangers.

Il y a pourtant quelques exceptions : le *Coccus cacti* de Linné en offre un exemple. Cet insecte que l'on a longtemps pris pour une graine et qui constitue la cochenille du commerce, vit, au Mexique, sur des *Opuntia* pleins de santé et spécialement sur l'espère appelée *O. coccinellifera*. Il en est de même d'une autre cochenille, *Coccus lacca*, qui vit dans l'Inde sur les *Ficus indica* et *religiosa* et même sur quelques *Croton*, et dont la piqûre sur ces végétaux laitoux détermine une sécretion résineuse très-abondante et fort employée sous le nom de gomme-laque.

MM. Thibaut et Ketteleêr ont reçu, en 1866, des *Angræcum sesquipedale* très-bien portants et arrivant directement de Madasgacar, dont les feuilles offraient un kermès particulier.

Les kermès sont rares sur les plantes annuelles et même sur les feuilles qui tombent à l'automne. La plupart des espèces sont collées le long des branches si intimement qu'elles semblent faire corps avec l'écorce. Il en est d'autres que l'on rencontre à la face inférieure des feuilles persistantes, même simultanément sur les deux faces.

Lorsque, vers le milieu de l'été, on soulève, à l'aide d'une pointe d'aiguille la carapace d'un de ces insectes, on trouve dessous une larve d'un vert jaunâtre ou blanchâtre ; mais, en faisant cette opération, le bec et le bout des pattes se brisent très-souvent et restent dans la plaie.

L'histoire des kermès a été étudiée par plusieurs auteurs, mais personne, à notre avis, ne l'a fait connaître plus exactement que Geoffroy. Nous ne pouvons donc mieux faire que de citer ici ce qu'en a dit ce savnat : « Lorsque ces insectes sont jeunes, ils courent avec agilité sur les tiges et les feuilles et ressemblent, pour la figure, à de petits cloportes blancs microscopiques qui auraient six pattes ; mais, au bout de quelque temps, le kermès se fixe à un endroit de l'arbre ou de la plante sur lesquels il vit ; il reste dans ce même endroit, y devient immobile ; enfin son corps parvient à se gonfler, sa peau se tend, devient lisse ; elle se sèche, les anneaux s'effacent et disparaissent ; en un mot, il perd tout à fait la forme et la figure d'un insecte, il ressemble aux galles ou excroissances qu'on trouve sur les arbres. La peau du kermès ainsi séchée, ne sert plus que de coque ou de couverture, sous laquelle sont renfermés plus tard les œufs de ce petit animal. »

Examinons maintenant en détail les parties dont sont composés les mâles et les femelles. Ces dernières, les plus aisées à trouver et souvent très-communes sur certaines plantes, ressemblent, ainsi que nous l'avons dit, à de petits cloportes. Elles ont deux antennes, six pattes, et leur corps, qui est blanchâtre et comme poudreux, est composé de cinq anneaux. Leur bouche part du corselet au-dessous de la première paire de pattes. Elle est composée d'un mamelon ou tuyau charnu, fort court, duquel naît un petit filet blanc et délié, plus long souvent que la moitié du corps de l'insecte. C'est par ce tuyau ou filet que le petit animal pompe sa nourriture, en l'enfonçant profondément dans l'écorce. A l'extrémité du ventre sont des filets blancs au nombre de deux à six ; mais ces filets ne s'aperçoivent aisément qu'en pressant un peu le corps de l'insecte pour les faire sortir. Pendant les premiers temps, ces petites femelles nouvellement écloses courent avecagilité sur les feuilles, où l'on peut les voir souvent en très-grand nombre, mais, bientôt après, elles se fixent et s'arrêtent sur un endroit de la plante. Alors elles restent immobiles, et ne quittent pas cette place, où elles doivent pondre et terminer leur vie. Ce n'est pas que, dans le commencement, ces insectes soient hors d'état de marcher, ils pourraient encore le faire pendant plusieurs mois après s'être fixés, comme on peut s'en assurer en les détachant légèrement ;

mais ces insectes ne le peuvent plus au bout d'un certain temps. Si l'on détache, vers la fin de l'hiver, ceux qu'on a vus se fixer pendant l'automne, on ne les voit plus marcher ni faire de mouvement, et ils périssent sans donner signe de vie. Lorsque les femelles sont ainsi fixées, elles tirent leur nourriture de l'endroit où elles sont attachées. Pour lors, elles changent de peau, elles la quittent par morceaux, sans paraître faire aucun mouvement. C'est aussi dans ces mêmes temps, après que ces insectes sont devenus immobiles, qu'ils croissent beaucoup ; ils ne tardent pas à atteindre souvent la grosseur d'un grain de poivre et même, dans quelques espèces, celle d'un pois ; leur peau s'étend, devient lisse et ils ressemblent à de petites élévations tuberculeuses. Aussi, quelques naturalistes les ont-ils pris pour de véritables tubercules, ne pensant pas qu'un corps immobile, qui paraît insensible et qui ressemble si peu à un animal, pût être un insecte. La figure de ces sortes de galles varie suivant les différentes espèces : les unes sont arrondies en demi-boules, les autres sont oblongues et ressemblent à une nacelle renversée, d'autres sont plus aplaties et en forme de lentilles. Lorsque les femelles ont pris cette forme, au bout de quelque temps, elles pondent. Leurs œufs sortent de la partie postérieure de leur corps, par une ouverture placée de façon que ces œufs, en sortant du derrière, repassent sous le ventre de la mère qui les couvre. Avant la ponte, le ventre du kermès était immédiatement appliqué contre l'écorce. A mesure que ces œufs sortent, le ventre est moins tendu ; les œufs poussés entre l'insecte et l'écorce de l'arbre, repoussent la peau inférieure du ventre contre celle du dos, en sorte que, lorsque la ponte est faite, et que le ventre est tout à fait vide, les deux membranes de cette partie se touchent ; la mère en mourant ne forme qu'une espèce de coque solide, sous laquelle les œufs sont renfermés.

On trouve souvent, en été, des arbres chargés de ces coques.

En les levant, on trouve dessous une grande quantité d'œufs ; d'autres coques sont creuses et vides, ce sont celles dont les petits sont éclos.

Le mâle de ces singulières femelles ne leur ressemble guère que dans les commencements, lorsqu'il est encore sous la première forme. Pour lors, on ne peut distinguer ce mâle d'avec sa femelle. Bientôt après, il se fixe comme elle ; il devient immobile, mais sans grandir et prendre d'accroissement. La peau de cette petite larve, ainsi fixée, se durcit et forme une espèce de coque sous laquelle vient la nymphe. Lorsque cette nymphe est métamorphosée et qu'elle est devenue insecte parfait, l'animal sort de sa coque, le derrière le premier, en soulevant sa partie supérieure. Cet animal parfait est très-différent de sa femelle. C'est un animal ailé, fort petit, dont le corps et les six pattes sont souvent rougeâtres et couverts d'une farine ou poudre blanche. A sa queue on voit des petits filets blancs, quelquefois doubles de la longueur des ailes ; et, entre ces filets, une espèce d'aiguillon un peu courbé, moins long qu'eux au moins des deux tiers. Les larves de ces mâles avaient des trompes comme celles des femelles, mais, à l'état parfait, ils en sont dépourvus.

(*La suite au prochain numéro.*) Dr Boisduval.

Cours des produits des insectes.

Soies et cocons. Les soies sont restées calmes et sans grandes affaires à Lyon. A Marseille, les prix ont eu une tendance à la baisse. On a traité des filatures Syrie à 98 fr. le kil. ; des Andrinople à 107 fr. ; des Salonique à 104 fr. Des cocons d'Amazia ont été payés 15 fr. le kil. ; de Grèce, 23 fr. 50.

Au lieu de 1 fr. le gramme la graine de vers à soie du chêne, chiffre imprimé dans la dernière revue, il faut lire 10 fr. le gramme.

Abeilles, miels, cires. Le mois d'août a été plus favorable aux abeilles que les mois précédents ; les secondes coupes de sainfoin et de luzerne ont produit une assez bonne miellée, excepté dans quelques localités du nord de Paris. Les sarrasins et la bruyère ont aussi donné du miel. Les colonies à conserver se cotent de 12 à 20 fr., selon la localité. Les miels blancs se vendent de 110 à 160 fr. les 100 kil., selon la qualité. Cire jaune, de 1 fr. 80 c. à 2 fr. 10 c. le demi-kilo.

Il y a eu peu de changement dans les prix des *cantharides, cochenilles, galles, kermès.*

L'Éditeur-propriétaire : E. Donnaud.

Paris. Imprimerie de E. DONNAUD, rue Cassette, 9.

N° 8. 1re ANNÉE. Septembre 1867.

L'INSECTOLOGIE AGRICOLE

SOMMAIRE :

Bulletin insectologique.

Production de cochenille à la Antigua et à Amatitlan (République de Guatemala). — La production de cochenille de la Antigua est chaque année, en moyenne, de 7,000 *surrons* (un surron de cochenille pèse de 125 à 150 livres espagnoles. Une livre espagnole égale 0 kil. 45,45), au prix moyen de 100 *piastres* le surron. (Une piastre vaut 5 fr. 25). — C'est donc 700,000 piastres ou 3,875,000 fr. que donne la vallée de la Antigua. Indépendamment de cette récolte, on y obtient, sur des feuilles de cactus conservées en magasin, de la cochenille destinée à l'ensemencement des nopals d'Amatitlan, et qui s'y vend de 20 à 30 piastres, quelquefois même 40 piastres l'*arrobe* (une arrobe égale 11 kil. 25 environ).

A Amatitlan on fait deux récoltes annuelles de cochenille : la première en janvier ; elle donne une valeur de 200 à 220,000 piastres. La seconde se fait en avril et mai ; elle donne de 4 à 500,000 piastres. — Ces deux localités fournissent ensemble pour environ 7 millions et demi de francs, de cochenille, et la culture du nopal y est susceptible d'un grand développement.

L'emus odorant. On rencontre parfois dans les jardins, près des tas de pierres ou sur les fumiers, un petit insecte noir, ayant la tête plus large que le corps. Prenez garde de le toucher avec vos doigts : sa blessure est dangereuse. Ne l'écrasez point : c'est un puissant auxiliaire de l'agriculture dans sa chasse aux insectes. Celui-là est utile.

Cet insecte, du genre staphylin, est l'*emus odorans*, il répand une odeur de musc très-infecte. A l'état parfait, il est haut sur pattes, d'un noir profond, sa tête, presque carrée, est pourvue de crochets vigoureux ; il possède un prothorax cuirassé, mat et comme velouté, et douze anneaux.

L'émus est très-courageux ; lorsqu'il est attaqué, loin de fuir, il s'arrête, dresse sa tête et l'extrémité de son corps, et cherche à pincer cruellement. Il traite les petits insectes avec une férocité sans égale. Les vers de terre, particulièrement les lombrics, si communs dans nos jardins, attirés par les grandes quantités d'humus ou de terreau, sont les victimes du staphylin.

Dans ces terribles combats, les vers sont toujours vaincus, tués par les entailles énormes qu'ils reçoivent du petit insecte noir. Celui-ci répand dans les blessures qu'il fait une liqueur foudroyante : le pauvre annélide enfle et meurt dans les convulsions.

Les larves se dévorent quelquefois entre elles, en commençant par s'arracher la tête. Repues de sang et de carnage, elles s'enfoncent dans un trou vers la fin de mai, y restent quinze jours pour attendre leur transformation, et sortent de terre à l'état parfait, un peu jaunâtres d'abord, puis noires au bout de vingt-quatre heures.

D'autres staphylins dévorent les chenilles processionnaires ; d'autres encore s'introduisent dans les nids des guêpes et des frelons pour détruire les larves. Comme ils ne s'attaquent qu'aux insectes nuisibles, nous devons les respecter et les laisser agir.

Apparition de sauterelles dans le Midi. — On lit dans le *Courrier du Gard*, de Nîmes : Un phénomène étrange s'est passé, dans la nuit du 2 octobre, dans notre contrée : les rues et places de notre ville, les murs des maisons et les champs des environs sont couverts d'une grande quantité de grosses sauterelles.

D'où viennent ces insectes ? Sont-ils arrivés, en volant, de l'Espagne ou de l'Afrique ? Un nuage les a-t-il apportés ? Nul ne le sait. Dans tous les cas, leur présence a bien étonné, et chacun se dit qu'il est fort heureux que la température froide qui règne, la nuit, depuis l'ouragan du 25 septembre, engourdisse ces hôtes d'une voracité redoutable et qu'ils soient arrivés après l'enlèvement des récoltes ; sans ces circonstances nos cultivateurs auraient eu la douleur de voir leurs champs dévastés.

On croit généralement que toutes ces sauterelles périront, ou sous la bec des oiseaux ou par l'effet du froid, avant d'avoir le temps de déposer leurs œufs.

Le *Vermis nigrescens*. — Dans la séance mensuelle de la Société microscopique Quequett, à Londres, M. R. T. Lewis a lu un mémoire sur le *Vermis nigrescens*, dans lequel nous trouvons de curieuses observations sur les apparitions subites de ces vers à longs poils.

On se rappelle que, dans la matinée du 2 juin, les pommiers et les buissons parurent couverts de ces animaux, à la suite de violents orages qui avaient éclaté dans le sud de l'Angleterre ; or, M. Lewis a constaté que le même fait s'était produit dans le mois de juin des années 1791, 1832 et 1845, et dans les mêmes circonstances, c'est-à-dire après les éclats de la foudre. Il a exhibé des spécimens de cette singulière espèce de vers qui ont de 5 à 12 centimètres de longueur et 1 mil. ou 1/4 mil. de diamètre.

— Un de nos sériciculteurs les plus distingués, M. de Plagniol, membre de la Société centrale d'agriculture de l'Ardèche, assure qu'il a trouvé un procédé de traitement qui ne guérira pas la maladie épidémique des vers à soie, mais qui assurera aux éducateurs des récoltes de cocons supérieures d'un quart au moins à celles qu'ils obtiendraient des mêmes graines traitées par les méthodes ordinaires.

M. de Plagniol a adressé à ce sujet une lettre à S. Exc. M. le ministre de l'agriculture, dans laquelle il propose de faire faire à ses frais des expériences comparatives sur les faits qu'il veut mettre en évidence et sur les résultats que la sériciculture pourrait en retirer.

Si les expériences qui seront faites simultanément devant trois commissions, au moins, confirment l'efficacité de son procédé, M. de Plagniol demande que le gouvernement lui accorde une récompense en rapport avec l'utilité de sa découverte, qui peut, d'après lui, enrichir la France séricicole de plusieurs millions par an.

— Les limaces seront à redouter jusqu'à la venue de fortes gelées. Dans plusieurs cantons elles ont rongé le trèfle incarnat à mesure qu'il levait. On a conseillé la chaux et le sel semés sur le sol pour les éloigner.

H. Hamet.

L'insectologie à l'Exposition universelle.

L'exposition internationale d'insectes utiles et nuisibles dont la Société centrale d'apiculture prit l'initiative à Paris en 1865, a eu pour résultat de multiplier à l'Exposition universelle de 1867 les vitrines entomologiques. Il est peu de nations savantes dans les deux hémisphères, qui ne soient entrées dans les vues de la Société d'insectologie parisienne, et qui n'aient envoyé à notre exposition des spécimens curieux, complets, méthodiquement classés, de tous les insectes de leurs régions.

Nous consacrerons quelques pages à l'examen de ces collections, d'où peuvent sortir des aperçus nouveaux, des enseignements utiles : nous rechercherons quelles ressemblances ont les insectes de ces régions lointaines avec les nôtres : sont-ce les mêmes espèces ou du moins les mêmes genres ? Quelles espèces sont plus répandues ou plus rares dans certains pays ? Enfin, quelles sont les causes des ressemblances, les causes des différences, les causes de propagation de certains groupes ?

Nous ne parlerons pas des insectes producteurs de miel et de soie : ceux-là ont une propagation et une culture pratique connues ; c'est une industrie et une science à part. D'ailleurs, deux de nos collègues et amis doivent, dans ce recueil même, en traiter particulièrement.

Nos visites successives à l'Exposition nous permettent déjà d'établir d'une manière générale les principes suivants : — Les caractères généraux des insectes exotiques offrent un rapport remarquable avec les nôtres : les uns sont identiques, les autres présentent des ressemblances génériques qu'il est impossible de méconnaître ; — un grand nombre de genres sont les mêmes partout, les caractères spécifiques seuls diffèrent ; — Enfin un nombre restreint, limité, appartenant exclusivement à certaines contrées ou divisions territoriales, s'écarte plus profondément du type général.

Maintenant, cherchons à nous rendre compte de ces ressemblances, de ces analogies, de ces différences.

Personne n'ignore qu'il existe une distribution géographique des végétaux à la surface du globe, distribution qui se trouve sous l'influence des climats et de la constitution du sol. Cette répartition végétale a été représentée physiquement par des lignes thermométriques et topographiques qui s'infléchissent en raison des modifications de chaud et de froid des différentes régions, des différences dans la constitution géologique du sol, et en conformité d'autres causes secondaires, comme la lumière, l'altitude, etc. On concevra, dès lors, que pour les insectes vivant spécialement d'une vie végétale, leur distribution dans le monde se rattache aux produits de la flore du pays ; que s'il existe pour les plantes une circonscription géographique, elle doit aussi avoir lieu pour les insectes qui s'en nourrissent.

Pour ceux, en plus petit nombre, qu'on désigne sous le nom de carnassiers, parce qu'ils se nourrissent des premiers, on concevra également que leur existence suppose nécessairement la présence de ceux qui doivent leur servir d'aliment, et qu'ils apparaissent ou disparaissent avec ces mêmes insectes dont leur vie dépend.

L'obligation de se nourrir de l'aliment propre à l'entretien de la vie, sera donc en premier lieu la cause déterminante de la présence et de l'absence de certains insectes dans un pays : même flore, mêmes espèces; rareté d'espèces à régime végétal, rareté de carnassiers.

Mais la température et la flore qu'elle crée, ne seront pas les seules conditions qui régleront la distribution géographique des insectes, et dans les pays qui occupent les mêmes lignes isothermes, et qui sont situés à des distances considérables l'un de l'autre, ou qui sont séparés par de grandes barrières naturelles, comme les hautes montagnes, les mers, etc., les insectes ne se ressemblent pas toujours spécifiquement, du moins dans l'immense majorité des cas. Ces différences paraissent bien tenir en partie aux circonstances fondamentales que nous avons signalées : la température, la flore; mais encore à quelques autres causes dont il nous est plus difficile de nous rendre un compte satisfaisant, comme la lumière, l'hygrométrie, une nourriture plus abondante.

Alors apparaissent les *analogies*. Les ressemblances génériques deviennent frappantes, bien que les espèces soient plus grandes, plus fortes, plus ou moins colorées. Un exemple, un type vulgaire fera mieux comprendre notre distinction. Nous choisirons ce type parmi les *articulés* dont la forme est connue de tout le monde dans l'ancien et le nouveau continent : ce sera le scorpion, à abdomen prolongé en queue, se rattachant aux araignées, indigène en Europe, en Afrique et en Amérique.

Le scorpion que nous voyons dans le midi de la France, est petit, de couleur brune, long de 3 à 4 centimètres au plus; rarement sa piqûre est venimeuse, ou du moins jamais suivie d'accidents : — Il en est tout autrement en Egypte, en Algérie, où il atteint de 15 à 17 centimètres, où sa couleur a passé du brun au rouge fauve ; — tout autrement en Amérique où il est grêle, à serres minces et filiformes. Toutefois, ces modifications dans l'organisme, dans la forme, dans les mœurs, sont trop peu sensibles pour motiver une coupe générique. L'analogie nous fait reconnaître une parenté dans tous ces scorpions de Provence, d'Italie, d'Espagne, d'Égypte, d'Algérie, du Brésil; car ils se trouvent partout; mais changés, modifiés par une foule de causes dont quelques-unes nous restent inconnues.

Ce que nous venons de dire pour la tribu des scorpionides, il nous sera aisé de le constater pour les *abeilles mellifères*, qui se trouvent aussi partout, mais qui se modifient si vite, que l'abeille italienne n'est déjà plus l'abeille de chez nous; — pour les *guêpes*, de couleur tantôt brune, noire ou jaune, tantôt de ces trois couleurs mélangées, plus ou moins grosses, établissant toutes leurs rayons à plusieurs étages, dans un sens horizontal, mais les fabricant d'un carton fin en Amérique, à Cayenne (*guêpes cartonnières*), et d'une substance grossière, provenant de l'écorce des arbres en Europe; — pour les araignées dont les unes ont des habitudes vagabondes et les autres des mœurs sédentaires, dont les unes tissent leur toile dans un sens horizontal et d'autres dans le sens vertical, dont les unes sont grosses comme un pois, exemple : l'araignée des jardins, l'araignée domestique, dont les autres ont le volume du poing, poursuivent les petits oiseaux et les dévorent, après les avoir pris dans leur toile comme dans un filet (araignée d'Amérique, *aranea avicularia*).

Concluons donc à la suite de la première question que nous nous sommes posée à l'égard des ressemblances, que certaines espèces se trouvent partout, et que d'autres espèces sont simplement modifiées, mais faciles à ramener à leur type, à leur genre.

A cette autre question : — quelles espèces sont plus répandues ou plus rares en tous pays? nous répondrous que partout les espèces à régime végétal sont plus nombreuses que celles à régime carnassier, et que ces dernières qui se trouvent également partout, ne semblent se reproduire qu'en proportion du nombre des premières et pour rétablir un équilibre détruit par elles. On croirait vraiment à un fait providentiel. Cependant cette harmonie peut trouver son explication rationnelle. Le règne végétal présentant une existence plus facile, plus abondante, plus assurée à ceux qui en vivent, les insectes phytophages doivent multiplier partout où la flore est luxuriante. L'insecte carnassier est réduit à rechercher sa proie, à la poursuivre; souvent elle lui échappe. La vie devient donc plus difficile pour celui qui vit de chasse, et sa propagation s'accroît ou décroît en raison de ses moyens d'existence.

Pour nous rendre compte de l'abondance de certains insectes dans une région, de leur absence ou de leur multiplication, commençons par y étudier la constitution végétale.

Les céréales et autres plantes alimentaires de premier ordre occupent toute la partie centrale du globe, Europe, Asie, Amérique. Nous appellerons toute cette zone la région des grains. Nous y rencontrerons partout les charançons, les calandres, les cécydomies, les bruches, les taupins, les alucites, l'agapanthe aiguillonier, la noctuelle du ver jaune, etc., tous pensionnaires de l'agriculture et vivant à ses dépens.

La vigne se développe dans la partie plus méridionale de cette zone : nous y rencontrerons partout dans les mêmes contrées, sous les mêmes latitudes, l'eumolpe, la pyrale, les rynchites, l'altise, la guêpe, les tordeuses ; — plus, et comme complément de destruction, l'*oïdium*.

Nous donnerons le nom d'équatoriale à la région qui voit croître le dattier, le bananier, le cocotier, les palmiers ; et avec ces végétaux nous verrons apparaître le charançon du palmier, inconnu chez nous, si renommé aux Antilles sous le nom de *ver palmiste*, et dont les habitants se font un régal culinaire ; — les *sépidées*, les *scaures*, coléoptères appartenant aux pays chauds, et presque ignorés chez nous, excepté des collectionneurs.

Ces exemples nous montrent déjà une répartition d'insectes conforme à la distribution florale. Cela devait être, puisque chaque espèce ne se nourrit que d'une même plante, ou de deux ou trois au plus. Là où une végétation cesse, là disparaît aussi une ou deux espèces.

Cette disparition, comme nous l'avons dit, atteindra à son tour les carnassiers, qui diminueront à proportion des autres. Toutefois, il est remarquable que les carnassiers, comme les carabiques, les cicindélites et les staphylins se trouvent partout, en plus ou moins grand nombre, et toujours proportionnellement à ceux qui doivent devenir leur proie. Ils sont communs à presque toutes les régions dont nous venons de parler : ainsi la *coccinelle*, ou bête-à-bon-Dieu, se trouve pour ainsi dire partout ; les *calosomes*, qui se nourrissent de larves de lépidoptères, quoique peu nombreux, s'étendent bien loin, puisque j'en trouve des exemplaires venant des régions arctiques de la Norwége. Il en existe d'autres en Chine, dans la partie de l'Amérique située entre les tropiques, à la Terre de feu, et à la Nouvelle-Hollande. Il en est de même des *dermestes* et des *mouches* ou diptères.

Si ces faits tendent à nous faire reconnaître des ressemblances entre les insectes exotiques et les nôtres, ou du moins à établir des rapprochements, il faut constater aussi qu'il est un petit nombre de ces insectes étrangers qui appartiennent spécialement et d'une manière absolue à certaines contrées ; par exemple, les genres *manticore*, *glophire*, *pneumore*, ne se trouvent qu'en Afrique, les *colliures* et les *hellios* sont propres aux Indes orientales, les mantides, tribu si originale, à plusieurs contrées : la mante *prie-Dieu*, à la Turquie et la Perse, la *feuille-morte*, à l'Inde, quelques espèces plus grêles au littoral méditerranéen. Notons que ces articulés exceptionnels sont habitants ou limitrophes de notre zone équatoriale.

Il nous reste une troisième et dernière question à élucider : quelles sont les causes des ressemblances, les causes des différences, les causes de propagation de certains groupes ?

Les considérations que nous avons présentées répondent déjà en partie à cette question. Une flore semblable entretient et nourrit les mêmes insectes : le climat modifie-t-il la végétation ? avec de nouvelles plantes apparaissent de nouveaux insectes ; ou quelques-uns des premiers, également modifiés : dès lors des différences.

Reste la question de la propagation exagérée de certains groupes : question également facile à résoudre, puisqu'elle se rattache aux cultures spéciales, dont l'étendue accroît les masses d'insectes qui leur sont propres.

En résumé, les observations que nous avons recueillies dans le cours de nos visites à l'Exposition des insectes, nous donnent comme résultat les formules suivantes :

1° Un grand nombre d'insectes sont communs à tous les continents ; 2° un aussi grand nombre sont modifiés spécifiquement en raison de circonstances connues ou soupçonnées ; 3° les espèces se localisent en raison des produits de la flore ; 4° elles se transforment en raison des changements profonds dans les climats (espèces limitées aux pays chauds). 5° La masse des mêmes espèces s'accroît avec les cultures spéciales (espèces spéciales à certaines cultures). GUEZOU-DUVAL.

Les Taons.

Les taons sont, comme chacun sait, des diptères carnassiers qui se nourrissent de sang et dont quelques-uns atteignent une forte taille. Ils sont tous redoutés des chevaux, des bœufs, des vaches et autres animaux qu'ils tourmentent horriblement et qu'ils poursuivent sans relâche dans les pâturages, dans les champs et sur les chemins. Ils attaquent également l'homme et ne lui sont guère moins incommodes. Ces insectes sont d'autant plus communs que le temps est plus chaud; leur voracité augmente pendant les fortes chaleurs qui précèdent un orage ou un changement de temps. On dirait qu'ils ont l'instinct de se repaître abondamment au moment où la pluie et le refroidissement de l'atmosphère les forcent à rester inactifs, collés à quelques anfractuosités de rochers, de murailles ou d'autres corps terrestres. Ces insectes commencent à se montrer dès le 15 mai, si le temps est favorable, et continuent à paraître pendant tout l'été. Leurs mœurs sont assez curieuses. La femelle est plus vorace que le mâle, et tandis que celui-ci, du moins dans quelques espèces, se nourrit selon l'occasion du suc des fleurs et des corps en transpiration sans s'abreuver uniquement de sang, la femelle ne paraît pas s'accommoder d'autre nourriture que du sang des animaux. Son abdomen est quelquefois tellement gonflé qu'elle ne peut plus voler. Quelques naturalistes croient qu'elle dépose ses œufs là où elle fait une piqûre, sur le flanc ou sur les membres des espèces chevaline et bovine. L'animal, stimulé par la cuisson et la démangeaison de cette piqûre engendre la lèche, et l'œuf qui adhère à un poil près de la petite plaie, se trouve attaché à la langue de la vache ou du cheval, et se dirige ensuite avec les aliments dans l'estomac. La chaleur et l'humidité favorisent rapidement l'éclosion des œufs ainsi amenés dans l'intérieur de l'animal. La larve s'accroche aux parois des membranes intérieures et se nourrit des sécrétions que ces membranes exsudent. Le suc gastrique ne l'incommode nullement. Elle ne bouge plus de sa place. Au bout de six mois, cependant, une nouvelle ère doit commencer pour elle, elle lâche prise, se laisse emporter par le canal intestinal, et ressort de son sombre logis avec les excréments. A terre elle se change en puppe, et après un temps plus ou moins long, qui varie de quinze jours à un mois suivant les influences atmosphériques, un nouveau taon s'envole.

La vérité sur les mœurs et le développement des larves des taons ne me paraît pas fort connue. Il est très-possible que quelques espèces, notamment le *grand taon des bœufs*, *Tabanus bovinus*, L., aient absolument le genre de vie qui vient d'être décrit, mais je crois que la majeure partie des œufs que ces diptères déposent sur les poils des bestiaux tombe à terre, soit dans les pâturages, soit à l'étable; que les larves se nourrissent, comme une foule d'autres larves de diptères, de fumier, de terreau, de matières en décomposition; qu'elles s'enfoncent assez profondément en terre en hiver, se changent peut-être même en chrysalides avant la mauvaise saison et n'éclosent qu'à la faveur des premières chaleurs. J'ai remarqué que les plus fortes apparitions de taons ont toujours lieu en juin, à moins que la chaleur ne fasse défaut. Si des jours froids et pluvieux continuent un certain temps à la suite de cette éclosion, les taons sont moins communs pendant le reste de l'été, à cause que les premiers sont détruits en grand nombre. Il ne reste probablement guère que les individus nés à l'état parfait à la faveur des secondes chaleurs.

Ces diptères sont classés dans la famille des Tabaniens. On désigne ordinairement sous le même nom de taon (*tavon, tovon* en patois) des espèces appartenant à deux genres entomologiques : les *Tabanus* et les *Hæmatopota*. J'ai déterminé sept espèces de ces diptères qui sont les suivantes :

1. *Tabanus bovinus*, L. (*gros tavon*). Longueur 27 millim. Brun noirâtre ; palpes, face et front jaunâtres ; ce dernier présente des taches et une bande noires. Antennes noires. Le thorax porte des bandes noires séparées par des raies fauves formées par des poils, et est garnie surtout en dessous et sur les côtés de poils fauve jaunâtre ; le bord postérieur des segments de l'abdomen est fauve et chacun d'eux présente sur le dos une tache blanchâtre de forme triangulaire ; pattes brunes, avec les tibias jaunes, sauf l'extrémité qui est noire : ailes hyalines, divergentes, ayant le bord extérieur jaunâtre et les nervures brunes.

Il blesse cruellement les bœufs et les chevaux avec son suçoir formé d'un faisceau de six lancettes écailleuses et fait jaillir de leur peau le sang dont il se nourrit. Ce liquide monte jusqu'à l'œsophage, entre dans les lancettes ou soies qui forment un tube capillaire dans lequel le liquide s'élève de lui-même par l'effet de l'attraction.

2. *Tabanus bromius*, L. Longueur 12-14 mill. Palpes noirâtres ; face et front blanchâtres ; antennes testacées avec l'extrémité noire ; les deux premiers articles sont quelquefois noirs ; les yeux présentent (vivants) des lignes pourpres arquées ; le thorax porte cinq lignes blanchâtres ; les taches de l'abdomen sont jaunâtres, rangées sur deux lignes longitudinales ; les bords des segments sont de la même couleur. Les pattes sont fauves en dehors, le reste des pattes noirâtre. Ailes presque hyalines.

Il est très-commun et la femelle très-vorace. Son nom vulgaire est *taon bruyant*.

3. *Tabanus quatuor notatus*, Meig. Longueur 12-15 millim. Noir, antennes noires ; palpes d'un blanc jaunâtre ; la face et le dessous des yeux sont couverts de poils d'un gris blanc ; yeux ornés de lignes pourpres ; corselet noir marqué de cinq lignes blanchâtres ; abdomen de la largeur

du corselet, plus que ce dernier et la tête réunis, ovalaire, noir, orné de deux lignes longitudinales de taches d'un blanc jaunâtre ; le bord postérieur des segments est de la même couleur ; le dessous du ventre est revêtu de duvet cendré ; les cuisses et les tarses sont noirs ; les tibias testacés, avec l'extrémité noire ; ailes hyalines, avec le bord extérieur brun et les nervures noires.

Cette espèce n'est pas très-commune ici. Son nom vulgaire est *taon à quatre taches*. Il ressemble beaucoup au *taon bruyant*. Je n'en ferais volontiers qu'une variété.

4. *Tapanus tropicus*, L. Longuer 14-16 mill. Noir ; les palpes et la face sont grises ou jaunâtres ; antennes fauves, sauf l'extrémité du troisième article, qui est noire ; les yeux présentent trois arcs pourprés (vivants) ; thorax noir marqué de trois lignes grises ; les côtés sont gris ; il est couvert de poils noirs chez le mâle, jaunes chez la femelle ; abdomen noir de la largeur du thorax, un peu plus long que celui-ci et la tête réunis ; les quatre premiers segments sont ferrugineux sur les côtés, à reflets blanchâtres chez les mâles ; on y voit une ligne de taches dorsales jaunes, peu apparentes ; cuisses brunes et jambes ferrugineuses, excepté à l'extrémité qui est brune ; pattes antérieures presque noires, les postérieures à tibias bruns.

Il est assez commun dans les pâturages, bruyant et sanguinaire. Son nom vulgaire est *taon tropique*. Il est reconnaissable à première vue par les taches ferrugineuses qu'il a sous les ailes de chaque côté de l'abdomen.

5. *Tabanus morio*, L. Longueur, 17-18 millim. Noir, luisant ; face velue chez le mâle, presque nue chez la femelle ; le bord des yeux est garni d'un duvet court, blanchâtre ; le thorax est garni de poils gris, ainsi que l'écusson ; abdomen ovalaire, déprimé, un peu plus large que le thorax, un peu plus long que celui-ci et la tête réunis ; les côtés du deuxième segment portent une tache de poils blancs ; le bord postérieur des derniers segments est garni de poils de la même couleur ; ailes fuligineuses, plus foncées vers la côte ; nervures noires.

Il est assez commun avec les précédents, mais il se jette rarement sur l'homme ; son vol est moins bruyant que ceux des espèces décrites ci-dessus. Son nom vulgaire est *taon morio*, on l'appelle dans l'arrondissement de Remiremont *gros nerre tavon*.

6. *Tabanus fulvus*, Meig. Longueur, 14 millim. Brun jaunâtre, couvert d'un duvet jaune, épais, luisant ; face d'un ferrugineux pâle, quel-

quefois nuancé de cendré ; front jaunâtre avec deux petites taches noires ou sans tache chez les femelles ; les anneaux des antennes sont fauves et leur troisième article présente cinq divisions. Abdomen de la largeur du corselet, de la longueur à peu près de celui-ci et de la tête réunis, triangulaire chez le mâle, ovalaire chez la femelle, marqué d'une bande dorsale brune très-peu apparente, formée par des taches ; pattes fauves et tarses antérieurs noirs ; ailes hyalines, avec le bord extérieur jaune ainsi que les nervures.

Cette espèce est assez rare. On la trouve en juin sur les bestiaux dans les pâturages, et plutôt sur les montagnes que dans les vallées. Son bourdonnement n'est pas fort bruyant. Ce taon attaque rarement l'homme. Ses yeux verts et son aspect jaune le font reconnaître facilement.

7. *Hæmatopota pluvialis*, Meig. Longueur, 8-9 millim. Noirâtre ; antennes un peu plus longues que la tête, d'un noir luisant ; les palpes et la face sont d'un gris clair ; la bande frontale est large chez la femelle, noire, luisante auprès des antennes, et présente deux taches et un point noir sur le vertex ; les yeux sont verdâtres avec la partie inférieure pourpre traversée par des lignes sinuées jaunâtres ; thorax noir, marqué de trois lignes blanchâtres ; abdomen noir, ayant les côtés des trois premiers segments fauves chez le mâle ; on y voit une ligne dorsale et un rang de taches blanchâtres de chaque côté ; pattes noires ; la base des tibias antérieurs, deux anneaux aux autres tibias, ainsi que le premier article de leurs tarses fauves ; les ailes sont d'un gris brunâtre, tachetées de blanchâtre.

Cette espèce est très-commune, son nom vulgaire est *taon pluvial*. Dans les communes rurales de l'arrondissement de Remiremont on désigne ce petit taon sous le nom de *boaune* (borgne) à cause de son peu d'agilité. Il a l'air d'agir en aveugle ou en borgne et se laise écraser sans s'envoler. Ceci est un effet de son instinct carnassier. Il suce le sang, et sa piqûre excite une assez vive démangeaison. Il s'attaque, je crois, plutôt à l'homme qu'aux animaux, et vole même par un temps sombre et relativement froid, alors que les autres taons restent engourdis. On le voit depuis la fin de mai jusqu'en octobre.

Il y a d'autres espèces du genre *Hæmatopota*, mais je crois que celle-là est la seule qu'on rencontre dans les Vosges. Dans notre département on rencontre encore les *Tabanus rusticus*, Fab., *automnalis*, L., et *luridus*, Meig. Je ne les ai pas trouvés encore dans ma localité.

On connaît, parmi nos cultivateurs, plusieurs moyens pour éloigner ces diptères dangereux et incommodes des bestiaux qu'ils poursuivent. Ces recettes, plus ou moins efficaces, ne peuvent être trop répandues.

Une des plus certaines est de frotter avec une brosse imbibée d'huile de sapin les parties du corps où les mouches, taons et autres se tiennent de prédilection et d'où les animaux ne peuvent les chasser avec leur queue. Comme l'huile de sapin devient rare, les campagnards perfectionnant leur éclairage et ne faisant plus guère presser de graines résineuses, on l'a remplacée par l'huile de navette ou de chènevis. Les mouches redoutent le contact des corps gras, qui bouchent les stigmates au moyen desquels elles respirent, et ne se posent pas sur le poil qui en est imbibé.

Un autre procédé consiste à faire une forte décoction de feuilles de noyer, à laquelle on mêle une certaine dose d'aloès-succotrin, substance très-peu chère et qui se trouve chez tous les pharmaciens. On lave les animaux avec cette eau, et les mouches ne peuvent prendre pied au milieu de ce liquide d'une amertume exécrable. L'odeur du noyer leur est d'ailleurs insupportable. Les ouvriers qui travaillent dans les champs, pour se préserver des cousins et des autres diptères importuns, s'entourent quelquefois la tête de feuilles de noyer. La fumée du tabac et celle d'un rouleau de chiffons est aussi mortelle aux mouches carnassières et parasites qui poursuivent pendant tout l'été les travailleurs des champs.

En outre des substances indiquées ci-dessus qui protégent les animaux contre les diptères, on peut adapter aux harnais des chevaux et des bœufs des cordelettes pendantes, très-rapprochées, assez longues pour battre sur les flancs et sous le ventre de ces animaux. Ce procédé est d'un usage assez général. Les souffrances qu'éprouvent les animaux par la piqûre des mouches, surtout celle des taons, les mettent quelquefois en fureur et exposent à de graves accidents les personnes qui les approchent.

(*La Culture.*) X. Thiriat.

M. A. Mansuy, répond ainsi dans le numéro suivant de la *Culture :*

Les taons et les œstres. — Loin de nous l'idée d'entreprendre contre M. X. Thiriat, une critique de son article qu'on vient de lire. Notre but, au contraire, en écrivant ces lignes, est de faire disparaître l'inexactitude qui règne dans l'esprit de notre ami sur les mœurs et le développement des larves des taons. Cette inexactitude vient de ce qu'il a confondu deux genres d'insectes dont les caractères et les habitudes sont parfaitement connus. Les taons et les œstres, en effet, bien que faisant partie de l'ordre des *diptères* des naturalistes, appartiennent à des groupes différents.

« Les taons, dit L. Figuier, sont des insectes d'une taille supérieure à celle de la plupart des diptères. Leurs ailes sont mues par des muscles puissants, leurs pieds très-robustes. Leur aiguillon est formé de six lancettes aplaties et acérées. Répandus par toute la terre, leur instinct est partout le même ; c'est l'instinct du sang, au moins chez les femelles, car les mâles sont d'une humeur moins guerrière ; ils ne font de mal à personne et vivent du suc aromatique des fleurs. »

Les œstres, à l'exception de celui du bœuf, sont plus petits que les taons et plus carnassiers qu'eux.

Les uns et les autres, néanmoins, sont très-redoutés des animaux ; mais au point de vue des conséquences de leurs piqûres, les uns sont plus redoutables que les autres. Les taons femelles confiant leurs œufs à la terre, n'ont d'autre but, en attaquant les chevaux et les bœufs, que de se repaître de leur sang ; tandis que les œstres, outre qu'ils tracassent, irritent, font souffrir les mêmes animaux, se servent de leurs organes comme lieux d'éclosion de leurs œufs. Ainsi, c'est à l'histoire des œstres qu'il faut rapporter ce que dit M. X. Thiriat de la piqûre des taons et de ses suites. Jamais les taons, sous quelque forme que ce soit, n'ont habité l'estomac des animaux, pas plus le *grand taon des bœufs* que d'autres. Et quand nous disons l'estomac des animaux, c'est pour faire allusion aux expressions contenues dans l'article de la semaine dernière ; il serait mieux de dire l'estomac du cheval, car seul cet animal a le privilége peu enviable de donner séjour aux larves des œstres. A l'autopsie des chevaux, pendant les saisons froides et tempérées, on trouve fréquemment de ces larves attachées à la muqueuse stomacale. Pendant la saison des chaleurs, au contraire, on n'en trouve pas, mais par contre on en voit souvent autour de l'anus ou dans les crottins. Elles sont prises quelquefois pour des vers.

Dans l'estomac des ruminants, on ne rencontre jamais d'œstres. La larve de cet insecte est logée sous la peau de nos bêtes à cornes, dans les parties du corps où elles ne peuvent s'émoucher avec leur queue. On la reconnaît à une petite tumeur qui, d'abord diffuse, grossit et fait saillie. Toutes les personnes de la campagne ont vu ces tumeurs, mais la plupart ne savent pas à quoi elles sont dues; pour beaucoup, elles ne sont que le signe du développement de l'embonpoint; aussi disent-elles d'une bête qui en porte : *elle profite*, c'est-à-dire elle s'engraisse. On ne peut dire qu'il y a là illusion d'optique, car le fait, souvent, ne peut être contesté ; ce qui est contestable, c'est l'interprétation de ce fait. Une bête a de ces tumeurs sur le garrot, le dos, les reins, non parce qu'elle profite, mais parce que la bête a la peau fine, que ce tégument a pu être percé par l'œstre, qu'un œuf a été déposé en dessous où il a trouvé des conditions favorables de développement. On ne voit pas d'œstres sur les animaux à peau épaisse, sur les vieux bœufs ; on n'en voit pas dans les endroits où l'animal peut se frotter ou s'émoucher ; on n'en voit pas non plus sur les animaux qui ne sortent pas de l'étable.

Ainsi, en résumé, ce que contenait l'article sur leurs mœurs et le développement des taons doit se rapporter aux œstres et aux œstres du cheval exclusivement. Quant à l'œstre du bœuf, qu'il ne faut pas confondre avec le taon du même animal, nous venons de le faire connaître. Mais quelle que soit la différence qui sépare ces insectes, et comme caractères anatomiques et comme habitudes, nous partageons entièrement l'avis de M. X. Thiriat lorsqu'il recommande les moyens d'éloigner les diptères dangereux et incommodes des bestiaux qu'ils poursuivent, car la piqûre de ces petits êtres les met en fureur et expose à de graves accidents les personnes qui les conduisent.

A. Mansuy.

Voici ce que réplique M. X. Thiriat :

Je remercie sincèrement M. Mansuy d'avoir non-seulement fait disparaître les inexactitudes qui se trouvaient dans mon article sur les taons, mais surtout d'avoir complété par des explications claires et positives le peu que j'avais pu dire sur les mœurs de ces diptères. Je suis loin de confondre les deux genres dont il parle, et je connais parfaitement les habitudes de l'insecte parfait, mais assez généralement, à ce que je vois, on confond sous le nom de taons les taons et les œstres. Tout ce que je disais comme se rapportant aux mœurs des premiers et que je ne donnais qu'avec circonspection et en manifestant un doute sur la véracité des observations que j'étais obligé de rappeler, faute d'avoir vu par moi-même, avait été puisé dans des écrits peu scientifiques. J'étais presque sûr d'être induit en erreur et je me suis bien gardé d'affirmer. C'est la première fois que j'écris un article d'histoire naturelle sans avoir vu par moi-même les habitudes et les mœurs des insectes dont je parle. M. Mansuy m'a rendu un véritable service en me faisant connaître la vérité et surtout ce qui résulte de ses propres observations.

Il me reste à poser plusieurs questions à M. Mansuy. Je lis dans la *Zoologie de la Lorraine*, par M. Godron, que l'œstre du cheval pose ses œufs sur la peau de cet animal, que l'œstre hémorrhoïdale les dépose dans le nez du même quadrupède et que la larve de l'*œstrus pecorum* vit dans les intestins du bœuf. Est-il bien vrai que dans l'estomac et les intestins des ruminants on ne rencontre jamais de larve d'œstre? M. Mansuy dit que la larve de cet insecte vit sous la peau des jeunes bêtes bovines: ceci se rapporte à l'espèce nommée *hypoderma bovis*, Latr., hypoderme du bœuf, et non aux œstres véritables, précédemment cités, qui tous, d'après Latreille, Fabricius, Hacquard, etc., vivent dans l'estomac ou les intestins des chevaux et des bœufs. Je sais que jamais les taons n'ont habité l'estomac des animaux, mais je crois toujours, jusqu'à confirmation d'une vérité contraire basée sur des faits, que les bœufs, vaches et moutons nourrissent des larves d'œstres comme les chevaux. Une espèce du genre *œstrus*, L., la *céphalémye*, dépose ses œufs dans les narines du mouton.

Maintenant une autre question se présente. Dernièrement des cultivateurs très-sensés m'affirmaient avoir vu des jeunes vaches qui n'avaient jamais quitté l'étable, avoir plusieurs de ces tumeurs qui recèlent la larve de l'hypoderme du bœuf, et ils concluaient de cette observation ou que cette larve naît spontanément (le peuple est très-partisan de la génération spontanée), ou que l'insecte qui l'avait pondue devait habiter les étables. Je n'ai pu affirmer qu'une chose, c'est que la larve en question était née d'une mouche. Mais cette mouche, cet œstre du bœuf, nul ne l'a vue dans notre vallée, qu'en dessin dans les almanachs, et dans quelques journaux agricoles. Je la recherche depuis longtemps, parmi les mouches qui se collent aux parois des étables, ou qui s'attachent aux bestiaux dans les pâturages, et je ne puis la rencontrer. Cependant toutes les jeunes vaches qui sont en bonne santé nourrissent sa larve. D'où vient cette larve? Pourquoi ne voit-on jamais l'insecte parfait? Il a cependant des caractères reconnaissables à première vue : longueur 11 à 14 millim. Noir, couvert de poils d'un jaune blanchâtre, troisième segment de l'abdomen à poils noirs, ailes brunâtres. Il me semble que cet insecte doit être bien rare. Je serais très-reconnaissant à celui qui m'en procurerait un ou plusieurs individus.

(*La Culture.*) X. Thiriat.

Note sur une Tenthrède très-nuisible aux Poiriers.

PAR LE Dr BOISDUVAL.

Jusqu'à présent on ne connaissait guère que la tenthrède fulvicorne vivant dans l'intérieur des fruits, nous en signalons une seconde à l'attention des arboriculteurs. Cette dernière, inconnue en France jusqu'à présent et à peine connue de quelques entomologistes allemands, est devenue depuis plusieurs années un très-grand fléau dans les départements de la Sarthe, de la Mayenne et de l'Orne. C'est par milliers qu'on la rencontre aujourd'hui dans les jardins sur les poiriers en fleurs. Cette tenthrède communiquée à notre savant collègue le Dr Sichel, a été reconnue pour l'espèce désignée sous le nom de *tenthredo* (selandria) *brevis* par Klug. Hâtons-nous de dire, toutefois, que la découverte de cet insecte destructeur au moment de son apparition, ne nous appartient pas; elle est due à M. Anjubault, bibliothécaire-archiviste de la ville du Mans, savant modeste que la mort vient d'enlever à ses amis.

C'est en 1854 que cet observateur en aperçut d'abord quelques rares individus; l'année suivante, il en voyait dans tous les jardins aux environs du Mans. Depuis lors, cet ennemi n'a cessé de se multiplier de plus en plus, et ses ravages s'étendent maintenant dans les départements voisins. En 1863, M. Anjubault qui n'avait pas à sa disposition des ouvrages spéciaux pour déterminer cet hyémnoptère, supposa que l'espèce pouvait être nouvelle et nous l'adressa sous le nom de *tenthrède cénomane*, en même temps qu'une quantité de poires renfermant des larves. Depuis ce premier envoi, nous avons reçu beaucoup de poires malades provenant de diverses localités; elles nous ont mis à même d'étudier et de bien apprécier les dégâts que cette *mouche à scie* cause aux poiriers.

L'insecte parfait est très-abondant à la fin d'avril ou au commencement de mai sur les fleurs des poiriers, mais on n'y trouve que des femelles, les mâles disparaissent après l'accouplement, et comme ils n'ont rien à faire dans les fleurs, ils ne se montrent jamais sur les arbres fruitiers. La femelle une fois fécondée s'introduit dans les corolles, dépose un œuf sur l'ovaire et passe successivement à une autre fleur jusqu'à ce qu'elle ait terminé sa ponte. Au bout de trois jours au plus, l'œuf est éclos et donne naissance à une petite larve blanche, munie de vingt pattes, qui pénètre dans le parenchyme des poirettes. Celles-ci continuent encore de grossir pendant une dizaine de jours sans se déformer; seulement elles présentent extérieurement des marbrures noirâtres qui deviennent de plus en plus intenses, puis elles se détachent des branches et tombent. Deux ou trois jours après, la larve, ayant acquis toute sa croissance, sort du fruit par un petit trou et s'enfonce en terre au pied des arbres où elle a vécu; elle se renferme dans une petite coque cylindrique où elle reste jusqu'au mois de mars de l'année suivante sans se changer en nymphe.

Il ne faut pas confondre les poires habitées par cette larve de tenthrède avec celles qui sont attaquées par une petite mouche noire à deux ailes, appelée cécidomye des poires. Dans ce dernier cas, les fruits se déforment, deviennent globuleux, et ont reçu le nom vulgaire de *calebasses*. Au lieu d'une larve à vingt pattes, ils renferment plusieurs petits vers apodes dont la métamorphose a également lieu dans la terre. Il ne faut pas non plus prendre pour la larve de la tenthrède dont il s'agit, une petite chenille à seize pattes qui ronge et laboure intérieurement la chair des poires et des pommes. Cette dernière donne naissance à un petit papillon appelé *pyrale des pommes*. Contrairement aux autres, sa présence dans les fruits n'empêche pas leur développement, on a même remarqué que ceux qui étaient *véreux* mûrissaient les premiers.

La tenthrède dont nous donnons ici la figure est, comme tous les hyménoptères, pourvue de quatre ailes; elle est d'un tiers plus petite que la mouche domestique. Sa couleur en dessous est entièrement d'un jaune pâle; ses yeux sont noirs et son front offre un petit trait transversal de la même couleur; le corselet est ferrugineux, tacheté de noir; l'abdomen est d'un brun jaunâtre varié de noir. Telle est la description de la femelle faite sur le vif. Quant au mâle, dit le Dr Sichel, il est totalement inconnu des entomologistes. Il est probable cependant qu'il devait s'en trouver quelques-uns parmi les individus que nous avons obtenus d'éclosion; mais, plus vifs et plus agiles que les femelles, ils auront bien pu nous échapper. D'ailleurs, ignorant complétement cette particularité, nous attachions si peu d'importance à cette mouche à scie, que nous n'avons pas fait attention si les individus qui éclosaient étaient mâles ou femelles. La seule chose qui nous intéressait, c'était d'obtenir quelques exemplaires bien développés, pour connaître le nom d'un ennemi qui fait perdre quelquefois toute la récolte d'un poirier. Nous avons encore en ce moment quelques larves enfoncées en terre; si elles réussissent, nous pourrons peut-être enrichir la science de ce mâle mystérieux.

Le seul moyen que nous ayons à conseiller aux arboriculteurs pour amoindrir les calamités occasionnées par cet insecte, c'est de recueillir toutes les poirettes tachetées ou marbrées de noirâtre, tombées ou tenant encore aux arbres, et de les brûler immédiatement avec les larves qu'elles renferment. Il sera bon aussi de secouer les arbres le matin sur une toile. En agissant ainsi on fera tomber une quantité de femelles, qui à cette heure de la journée, sont complétement engourdies et ne cherchent nullement à faire usage de leurs ailes.

EXPLICATION DES FIGURES.

Branche de poirier dont les fruits renferment des larves.
Poire coupée pour montrer la petite larve.
Larve grossie.
La tenthrède de grandeur naturelle.
La même, grossie. (Voir *planche VIII*.)

Des oisillons, des insectes et de la sécheresse (1).

J'ai dans le temps plaidé la cause des oiseaux ; j'ai déploré et je déplore tous les jours leur disparition de nos champs, dont ils étaient l'ornement et la vie. En voyant l'inefficacité des lois et des arrêtés édictés en leur faveur, je me suis demandé si réellement les chasses que leur faisait l'homme avaient pu seules causer cette destruction générale et creuser ce vide immense que les lois humaines sont impuissantes à combler. Je me suis demandé si aux causes susmentionnées ne venaient pas se réunir d'autres causes moins patentes, mais qui n'en sont pas moins réelles, et si les oiseaux, quelque nombreux qu'ils fussent, pouvaient suffire seuls pour arrêter la multiplication des insectes.

J'ai cru pouvoir, en conséquence, formuler les deux propositions suivantes :

1° Que les progrès agricole et forestier ont eu surtout pour résultat la disparition des oiseaux, plus que les fusils et les engins de chasse ;

2° Que les oisillons sont impuissants à détruire les insectes déprédateurs, si la rigueur des hivers, les intempéries du printemps et les insectes carnassiers ne leur viennent en aide.

Essayons de prouver ces deux propositions.

De l'extension des cultures fourragères en France date la diminution des cailles, des alouettes, de tous les oiseaux qui nichent à terre.

Des défrichements, du déboisement du sol forestier, du nettoiement et

(1) Lu au Comice agricole de Toulon dans sa séance du 4 septembre 1867.

de l'aménagement des forêts conservées date la diminution des oiseaux qui recherchent pour nicher les retraites boisées.

Autrefois les céréales couvraient une grande partie du sol français; la moisson ne commençait guère pour le centre avant la fin du mois de juillet ou le commencement d'août, et tout oiseau qui avait confié son nid aux céréales amenait à bien sa couvée. Dans le Midi même, où la moisson a lieu souvent dès la fin de juin, les couvées, favorisées par le climat, étant plus tôt adultes, étaient de même sauvées. Mais la luzerne, le trèfle et le sainfoin vinrent, à leur tour, réclamer leur part du sol arable; c'était un progrès. Je ne saurais m'élever contre; seulement je suis forcé de constater que tout oiseau qui niche dans ces séduisantes prairies ne peut élever sa famille, et fort souvent est perdu lui-même, les faucheurs et les faucheuses détruisant tout. Seuls, les oiseaux qui auront choisi les céréales auront leur famille adulte avant que la faucille ne vienne les moissonner. Malheureusement, à l'époque de la *pariade*, les blés et les autres céréales ont souvent maigre apparence, tandis que les fourrages artificiels étaient une verdure abondante et fournie, qui séduit de nombreuses victimes. Ne serait-ce pas le cas de redemander ici si la loi sur la chasse édictée sous Louis-Philippe, et qui a interdit la chasse aux cailles avec appelants, a profité à l'espèce? Cette loi date de plus de vingt ans, et, malgré sa protection, l'espèce semble diminuer graduellement; cependant, il y a trente ans, sur les côtes françaises de la Méditerranée, on chassait aux cailles à leur arrivée au printemps, et, malgré cela, nous en abattions encore de notables quantités en septembre. Il y avait aussi des filets droits ou araignés qui en prenaient énormément; les filets ont disparu, nos fusils les épargnent en mai et n'en rencontrent plus en automne. N'y a-t-il pas quelque chose de capital qui échappe à l'homme dans cette diminution étonnante? Quelques Européens de plus en Afrique ne suffisent pas à l'expliquer. Du reste, nous nous privons, et nos voisins ne se privent nullement. Il nous faudrait obtenir, par des traités internationaux, que les Siciliens et les Napolitains laissassent en paix les cailles à leur arrivée en mai, arrivée si voisine de leur multiplication. Il faudrait, sur les rives sablonneuses du Languedoc, un ombrage artificiel qui, en leur offrant un abri perfide, ne fût pas cause de leur perte.

Sans doute, il est des coutumes qu'il est fort difficile de déraciner, les habitants de certaines localités considérant la venue des cailles comme une manne que le ciel leur envoie, et qu'on n'a pas le droit de leur disputer. D'autre part, n'est-ce pas de la barbarie de détruire l'oiseau au moment même où il va se reproduire ? Des arrêtés, quelques gendarmes pour les faire exécuter, quelques agents supplémentaires sur certains points du littoral, du 15 avril à la fin mai, suffiraient pour réprimer ces infractions, et force resterait à la loi.

Il existe au sud de Toulon une terre avancée dans la mer, la presqu'île du Brusq ; à leur arrivée en mai, on y prenait par milliers des motteux ou culs blancs, ainsi que des traquets et d'autres oisillons, qu'on portait par sacs au marché de Toulon, où ils étaient vendus librement. Un beau jour, cependant, l'autorité s'émut ; une nouvelle loi sur la chasse avait paru, et la destruction cessa. Il faut, cependant, qu'on s'y soit pris trop tard, car, depuis lors, on ne voit presque plus de culs blancs. N'y a-t-il pas là encore quelque cause anormale et cachée plus terrible dans ses effets que tous les engins de l'homme? Cette cause, nous croyons pouvoir la nommer en mentionnant les sécheresses exceptionnelles qui, depuis longues années, désolent le midi de la France, et finiront, si elles continuent, à rendre la Provence, et peut-être le Languedoc, pareils à la stérile Judée. Nous n'hésitons pas à ajouter encore que le défrichement du sol forestier, de même que le nettoiement des forêts conservées, a pour double résultat la diminution des oiseaux et du gibier et les sécheresses anormales que nous éprouvons.

Je m'étendrai peu sur la première assertion ; il est facile de concevoir que, dès que l'homme pourra traverser les forêts en tous sens, il n'y aura plus de sécurité ni de retraite assurée pour les oiseaux ; leur nids seront plus facilement la proie des bûcherons, qui y seront plus fréquemment, mais surtout de leurs enfants, qui, étant inoccupés, sont constamment à marauder. Il seront aussi plus aisément trouvés et détruits par les fouines et autres animaux de rapine. J'ai ajouté, comme cause dépopulative, les sécheresses exceptionnelles, car c'est surtout dans ces tristes années où l'on rencontre des compagnies de perdreaux de deux, de trois individus jeunes.

Cette année 1867, si chaude et si sèche, où mes raisins vendangés dans le terroir d'Hyères, le 21 du mois d'août, m'ont donné un vin presque sirupeux, trente ruches d'abeilles nous ont fait, au printemps, trois essaims seulement. Les vendangeuses observaient qu'il y avait fort peu de guêpes. Or, si la sécheresse arrête la multiplication d'insectes se nourrissant de plusieurs sortes d'aliments, qui, par leur diversité, ne peuvent manquer tous en même temps, comme les baies et fruits de toute espèce; si la disette d'eau arrête leur multiplication, cette disette ne doit-elle pas influer terriblement sur les petits des oiseaux, surtout sur les cailletaux, les perdreaux, etc.? Un braconnier m'affirmait que, sur une colline voisine d'une de mes propriétés, il avait compté quatre paires de perdrix. Eh bien! ajoutait-il, pas une n'a peuplé; je vois toujours les vieux, et n'ai pas aperçu un seul jeune. Ne peut-on pas croire que les jeunes sont morts peu après leur éclosion par suite du manque d'eau? Et le cul blanc? Celui-là ne recherche ni les blés, ni les prairies, ni même les forêts; il niche sur les plateaux pierreux et dénudés, sur les côtes arides qui abondent dans nos contrées; la houe du cultivateur, ni la hache du bûcheron ne sont point venues le chasser de ses retraites solitaires; on ne le prend plus par milliers au printemps, et cependant on n'en voit presque plus en automne: serait-ce encore la sécheresse qui s'opposerait à sa multiplication?

Mais d'où viennent ces sécheresses anormales qui semblent s'accroître d'année en année? Essayons d'en rechercher la cause au point de vue de nos contrées.

Dans la Provence, comme dans le Dauphiné, le sol forestier est placé sur des pentes plus ou moins déclives. Or, si ces pentes sont garnies non-seulement de bois, mais aussi de broussailles serrées, une grande partie des eaux pluviales est retenue, le sol s'abreuve des rosées qui se prolongent, une évaporation humide en est la conséquence naturelle. Que ces mêmes bois soient purgés de ces broussailles qu'on dit inutiles ou même nuisibles, les eaux pluviales mouillent à peine la surface du sol et vont rapidement à la mer. Même effet dans les forêts aménagées, soigneusement nettoyées, même effet sur les parties gazonnées. Mais, si le sol gazonné est difficile à s'imprégner, il est, en outre, impuissant à résister aux eaux torrentielles qui sillonnent les flancs décharnés des montagnes alpestres. Seuls, les arbres forestiers, infiltrant leurs racines dans les fissures des roches, peuvent fixer la terre sur les pentes et les contre-forts; mais il faut que ces arbres soient serrés, ou bien que le sol soit garni de broussailles pour retenir et absorber les eaux. Je ne citerai pas tous les cours d'eau qui ont tari par suite de défrichements; je n'en finirais pas. Mais ce qu'il y a de certain, c'est que, depuis que, pour soustraire aux ravages du feu les forêts de chênes-liége des Maures, on nettoie ces forêts, les nombreuses sources qu'on y trouvait et qui n'avaient jamais tari se trouvent fort souvent sans eau en août. Entre autres faits remarquables, je ne puis m'empêcher d'en citer un qui se passe en quelque sorte sous nos yeux, et qu'il serait, par conséquent, très-facile de vérifier : Un éminent agriculteur de la vallée de Sauvebonne, terroir d'Hyères, avait auprès de sa maison des champs une petite source qui coulait toute l'année. Cette source était dominée par un plateau recouvert de chênes-liége ; pour faire prospérer ces arbres précieux, notre agronome fit enlever les broussailles qui entouraient ces arbres ; à partir de cette suppression, la fontaine devint intermittente, et coula du coucher du soleil à son lever, c'est-à-dire durant tout le temps où l'action évaporatrice de cet astre était nulle. Elle cessait de couler dès que se manifestait la chaleur solaire ; enfin son eau disparaissait entièrement quand soufflaient les vents desséchants de l'ouest. Voilà qui dit plus que toutes les dissertations possibles, et me dispense de les continuer.

(*A suivre.*) A. PELLICOT,
Président du Comice agricole de Toulon.

Travaux apicoles de la saison.

A mesure que les nuits s'allongent, la température devient de plus en plus basse pendant le jour, et les abeilles sortent de moins en moins de leur ruche. Il arrive cependant que le début de l'automne soit un véritable printemps, moins l'abondance des fleurs, si ce n'est dans les cantons de bruyère et de sarrasin. L'activité des travailleuses est alors très-grande partout où se trouvent des fleurs ; celles qui sont à la montagne, où s'épanouissent les labiées, butinent un miel qui vaut presque celui du printemps. A la bruyère et aux sarrasins retardés, elles trouvent encore d'amples provisions. Ailleurs, les fleurs devenant de plus en plus rares et produisant peu de miel, les abeilles ne s'appliquent plus qu'à recueillir tout le pollen qu'elles rencontrent ; elles en apportent des pelotes aussi grosses qu'au printemps. Une partie de ce pollen pourra être utilisé de suite pour une éducation de couvain qui se prolongera plus ou moins en automne, et le reste sera conservé pour la première éducation printanière, qui, selon les localités, commence de la seconde moitié de décembre à la dernière de février.

Partout où les fleurs font défaut, on doit, sans plus tarder, procéder à la réunion des colonies sans provisions et de celles qui offrent des défectuosités, soit par l'âge avancé des édifices ou de la mère, soit par l'insuffisance de population. Pour les ruches communes remplies de rayons, les réunions peuvent encore se faire par la chasse des abeilles de la ruche qu'on veut vider. Pour celles non pleines, il faut employer l'asphyxie momentanée (voir *Cours d'apiculture* pour les divers modes d'opérer). Les ruches à chapiteau, dont le corps de ruche est droit et le plancher plat, sont faciles à réunir; on n'a qu'à poser l'une sur l'autre les deux ruches à réunir. On pose dessus celle dans laquelle on désire que les abeilles se groupent, et on force les habitants de la ruche inférieure à monter dans la ruche supérieure, en leur projetant un certaine quantité de fumée. D'ailleurs, il faut commencer l'opération par enfumer jusqu'au bruissement les abeilles des deux ruches, et la réunion a ensuite lieu facilement et sans combat entre les abeilles, lorsque les rayons de la ruche supérieure touchent au plancher de la ruche inférieure. Lorsqu'ils n'y touchent pas, il faut employer des morceaux de gâteaux pour faire échelle. Mais on a plus vite opéré en asphyxiant momentanément les abeilles de la ruche à réunir, que l'on verse dans celle qui doit loger la réunion.

De toutes les ruches, celles à hausses de même diamètre sont les plus faciles à réunir. Après avoir enfumé les abeilles des deux ruches à marier, on fait une superposition de ruches ou seulement des hausses qui logent les abeilles et leurs provisions, et le reste se fait tout seul. La ruche à cadres verticaux rend aussi les réunions faciles, mais l'opération est un peu plus longue que pour la ruche à hausses; en outre, l'opérateur est obligé de se mettre en contact avec les abeilles, ce qui ne va pas à tout le monde.

Tout possesseur d'abeilles placé dans une localité où les fleurs font défaut n'attend pas plus tard que la mi-septembre, s'il comprend son affaire, pour compléter l'approvisionnement des colonies nécessiteuses, de toutes celles qui ont des populations faibles, mais du miel en quantité insuffisante pour passer l'hiver. Il n'en possède que de populeuses, car il n'a conservé que des essaims forts et il réunit toutes les souches faibles. Pour nourriture à cette époque, il emploie le miel seul ou le sucre mêlé au miel secondaire, ce qui vaut au moins autant et est plus économique. S'il fait usage de sirop de fécule, il faut qu'il le mêle au miel ou au sucre dans de faibles proportions.

Le nourrissement doit être pratiqué le plus vitement possible. Une quantité de nourriture absorbée en une nuit profite mieux qu'absorbée en deux ou trois. Plus il est rapide, mieux il vaut, et il est d'autant plus rapide qu'il est fait tôt, car les nuits encore chaudes permettent aux abeilles de se tenir au bas de leurs rayons et de prendre facilement la nourriture qu'on leur présente. Si les nuits commencent à fraîchir, il faut présenter tiède la nourriture. Les nourrisseurs ne doivent rester dans la journée que dans le cas où les abeilles des ruches voisines ne peuvent les éventer et les atteindre. H. H.

Vers à soie de l'ailante (suite).

Les cocons du vers à soie de l'ailante sont placés dans des lieux plus ou moins chauds suivant que l'on désire hâter ou retarder la sortie du papillon; on les met dans un endroit un peu froid et sans feu lorsque l'on ne veut obtenir qu'une seule récolte, parce qu'il faut alors que l'éclosion de la graine soit tardive; on tient au contraire les cocons dans une pièce chauffée pour activer la sortie des papillons dans les pays où il est possible d'obtenir deux récoltes. En poussant même l'éclosion printanière, on obtient jusqu'à trois récoltes, dans le Midi et l'Algérie; la première finit vers le milieu de juin, la seconde dans le milieu d'août et la troisième à la fin d'octobre; mais il est toujours préférable de suivre l'exemple des Chinois et de se borner à deux récoltes.

Vers la fin de mai ou dans le commencement de juin, les papillons sortent des cocons le matin et ils y restent accrochés tout le jour, pour développer leurs ailes; mais il faut pour cela que les cocons aient été conservés dans une chambre où la température ne se soit jamais élevée au-dessus de 20 degrés centigrades, et ne soit jamais tombée au-dessous de 10 degrés.

Chaque soir, les papillons éclos, mâles et femelles, sont placés dans un panier, dans une corbeille en osier, dans un garde-manger en toile métallique, dans une cage à parois de grosse toile transparente, ou bien encore tout simplement dans une caisse percée de trous, que l'on couvrira avec une toile d'emballage; dans tous les cas, il faudra bien avoir soin que les papillons aient le plus d'air possible.

On a même remarqué que la fécondation a lieu dans de meilleures conditions, lorsque les papillons restent dehors pendant la nuit; M. le comte de Lamote-Baracé se félicite d'avoir fait usage de ce moyen; il assure que sur 100 femelles, cinq tout au plus n'ont pas donné de résultats satisfaisants, toutes les autres avaient trouvé des maris; il n'en était point ainsi dans l'intérieur de l'appartement.

Les accouplements se font pendant la nuit; le lendemain matin, on prend les couples, sans les désunir, on les place avec précaution dans une boîte (de ponte) recouverte avec une gaze grossière, les mâles ne tardent pas à quitter les femelles, on les retire, et ces femelles commencent à pondre contre les parois de la boîte, ce qui durera trois ou quatre jours au plus ; suivant la température de chaque matin on répétera l'opération que nous venons d'indiquer.

Tous les jours les femelles sont changées de boîte, afin que l'on puisse facilement recueillir les œufs pondus pendant la nuit; pour cela il suffit de les détacher des parois avec l'ongle, avec un couteau de bois ou avec tout autre instrument du même genre; ces œufs sont ensuite mis dans une petite boîte en carton sur laquelle on inscrit la date de leur ponte; cette boîte ne sera pas couverte, et on la tiendra dans une pièce chauffée de 22 à 25 degrés centigrades dans laquelle on tâchera d'entretenir toujours une vapeur d'eau, afin d'avoir une humidité favorable à l'éclosion des œufs.

10 ou 12 jours après, et de grand matin, les petits vers commencent à apparaître; pour les recueillir, on place sur les œufs quelques feuilles tendres d'ailante et provenant de rejetons, en ayant soin de mettre la face inférieure des folioles du côté de ces œufs ; les petites chenilles montent pour commencer à ronger les bords ; bientôt les feuilles en sont chargées, on les enlève délicatement en les remplaçant par d'autres, on les met sur des bouquets de feuilles entières dont la queue plonge dans des bouteilles pleines d'eau ou dans des baquets contenant de l'eau et recouverts d'une planche percée de trous, destinés à recevoir la tige des feuilles.

Les jeunes vers recherchent la nourriture fraîche, abandonnent les feuilles anciennes pour aller sur les nouvelles, et restent là deux ou trois jours sans avoir besoin d'autres soins ; cependant nous devons faire observer qu'il sera nécessaire de garnir le goulot des bouteilles d'un tampon de papier ou de linge, afin d'empêcher de se noyer aux chenilles qui descendent le long des tiges; on placera aussi au pied des bouteilles quelques feuilles sur lesquelles se réfugieront les vers qui viendraient à tomber par accident.

Lorsque les feuilles des bouteilles sont en grande partie dévorées, on met tout à côté d'autres bouteilles garnies de rameaux frais, et ces vers ne tardent pas à s'en emparer.

Il serait dangereux de tenir les chenilles dans une pièce dans laquelle la température serait trop élevée, car on s'exposerait ainsi à éprouver de nombreuses pertes ; il faut, au contraire, renouveler l'air continuellement, tenir les portes ouvertes; il est tout simple que l'éducateur obtienne des résultats satisfaisants en se rapprochant le plus possible de la nature; le *cynthia* est élevé en plein air dans la Chine, par conséquent on doit tâcher d'en faire autant en France; les procédés factices et trop civilisés conviennent généralement peu à tous les animaux qui ont l'habitude de vivre à l'état sauvage, et lorsque l'on veut les acclimater, il est absolument nécessaire de ne pas s'éloigner des lois qui les régissent.

Divers systèmes ont été pratiqués dès le début pour l'éducation du ver à soie de l'ailante; les uns ont pensé que trois ou quatre jours après l'éclosion on pouvait transporter les jeunes chenilles sur les arbres, et ensemencer ainsi en quelques sorte les haies d'ailantes; d'autres ont cru qu'il était nécessaire d'attendre que les vers fussent arrivés à la deuxième ou à la troisième mue ; les plus sages, enfin, ont décidé que ces petits animaux ne pourraient se défendre sérieusement contre leurs ennemis, et ils sont nombreux, que lorsqu'ils seraient arrivés à leur cinquième âge.

Ceux qui ne voient aucun inconvénient à mettre les chenilles sur les arbres trois ou quatre jours après l'éclosion, procèdent de la manière suivante : on sort les bouquets des bouteilles, on les place dans des corbeilles que l'on transporte dans la plantation, et on les fixe l'un après l'autre aux rameaux des buissons d'ailante au moyen d'un fil, de façon que le vent ne puisse les faire tomber avant que les chenilles ne se soient répandues sur les feuilles vivantes; on tâchera de ne pas trop surcharger les arbres, afin que ces chenilles ne manquent pas plus tard de nourriture ; c'est l'habitude seule qui servira de règle dans cette circonstance.

Il n'est plus nécessaire de s'occuper des vers à partir de ce moment, seulement il faut les préserver des oiseaux, des attaques des fourmis, des guêpes, des coccinelles, vulgairement appelées bêtes du bon Dieu, des araignées, etc. L'éducateur atteint ainsi rarement le but, aussi ce système paraît-il généralement abandonné.

Il est préférable, sous tous les rapports, d'attendre pour garnir les arbres que les vers aient atteint leur troisième âge, c'est-à-dire le treizième ou le quatorzième jour après l'éclosion, en ayant soin de ne point pratiquer ce changement à l'époque du sommeil, c'est-à-dire de la mue.

Les procédés signalés par M. Givelet sont encore meilleurs; cet habile sériciculteur ne place les vers sur les arbres que lorsqu'ils sont arrivés à leur cinquième âge, et voici comment il agit pour les conduire à cette période de leur existence :

Lorsqu'une éducation se fait sur une large échelle, il devient impossible de faire usage de bouteilles, car il en faudrait une trop grande quantité, ce qui donnerait un embarras extrême ; il a donc été absolument nécessaire de trouver un système plus simple et moins encombrant. M. Givelet s'est arrêté à l'appareil suivant :

Une boîte de bois blanc de 1 mètre 70 de longueur sur 70 centimètres de largeur et 28 seulement de hauteur, garnie de zinc à l'intérieur, montée sur un pied de 60 centimètres de hauteur, suffisamment solide pour résister à un certain poids, car elle est destinée à être remplie d'eau jusqu'au bord. Le dessus de cette boîte est mobile, il est composé de deux plans de volige superposés et fixés à de légères traverses qui les maintiennent à cinq centimètres l'un de l'autre. DE LAVALETTE.

(*A suivre.*)

La sériciculture à l'Exposition universelle (1).

L'épizootie terrible, dont le terme semble reculer de plus en plus et se dérober à nos espérances, explique pourquoi l'Exposition nous offre à peine de spécimens de magnaneries. La grande culture de la soie disparaît pour faire place à de petites éducations, n'engageant que les plus faibles capitaux, et les personnes les plus expérimentées se bornent à des tentatives de grainage très-lucratives pour elles, quand leur localité se trouve dans de bonnes conditions hygiéniques, mais qui profitent malheureusement bien moins à l'intérêt général, car les meilleures graines ne tardent pas à donner une descendance infectée quand on les transporte.

La France occupe nécessairement le premier rang dans tout examen méthodique de l'Exposition de 1867, puisqu'elle présente le plus grand nombre d'exposants et rend dès lors les points de comparaison plus faciles et plus multipliés quand on passe aux pays étrangers.

(1) Les *Insectes utiles et les insectes nuisibles*, par M. Maurice Girard (extrait de sa publication spéciale sur l'Exposition universelle de 1867, par la Société impériale zoologique d'acclimatation). — Librairie agricole de la *Maison rustique*, rue Jacob, 26, à Paris.

Les produits de la sériciculture française se trouvent surtout rassemblés dans la classe XLIII, galerie 5 du palais. Le plus simple sentiment de justice m'amène à parler d'abord d'une exposition de types d'insectes sérigènes, faite au point de vue de l'étude pratique, par M. Guérin-Méneville, que sa position mettait hors de concours. On peut suivre dans une série de cadres les spécimens de tous les producteurs de soie dont l'introduction en France a été tentée avec des succès variables par M. Guérin-Méneville, ou à laquelle il a contribué pour sa part. On passe successivement en revue, dans cette collection, les atticides suivants : *Attacus cecropia*, de l'Amérique du Nord, cocon ouvert, nourri de prunier, succès médiocre; *A. polyphemus*, à beau cocon fermé, dévidable en soie grége, élevé depuis quatre ans en grand à Boston par M. Trouvelot ; *A. Roylei*, de l'Himalaya, envoyé par M. Hutton, essayé en 1864 sur le chêne, à cocon anguleux à plusieurs enveloppes, insuccès ; *A. mylitta*, avec cocon de soie *tussah* obtenu en France, élevé plusieurs fois sur le chêne, ne s'accouplant pas; le même fait se reproduit cette année même à la magnanerie du bois de Boulogne; *A. yama-maï*, introduit dès 1861, et dont nous aurons à reparler en détail, succès partiels; M. de Bretton, en Autriche, a obtenu près de 300,000 œufs de cette espèce en 1866, et il a dû faire en 1867, sur une grande échelle, trois éducations en Moravie, en Autriche, en Esclavonie; A. *hesperus*, de la Guyane, apporté par M. Micheli, à cocon ouvert dévidé par M. Forgemol, espèce à exploiter sur place et dont l'acclimatation n'est pas à tenter, car elle est originaire d'un climat trop chaud; même remarque pour *A. Bauhiniæ*, du Sénégal, envoyé par M. le général Faidherbe, à cocon fermé, dévidé par M. Forgemol; *A. atlas*, immense papillon de l'Himalaya, nourri sur l'épine-vinette, à cocons envoyés par M. Hutton, de Musorée, avec éclosion en France, non suivie de reproduction. On doit citer surtout M. Guérin-Méneville pour les deux espèces auxiliaires asiatiques du type *cynthia*, qui figurent dans son exposition. L'une est l'A. *arrindhia* ou du ricin, élevée en 1854 pour la première fois par M. Milne Edwards, et dont la propagation fut aussitôt entreprise par la Société d'acclimatation fondée la même année; elle a peu d'intérêt pour nous, en raison de la faiblesse en soie du cocon, et surtout à cause de l'impossibilité de nourrir la chenille en hiver dans nos climats. Cependant M. Vallée, au Muséum, élève toujours une race provenant de métis et presque entièrement revenue au type *arrhindia* pur, avec ce fait intéressant qu'il est parvenu à obtenir des chrysalides passant l'hiver. Au contraire, la seconde espèce ou race, l'*A. cynthia vera*, ou de l'ailante, soit pure, soit hybridée avec l'autre, a pour nous une grande importance; ces métis sont élevés sur le ricin au Paraguay et dans la confédération Argentine. Envoyée d'Italie à M. Guérin-Méneville, l'espèce fut introduite par lui en France en 1858, et élevée immédiatement avec succès par plusieurs personnes, notamment par Mme Drouyn de Lhuys. Aujourd'hui, c'est-à-dire en moins de dix ans, l'espèce est non-seulement acclimatée, mais naturalisée à l'égal des insectes indigènes; elle devra figurer dans les catalogues de Lépidoptères français, comme la *Chariclea Delphinii*, noctuelle introduite d'Orient depuis longtemps avec le pied d'alouette des jardins. Ainsi, pour ne citer qu'un exemple personnel, j'ai reçu cette année des papillons très-vigoureux de cette espèce, provenant des ailantes de jardins, pris rue de Vaugirard et rue des Postes à Paris. Je suis persuadé que ce succès complet de l'acclimatation doit ramener l'attention sur cet insecte, puisqu'on peut en faire l'éducation à l'air libre et sans frais. On ne saurait nier que son cocon ouvert ne soit médiocrement soyeux, mais M. Aubenas, de Loriol, a prouvé qu'on peut le dévider en grand en soie grége, et n'attend pour lui livrer sa filature que le jour où les producteurs le lui fourniront d'une manière assurée en quantité considérable.

Il faut entreprendre les éducations du ver de l'ailante dans des conditions spéciales qu'on ne doit pas omettre si l'on veut attendre un produit rémunérateur. On fera bien de s'en abstenir dans le centre et le nord de la France, où le climat rend incertaine la réussite de la seconde génération de l'année; il n'en est pas de même dans les localités arides du Midi, dont on pourra planter en ailante les coteaux presque incultes; on sera assuré de deux récoltes; on ne craindra pas les oiseaux pour la première, vu le manque d'eau, ni les guêpes pour la seconde, si l'on opère assez loin des villes.

En reprenant, après cette digression inspirée par un sujet qui rentre si complétement dans les attributions de notre Société, l'exposition de M. Guérin-Méneville, nous aurons à indiquer un dernier cadre destiné à montrer la grande extension géographique qu'a reçue l'espèce de ver à soie ordinaire. On y trouve associés des cocons blancs, de Cayenne, de l'éducation de M. Micheli; des cocons jaunes, effilés, pointus, assez médiocres, du cap de Bonne-Espérance, par M. Hiddingh; de beaux cocons blancs et nankins, de Quito, dont la graine se trouve chez M. Antony Gelot; enfin une éducation faite en Pologne par MM. Kurtz et Hignet, ayant donné de très-gros cocons, les uns blancs, les autres d'un jaune soufré.

Dans la même salle, une grande vitrine montre au public les résultats obtenus par M. Chabod fils, de Lyon, des exemplaires tirés de la magnagnerie et non triés, ce qui est le mieux quand on expose. Les éducations Chabod se font sur branchages, et les papillons éclos pondent sur toile. On pouvait voir ces éclosions dans la première quinzaine de juillet; les rameaux, pleins de cocons, offraient des japonais blancs de 1866; et une seconde éclosion de race du même pays, en août 1866; des cocons d'un jaune nankin, d'un grain un peu gros, mais bien fournis; des cocons jaunes de graine du pays, éducation de 1866; d'énormes cocons blancs de race perse, dont une première éducation a été faite à Lyon; mais les grosses femelles à ventre graisseux et dénudé qui se traînaient à Paris sur la vitrine n'indiquaient que trop la dégénérescence, et ne devaient donner qu'une mauvaise graine; c'est là le triste résultat que présentent aujourd'hui presque toutes les graines introduites en France; succès d'abord, puis générations infectées. Un carton de cocons indique des races diverses qui ont été élevées par la maison Chabod; ce sont : Perse, blancs, déjà cités; Macédoine, cocons jaunes et blancs, médiocres de forme, un peu pointus; Nouka et Buckarest, gros cocons d'un jaune nankin; deux beaux lots de cocons français, blancs et nankins, gros, bien faits, fournis; deux lots japonais blancs et verts (c'est-à-dire d'un jaune verdâtre), petits, très-bien faits, comme le sont d'habitude les japonais, bien étranglés au milieu et arrondis aux bouts. Un autre cadre offre des cocons choisis, mais sans indication de dates pour l'éducation, d'un grand intérêt comme types de belles races : 1° Balkans (Russie asiatique), d'un jaune vif, gros, un peu longs; 2° Perse, blancs et nankins, énormes cocons longs et larges; 3° Bulgarie et Valachie, blancs et jaune-verts, gros cocons un peu pointus; 4° Nouka (Caucase, Russie d'Asie), cocons longs, de divers jaunes : 5° Bucharest, cocons pointus, nankins et jaunes vifs; 6° Philippotins (Levant), cocons blancs, assez gros, médiocrement faits; 7° Macédoine, jaunes vifs, jaunes vert pâle, blancs, cocons très-pointus; les races macédoines m'ont partout paru médiocres; 8° Chine, blancs et jaunes, cocons moyens, bien faits; 9° Japonais, blancs et verts, petits, très-bien faits; 10° Français, les uns ovales et d'un jaune nankin, les autres ovales et blancs, d'autres, enfin, jaunes nankins, oblongs, à bouts ronds. Ces trois dernières séries sont magnifiques; ces cocons français sont un peu moins gros que ceux de Perse, d'un grain plus régulier, moins bosselés. Malheureusement, ces cadres ne nous disent pas si les graines de ces belles races existent encore saines, et ce serait l'important.

M. Chabod fils s'est aussi occupé des espèces auxiliaires, et c'est ce qui rend son exposition de grainage la plus complète parmi les exposants français. On y trouve parmi les cocons fermés, des cocons de l'*A. mylitta*, les uns de l'Inde, les autres de *Schangaï*, avec échantillons des soies que donnent les diverses robes de cocon ; l'*A. Pernyi* (ver à soie du chêne de Mantchourie), qui a été élevé autrefois à Lyon ; l'*A. yama-maï* du Japon, avec des échantillons de soie filée ; dont les cocons ouverts sont ceux des A. *arrindia* et *cynthia vera*, qui sont très-ordinaires comme qualité, et de grands cocons gris, pédonculés, à cordon d'attache plat, analogues de forme et de couleur à ceux du ver à soie de l'ailante, sans étiquette nominale. Ce sont des cocons de l'*A. aurota*, espèce commune au Brésil. Cette espèce a pour les membres de la Société un intérêt tout actuel. Un grand nombre de ces cocons a été remis à la magnanerie du bois de Boulogne, par M. Dionisio Martins, commissaire du Brésil à l'Exposition universelle, et on a pu voir pendant le mois de juillet les magnifiques papillons, aux ailes marquées de grandes taches nacrées trigones et veinées de pourpre; pour la première fois, cette espèce s'est reproduite en France, et, après des essais variés et infructueux, on a reconnu que les petites chenilles mangent la feuille du fusain avec laquelle M. J. Pinçon procède en ce moment à leur éducation. Il faut faire cette remarque que c'est là une exhibition de curiosité scientifique, car l'*A. aurota* appartient à un pays trop chaud pour que son acclimatation soit appropriée à notre climat; seulement l'attention se trouve appelée sur une espèce dont on pourra tirer parti au Brésil pour l'usage local et pour l'exportation.

MAURICE GIRARD.

(*A suivre.*)

Les prix des soies ont peu variés. A Lyon et à Marseille, les transactions ont continué d'être calmes. — Les autres produits des insectes sont restés au cours précédents.

L'Éditeur-propriétaire : E. DONNAUD.

Paris. Imprimerie de E. DONNAUD, rue Cassette, 9.

N°. 9. 1re ANNÉE. Octobre 1867.

L'INSECTOLOGIE AGRICOLE

SOMMAIRE :

Bulletin insectologique.

Distinctions accordées à la sériciculture et à l'apiculture au Champ-de-Mars et à Billancourt (classe 81 ; instruments, appareils).

Sériciculture. *Médaille d'or :* MM. J.-B. Dufour, à Annonay; le comte de Gors-Pannilini, à Sienne (Italie); Personnat, à Laval.

Appareils pour l'éducation des vers à soie (concours). *1er prix :* M. le chevalier del Prino à Vesine (Italie), système cellulaire pour l'éducation des vers à soie ; 2e, M. Scavezzani, à Cardenodolo (Italie), magnanerie tournante pour petite exploitation ; 3e, chambre de commerce et des arts d'Alexandrie, à Abiandi (Italie), application et propagation du système del Prino ; 4e, chambre de commerce et des arts de Cueno, à Cueno (Italie), application et propagation du système del Prino.

Apiculture. *Médaille d'argent :* MM. Hamet, à Paris; Krug, à Gros-bliedorfs (Moselle); Mauget, à Argences; Mona (Suisse); Neighbourg et fils, à Londres; Polmann (Prusse); Thomas Valiquet (Canada); Warquin, à Bellevue (Aisne). — *Médaille de bronze :* MM. Buschardi (Saxe); Delinotte (Paris); Gérardin (Meurthe); Klikosky (Russie); Lovey (Grande-Bretagne) ; Pettitt (Angleterre); l'abbé Sagot (Seine-et-Oise); Thierry Mieg (Haut-Rhin).

Une médaille d'argent a été accordée à M. Eugène Robert, de Bellevue près Meudon, pour ses moyens de destruction des insectes qui attaquent les arbres forestiers, et pour sa collection de bois attaqués.

Création d'escargotières. — Un industriel de Paris, en voyant les escargotières de Bourgogne donner des produits superbes, a imaginé de créer de ces établissements sur les talus des déblais dans lesquels passe le chemin de fer de Paris à Auteuil. La réussite a été complète. Maintenant il s'occupe de créer de nouvelles escargotières sur les deux côtes du chemin de fer de Paris à Rouen.

Limaces et limaçons ; moyens de destruction. Dans le compte rendu annuel de ses travaux, la Société d'agriculture de la Gironde s'exprime ainsi sur le compte des limaçons : « Cette année, les limaçons ont été beaucoup plus nombreux et plus âpres à la curée qu'en 1866. Autrefois, la chasse avec la main de l'homme était possible; c'était la plus efficace. Aujourd'hui, elle est devenue impossible pour la majeure partie des propriétaires. L'invasion de ces ennemis est presque instantanée. Il faut saisir l'heure et le jour pour les détruire. Tout retard, le plus petit délai, peut être extrêmement fatal. Dans le Médoc, on a recours aux volières pour se préserver de ce fléau. On dispose, dans chaque vignoble, de petits troupeaux de volatiles. Pendant les mois d'hiver, les canards font merveille dans les vignes nues. Mais aussitôt que les premiers boutons s'entr'ouvrent pour montrer les contours des petites folioles aux rayons du soleil, il faut se hâter de substituer la poule au canard ; le bec du palmipède est meurtrier pour le jeune bouton de la vigne. Cette organisation des volières ambulantes dans les vignobles du Médoc a produit d'excellents résultats toutes les fois qu'on a pu préserver les troupeaux ailés de la rapacité des maraudeurs. »

D'autres moyens ont été indiqués. Un propriétaire a composé une pommade à laquelle il a donné son nom, dont les effets toxiques arrêtent la marche de ces parasites; mais l'emploi de ce moyen exige des sacrifices de temps et d'argent qui rendent l'opération très-onéreuse.

En résumé, la Société d'agriculture de la Gironde recommande aux propriétaires de vignes ravagées ordinairement par les limaçons, la pratique des volières ambulantes du Médoc. Ailleurs le poulailler roulant de M. Giot, de Chevry, peut rendre de grands services.

H. Hamet.

Les papillons nuisibles.

Les papillons ne sont pas nuisibles par eux-mêmes ; ils n'ont ni mâchoires, ni pinces, ni aiguillons. Ils ne se nourrissent que du miel des fleurs, qu'ils puisent dans leurs corolles parfumées, au moyen d'une trompe roulée en spirale, leur seul organe de manducation. Quelques-uns même ne mangent pas du tout ; exemple: le papillon du ver à soie. Mais le plus grand nombre, presque tous, sont très-nuisibles dans leur état intermédiaire de *chenilles.* Sous cette forme, ils dévorent soit les feuilles des arbres, soit leurs fruits, et même le bois intérieur de leur tronc (*Cossus ligniperda*). Les dégâts qu'ils font alors, tant dans les forêts et les parcs que dans les jardins, sont énormes, et méritent d'être signalés.

L'approche de l'hiver n'est pas positivement l'époque de l'apparition des papillons : c'est pendant les beaux jours de printemps et d'été qu'on voit voltiger de tous côtés ces jolis insectes que les poëtes ont surnommés *fleurs ailées, fleurs animées, diamants du ciel.* Toutefois, même en octobre et en novembre, on trouve encore dans les prés, dans les jardins, sur les buissons, quand le soleil brille, des papillons attardés, voletant tant bien que mal, et auxquels les naturalistes ont donné les noms de piérides, de bombyx, de sphinx, de noctuelles.

C'est surtout au mois de novembre qu'on doit surveiller l'apparition de ces insectes, dont plusieurs sont de grands destructeurs. On les connaît sous le nom de *chenilles d'hiver.* Ne trouvant plus rien à manger, elles se mettent à l'abri des pluies et du froid sous les écorces, dans les trous des vieux murs, sous les feuilles sèches des forêts, dans le sol ; elles s'y engourdissent, et attendent le retour du printemps. Cette engeance retrouve avec les beaux jours toute son activité, et réunie à une foule d'autres chenilles de leur espèce et de nouvelle éclosion, nées d'œufs déposés par des papillons qui ont disparu et qui ne doivent pas voir leur postérité, elle devient alors un fléau pour l'horticulteur, l'agriculteur et le forestier.

Il faut donc leur faire la chasse en toute saison, sous toutes leurs transformations, et surtout en hiver, parce qu'il est plus aisé de s'en emparer et de les détruire sous forme d'œufs ou de larves, qu'après leur métamorphose définitive en papillons.

Guerre donc à ces papillons blancs, du nom de *piérides*, aux ailes supérieures marquées de points noirs, dont la larve dévaste les potagers et particulièrement les plants de choux ;

Guerre à ces papillons du nom vulgaire de *cul-bruns*, nés de chenilles communes au printemps, souvent très-nombreuses, envahissant dans le cours de certaines années des forêts entières, dépouillant les arbres, amenant parfois leur mort, et connus par les entomologistes sous le nom de *chrysorrhées* ;

Guerre surtout à ce papillon du nom de *Livrée* (*Bombyx neustria*), qui dépose ses œufs en cercle, sous forme d'anneau, autour des branches des arbres fruitiers, et d'où naîtra une légion de chenilles qui dévoreront au printemps les bourgeons à fruits et les fleurs naissantes ;

Guerre encore à cet autre papillon du nom vulgaire de zigzag (*Bombyx disparate*), dont la femelle, dissemblable du mâle, dépose tous les ans une centaine d'œufs (d'où autant de chenilles) le long des tiges des arbres, sous les écorces, dans les moindres anfractuosités, avec la précaution de les recouvrir d'un duvet sombre qui les dissimule aux yeux et les protége contre les intempéries de l'hiver ;

Guerre à l'*alucite*, ce petit papillon de la nature des teignes qui dévorent nos vêtements (tinéides), dont une espèce ravage au printemps les potagers et même les arbustes (*tinea cerasiella*), et dont une autre espèce plus nuisible, fameuse dans les fastes de l'agriculture, fléau des moissons, fit de grands ravages dans l'Angoumois en 1770 ; — l'*alucite du blé* ;

Guerre à la *pyrale*, cousine germaine de la précédente, mais classée parmi les tordeuses (*tortrices*), parce que sa chenille à seize pattes, redoutée des arbres fruitiers et particulièrement des vignerons, a pour coutume de se faire un fourreau des feuilles sur lesquelles elle vit, après les avoir roulées en cornet. Son papillon n'est pas moins célèbre que celui de l'alucite. Au commencement du siècle, il ravagea les vignobles de la Bourgogne, y fit de tels dégâts, que les récoltes y furent anéanties pendant une durée de trois ans consécutifs. Les vignerons ruinés, pliant sous le poids des loyers et des impôts, adressèrent leurs doléances au gouvernement. L'entomologiste Audouin fut envoyé sur les lieux ; il étudia les mœurs de l'insecte, et proposa des moyens de destruction qui, depuis, ont été perfectionnés. — D'autres pyrales ne sont pas moins dommageables aux pruniers et aux pommiers des jardins.

Guerre au papillon de la cire (*tinea cerellea*) qui s'introduit nuitamment dans les ruches, comme un voleur, et y dépose ses œufs que la chaleur des abeilles fait éclore ; mais dont la larve ingrate envers ses bienfaitrices, dévore la cire.

C'est prêcher à merveille, objectera-t-on ; mais les moyens de s'opposer à ces brigandages ? Ces insectes sont connus depuis longtemps ; tout le monde leur rend justice ; ce sont des malfaiteurs, des sacripants ; mais on n'a pu encore en avoir raison.

C'est justement le but de notre publication ; faire appel à toutes les expériences, rassembler toutes les recettes empiriques ou autres, discuter et réaliser tous les moyens de destruction.

Il serait injuste et inexact, d'ailleurs, de dire que les procédés conservateurs n'ont pas fait de progrès. Les entomologistes, en étudiant les mœurs et en éclairant les habitudes de ces petits êtres, ont souvent indiqué des remèdes, et précisé le temps le plus favorable pour les appliquer.

Pour ma part, il me suffira d'en mentionner quelques-uns, sauf à faire appel aux cultivateurs, horticulteurs et agronomes qui, dans leur pratique, en auraient découvert de nouveaux ou de plus efficaces.

La piéride, appelée *papillon du chou*, est diurne. Elle provient d'une chenille jaunâtre, nocturne, qu'on rencontre sur tous les plants de crucifères, mais particulièrement dans les carrés de choux, d'où son nom vulgaire. Le mal qu'elle y produit est parfois si considérable, qu'elle fait le désespoir des jardiniers. Elle a l'instinct de se cacher sous les feuilles et dans le cœur de la plante pendant le jour ; il faut l'y chercher pour la détruire. Le soir, elle en sort : on pourrait alors à ce moment, quand le mal devient trop considérable, arroser avec de l'eau phéniquée, dans la proportion de quatre parties d'acide pour 100 parties d'eau. Nous croyons que cet arrosage serait sans danger pour les jeunes plants, et suffirait pour tuer ces larves qui sont presque nues.

La chenille commune (*chrysorrhée*) est une de celles qui vivent en société et qui occasionnent les plus grands ravages. Elle multiplie tellement que, tous les ans, on peut en voir apparaître deux générations successives, quand on néglige de la détruire. Dès que cette postérité est éclose, elle se met à manger, à filer, à construire un nid soyeux qui sert d'habitation à toute la famille pendant l'hiver. Ces chenilles supportent la rigueur de cette saison sans périr, et attendent le retour du printemps. Il existe en automne beaucoup de ces nids sur tous les arbres, et ils sont aperçus encore mieux en hiver, lorsque les rameaux sont dépouillés de leurs feuilles. On voit alors de gros paquets blanchâtres qui enveloppent et retiennent quelques feuilles sèches à l'extrémité des branches.

Ces chenilles sont regardées comme les insectes les plus destructeurs, parce que les feuilles de toute espèce sont également dévorées par elles. C'est pour elles qu'ont été édictées les lois de l'*échenillage*, malheureusement trop mal exécutées. Dans les vergers, ces chenilles s'attaquent surtout aux poiriers, aux pommiers, aux pruniers. Dans les jardins, elles ne dédaignent pas les rosiers et les autres arbustes.

L'échenillage est la première panacée contre ces êtres malfaisants. L'application est facile, puisque pendant six mois de l'année, en automne et en hiver, on aperçoit leur retraite commune à l'extrémité des branches. Plus tard, elles se dispersent sur les rameaux, et les oiseaux insectivores seuls peuvent leur faire obstacle.

La *livrée* est ainsi nommée parce que la chenille qui en provient présente des bandes longitudinales de diverses couleurs, qui lui donnent l'apparence de porter une livrée. Elle est très-commune dans les jardins et les vergers ; les feuilles des arbres à fruit de plusieurs sortes sont de son goût. Il y a des années où elle est si répandue qu'elle fait les plus grands dégâts. Elle vit en société, et sa famille et elle ont bientôt fait de dépouiller les arbres sur lesquels elles s'établissent.

Il est rare que les jardiniers n'aient pas remarqué en taillant leurs arbres fruitiers au premier printemps, des anneaux d'œufs rangés symétriquement et collés autour des branches. C'est la progéniture du papillon la *livrée*. Qu'ils s'empressent à ce moment de détruire ces couvées, car une fois écloses, les chenilles, comme les précédentes, se répandront de côté et d'autre, et il serait impossible de les retrouver.

La femelle de la *disparate*, arrivée à la dernière phase de sa métamorphose, est un grand papillon velu, blanc-sale, une fois plus gros que le mâle, différence qui justifie son nom de *disparate*. Elle pond ses œufs en paquet le long des tiges des arbres et des arbustes, les recouvre d'un duvet fauve qui doit les protéger contre les froids de l'hiver, et meurt ensuite. Aux premières effluves du printemps, sa postérité naît, vit d'abord en famille, puis bientôt grimpe aux rameaux, et en détruit les feuilles et les bourgeons à fruit. L'horticulteur prévoyant qui voudra se débarrasser de cet ennemi devra donc en hiver rechercher ces paquets d'œufs, cachés souvent sous l'écorce rugueuse des arbres, les en détacher, et même enlever cette écorce, et brosser les couches corticales inférieures.

L'*alucite* et la *pyrale* étant classées parmi les papillons nocturnes, viennent par un instinct particulier se brûler à la clarté d'une bougie allumée. Aussi Audouin, que nous avons cité, conseilla-t-il en 1845 d'allumer de grands feux dans les vignes infestées en Bourgogne. Ce moyen détruisit sans doute beaucoup de ces papillons, mais on croit qu'il eût été insuffisant, s'il n'était survenu un changement profond dans la température. D'ailleurs les œufs collés aux ceps et aux échalas auraient toujours subsisté. Un praticien a depuis proposé d'échauder largement les souches après la vendange faite. Cet échaudage ne nuit nullement à la vigne, et suffit pour détruire en germe les œufs et les chrysalides dans leurs cocons.

Quant à l'alucite du blé, elle se propage pendant toute l'année, et se conserve sous la forme de chenille ou d'œuf dans les chaumes moissonnés et même dans les greniers. Pour détruire l'insecte et ses couvées, il faut faire passer le blé de semence dans un cylindre chauffé à 50 degrés, moyen indiqué par M. Doyère pour tuer le charençon. Il a été constaté que le grain soumis à cette opération ne perdait point ses facultés germinatives. Toutefois, il convient de ne recourir à ce procédé qu'autant que la propagation de ces insectes devient trop dommageable.

Il existe d'autres papillons nuisibles par leurs chenilles. Je me suis contenté de signaler ceux qui, comme les forbans et les illustres conquérants, sont les plus célèbres par leurs dévastations. Pour se débarrasser de ceux qui nous occupent, l'arboriculteur doit en hiver visiter ses plantations, nettoyer ses arbres de tous les cocons et nids qui s'y trouvent accrochés, de toutes les feuilles sèches qu'il verra collées contre les branches ou réunies à l'extrémité des tiges; car tout cela sert de repaire à l'ennemi. Les jardiniers devront faire plus : dans certains cas, quand le dégât sera considérable et que leurs arbres fruitiers en auront trop souffert, ils en enlèveront l'écorce fendillée, brosseront ce qui restera des couches corticales, et recouvriront d'un lait de chaux les tiges ainsi dénudées.

GUEZOU-DUVAL.

Des oisillons, des insectes et de la sécheresse (suite).

J'ai dit, en second lieu, que les oisillons seuls sont impuissants à détruire les insectes déprédateurs.

En mars, en avril, il est des journées où nos champs sont animés par la présence de milliers de traquets, tariers, rouges-queues, fauvettes, motacilles, pitpits, calendrelles, farlouses, etc., par un débordement d'insectivores qui, ayant traversé la Méditerranée, cherchent à réparer leurs forces affaiblies et satisfaire un appétit surexcité par le voyage. Mais nos côtes n'étaient qu'une étape; le lendemain on ne voit plus un seul de ces rapides voyageurs : ils ont disparu pour des contrées plus fraîches, plus arrosées ; les vents de la mer nous en amèneront d'autres, aussi peu sédentaires que les premiers. Séduits par la verdure de mai, mois frais en toute contrée, quelques pie-grièches s'arrêteront dans nos bois, quelques verdiers y bâtiront aussi leur nid pour ravager ensuite les choux et les navets et en détruire les semences ; le rossignol ira poser ses œufs au sein de quelques massifs ombragés et arrosés, créés à grands frais par l'horticulture ; quelques fauvettes babillardes établiront leur domicile dans nos vergers ; si nous y ajoutons quelques rares *coquillades* (alouettes huppées), quelques turbulents moineaux, parfois une paire de mésanges sur plus de vingt hectares, nous aurons le bilan de nos défenseurs ailés contre les insectes. De bonne foi, y a-t-il là de quoi suspendre le débordement de fléaux que l'inclémence des saisons est seule efficace à arrêter ?

Sans doute, ces oiseaux consommeront tous les jours une grande quantité d'insectes ; les pie-grièches et les coquillades en tout temps, les moineaux au temps de la nichée, chasseront aux sauterelles, aux criquets. Mais les pies-grièches nous quittent en juillet et août. Du reste, au moment où j'écris ces lignes (septembre 1867), grâce à la sécheresse, nous n'avons point d'oiseaux ; leur migration est nulle ; nous avons peu d'abeilles, peu de guêpes, peu de sauterelles et même fort peu de moustiques aux environs de Toulon ; mais les pucerons et les altises ne manquent pas. Nos olives sont dévorées par le *dacus oleæ*, que plusieurs hivers sans froid et sans pluies ont multiplié outre mesure. Que de milliers d'oisillons ne faudrait-il pas pour opposer une digue à cette invasion désastreuse? Réaumur affirme que cinq générations provenues d'une seule mère de pucerons lanigères produiraient 5,904,900,000 individus. Or, il ne faut à cette mère que quelques mois pour arriver à un résultat pareil. Bonnet, qui s'est beaucoup occupé des autres pucerons, en a constaté neuf générations en trois mois. Heureusement que, pour arrêter ce débordement de la pire espèce, la Providence a opposé des insectes carnassiers qui dévorent les premiers par centaines, comme les coccinelles (catarinette), comme les larves d'Hémerobes, celles de quelques diptères du genre des syrphes, et bien d'autres encore, sans compter les araignées. Aussi dans toutes les écoles rurales un cours d'entomologie serait-il bien utile pour sauver de la proscription générale d'utiles auxiliaires de nos cultures, que nous écrasons tous les jours sans pitié.

J'ai mentionné les pucerons; sans doute ils causent de notables dommages à nos vergers. Ils dessèchent nos arbres ou les rendent difformes ; mais leurs ravages sont encore bien inférieurs à ceux des altises dans nos vignobles. J'avais observé quelques-uns de ces insectes il y a trois ans, quelques feuilles percées m'avaient révélé leur présence; je m'en mis peu en peine, attendant de Dieu et du temps leur disparition. Cette année j'ai dépensé pour les combattre 150 fr. en journées de femmes et les altises m'ont enlevé à coup sûr pour plus de 300 fr. de vin. Il est vrai qu'alors qu'on les laisse peupler sans obstacle, un seul couple d'altise peut, de mai en novembre, donner naissance à plusieurs millions d'individus. Sans doute les moineaux ont bien dévoré quelques-uns de ces insectes ampélophages, car au début du printemps il y a maigre chère pour eux. Les voyant souvent se diriger vers une plantation de petits gamays, je fus explorer ces vignes précoces, et j'avisai sur ce point les premières altises. Mais, dès que parurent les premières cerises, les gamays furent délaissés, la proie était trop exiguë; aux cerises succédèrent les céréales, puis les raisins précoces, et la chasse aux altises fut dès lors abandonnée par mes turbulents voisins sans être jamais reprise par eux, et leur intervention avait été si peu efficace, que les femmes détruisirent énormément d'altises sur ce point.

On a depuis quelque temps chanté sur tous les tons les louanges du moineau, on a trop relevé ses inconstants et éphémères services. Ceux qui ont entonné un *hosannah* en sa faveur n'avaient sans doute point de propriété voisine de Toulon, car Toulon, avec les vastes toitures de ses arsenaux, jointes à celles de la ville, recèle par milliers ces déprédateurs ailés, qui ne laisseraient pas un raisin précoce, pas une céréale aux environs de notre cité, si la clôture des champs ne permettait de leur faire la guerre; en attendant, il faut que le Comice de Toulon se pourvoie de sacs de toile ou de crin afin de pouvoir conserver jusqu'à la maturité complète les raisins précoces de sa collection. Là où le moineau avait été détruit, on a pu voir des invasions d'insectes qu'on eût eues tout de même avec les moineaux. On les a rappelés dans ces mêmes contrées comme des sauveurs de la patrie. Les insectes ont-ils disparu avec la multiplication du moineau? C'est ce dont je me permets fort de douter. Aussi ne suis-je pas loin de penser comme Rougier de la Bergerie, qui s'était beaucoup occupé d'économie rurale et qui avait fait le calcul approximatif de ce que les moineaux coûtaient à l'ancienne France, estimant le nombre des moineaux à dix millions seulement, chiffre inférieur à la réalité, et leur consommation à un boisseau par tête, soit dix millions de boisseaux, lesquels, au prix de 3 fr. 50 c. cette année, feraient pour l'Empire en 1857-58 de 30 à 35 millions de francs.

Sonnini ajoute qu'il a compté quatre-vingt-deux grains de blé dans l'estomac d'un moineau qu'il venait de tuer. Si, à leurs déprédations sur les céréales, nous ajoutons la valeur des fruits qu'ils consomment, notamment des cerises, des raisins, des figues, nous trouverons pour le pays une perte sèche bien plus élevée. Oui, le moineau est un consommateur glouton que la mode a pour le moment pris sous son patronage et qui ne sera nullement reconnaissant de cette protection, car il consommera dans les années de disette autant que dans les années d'abondance, et sera, par conséquent, d'autant plus nuisible qu'il y aura moins de grains. Je suis donc fondé à croire, avec maint observateur éclairé, que le moineau fait plus de mal que de bien, qu'on devrait le rétablir dans la classe des animaux nuisibles et tolérer contre eux la chasse à l'abreuvoir avec filets à la sortie des jeunes.

Nous avons dit que les oiseaux seuls étaient impuissants à arrêter la multiplication des insectes. Y a-t-il moins de moustiques à Arles depuis que les arrêtés préfectoraux ont pris sous leur protection les hirondelles et les martinets? Il y a une vingtaine d'années, j'avisai des martinets noirs qui tournoyaient rapidement autour d'un monticule pailleux ; je tuai trois de ces oiseaux, tous les trois avaient comme un goître; j'ouvris leur bec, et je trouvai que cette protubérance était produite par des brûches des pois (1) avalées en grande quantité par les martinets. Depuis cette époque, je respectai ces oiseaux, que je considérais comme les défenseurs avoués de nos récoltes; la loi vint plus tard les prendre sous son patronage, ce qui n'empêche pas que chaque année nos fèves, nos pois, nos lentilles et souvent même nos vesces ne recèlent dans chaque grain ce triste parasite. En protégeant toutefois d'une manière éclairée la nombreuse tribu des oiseaux insectivores, constatons cependant une fois de plus leur impuissance à défendre seuls nos récoltes.

Nos bois de la zone granitique dite les Maures étaient, il y a quinze à vingt ans, peuplés de merles; on en rencontre fort peu aujourd'hui. A la sécheresse, au défrichement et au nettoiement des forêts, est venu s'adjoindre pour eux un autre fléau. Quoique le merle soit naturellement

(1) Baboua et courgoussou en provençal.

sauvage, il recherche avec empressement la société de ses semblables; profitant de cette tendance, un chasseur caché dans une broussaille imite avec un appeau (chilet) le cri grave du merle *cha cha*, et tous les merles des environs d'accourir, de voler à l'entour et de se faire tuer. Il est dans les Maures d'Hyères un homme surnommé le Merle, tellement il a fait périr de ces oiseaux, et tous les habitants de ces localités boisées emploient, dans nos contrées, ce funeste procédé.

Le merle mange des vers de terre, des limaces et colimaçons, quelques sauterelles; il rend ainsi quelques services à l'agriculture. Mais il est en même temps, comme la perdrix, un terrible ravageur des vignobles voisins des bois, et je doute fort que ses services compensent ses déprédations. Dans une esquisse rapide, nous venons de faire connaître notre opinion sur les secours que les oiseaux apportent à nos cultures, et sur les causes probables de leur grande diminution, négligeant de nous occuper des oiseaux nuisibles. Quoique les règlements de chasse seuls soient impuissants à donner une impulsion notable à la multiplication des oiseaux, cependant nous félicitons le gouvernement de l'interdiction des piéges, filets, engins, glu, etc.

Nous voudrions qu'un article parfaitement défini interdît dans les lieux clos les piéges, les filets, la glu en tout temps, sauf pour cette dernière durant les quinze jours permis, autorisant toutefois le fusil en tout temps. Cet article, ajouté à la loi sur la chasse, serait utile pour fixer à cet égard la fluctuation des tribunaux.

Une répression sévère au printemps contre les preneurs de cailles et d'oiseaux à leur arrivée en Europe, ainsi que contre les dénicheurs qui détruisent sans profit, répression qui devrait s'étendre également sur l'Algérie, où l'on détruit au printemps de grandes quantités de cailles, où l'on va chasser en mai la double bécassine dans les blés et les prairies; des amendes, des saisies de gibier dans les hôtels devraient être les auxiliaires indispensables des arrêtés. J'insiste sur les saisies, parce qu'au printemps, tandis qu'on ne chasse plus la caille en Provence depuis plusieurs années, au concours régional de Montpellier, en 1860, tous les hôtels de la ville regorgeaient de cailles, et les voyageurs en avaient tous les jours à leurs repas. D'autre part, obtenons, si faire se peut, que des traités internationaux assurent l'existence et la sécurité du gibier au printemps. Si le progrès agricole lui est devenu fatal, donnons-lui les plus larges compensations dans la mesure du possible.

Nous osons croire que la disette du blé durant ces deux dernières années et le haut prix de cette céréale maintiendront et accroîtront même les espaces emblavés pour le bien-être de la population et la multiplication des oiseaux.

Quant au sol forestier, surtout à celui qu'il est indispensable de purger de broussailles et de morts-bois pour soustraire ses produits au fléau des incendies qui, tous les étés dans nos Maures, anéantissent pour plusieurs millions de francs de valeurs, il faudrait d'abord que des brigades ambulantes de gardes forestiers pussent prévenir les causes premières, en empêchant le brûlis des broussailles et l'écobuage de juin en octobre. Il faudrait des chemins qui pussent traverser ces forêts inexplorées sur plusieurs points, pour faciliter et les secours et leur exploitation. Il faudrait, pour arrêter les eaux pluviales et les forcer à s'infiltrer dans le sol, non-seulement des fossés transversaux qui, donnant une très-grande facilité à l'évaporation, ne sont utiles qu'à retenir les terres, mais avoir soin, comme un petit propriétaire de Pignans (Var), de remplir ces fossés de broussailles et morts-bois pour arrêter et conserver les eaux pluviales. Malheureusement ces travaux sont très-coûteux et ne sont point encouragés par le gouvernement. Mais du moins on peut, en arrachant les souches de bruyère et autres morts-bois, élargir les creux et les approfondir même, afin que les eaux pluviales, rencontrant des milliers d'entonnoirs ouverts sur la pente, soient forcées de s'infiltrer dans le sol.

On nous opposera, peut-être, que des sécheresses exceptionnelles ont eu lieu de tout temps; nous sommes loin de donner à ce sujet un démenti à l'histoire; mais ces sécheresses étaient des faits insolites et passagers, tandis que la diminution et même la cessation des pluies abondantes de l'automne sur notre littoral datent de plusieurs années. Si l'Algérie est si souvent désolée par la sécheresse, croit-on que les coutumes indigènes soient étrangères à ce terrible fléau? Nous croyons pouvoir répéter avec M. Jules Duval, l'éloquent auteur de la chronique agricole de l'Algérie, dans le numéro du 20 août du *Journal de l'Agriculture,* ces mémorables fragments : « Ce sont les hordes arabes venues de l'Orient qui ont ruiné, par l'incendie périodique et par la dent de leurs troupeaux, une partie de ces vastes forêts qui couvraient l'Afrique romaine et berbère au temps où elle nourrissait les éléphants que l'on chassait pour les cirques de Rome. De nos jours, les mêmes causes produisent et aggravent les mêmes désastres. » Nous ne pouvions mieux terminer l'exposé de notre opinion.

A. Pellicot,

Président du Comice agricole de Toulon.

Le Nysius cymoïdes et ses ravages en Algérie.

M. le docteur Signoret, au nom de M. Valson, à la séance du 22 mai dernier de la Société entomologique de France, a lu une note de M. A. Baudel, conducteur des ponts et chaussées, sur les ravages produits dans les environs de Constantine (Algérie) par un hémiptère-hétéroptère, le *Nysius cymoïdes Spin.* Voici cette note :

« Dans les derniers jours d'avril 1867, et à la suite d'un hiver très-sec, il est apparu subitement un insecte à corps mou au milieu des vignes de M. de Launoy. Ces vignes sont situées proche et au sud de Constantine, exposées au couchant vers la route de Batna. Elles sont plantées dans un sol argilo-siliceux et peuvent être arrosées par un canal d'irrigation. Elles n'ont pas été façonnées de l'hiver et des herbes nombreuses, principalement des crucifères, les avaient complétement envahies lors des binages; peu de jours après cette opération, l'éruption a eu lieu.

» Dès le 20 avril, M. de Launoy s'était aperçu du prodigieux développement de cet insecte; dans la journée, les jeunes sarments de beaucoup de ceps étaient morts presque sous ses yeux, et cette marche rapide de leur destruction l'inquiétait avec raison.

» Le 1er mai, à sept heures du matin, nous étions sur les lieux, pourvus d'acide phénique, de poudre de pyrèthre, de goudron et d'acide-acétique. Nous n'avions pas pris de soufre : il y en avait dans les vignes. A notre arrivée, la température étant basse, nous n'avons rien vu et vainement nous les cherchâmes sur les sarments attaqués, mais des taches noir-verdâtre mêlées de rouge indiquaient les ravages de la veille.

» L'insecte est armé d'un suçoir, qui, au repos, est appliqué le long du thorax et occupe moins de la moitié de la longueur du corps; cette longueur varie entre 2 et 5 millimètres dans l'insecte parfait; ce dernier a des ailes. Pour se servir de son suçoir, il commence par s'incliner sur les pattes de derrière qui forment arc-boutant; l'anus semble son point d'apui; dans cette position tout le corps incline en arrière; il commence par chercher le point le plus tendre de la plante; après un peu de tâtonnement il introduit son suçoir et pompe la séve; ce tâtonnement explique pourquoi l'insecte, sortant de terre, a attaqué les rameaux dans la partie qui a cédé, et la séve, s'échappant par cette piqûre, en a privé la partie supérieure encore herbacée qui se fane peu après et meurt avec ce cep. Ce premier repos pris, il se promène sur les feuilles, et les nombreuses déjections attachées aux poils sous forme de petites perles de couleur ferrugineuse, dénotent sa voracité. C'est là aussi qu'il dépose ses œufs et sur tous les corps avoisinants, piquets, échalas, etc. ; il est méplat et oblong. Toutes les piqûres faites dans quelque partie que ce soit de la plante sont marquées par des taches, où le rouge les fait distinguer. N'est-ce point une liqueur âcre que laisse l'insecte dans la plante comme le font les punaises, auxquelles il ressemble un peu, surtout par l'odeur infecte que répand son corps écrasé, et qui, à s'y méprendre, le ferait confondre avec celle des punaises de lits ?

» Les premières données acquises, nous sommes allés à huit heures gratter la terre au pied des ceps attaqués la veille, et quelques centimètres remués ont mis à nu, non des centaines d'insectes, mais des milliers, à ce point que leur teinte générale étant celle du sol, nous avons cru qu'il marchait. On comprend que, dans un envahissement pareil, on craigne de voir disparaître une vigne en quelques jours sans prévoir la fin de ce fléau ; car, au fur et à mesure que la température s'élève, ils sortent de leur retraite où ils ont passé la nuit et s'échappent par milliers avec une grande rapidité pour détruire un cep en quelques minutes ; car les bourgeons attaqués meurent dans le jour.

» C'est contre ces légions de destructeurs qui nous avons à combattre.

» Nous avons commencé par arroser avec de l'eau froide le sol des pieds attaqués; la terre, nouvellement travaillée, s'est tassée et nous n'avons plus vu d'insectes dans les parties mouillées. Nous avons ensuite employé de l'eau chaude; les insectes la redoutent beaucoup et s'échappent de tous côtés avec une grande précipitation. Ils montent partout pour s'y soustraire ; sur la partie arrosée on ne les voyait plus remuer. Un pied de vigne, dont la terre environnante avait été remuée légèrement la veille, avait le sol qui l'entourait littéralement couvert par ces hémiptères; nous y avons répandu de la fleur de soufre; mais les insectes continuèrent d'y courir comme ils le faisaient sur le sable. La poudre de pyrèthre, répandue sur cette masse grouillante, y a produit une grande animation et beaucoup d'inquiétude; nous avons vu mourir plusieurs individus au bout de quelques minutes, d'autres semblaient ne pas s'en apercevoir. Le soufre et la poudre de pyrèthre nous ont paru impuissants à paralyser ce fléau.

» Le soleil s'élevant, l'activité devenant plus grande dans l'armée de destruction, nous y avons jeté de l'eau froide étendue de 1/100e de son volume d'acide phénique; nous avons aussi employé de l'eau goudronnée et de l'acide acétique étendu d'eau. Ce dernier moyen nous a été suggéré par l'habitude où l'on est, dit-on, à Lyon, d'arroser les jeunes pousses qui sont ou vont être attaquées par les pyrales. Ce travail d'arrosage a été continué jusqu'à onze heures sur vingt-cinq à trente pieds de vigne. A notre départ, la partie humide du sol n'avait point d'insectes, mais elle était quelquefois parcourue par ceux qui sortaient de la terre sèche.

» En résumé, nous pensons que des arrosages du sol non interrompus pendant la chaleur, des binages aussitôt que la terre le permettra après ces arrosages, mettront un terme à l'envahissement de cet insecte qui, en raison de la mollesse de son corps et de celui de sa larve, ne peut se loger qu'à la surface de la terre récemment remuée. »

(*Annales de la société entomologique de France.*)

Criquet et Sauterelle.

Genre Criquet. Acridium Olivier.

Les insectes qui constituent ce genre sont nombreux et ont tous pour caractères : des antennes filiformes assez courtes, insérées entre les yeux, composées d'une vingtaine d'articles ; une tête très-développée, armée de fortes mandibules dentées, tranchantes et de mâchoires à trois dents ; des yeux réticulés, saillants placés sur les côtés ; trois petits yeux lisses situés sur le vertex ; un corselet aussi large que le corps ; un sternum large, aplati ; des élytres coriaces, étroites, aussi longues que les ailes inférieures , des ailes inférieures fort larges, plissées en éventail ; un abdomen sans tarière ni appendices ; des pattes postérieures propres au saut, plus longues que les autres, ayant les jambes garnies de deux rangées d'épines.

Les criquets, dont on trouve plusieurs espèces aux environs de Paris, sont généralement connus sous le nom de *Sauterelles*. Tout le monde, à la campagne, a pu remarquer, pendant l'été, ces insectes dans les lieux secs et arides, qui, lorsque l'on s'en approche ou que l'on veut les saisir, s'envolent comme des papillons, en développant leurs ailes inférieures rouges, bleues, blanchâtres ou jaunes et vont se reposer un peu plus loin. Les femelles déposent ordinairement leurs œufs dans un petit trou peu profond, ou sur quelque tige de graminées ; dans ce dernier cas, elles les recouvrent d'une matière écumeuse qui se durcit au soleil. Les larves et les nymphes ressemblent à l'insecte parfait, sauf les ailes, qui ne se développent qu'après la dernière mue ; elles se nourrissent, comme lui, de plantes vertes. Certaines espèces sont, depuis les temps les plus reculés, regardées comme un des plus grands fléaux qui puissent frapper l'humanité. Ce n'est pas sans raison qu'elles étaient comprises dans les dix plaies de l'Égypte.

Fig. 19. Sauterelle.

Ces criquets dévastateurs sont désignés par les noms de *Sauterelles émigrantes* ou *voyageuses*. Les entomologistes en comptent trois espèces différentes ; l'*Italicum* qui a plus d'une fois ravagé la Provence, le *Peregrinum* et surtout le *Migratorium*.

En 1858, lorsque nous présidions le congrès entomologique réuni à Grenoble, nous avons été témoin avec notre savant confrère, le docteur Laboulbène, d'une invasion de sauterelles voyageuses, dans la plaine du Bourg-d'Oysans ; les unes étaient à l'état de nymphes et les autres à l'état parfait ; ces dernières avaient pu, à l'aide de leurs ailes, franchir la Romanche et passer sur le côté droit de ce torrent ; les autres, non encore adultes, étaient restées sur le côté gauche. Mais les unes et les autres étaient en si grand nombre qu'en un ou deux jours elles avaient entièrement anéanti les céréales sur pied, dévoré les feuilles de tous les végétaux ligneux et dépouillé les jardins de toute verdure. L'autorité locale en a fait recueillir et détruire une grande quantité et nous n'avons pas appris qu'elles se soient étendues plus loin. Il paraît que, cette même année et à la même époque, des millions de ces insectes dévastateurs se sont également montrés en Suisse.

Si, dans nos jardins du centre et du nord de la France, nous n'avons pas à redouter les invasions de sauterelles, il n'en est pas de même dans l'Algérie et dans nos départements les plus méridionaux, où, après avoir dévasté les moissons, elles s'abattent sur toutes espèces de cultures. Le capitaine Solier, dont le souvenir restera longtemps dans la mémoire des entomologistes, rapporte qu'au mois d'août 1832, les sauterelles voyageuses firent tout à coup irruption dans le midi de la France, notamment sur le territoire de Saint-Gombert près de Marseille. Il ajoute que ce même endroit, d'après la statistique du département, a été, depuis plusieurs siècles, ravagé par ces Orthoptères et que leur destruction fut l'objet de la sollicitude des autorités d'alors. En 1613, dit Solier, Marseille dépensa 40,000 livres et Arles 50,000, sommes considérables à cette époque, pour faire la chasse à ces insectes. On payait deux sous et demi la livre d'œufs. On recueillit, dans cette même année, 244,000 livres de sauterelles et 24,000 livres d'œufs. En 1805, on fit une chasse dans la même localité où l'on en récolta 2,000 kilogrammes. En 1822, ces Orthoptères ravagèrent tout le territoire d'Arles, champs, jardins, etc. On dépensa 1227 fr. pour leur destruction ! Mais, en 1824, ces insectes apparurent, en un bien plus grand nombre que les années précédentes, sur les mêmes territoires. Une chasse fut ordonnée. On en remplit, aux Saintes-Maries, 1,518 sacs à blé et, à Arles, 165 sacs pesant 6,600 kilogrammes. L'année suivante fut encore plus désastreuse. En 1832, il a été recueilli 1979 kilogrammes d'œufs, et cette année 1833, 5,808 kilos ; si cette récolte eût été faite avec moins de négligence, on aurait pu facilement se procurer 4,000 kilos d'œufs et 12,000 kilos d'insectes.

Les nids de ces sauterelles, selon Solier, sont faciles à apercevoir par le trou que la femelle a pratiqué dans la terre pour déposer sa nichée. Ils sont placés dans des terrains incultes à la surface du sol, à environ quatre centimètres de profondeur. Le tube qui renferme les œufs est à peu près cylindrique, de cinq centimètres de longueur et d'un centimètre de diamètre. La position de ce tube varie, mais, le plus souvent, elle est horizontale. On peut évaluer qu'un kilogramme se compose de 1,600 nichées ; chaque tube contient ordinairement de 50 à 60 œufs ; ce qui fait 80,000 pour un kilo. C'est depuis la fin d'août jusqu'en octobre qu'il faut faire la recherche des œufs. Quant aux sauterelles, on en commence la chasse en mai et on la continue une partie de l'année.

On lit dans Olivier (*Voyage dans l'empire Othoman*, t. II, p. 424) :

« A la suite des vents brûlants du midi, il arrive de l'intérieur de l'Arabie et des parties les plus méridionales de la Perse, des nuées de sauterelles, dont le ravage, pour ces contrées, est aussi prompt que celui de la plus forte grêle en Europe. Nous en avons été témoins, Bruguières et moi. Il est difficile d'exprimer l'effet que produisit en nous la vue de toute l'atmosphère remplie de tous les côtés, et à une très-grande hauteur, d'une innombrable quantité de ces insectes, dont le vol était lent et uniforme, et dont le bruit ressemblait à celui de la pluie ; le ciel en était obscurci et la lumière du soleil considérablement affaiblie. En un moment les terrasses des maisons, les rues et tous les champs furent couverts de ces insectes, et, dans deux jours, ils avaient entièrement dévoré toutes les feuilles des plantes ; mais heureusement ils vécurent peu, et ne semblèrent avoir émigré que pour se reproduire et mourir. En effet, presque tous ceux que nous vîmes le lendemain, étaient accouplés, et, les jours suivants, les champs étaient couverts de leurs cadavres.

» J'ai trouvé cette même espèce en Égypte, en Arabie, en Mésopotamie et en Perse. »

Pour compléter l'article relatif aux sauterelles voyageuses, peut-être un peu trop long pour nos horticulteurs, nous citerons quelques passages d'un travail de notre collègue, M. Amyot, avocat à la cour royale qui joint à ses connaissances entomologiques celle de plusieurs langues orientales.

Les Hébreux, dit-il, donnèrent aux sauterelles le nom d'*arbeh* dont le radical signifie multiplier. Les Grecs les appelaient ἄκρις de la racine ἄκρος, parce que ces insectes habitent les hauteurs. C'est de ce dernier mot que les entomologistes ont fait celui d'*Acridium*. Le nom chez les latins était *Locusta*, que les entomologistes modernes ont appliqué aux véritables sauterelles. L'étymologie de ce nom serait *locus ustus*, lieu brûlé, dévasté. Les Arabes leur donnent le nom de *Djarâdoun*, qui vient de *Djarada* qui veut dire arracher.

Tous les auteurs, dit ce savant, depuis les temps les plus anciens, ont parlé des ravages que les sauterelles n'ont que trop souvent causés dans plusieurs contrées de l'Orient, de l'Afrique et même de la Chine. Ce qui paraît le plus étonnant dans ces apparitions terribles, c'est la multitude incroyable de ces insectes qui, semblables à une nuée poussée par les vents, obscurcit le ciel, au point qu'on ne peut lire dans les maisons.

En ce moment, l'Algérie est horriblement dévastée par ces *sauterelles voyageuses*. On pourrait croire qu'un nouveau Moïse a étendu sa main sur cette partie de la France pour châtier un nouveau Pharaon et un peuple infidèle, en lui envoyant une nouvelle édition de la huitième plaie de l'Égypte.

Des nuées de ces Orthoptères, obscurcissant le soleil d'Afrique et dévorant *tout* sur leur passage se sont répandues successivement de l'est à l'ouest, jusque dans les contrées les plus reculées de la province d'Oran, où, de mémoire d'Arabe, on n'avait jamais vu ce fléau.

Les autorités locales, épouvantées par cette invasion subite, ont redoublé de zèle et ont employé tous les moyens possibles pour détruire ou éloigner ces insectes dévastateurs. Mais autant chercher à arrêter les flots de la mer! le désastre est tellement grand que l'on croirait que le feu a passé partout (1). Les malheureux cultivateurs dont la fortune était dans la terre, sont totalement ruinés et sans pain. Plus rien dans les champs, plus rien dans les jardins, plus de feuilles aux mûriers ni aux autres arbres. Tel est aujourd'hui le tableau exact de notre colonie : le gouvernement, toujours plein de sollicitude pour les grandes infortunes, s'est empressé de donner un premier secours à ces pauvres colons ; mais leur misère est si grande qu'on organise en ce moment en leur faveur, sous le patronage du ministre de la guerre, une souscription dont le souverain a pris l'initiative.

Notre société a reçu tout récemment de divers points de l'Algérie, plusieurs envois de ces sauterelles, à l'état de larves, de nymphes et d'insectes parfaits, mâles et femelles. Elle a pu reconnaître que, parmi ces insectes, il y avait deux espèces voisines, l'*acridium migratorium* et surtout le *peregrinum* (voir planche 9).

(1) M. Ferdinand Barrot, qui a une propriété aux environs de Constantine, nous a raconté comment son régisseur s'y est pris pour essayer de détourner l'envahissement des criquets. Ayant remarqué que les sauterelles étaient venues déposer leurs œufs dans le sol sablonneux d'un monticule qui borde la propriété, ce régisseur faisait guetter le moment de la naissance de ces voisins incommodes. Il avait fait ramasser toutes les matières combustibles qu'il avait pu pour en former une sorte de muraille de Chine à laquelle on mettrait le feu lorsque les criquets voudraient la franchir. Aussitôt qu'ils apparurent, ils formèrent une colonne grouillante, sur la tête de laquelle on fit poser des rouleaux puissants afin de la couper, mais comme celle de l'hydre elle repoussait de plus belle, et bientôt les rouleaux furent littéralement noyés dans le flot envahisseur qui arrive au pied de la muraille. On y met le feu et pendant un moment l'incendie barre le passage aux insectes ; mais bientôt la colonne augmente tellement de volume qu'elle déborde et se répand dans le brasier : des millions de criquets y trouvent la mort, mais leurs cadavres amoncelés servent de pont à la légion qui suit et qui peut par le sacrifice qu'elle vient de faire, se précipiter sur la végétation voisine et continuer l'espèce. — *La Réd.*

On ignore la loi naturelle suivant laquelle ces criquets sont ainsi ramassés à un certain moment, et emportés par un vent dont ils savent profiter pour descendre là où il leur plaît. Leur volonté paraît y être pour quelque chose, autrement on ne pourrait pas expliquer une marche de ce genre. C'est là sans doute ce qui les a fait ranger par Salomon au nombre des animaux auxquels il accorde la sagesse : Moïse s'en était aussi occupé pour les placer parmi les animaux à quatre pieds, qui n'étaient pas regardés comme impurs, et dont il était, par conséquent, permis de manger. Il ne regardait pas comme des pieds les pattes postérieures qui servent à sauter, disent les commentateurs des derniers siècles, qui étaient fort embarrassés de concilier ce passage de la Bible avec celui d'Aristote qui dit positivement qu'ils ont six pattes.

Le conte le plus plaisant qui ait été fait sur les sauterelles, se trouve dans Pline, livre 12, chapitre 29. Cet auteur dit avec un air de conviction, qu'il existe dans l'Inde des sauterelles longues de quatre coudées, dont les grandes pattes épineuses servent de scie dans le pays pour scier le bois.

Dans tous les temps on a cherché à se préserver du fléau des sauterelles. Outre les prières et les sacrifices que les anciens offraient aux Dieux, on prenait des mesures administratives pour la destruction de ces insectes, soit à l'état d'œuf, soit à l'état parfait. Après les avoir recueillis, on les brûlait ou on les enterrait ; car on avait à craindre, après la famine, la peste par l'infection que répandaient leurs innombrables cadavres. Oresius, suivant Moutlet, dit qu'en l'an 800, ces insectes, après avoir été entraînés dans la mer, furent rejetés morts sur la côte et répandirent une odeur aussi funeste qu'auraient fait les cadavres d'une nombreuse armée.

Pour la destruction de ces animaux dévastateurs nous n'avons rien à ajouter à ce qu'a dit le capitaine Solier : la recherche des œufs et la chasse aux insectes organisée sur une grande échelle.

(*Essai d'entomologie horticole.*) Dr BOISDUVAL.

Pintades et fourmis.

Virgile reprochait aux agriculteurs de son temps de méconnaître les bienfaits de la prodigue nature, et nous, qui nous prétendons plus éclairés que les Romains du siècle d'Auguste, nous les gaspillons, ou, ce qui revient au même, nous ne savons pas en profiter. Il nous reste encore beaucoup à apprendre dans le grand art d'utiliser tous les éléments de richesse et de fertilité qui sont sans cesse élaborés autour de nous par l'activité de la vie végétale et animale. Si l'on pouvait évaluer en chiffres tous les grains qui demeurent sur les chaumes ou qui s'éparpillent dans le trajet du champ à la grange, tous les gaz, azotés, sulfurés ou phosphatés, qui s'évaporent de nos fumiers, tous les débris organisés que l'on n'a pas le temps de recueillir ni d'utiliser, le total serait prodigieux.

Mais, nous venons de le dire, le temps est trop précieux en agriculture, le prix de la main-d'œuvre trop élevé pour les prodiguer à des travaux minutieux. Il y aura donc toujours, autour de nos exploitations les mieux tenues, des résidus dont une portion s'évaporera dans l'air, l'autre se changera en humus, et le reste, d'une assimilation plus facile, servira à alimenter ces myriades d'insectes de toutes les espèces, qui font le désespoir des jardiniers et des ménagères; mais sans lesquels l'air de nos campagnes deviendrait méphitique et infect comme celui des villes industrielles.

Parmi ces tribus entomologiques, une des plus nombreuses est celle des fourmis. Notre siècle éminemment utilitaire n'a pas encore songé à les exploiter; peut-être leur tour viendra-t-il. Il ne faudrait pas trop s'étonner si, un beau jour, quelque médecin, poussé par le besoin de faire parler de lui et d'attirer les chalands, ne venait à découvrir, dans l'acide formique des vertus miraculeuses. Chacun voudrait essayer du nouveau spécifique pendant qu'il guérit encore : des légions de fourmis passeraient à l'alambic; les fourmilières, cotées à une valeur vénale, seraient soumises à des méthodes d'exploitations régulières, comme le sont les abeilles et les sangsues, et comme le seront bientôt les crapauds. En attendant cette gloire ou ce désastre, pour l'espèce des fourmis, elle continue à se propager en liberté; et la prodigieuse fécondité dont elle a été douée par le créateur trouve des aliments dans les miettes qui s'échappent de nos habitations rurales et dans les mille petits débris d'une culture perfectionnée. Aussi n'y a-t-il pas à craindre de voir leur race disparaître; et, pendant longtemps encore, on pourra recueillir leurs œufs qui n'ont servi, jusqu'à présent, qu'à l'élève des faisandeaux éducation fort restreinte en France, surtout dans nos contrées méridionales.

Cependant les œufs de fourmis offrent la nourriture la plus appropriée au développement de la plupart des jeunes gallinacés et particulièrement des pintades qui sont devenues, depuis quelque temps, l'objet d'un commerce assez lucratif. La chair de cet oiseau, qui tient le milieu entre les volailles ordinaires et la bartavelle, perd beaucoup de son fumet de gibier quand il est nourri en volière et élevé dans les cours fermées des exploitations rurales du nord de la France; mais, dans notre Midi, où on le laisse vaguer en liberté, il acquiert des qualités très-appréciées des gourmets. Insectivore plutôt que granivore, il est peu cher à nourrir et rend des services à la culture, en détruisant beaucoup d'insectes nuisibles et leurs larves; un troupeau de pintades lâché sur un champ de trèfle ou de grande luzerne récemment fauché, le débarrassera des insectes destructeurs bien plus complétement que toutes les poudres sulfurées ou alcalinisées. Enfin, les pintades nous rendent un autre service qui a bien son importance : elles pondent beaucoup et leurs œufs sont excellents; une omelette d'œufs de pintade aux mousserons est un régal qui peut s'offrir aux palais les plus fins.

Voilà bien des motifs pour élever un plus grand nombre de ces intéressants gallinacés; mais toute médaille a son revers, et les pintades ont aussi leurs inconvénients. Leur cri, trop souvent répété est insupportable; si l'on veut dormir en paix, il faut les éloigner de l'habitation. Elles sont pondeuses fécondes, nous venons de le dire; mais leur humeur vagabonde les pousse à aller déposer leurs œufs sous les buissons et dans les halliers; il faut donc, pour recueillir ces œufs, observer les habitudes de l'oiseau, qui n'est jamais qu'à demi apprivoisé. Enfin, si les pintades sont bonnes pondeuses, elles sont assez mauvaises couveuses et, dans les exploitations où l'on n'a pas introduit les appareils d'éclosion par la chaleur, il faut confier à des poules le soin de l'incubation. La couvée vient en général à bon port, mais lorsque les petits pintadeaux ont brisé leur coquille, il s'agit de les élever et de les nourrir. Alors commencent des soins plus minutieux encore et qui durent, comme l'incubation, quatre semaines, peut-être quelques jours de plus si le commencement de l'été, saison des éducations, est orageux et humide.

Les jeunes pintadeaux sont délicats jusqu'au moment où leurs plumes ont acquis assez de force pour leur permettre de déployer leurs ailes et de voleter par-dessus des haies ou des buissons. Ils craignent le froid, les temps orageux et surtout l'humidité; leurs petites pattes ne supportent pas impunément le contact de l'eau ou de la boue. Il faut donc, pendant les premiers temps, les tenir dans un local sec, aéré et, s'il est possible, exposé au midi, par exemple le coin d'une orangerie. Là, la poule qui les a couvés achève leur éducation et leur offre son abri protecteur, après qu'ils ont essayé leurs forces en courant après leur nourriture. C'est du choix de cette première alimentation que dépend le succès de toute l'éducation.

En général, on les nourrit, comme les autres gallinacés, avec des jaunes d'œufs pendant les premiers jours, et puis avec des pâtées de farines et d'herbes cuites. Cette alimentation ne convient pas à leur nature, et on doit lui attribuer la mortalité très-fréquente chez ces jeunes élèves. Si, au contraire, on les nourrit dès le début avec des œufs de fourmis, les pintadeaux font des progrès rapides et sont bientot en état d'aller eux-mêmes chercher leur pâture dans les gazons et sous les touffes des arbustes. Jusque-là, c'est à l'éleveur qu'il appartient d'aller la recueillir, et il faut aussi la leur apporter.

Les fourmilières sont partout dans nos campagnes; on les trouvera sur tous les tertres, dans les prairies et au milieu des forêts; il ne faut pas s'attacher trop exclusivement à exploiter les grandes fourmilières des bois; on y perdrait un temps précieux. Ces monticules, qui atteignent souvent un mètre de hauteur, sont presque toujours élevés dans la partie la plus reculée et la moins fréquentée de la forêt : si l'on veut y chercher les œufs avant le moment opportun, on ne trouve rien dans les étages supérieurs; si l'on pénètre violemment jusqu'aux galeries souterraines, on est arrêté par les racines des arbres, et l'on détruit, avec un curieux monument, une nation tout entière, pour ne recueillir qu'un très-petit nombre d'œufs qui n'ont pas encore acquis leur complet développement.

Lorsqu'ils ont atteint toute leur grosseur et qu'ils vont passer à l'état de larve, ce qui est indiqué par un point noir, les fourmis neutres, chargées des travaux serviles de la république, les apportent à l'étage le plus élevé, où ils reçoivent l'influence de l'air et du soleil. Alors, on peut les enlever, et le petit dommage occasionné dans le haut de l'édifice sera bientôt réparé par un peuple actif et industrieux, qui offre une image microscopique de la constitution anglaise : les grands, avec leur corps allongé et le privilége de leurs ailes; la bourgeoisie, qui recueille des richesses et pond des myriades d'œufs, et le peuple, appelé neutre par les entomologistes, qui exécute tous les travaux.

L'édifice élevé par ces ingénieux architectes a bien souvent excité l'admiration des observateurs de la nature, et il est réellement merveilleux dans ses détails. Si nous pouvions voir leurs cryptes et leurs galeries avec l'œil d'une fourmi, et en prenant sa taille pour échelle de proportion, nous resterions stupéfaits devant ces grandes voûtes qui servent, les unes de magasin, les autres de salles d'incubation ; elles sont reliées entre elles par des arcades formées par le seul entrelacement des brindilles, poutres pour une fourmi, qui se soutiennent mutuellement ; enfin, l'intérieur est protégé contre les intempéries atmosphériques par l'épaisse construction extérieure, dont les matériaux se décomposent et forment un terreau qui leur sert de ciment.

La pluie glisse sur cette pyramide comme le vent du désert sur les masses de briques et de granit qui recouvrent les salles sépulcrales des Pharaons. Mais ce ne sont pas seulement les architectes qui sont habiles chez les fourmis, il y a, dans le choix de leurs matériaux, un discernement qui fait honneur à leurs connaissances physiques. Quand les grandes fourmis, armées de puissantes mandibules, viennent scier un bourgeon de sapin ou de peuplier, ou une baie de genièvre ou de houx et font transporter le monstrueux fardeau dans les galeries d'incubation, on se demande quel est le professeur qui a si bien instruit ce peuple lilliputien sur les propriétés calorifiques et électriques des résines et des gommes qui les rendent particulièrement utiles dans les chambres d'incubation.

Cependant ce n'est pas dans ces grands édifices de la fourmi des bois que la chasse aux œufs sera la plus frucuteuse. Les petites tribus indépendantes, dispersées sur le gazon des prairies, aux abords des halliers et sur les tertres des fossés, sont plus rapprochées de la ferme et du château ; elles offrent, par leur multiplicité, un plus grand nombre d'œufs et avec un peu d'observation on apprend bientôt à découvrir le chef-lieu de la peuplade.

La fourmilière des prés se révèle par un petit monticule assez semblable à une taupinière, mais il s'en distingue par une tige, soit d'arbuste, soit de quelque plante, qui sort du milieu de l'élévation. Ce poteau central a servi de point d'appui à toute la construction qui se compose, comme la grande fourmilière des bois, de cryptes creusées au-dessous du sol et de galeries supérieures où la classe travailleuse transporte les œufs à la derniere période de l'incubation. Alors ils sont sous la main de l'éleveur de faisans ou de pintades, et on peut les enlever avec facilité. Un ou deux coups d'une petite bêche ou, moins encore, d'une spatule en fer, suffisent pour mettre à découvert tout l'intérieur de l'édifice.

Alors, on voit toute la colonie effarée et s'agitant pour chercher à protéger les œufs de toutes dimensions : les uns, petits, ronds et jaunâtres, les autres, un peu plus gros, allongés et prêts à éclore. On enlève tout ce butin avec la terre fine et noirâtre qui l'entoure et on le jette dans un seau de bois ou de métal, où les œufs peuvent se conserver assez longtemps dans le terreau frais.

Sur les tertres et le long des fossés, les fourmilières ne sont pas indiquées par un monticule, parce que les galeries sont creusées dans l'élévation du terrain, mais on les reconnaît aux files de fourmis qui entrent et sortent, et un coup de spatule met au jour le travail intérieur de l'industrieuse tribu. On enlève alors les œufs et la terre, et quand le seau est à moitié plein, on le rapporte à la maison. Pour nourrir les pintadeaux, il suffit de jeter devant eux, trois ou quatre fois par jour, une à deux pelletées de ce terreau, sur lequel ils s'ébattent avec avidité et où ils ont bientôt démêlé tous les œufs et même quelques fourmis qu'ils ne se font pas scrupule de croquer. Au bout de quinze jours, on ajoutera aux œufs de fourmis quelques graines de millet des oiseaux, et, un peu plus tard, ainsi que nous l'avons dit, ils se suffisent à eux-mêmes.

(*Journal de l'Agriculture.*) Le vicomte de LAPASSE.

Effet de la fumée sur les guêpes et les abeilles.

Dans les derniers jours de juillet, je m'aperçus que des guêpes étaient logées dans un trou d'un mur du jardin de l'école que je dirige (elles y sont encore) et je me mis à observer de temps à autre ces animaux à leur entrée et à leur sortie. Je les vis bien souvent sortir en emportant entre leurs mandibules une parcelle de mortier desséché, ou rentrer en apportant de la même manière quelque morceau d'insecte. Souvent aussi j'observai leurs allures autour de mes ruches, se précipitant sur le couvain blanc ou sur les jeunes mouches imparfaites que les abeilles rejetaient de leurs paniers, pour les couper en deux à la jonction de l'abdomen et du corselet et en emporter ou en manger sur place soit la partie antérieure, soit la partie postérieure. Quelquefois j'ai vu la guêpe emportant un tronçon de proie prendre le vol, se suspendre adroitement par une seule patte postérieure à une feuille d'arbre ou de groseillier, et là, façonner avec ses dents son fragment d'insecte, qu'elle tenait au moyen de ses cinq autres pattes, pour lui donner une forme arrondie plus commode pour le transport et l'introduction dans le guêpier. J'ai vu cent fois la guêpe se jeter sur une abeille adulte vivante, mais je l'ai toujours vue abandonner cette abeille lorsque celle-ci était valide ou même lorsqu'étant malade celle-ci faisait quelque mouvement pour s'échapper. J'ai vu des guêpes s'introduire dans des ruches même populeuses et je les ai quelquefois surprises déchirant sur le tablier quelque cadavre de couvain que les abeilles n'avaient pas eu le temps d'enlever et de porter au dehors. Cependant il est possible que les guêpes attaquent aussi les abeilles valides dans une ruche peu peuplée et mal approvisionnée, car j'ai constaté la présence sur le tablier, dans des essaims faibles et mourant de faim en août, des débris d'abeilles adultes, auxquelles leur état de faiblesse n'avait probablement pas permis de se défendre contre les guêpes. Je suis donc disposé à admettre que les guêpes font moins de mal dans un rucher qu'on ne le suppose généralement, en ce sens qu'elles n'en feraient aucun aux ruches en bon état et qu'elles porteraient préjudice uniquement à celles qui sont languissantes. Raison de plus pour l'apiculteur de n'avoir aucune ruche languissante, ce à quoi il parviendra toujours par l'emploi du miel ou par la réunion. Mais ces détails sont étrangers au sujet spécial de mon observation; j'y reviens.

Voulant détruire ce nid de guêpes, j'ai introduit le soir dans l'ouverture un vieux linge de toile d'environ neuf décimètres carrés de surface, plié en andouille, fortement nitré et allumé, et j'ai fermé le trou au moyen de papier fortement tamponné.

Le lendemain matin, j'ai débouché le guêpier et, au bout de quelques minutes, les guêpes, parfaitement vivantes, se mirent à sortir, mais avec cette particularité tout à fait remarquable que pas une guêpe ne sortait sans se retourner et voltiger quelques instants autour de l'ouverture pour la reconnaître au retour, tandis qu'auparavant il n'en était pas de même. Ainsi, pas une guêpe, pas une seule, ne manquait de prendre cette précaution pour retrouver la demeure commune, comme on l'observe pendant les premiers jours dans un essaim d'abeilles, ou comme on le voit lorsque, après le transport des ruches en été, on a soin d'enfermer les abeilles avant de leur rendre la liberté.

J'en conclus que, lorsqu'une perturbation se produit dans une colonie de guêpes ou d'abeilles, l'instinct de ces animaux les pousse à prendre les précautions nécessaires pour retrouver la famille, et que, si l'on avait à déplacer des ruches pendant la belle saison pour les porter à une petite distance, il conviendrait de les enfumer, non-seulement pour se mettre à l'abri des piqûres, mais encore pour déterminer les abeilles à ne s'éloigner de la ruche qu'après l'avoir examinée pour reconnaître la nouvelle position occupée par leur demeure. Au moins suis-je persuadé que la personne qui, en pareille circonstance, aurait enfumé ses ruches, perdrait beaucoup moins d'abeilles que celle qui aurait effectué le changement de position pendant la nuit et avec la précaution, si naturelle d'ailleurs, d'agiter les paniers le moins possible.

D'autre part, on sait que, après la récolte d'un essaim naturel, un assez grand nombre de mouches reviennent le lendemain et les jours suivants voltiger près du lieu où l'essaim s'est posé. Il est vraisemblable que ce sont des butineuses de l'essaim qui sont sorties de leur nouvelle ruche sans précaution et qui, pour ce motif, ne peuvent plus la retrouver. On suppose généralement, il est vrai, qu'elles retournent à la ruche mère. J'imagine que le nombre de ces abeilles dépaysées serait considérablement diminué au grand profit de l'essaim, qui garderait ainsi ses meilleures butineuses, si l'on avait soin d'enfumer ce dernier au moment où on le met en place dans le rucher. C'est ce que je me propose d'expérimenter au printemps prochain.

De Lasalle,
Directeur de l'école supérieure de Bourges.

La sériciculture à l'Exposition universelle. (Suite).

La sincérité la plus complète a présidé à l'exposition séricicole de mademoiselle C. Dagincourt, à Saint-Amand (Cher) (médaille de bronze); pas d'artifice destiné à attirer l'œil, les cocons sur la bruyère, les cocons attachés pour l'éclosion sont disposés sans ordre, les papillons courent et pondent partout; on est bien certain d'avoir sous les yeux le résultat d'éducations récentes, et on peut voir l'état des reproducteurs destinés au grainage. Mademoiselle Dagincourt a très-bien réussi pour une race à gros cocons blancs indiquée comme sina, et paraissant être un croisement de race sina et de race perse, avec un blanc plus beau que celui des races perses pures, et des œufs qui ne tiennent qu'à moitié sur la toile; les races perses pures ont une graine sans enduit, ne tenant pas, et qu'on récolte en pliant la toile; de même les races de Grèce. En 1866, mademoiselle Dagincourt a élevé ces sinas et des moricauds aussi à gros cocons blancs, et d'autres moricauds devenus bivoltins; on sait que les vers moricauds, c'est-à-dire à peau brunâtre, constituent en général des races robustes. En 1867, les éducations nous offrent ces même moricauds, des moricauds-japonais croisés blancs, des japonais blancs bivoltins, de peu d'intérêt pour nous parce que notre climat ne comporte bien que l'éducation de printemps. Il est intéressant encore d'examiner les éducations faites à Saint-Amand en 1866, avec de la graine pondue à Quito en novembre 1865, et donnant des cocons jaunes, et une autre race provenant de graines de Montevideo (Uruguay), et de novembre 1865. Ces graines saines des exportations américaines servent aujourd'hui par réciprocité à nos graineurs dans leurs tentatives pour refaire nos races industrielles, et se trouvent en dépôt chez M. A. Gelot.

Un joli bouquet de fleurs artificielles distrait la vue au millieu des cocons et des insectes de mademoiselle Dagincourt; la matière première est formée de cocons découpés. Enfin les vers auxiliaires ont aussi fait partie des éducations de Saint-Amand, et en 1866 et 1867 ont été obtenus de très-beaux cocons de ver de l'ailante, d'un gris jaunâtre clair, bien faits, aussi riches en soie que le comporte l'espèce; avec cela des échantillons de bourre ou soie de l'ailante cardée, et des papillons éclosant sous la vitrine, robustes, bien colorés.

A côté de l'exposition précédente se trouvent les soies et cocons de race bronski (médaille de bronze); cette race, formée et élevée depuis 1847 au château de Saint-Selve (Gironde) par mademoiselle Christine de Bronno-Bronski, présente de très-beaux cocons blancs, gros, allongés, de forme un peu variable; on admire l'éclat immaculé des soies gréges habilement disposées sur un fond d'un bleu vif; mais pourquoi seulement des cocons triés, choisis, sans date d'éducation ? J'aurais bien préféré des bruyères ou des claies à cocons permettant d'apprécier le plus ou moins d'égalité dans le produit et les proportions relatives des cocons de divers choix.

Les autres exposants ne présentent en général aussi que des cocons pris dans le premier choix. Il faut en excepter les religieuses ursulines de Montigny de Vingeanne (Côte-d'Or). Ces dames élèvent, depuis dix ans avec succès et en plein air, une race bourguignonne améliorée, et ont envoyé, filés sur ramuscules de colza, d'énormes et magnifiques cocons blancs, non étranglés, ovoïdes, dont quatre cents pèsent un kilogramme. Citons encore, dans la classe XLIII, madame Estève, pour un très-beau succès d'une race mixte, sina et perse, élevée à Lignières (Cher) en 1867; madame veuve Durival, de Romorantin (Loir-et-Cher), dont les éducations sont exemptes de maladies. Les femmes, avec leurs habitudes de soins délicats et minutieux, font à merveille ces petites éducations saines destinées au grainage, et qui sont le seul profit de la sériciculture indigène actuelle. J'ai regretté de n'avoir pas vu figurer à l'Exposition quelque envoi de mademoiselle de Lavergne, de Brives (Corrèze); on ne peut rien trouver de plus parfait que les cocons de nos anciennes races milanaise et sina, qu'elle a obtenus en 1866 et 1867, au milieu d'éducations atteintes d'épidémie. J'ai noté encore des cocons portugais, milanais et japonais, de M. de Laverrie, canton de Saint-Cyprien (Dordogne); de beaux cocons milanais d'un jaune pâle, de M. Costes, à Ambert (Puy-de-Dôme); un essai d'amateur, de M. Fumet, à Dombine, près Cluny (Saône-et-Loire), sur une belle race blanche de Chine à sa troisième éducation, de beaux cocons nankins et de la graine, obtenus en 1866 et 1867 à Solenzara (Corse) par M. F. Jacquinot. Le défaut de place a obligé de renvoyer à la classe XXXI, celle des soieries, une remarquable collection qui appartient réellement à la classe XLIII. Elle est plutôt scientifique qu'industrielle, et se compose de cocons de toutes les provenances, dont bien des races ont disparu depuis l'épidémie des vers à soie; elle appartient à M. Duseigneur Kléber, filateur de soie, membre de la chambre de commerce de Lyon, et contient les types de l'ouvrage qu'il a publié sous le nom d'*Histoire des transformations du cocon du ver à soie du* XVIe *au* XIXe *siècle*.

Dans la classe XLIII se trouve enfin une exposition consacrée uniquement aux vers à soie auxiliaires, celle de M. C. Personnat. On y voit de beaux cocons de l'*A. cynthia vera*, sa soie cardée, sa soie dévidée, des échantillons d'étoffe; ce sont surtout les nombreux cocons de l'*A. yama-maï*, ou ver à soie du chêne du Japon, qui méritent d'arrêter notre attention. En effet, parmi les insectes auxiliaires, c'est la seule espèce dont la soie se rapproche notablement de celle du *S. mori*, et qui pourrait la remplacer en partie. Sa nourriture permettrait d'utiliser une masse énorme de matière végétale perdue dans toute la partie tempérée et méridionale de l'Europe, la feuille de chêne, en la transformant en matière textile par l'intermédiaire d'un être vivant. L'éducation peut se faire en plein air, sur des chênes en taillis protégés par des filets contre les oiseaux, et la génération annuelle de l'*A. yama-maï* est trop printanière pour craindre les guêpes, si avides de la chair des jeunes chenilles. L'immense intérêt pratique de cette acclimatation a engagé M. Personnat à y consacrer ses soins presque exclusifs. Une petite magnanerie de vers à soie du chêne a été installée près de la porte en regard de l'École-Militaire. Elle se compose d'un hangar couvert, mais largement aéré par les côtés, qui contient des baquets d'eau où plongent des branches de chêne sur lesquelles vivaient les chenilles; puis, afin de montrer un élevage libre en même temps que l'élevage au rameau, à la suite existe un petit enclos où sont plantés des chênes de diverses espèces. Les petites chenilles furent nourries selon les deux procédés. Il en est resté peu sur les chênes de l'enclos, car le terrain a été livré à M. Personnat beaucoup trop tard; les chênes ont mal repris, de sorte que les petites chenilles n'avaient qu'une nourriture et surtout un abri insuffisants; en outre, comme elles se cachent avec soin sous les feuilles, beaucoup de personnes ne sachant pas les apercevoir ont cru à un insuccès complet. Dans ma visite intérieure, faite le 8 août, j'ai trouvé des cocons attachés aux feuilles dans l'enclos. L'élevage au rameau, sous le hangar, a lieu au moyen de branches de chêne cueillies tous les jours au bois de Boulogne. Les premiers vers exposés ont bien marché; ceux qui ont été retardés à dessein par M. Personnat, afin de pouvoir laisser les belles chenilles vertes à taches d'argent de cette espèce, plus longtemps sous les regards du public, ont offert un certain nombre de sujets malades et tombant des feuilles. Beaucoup de personnes ont cru à un échec en voyant les chênes de l'enclos morts en partie par la raison que nous avons donnée, et surtout à l'aspect des rameaux flétris sous le hangar, qui firent croire à un abandon. C'était tout simplement que, l'accroissement terminé, on avait laissé ces branchages destinés au coconnage des chenilles. Au commencement d'août, de beaux cocons d'un vert jaunâtre, pleins de chrysalides vivantes, durs, à bouts fermes et bien arrondis, les garnissaient. L'éclosion des papillons et la ponte constitueront la dernière phase de cette exposition.

Les éducations de M. Personnat ont lieu en France et avec succès, à Laval, en plein air, par les soins du directeur et des élèves de l'École normale primaire, et à Niort, partie en plein air, partie au rameau (1). M. Personnat se dit en mesure de pouvoir disposer d'un kilogramme de graine bien saine à 10 fr. le gramme. L'éducation, dont un petit spécimen a eu lieu sous les yeux du public à l'Exposition universelle, est à sa cinquième génération en France, et provient d'un faible lot des graines envoyées par M. Pompevan Meerdervoort, et remis à M. Personnat par la Société d'acclimatation. Ce résultat, et d'autres succès partiels, sont de nature à nous permettre d'espérer l'introduction définitive de cette précieuse espèce en Europe, bien qu'aussi de nombreux insuccès, en plusieurs localités, nous avertissent combien les années calamiteuses que nous traversons sont peu favorable aux tentatives d'introduction de nouveaux insectes séricigènes. On ne saurait trop recommander pour l'*A. yama-maï* toute l'importance de la première partie de l'éducation. Il faut renouveler très-fréquemment l'eau des rameaux sur lesquels on porte les chenilles sorties de l'œuf, et surtout les placer en plein air, car les chenilles en chambre close sont atteintes de le pébrine.

J'ai regretté beaucoup de ne pas voir à l'Exposition des magnaneries qui avaient été annoncées pour la France, notamment celle de madame la baronne de Pages, née de Corneillan, et celle de M. Givelet, spéciale à l'*Attacus cynthia vera,* et qui formait la partie la plus originale et la mieux réussie de l'exposition des insectes en 1865.

Dans le parc, on trouve encore quelques lots de cocons français. Le bâtiment annexe, placé près de l'École-Militaire, et contenant l'exposition collective agricole du département du Bas-Rhin, à la suite de celle du Nord, offre de beaux cocons blancs jaunâtres, de M. A. Cornil de Lavergne, au Sandhof, près Bischwiller, diverses races, surtout japonaises, une dite jaune d'Alsace, de MM. Schaaff et Lauth, de Strasbourg, et des cocons du ver de l'ailante, très-bien fournis, de la magnanerie expérimentale de M. E. Heyler. Dans le même bâtiment, on voit aussi des cocons blancs, jaunes et d'un nankin blanchâtre, récoltés en 1865 et 1866 aux Anges, en Sologne, sans maladie, montés sur bruyère. La qualité des cocons est médiocre pour les jaunes, qui sont peu fournis; meilleure pour les autres.

A côté de cette annexe, un petit pavillon est destiné à l'École d'agri-

(1) Consulter : *Le ver à soie du chêne*, par C. Personnat, 3e édition, Paris, librairie de la Maison rustique, 26, rue Jacob.

culture de Grignon, dirigée actuellement par M. Bella. La sériciculture y est dignement représentée. On remarque des cocons et des soies de deux races blanche et jaune du Japon, de première éducation à Grignon ; des cocons jaunes de race de Russie, de quatrième éducation ; des cocons de Grèce, d'un jaune blanchâtre, beaux et serrés pour cette race ; des cocons et des soies de race de Turquie, de même couleur, plus renflés : ces deux races aussi à leur quatrième éducation à l'École. L'intérêt capital est celui offert par des cocons et des soies de notre ancienne race sina, que son admirable blancheur faisait réserver pour les tulles et blondes de soie sans teinture. Ces vers, fournissant des cocons admirablement faits, d'un grain si fin et serré, se reproduisent à l'École depuis trente et un ans, et la race a été envoyée au directeur par M. C. Beauvais, provenant des éducations faites aux bergeries de Senars. Les cocons exposés sont des éducations de 1866. Il est malheureusement bien à craindre qu'on ne perde cette belle race, non par la pébrine, mais par la maladie des *morts-flats*, qui a tué le tiers des vers en 1866, et beaucoup plus en 1867. La magnanerie de Grignon est donc sous l'empire des mêmes causes délétères que celle du bois de Boulogne, dans laquelle toutes les races autres que les japonais de provenance directe ont péri cette année par les *morts-flats*, les *arpians*, etc.

M. Girard.

(*A suivre.*)

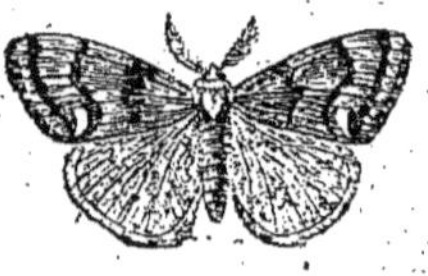

L'Éditeur-propriétaire : E. Donnaud.

Paris. — Imprimerie de E. DONNAUD, rue Cassette, 9.

Nº 10. **1re ANNÉE.** **Novembre 1867.**

L'INSECTOLOGIE AGRICOLE

SOMMAIRE :

Bulletin insectologique.

Primes à créer pour la conservation des petits oiseaux; appel aux sociétés agricoles. — Le *Sud-Est* émet une idée que l'*Insectologie* partage sur les encouragements que les sociétés d'agriculture doivent donner pour la conservation des petits oiseaux et de leurs nids. « Qui a le plus d'intérêt, dit-il, à la conservation des petits oiseaux? Evidemment c'est l'agriculteur. Alors les sociétés agricoles créées pour défendre les intérêts de l'agriculture, pour patronner activement toute idée de progrès dans ses cultures si variées; les sociétés qui donnent des éloges, des primes pour toutes sortes de sujets, même légers, ne doivent-elles pas intervenir dans cette importante question. Cependant, nous n'avons vu dans aucun programme décerner des récompenses en faveur de la conservation des petits oiseaux. Il y a des encouragements pour l'enseignement de ce que l'enfant est appelé à faire un jour; mais il n'y a aucun témoignage de satisfaction à décerner aux soins qu'aura pris le maître d'inculquer à ses élèves ce qu'ils doivent respecter et faire présentement, et, particulièrement, ce qu'ils doivent s'abstenir de faire pour ne pas nuire au prochain, à leurs parents, à eux-mêmes. Ce sera une de leurs premières leçons des droits et devoirs de leur vie présente et à venir. »

Ces raisons sont fort bonnes, et il faut s'appliquer à les faire partager par toutes les sociétés agricoles. En ce qui la concerne particulièrement, la *Société d'Insectologie* a déjà pensé à porter dans le programme de son exposition de 1868 des encouragements à la protection et à la multiplication des oiseaux insectivores. Dans sa distribution des récompenses de cette année, la *Société protectrice des animaux* a aussi décerné un certain nombre de médailles pour le même objet.

Ravages d'une larve-limace. — M. Joigneaux signale de la manière suivante dans ses *Chroniques de l'agriculture* les ravages d'un ennemi des poiriers : « Cette année (1867), cet ennemi a fait un grand mal en Bourgogne. La larve de cet insecte, qui a les apparences d'une petite limace, porte différents noms en insectologie. Pour les uns c'est *l'allanthe,* pour les autres, une tenthrède, pour ceux-ci, la larve du *salandria atra,* pour ceux-là, celle du *salandroia æthiops.* Voici ce qu'en dit M. Ch. Goureau : — « Sa forme rappelle un peu celle des têtards que l'on voit dans les mares et qui produisent les crapauds. L'humeur visqueuse qui l'enveloppe est analogue à celle que sécrètent les limaces et lui a valu le nom qu'elles portent (larves limaces). Elle est très-paresseuse et paraît immobile. Elle broute la feuille en dessus et mange toute la substance tendre comprise entre les nervures et les fibres qui en forment comme la charpente; elle la réduit à une fine dentelle. Lorsque cette larve est nombreuse, elle dépouille les poiriers de toute leur verdure, et rend les feuilles entièrement sèches; elle arrête ainsi la végétation et empêche les fruits de prendre leur volume et d'acquérir leur maturité. Arrivée à toute sa croissance, vers le milieu d'octobre, elle cesse de manger et l'humeur disparaît pour laisser voir sa couleur d'un vert très-foncé. Elle change de peau pour la dernière fois et devient jaunâtre, couleur d'ombre. Elle quitte alors l'arbre et descend à terre; elle se cache dans le sol où elle se forme avec des parcelles de terre une coque d'une forme arrondie, grossière à l'extérieur, dans laquelle elle se tient couchée en rond. Elle passe dans ce gîte l'hiver, le printemps et l'été et se change en chrysalide au mois de juillet, à ce que je suppose, et en insecte parfait au mois d'août. Je n'ai pu parvenir à élever cette larve en captivité. Elle reste environ dix mois dans la terre et pendant ce long espace de temps, l'humidité qui lui est nécessaire dans une certaine mesure, venant à lui manquer dans les boîtes où on la tient captive, elle périt et se dessèche avant sa métamorphose.

» En somme cette larve-limace appartient à l'ordre des hyménoptères et à la famille des tenthrédines ou mouches-à-scie. La mouche qui produit cette larve est longue de quatre millimètres et demi et a douze millimètres d'envergure; elle est noire et luisante; le ventre est épais et presque ovale; la femelle pond ses œufs à la partie inférieure des feuilles et ces œufs sont d'un jaune pâle. Nous ne connaissons aucun moyen pratique de se débarrasser des larves, peut-être ferait-on bien d'essayer la chaux en poudre. »

Gale des moutons. — Une nouvelle épizootie, dit le journal *la Belgique*, a fait invasion, depuis un an, dans la province de Luxembourg, et, grâce à l'absence de mesures, le mal a pris, à l'heure qu'il est, les proportions d'un véritable fléau. Nous voulons parler de la *gale des moutons*. C'est de la Prusse que vient cette maladie; elle régnait depuis quelque temps dans ce pays, où les éleveurs cherchaient à se débarrasser, à tout prix, des troupeaux entiers atteints de la gale et qu'ils ont revendus très-cher à leurs compatriotes, dont ils ont indignement trompé la bonne foi. Comme la gale chez l'espèce ovine est très-contagieuse, le mal s'est rapidement propagé, et, en ce moment, la province presque entière en est infectée. Les habitants sont vivement émus de cet état de choses, aussi désagréable pour le consommateur que ruineux pour les éleveurs et les propriétaires de moutons. Il paraît que, dans certaines localités, on ne mange plus, depuis quelque temps, que de la viande des moutons galeux. Déjà, la Prusse et le gouvernement du grand-duché de Luxembourg ont ordonné, entre autres mesures, pour combattre le mal, l'interdiction complète de la circulation des troupeaux atteints de la gale.

H. Hamet.

Eumolpe et nouveau moyen de destruction.

La lettre qui suit a été adressée à notre collaborateur, M. Guezou-Duval, l'un des secrétaires de la Société insectologique.

Monsieur,

En parcourant le journal *l'Insectologie agricole* n° 6 du mois de juillet 1867, j'y ai lu un article sur l'Eumolpe ou écrivain, et signé de vous.

Après avoir, dans cet article, donné une description très-exacte de l'insecte, après avoir parlé des ravages qu'il fait dans nos vignobles, vous indiquez comme ressource extrême, et comme seul moyen efficace de se débarrasser de sa dangereuse présence, le feu; vous terminez enfin votre article par cet appel aux expérimentateurs :

« Voici, jusqu'à ce jour, le seul remède que nous connaissions contre les dépréda-
» tions de l'Eumolpe. Si quelques-uns de nos abonnés en avaient expérimenté
» d'autres plus efficaces dans les vignobles, nous accueillerions avec reconnaissance
» leurs communications. »

C'est pour répondre à votre appel, Monsieur, que je viens vous rendre compte d'expériences que j'ai faites il y a déjà une douzaine d'années, et qui m'ont donné les résultats les plus satisfaisants. Voici :

J'habitais alors le département de l'Indre, le canton d'Argenton, canton essentiellement vinicole ; je possédais dans ma propriété environ cinq hectares de vignes, parmi lesquelles il y en avait de très-souffrantes, très-languissantes, et ne me donnant que des produits très-peu rémunérateurs.

J'avais aussi une huilerie annexée à ma propriété ; dans un magasin une quantité assez considérable de tourteaux de graines oléagineuses dont je n'avais pas eu un écoulement facile, et qui même commençaient à se détériorer ; j'eus l'idée de faire broyer une certaine quantité de ces tourteaux et de les utiliser dans mes vignes ; j'en fis répandre, sur une surface d'un *hectare*, environ 14 à 1,500 kilos, et je ne fus pas peu étonné de voir au printemps suivant cette partie de ma vigne pousser avec une nouvelle vigueur, ses feuilles prendre une teinte verte foncée et ses sarments se couvrir de belles et nombreuses grappes, tandis que les autres parties de mon vignoble qui n'avaient pas reçu de tourteaux dépérissaient de plus en plus.

Il va sans dire que mon vignoble, comme celui de plusieurs de mes voisins, était ravagé par l'Eumolpe, que nous appelons, nous, le gribouri ; eh bien, après cette première expérience, l'Eumolpe avait disparu de la partie fumée au tourteau, mais, par contre, les ravages avaient augmenté dans les parties non fumées.

Ne me rendant pas compte à la suite d'une première expérience des résultats de l'emploi du tourteau contre l'Eumolpe, je continuai mes expériences d'année en année sur toutes les parties non encore fumées, et toujours les résultats furent les mêmes, au point de vue de la vigueur que mes vignes avaient acquise et des rendements bien supérieurs qu'elles me donnaient alors.

Ce ne fut qu'après ces expériences successives que je fis la remarque que mes vignes étaient désormais à l'abri des ravages de l'Eumolpe, tandis que les vignes de mes voisins étaient de plus en plus ravagées.

Désirant savoir si c'était à l'emploi du tourteau que je devais un pareil résultat, je livrai à plusieurs de mes voisins des tourteaux ; et pour les engager à faire eux-mêmes des expériences qui devaient être pour moi concluantes, je leur livrai mes tourteaux à moitié prix de leur valeur commerciale : les expériences furent donc continuées et les résultats furent des plus satisfaisants.

Voilà, Monsieur, quels sont les renseignements que j'avais à vous donner ; ils ne sont pas le fruit d'une vaine théorie, mais bien l'expression fidèle d'expériences de plusieurs années.

Les tourteaux sont non-seulement des engrais précieux et énergiques pour la vigne, mais ils sont encore un moyen des plus efficaces et des plus sûrs pour se débarrasser de l'Eumolpe.

J'ai utilisé tout d'abord le tourteau de colza; désirant savoir si les autres tourteaux me donneraient les mêmes résultats, j'ai employé successivement les tourteaux de caméline, moutarde blanche et noire, les effets obtenus contre l'Eumolpe étaient plus énergiques, plus efficaces encore, mais je remarquai que les résultats comme production étaient un peu moins satisfaisants.

Je faisais répandre mon tourteau du 15 février au 20 mars; je le fis d'abord répandre à la volée, puis ensuite je le fis mettre au pied de chaque cep, à raison de 150 grammes par cep, ayant reconnu que ce dernier mode d'emploi était plus économique et celui qui me donnait les meilleurs résultats. Ce fut celui-là que j'adoptai définitivement.

Recevant de nombreuses publications agricoles, j'ai pu y voir que, dans plusieurs vignobles de France où de semblables expériences avaient été faites, les résultats avaient été les mêmes, et que l'on conseillait vivement l'emploi du tourteau de colza comme étant le *meilleur engrais de la vigne* et le *moyen le plus efficace de détruire l'Eumolpe*, ce dont vous pourrez vous convaincre en lisant la *Revue vinicole*, l'*Écho agricole*, nº du 20 *janvier* 1866, et enfin *la Chimie appliquée à la viticulture*, par Gadrey.

Si vous pensez, Monsieur, que les renseignements que je viens d'avoir l'honneur de vous donner peuvent avoir quelque intérêt pour vos lecteurs, je serais heureux de vous avoir aidé à poursuivre la tâche utile que vous avez entreprise.

Agréez, etc.

E. Huard du Plessis.

Depuis longtemps les horticulteurs avaient remarqué que les détritus de feuilles de choux, de choux-fleurs, de navets, à moitié gâtés ou décomposés par la gelée ou par l'exposition à l'air, avaient la propriété de faire périr les vers blancs, quand ils étaient mêlés à leurs fumiers dans les carrés de fraisiers ou sur les plates-bandes. Les expériences de M. Huard du Plessis tendraient à faire croire que ces mêmes détritus sont d'une efficacité semblable contre l'Eumolpe ou *gribouri*. En effet, les tourteaux de colza, de moutarde blanche et noire qu'il a employés avec succès, sont composés de plantes appartenant à la même famille botanique que les choux et les navets, c'est-à-dire aux *crucifères*, plantes azotées, antiscorbutiques, possédant des vertus analogues. Toutes, en se décomposant, exhalent une odeur d'hydrogène sulfuré qui dénote le soufre qu'elles contiennent et leur nature semblable.

L'expérience de M. Huard du Plessis est donc des plus curieuses : elle établit que les mêmes résidus de plantes crucifères mortels pour les vers blancs, peuvent être également employés contre l'Eumolpe.

Les plantes crucifères sont nombreuses et faciles à se procurer. On en trouve beaucoup à l'état sauvage. Les cressons (nasturtium *palustre*, *officinale* et *amphibium*), les erysimum, les sisymbrium (*alliaria*, *officinale*, *Sophia*), les diplotaxis *muralis* et *tenuifolia*, les sinapis, les raphanus, etc., sont de ces plantes rurales vulgaires, qu'on trouve partout en abondance, et qui ne coûtent rien. On pourrait en additionner les fumiers destinés aux vignes, et obtenir, croyons-nous, contre l'Eumolpe les mêmes résultats que contre le vers blancs. Les tourteaux de cochlearia, de caméline, de passerage (lepidium *campestre* et *sativum*) seraient également efficaces.

Nous ne pouvons donc qu'engager les propriétaires de vignes qui seraient incommodés par l'Eumolpe, ou gribouri, ou écrivain (car l'insecte porte tous ces noms), à répéter les expériences si heureusement inaugurées par notre correspondant.

Guezou-Duval.

Note sur l'Otiorhynque sillonné, dont la larve ronge les racines des plantes cultivées en pot;

Par M. Boisduval.

Notre collègue M. Louesse nous a remis, à diverses reprises, depuis trois ans, de petites larves apodes, vermiformes, qui, dans son jardin situé à la Celle-Saint-Cloud, détruisent les racines des Primevères de la Chine et des Auricules. D'un autre côté, nous avons reçu d'autres larves semblables qui, dans quelques serres, se comportent de la même façon à l'égard des *Escallonia* et des Fraisiers chauffés en pots. Pour la première fois, nous avons réussi, cette année, en les soignant convenablement pendant l'hiver, à élever les unes et les autres, et nous avons eu la satisfaction d'obtenir des insectes parfaits, dont le premier est né le 24 avril. Ces insectes, très-nuisibles aux plantes en question et sans doute à beaucoup d'autres cultivées dans les mêmes conditions, appartiennent à l'ordre des Coléoptères et à l'innombrable famille des Charançons (Curculionites). L'insectes dont il s'agit est de la taille moyenne, et porte le nom scientifique d'Otiorhynque sillonné (*Otiorhynchus sulcatus*); il ne se rencontre pas très communément en dehors des jardins. Aucun auteur, que nous sachions, n'a parlé de cette larve; nous devons dire cependant que Faldermann a publié, en 1837, dans le Bulletin de l'Académie de Saint-Pétersbourg, un article reproduit par l'*Isis*, dans lequel il décrit, comme espèce nouvelle, sous le nom d'*Otiorhynchus Marquardtii*, un Charançon qu'il dit être très-nuisible dans les serres du haut Nord; mais il ne dit rien de son premier état. Cette nouveauté est peut-être identique avec le *sulcatus* des auteurs.

Le Charançon dont nous mettons un échantillon sous les yeux de la Société, est noirâtre, avec le corselet fortement rugueux; ses élytres ont des sillons profonds, marqués de gros points enfoncés; elles sont en outre parsemées çà et là d'une petite villosité qui leur donne une teinte grisâtre. Cet Otiorhynque, sauf sa taille moitié plus petite, ressemble, pour un œil peu exercé, à celui de la Livèche (*O. Ligustici*), *Bécare* de quelques jardiniers, espèce excessivement commune au bord des chemins et le long des murs exposés au soleil, insecte que les arboriculteurs de Montreuil, de Bagnolet, de Rosny et d'ailleurs, accusent, non sans raison, de ronger les bourgeons des Pêchers. Ces deux Coléoptères ont les élytres soudées et ne volent jamais; ce n'est qu'à l'aide de leurs pattes qu'ils voyagent à de faibles distances. Au reste, ils s'éloignent peu des lieux où ils sont nés et ne se rencontrent que dans certaines localités.

L'Otiorhynque sillonné, dont nous avons étudié l'histoire aux différentes phases de sa vie, s'accouple aussitôt que ses élytres se sont durcies. Après la fécondation, le mâle ne vit que quelques jours; et la femelle, dont l'existence est plus longue, dépose ses œufs près du collet des plantes herbacées. Ces œufs sont très-petits, arrondis, d'un gris blanchâtre et ne tardent pas à donner naissance à de petits vers blanchâtres, dont la croissance marche lentement pendant l'été. A la fin de septembre, ils sont arrivés à moitié de leur grosseur. C'est alors que commencent des ravages très-sensibles dans la poterie des serres ou sous les châssis. Les plantes attaquées languissent, cessent de pousser, se fanent et périssent. En recherchant la cause du mal, on s'aperçoit de suite que le collet et les racines des plantes malades sont rongés par sept ou huit larves. A cette période de leur existence, elles sont blanches, sans pattes, avec la tête noirâtre; leur corps obèse, raccourci et un peu arqué offre quelques petits poils assez clair-semés. Ces larves craignent la lumière, sont paresseuses, font peu de mouvements, et leur progression dans la terre est une sorte de reptation due à la contraction des anneaux. Leur développement s'achève pendant la fin de l'automne et les premiers mois de l'hiver. Vers le milieu de mars, elles se construisent une petite coque ovoïde avec de la terre, dans laquelle, après un jeûne d'une dizaine de jours, elles changent de peau et se transforment en nymphes. Ces dernières, d'abord blanchâtres, prennent peu à peu une couleur plus foncée et deviennent d'un brun roussâtre au moment de l'éclosion.

Les jardiniers qui cultivent des plantes molles en pots, ou qui chauffent des Fraisiers devront, lorsqu'ils s'apercevront de l'état de souffrance de leurs plantes et qu'ils verront les feuilles radicales commencer à se faner, les dépoter immédiatement, visiter les racines, les débarrasser des larves qui les dévorent et les rempoter dans de nouvelle terre. Si, par négligence, on attend trop tard pour faire cette opération, les racines sont presque complétement détruites et les plantes sont perdues.

(*Journal de la Société impériale et centrale d'Horticulture.*)

La taupe. — Ses avantages et ses inconvénients.

On a beaucoup parlé de cet animal, modèle de propreté et de modestie;

car, quoiqu'il habite l'intérieur de la terre, et surtout de la terre mouillée, sa belle robe de velours est toujours immaculée, et, loin d'en faire parade, il a toujours soin de se tenir caché. La solitude est sa vie, et la lumière semble être sa mort.

Inutile de le décrire; tout le monde le connaît : l'important est de savoir s'il doit être rangé parmi les animaux nuisibles à l'agriculture, et, comme tel, proscrit à outrance, ou s'il rend des services qui lui méritent la protection des véritables amis des champs.

Nous allons donc essayer d'établir son bilan, et de nous assurer si réellement la chasse qu'on lui fait habituellement est de bonne guerre.

La taupe, ne quittant presque jamais l'intérieur du sol, doit évidemment y trouver sa nourriture, et une nourriture abondante, car elle jouit habituellement d'un embonpoint qui lui fait honneur.

Or, deux choses seules peuvent servir à son alimentation : les racines des plantes, ou les insectes qui, comme elle, habitent ordinairement l'intérieur de la terre.

Pendant longtemps on a cru, et des personnes croient encore que la taupe mange les racines des arbres, et surtout des plantes légumineuses, car il n'est pas rare de voir de ces racines précisément là où ses galeries sont le plus fréquentes; mais on est assuré maintenant qu'il n'en est rien, et que cet animal est essentiellement carnivore. Si les galeries sont plus nombreuses là où les racines paraissent le plus rongées, c'est précisément parce qu'elle recherche les insectes qui causent ces dégâts parfois si désastreux.

Il est donc bien prouvé aujourd'hui que la taupe ne se nourrit que d'insectes souterrains, et que ces derniers seuls causent ces dégâts qu'on remarque dans les plantations d'arbres et de racines alimentaires.

Il est également prouvé qu'elle en fait une consommation très-considérable, et qu'alors elle rend à l'agriculture des services très-importants.

Reste à savoir si, à l'exemple du *seigneur* dont parle Lafontaine, elle ne cause pas en chassant un plus grand préjudice que le gibier qu'elle détruit : c'est ce que nous allons examiner en détail.

Se nourrissant, comme nous l'avons dit, des insectes qui habitent l'intérieur de la terre, la taupe recherche de préférence les endroits frais où ils abondent, et principalement les cultures maraîchères bien fumées et souvent arrosées. De là la haine des jardiniers contre ces mineurs infatigables qui pratiquent des galeries aussi vite qu'ils élèvent des forts, et cela au grand détriment des jeunes semences confiées à la terre. Il est certain que, dans la plupart de ces cas, le remède est pire que le mal, et personne ne trouve mauvais le droit, quelque peu léonin, en vertu duquel les jardiniers se débarrassent, par tous les moyens possibles, de ces hôtes importuns, lorsqu'ils reconnaissent que la quantité d'insectes détruits ne cause pas autant de préjudice que les chasseurs mêmes.

En est-il de mêmes en tous pays ? Évidemment non. Là où les vers blancs, les courtilières et autres insectes sont si nombreux, qu'ils détruisent non-seulement quelques plantes, comme les taupes le font par leurs galeries, mais tous les végétaux, fraisiers, framboisiers, salades, choux, carottes, navets, etc., alors on est forcé de faire la part du feu, de préférer de beaucoup l'ennemi le moins dangereux et de protéger les chasseurs, qui seuls peuvent utilement faire la guerre à ces terribles destructeurs.

Ainsi, pour les jardins maraîchers, on a le pour et le contre, et, balance faite des dégâts et des services, on reconnaît qu'ils se compensent à peu près, et que, s'il est permis de détruire les taupes dans certains pays privilégiés, on se procure de vastes sujets de regrets en agissant de même dans certains autres plus maltraités.

Si on quitte le potager pour la grande culture, on a également l'actif et le passif. Les moles que cet animal soulève dans les prairies causent un dommage considérable qui n'a qu'un seul palliatif : la nécessité, pour l'agronome, d'irriguer ses prés, qu'il négligerait peut-être s'il n'était forcé de détruire ces infatigables mineurs, et, par là, l'augmentation énorme de ses produits.

Qui pourrait dire que ce n'est pas un moyen créé par la Providence pour stimuler l'apathie souvent si préjudiciable de l'agriculteur ?

Ce passif, quelque important qu'il soit, est largement compensé par les services rendus dans les grandes cultures de racines alimentaires, telles que : pommes de terre, betteraves, carottes, etc., qui sont si souvent dévastées par ces mêmes insectes dont les taupes sont si friandes, sans compter l'avantage des galeries souterraines pour le drainage naturel des terres humides.

Donc, à la ferme comme au potager, on doit admettre des circonstances atténuantes, et leur accorder le bill d'indemnité.

Reste maintenant l'arboriculture proprement dite, comprenant les vignes, pépinières, parcs, forêts, etc.

Quiconque a vu les ravages épouvantables causés par les *mans* dans les pépinières, les parcs et autres endroits boisés, et ceux non moins considérables que fait dans les vignobles cette espèce d'eumolpe qu'on nomme vulgairement *écrivain*, ne cesse de demander un remède quelconque à ces maux terribles. Quelle protection ne doit-on pas alors aux animaux chargés d'atténuer, sinon d'empêcher, ces désastres?

Maintenant qu'il est reconnu que les taupes, qui sont douées d'un très-bon appétit, se nourrissent exclusivement de ces rongeurs, on peut dire, sans exagération, que la destruction intempestive de l'une d'elles équivaut à l'apport de milliers d'insectes nuisibles qui, si on n'y met ordre, finiront par anéantir les plus belles productions de la nature.

On ne saurait raisonnablement mettre en ligne de compte les quelques dégâts qu'elles causent aux jeunes semis, tant par leurs moles que par leurs galeries. Comparés aux service rendus, ces dégâts sont tout à fait insignifiants. Ce serait donc le cas ici d'accepter l'offre de nos honorables confrères qui désirent pouvoir adresser leurs taupes vivantes à ceux qui ont l'imprudence de leur accorder quelque protection. Pour ma part, j'ose avouer qu'alors je les accepterais avec reconnaissance.

En résumé, si les services rendus par ces animaux peuvent à peu près se compenser avec les dégâts qu'ils causent aux cultures maraîchères et à l'agriculture proprement dite, le bien immense qu'ils font à l'arboriculture en général suffit pour justifier l'erreur grave que commettent ceux qui s'acharnent à leur destruction, et le motif qui porte certains praticiens à leur donner aide et protection.

Oui, Messieurs, tous tant que nous sommes, propriétaires, agronomes, vignerons, maraîchers, pépiniéristes, protégeons ou tout au moins ménageons ces charmantes bêtes que le ciel nous envoie pour nous aider à combattre ce fléau toujours croissant des insectes qui dévorent nos récoltes, en attendant que des mains plus puissantes protégent d'une manière plus efficace ces autres chasseurs, ces charmants musiciens des champs, dont les appétits nous sont aussi utiles que les chants nous sont agréables.

(*Bulletin de la Société d'Horticulture de la Côte-d'Or.*) LECONTE.

Vers à soie de l'ailante (suite, v. p. 249).

Ces deux plans sont percés de 4 centimètres à 4 centimètres de petits trous correspondants, disposés en quinconce et assez larges pour que le pédoncule d'une feuille d'ailante puisse facilement y entrer. La feuille, débarrassée de trois ou quatre premières paires de folioles, est introduite dans ces trous et maintenue dans sa position verticale par l'écartement des deux plans de volige; son pédoncule, trempant de 20 centimètres dans l'eau, conserve sa fraîcheur jusqu'à l'entier épuisement de ses folioles, en sorte que rien n'est perdu pour les vers. Une feuille est-elle complétement divisée, il suffit d'en placer une nouvelle dans un des trous voisins laissés vides; en quelques minutes cette dernière est envahie pour avoir bientôt le sort de celle qu'elle a remplacée.

On peut ainsi, sans autre peine que celle de renouveler les feuilles mangées, nourrir une grande quantité de vers pour ne les placer définitivement sur les arbres qu'au moment le plus favorable, c'est-à-dire, comme nous l'avons déjà dit, au moment où ils pourront un peu se défendre contre tous les fléaux qui les menacent.

Les ennemis du ver à soie de l'ailante sont nombreux. Ce joli coléoptère connu sous le nom de *couturier* ou *bête du bon Dieu* est l'un des plus redoutables; il se précipite sur la chenille, lui dévore les pattes, boit avec avidité la liqueur noire et visqueuse qui découle de ses blessures; et si parfois le ver blessé triomphe dans la lutte, il ne meurt pas, mais il file un cocon plus petit, ayant une soie moins épaisse.

Après la coccinelle, la guêpe est l'ennemi le plus dangereux qui se jette de préférence sur les vers blessés; heureusement les guêpes n'aiment pas beaucoup à se tenir dans les bois d'ailante, elles préfèrent les arbres à fruit. Et puis la guêpe n'est sérieusement dangereuse que pour les très-jeunes chenilles, et nous avons déjà fait observer qu'il fallait autant que possible ne pas en mettre sur les arbres, avant qu'elles aient atteint une certaine grosseur.

La grande sauterelle verte et l'araignée à longues pattes connue sous le nom de *faucheux*, pourraient aussi faire beaucoup de mal si elles étaient plus nombreuses.

Les fourmis et les petites araignées attaquent seulement les tout jeunes vers et surtout pendant la première mue.

La mouche scorpion ou panorpe est terrible, elle peut causer de très-grands dégâts. Cette mouche est munie d'une trompe excessivement dure au moyen de laquelle elle perce facilement l'enveloppe de soie du cocon, elle dévore alors la chrysalide avec la plus grande avidité ; il faut donc encore protéger le bombyx lorsqu'il est enfermé dans son cocon et qu'on le croirait ainsi à l'abri de toute attaque.

La grenouille verte, appelé *raine*, est très-friande du ver de l'ailante ; mais ces animaux sont heureusement rares dans nos climats et font peu de mal.

Les oiseaux ne sont pas aussi dangereux qu'on a bien voulu le dire, et, jusqu'à présent, ces intéressants animaux ont été plus soupçonnés que coupables. Les merles commettent parfois quelques méfaits, mais il a été reconnu que les pies, quoique fort nombreuses, n'avaient pas occasionné le plus petit dégât.

Des observations faites par M. Givelet ont démontré d'une façon bien évidente qu'il y avait un grand avantage à ne mettre les vers sur les arbres qu'au 4ᵉ âge et même vers la fin du 4ᵉ âge. Des vers placés dans ces conditions sur une centaine de buissons ont donné près de 4,000 cocons, cent jeunes vers disposés sur un arbre isolé n'ont produit que 49 cocons ; il y a donc une perte de 50 pour 100.

Deux gros buissons touffus et confondant leurs branches chargés aussi de 100 cocons arrivés au 2ᵉ et au 3ᵉ âges, n'ont donné que 34 cocons. La perte s'élève à 66 pour 100.

La chenille du Cynthia entre assez habituellement dans son cinquième âge du 18ᵉ au 20ᵉ jour, et par conséquent 20 boîtes semblables à celles décrites ci-dessus suffiraient pour faire une éducation assez forte et pour garnir chaque jour une de ces boîtes avec les vers éclos pendant la nuit précédente. On pourrait d'ailleurs faire surveiller la plantation, alors qu'elle est couverte de vers, par une femme qui défendrait ces petits animaux contre les coccinelles.

Pour n'avoir pas à redouter les ravages de la mouche scorpion, il faut récolter les cocons dès qu'ils sont assez forts pour résister sous la pression du doigt, c'est-à-dire 4 à 5 jours après leur formation. Cette mouche ne se rencontre guère d'ailleurs que dans les plantations placées sur le bord des eaux, et par conséquent elle serait fort peu à redouter dans les lieux secs et élevés.

Il ne nous reste plus maintenant qu'à nous occuper de la question économique ; de rechercher quel est le prix de revient et de savoir quel est le parti que l'on peut tirer des cocons obtenus. Tout travail doit être rémunérateur, et par conséquent il serait peu rationnel d'élever des vers à soie de l'ailante s'il n'était pas possible de filer convenablement les cocons et d'assigner à la soie un emploi utile.

A. DE LAVALETTE.

La sériciculture à l'Exposition universelle (*suite*).

Nous voyons enfin dans l'exposition des colonies françaises figurer de nouveau quelques-uns des insectes déjà indiqués par M. Guérin-Méneville, et en plus l'*Attacus selene* de l'Inde, propres à l'Inde, au Sénégal, à la Guyane; des échantillons de dévidage en soie grége de M. le docteur Forgemol, lauréat hors classe de notre Société, d'après le procédé spécial décrit par lui dans notre *Bulletin*, 1864; ces soies proviennent de cocons doubles du *S. mori*, de cocons percés par la sortie du papillon du *S. mori*, des *A. yama-maï*, *mylitta*, *Pernyi*, enfin des cocons naturellement ouverts des *A. cynthia vera*, *arrindia*, *Bauhiniæ hesperus cecropia*. Madame la baronne de Pages (de Corneillan) a présenté des échantillons de cocons, de soies filées et tissées des diverses races de *Sericaria mori*, élevées par elle, et des *Attacus cynthia*, *arrindia*, *mylitta*, *Pernyi*, *yama-maï*, *Bauhiniæ*, *cecropia*. De la Guyane viennent des cocons de ver à soie du mûrier, d'un blanc jaunâtre, de M. Micheli, et de l'île de la Réunion, de beaux cocons blancs et jaunes (MM. Orré, de Ménardière); malheureusement dans nos colonies de la zone torride les pluies torrentielles de la saison humide nuisent beaucoup aux éducations du *S. mori* et compensent l'avantage d'un climat permettant d'élever des vers polyvoltins. L'Inde française a des cocons de l'*A. mylitta* (soie tussah) et, ce qui est intéressant, des cocons et de la soie filée de l'*A. selene*, espèce à longue queue aux ailes inférieures, envoyés par M. Perrottet. La Cochinchine offre des cocons jaunes, très-pauvres en soie, indiqués d'une espèce annamite, vivant sur le mûrier, et succédanée de notre ver à soie. De la côte d'Afrique sont des soies gréges de Porto-Novo, apportées par M. le baron Didelot, des cocons de l'*A. Bauhiniæ* du Sénégal, de la soie et des cocons d'un nouveau bombycien du Sénégal, encore inédit, du genre *Lasiocampa*, envoyés par M. Parcevaux (médaille de bronze). Ces cocons, d'un gris brunâtre, sont associés, comme ceux de nos processionnaires du chêne et du pin, et malheureusement mêlés des poils épineux provenant des chenilles elles-mêmes.

L'Italie est le seul pays qui nous offre à l'Exposition universelle une magnanerie de vers à soie ordinaire. Elle est destinée à appeler l'attention publique sur un système spécial dont l'inventeur est M. le docteur Delprino (1), et son exposition à Paris a reçu l'appui du conseil provincial d'Alexandrie et des chambres de commerce d'Alexandrie et de Cuneo. L'appareil est appelé *cellulaire-isolateur* parce qu'il est destiné à permettre à chaque ver, au moment de donner son cocon, de venir se placer, isolé des autres, dans une petite case où il filera un cocon unique, attaché par la bave aux parois de la cellule. En outre, l'appareil ou château peut être placé au milieu d'une salle, sans endommager les parois, et en permettant de circuler tout autour, On peut voir ces châteaux dans la galerie des machines, à l'annexe italienne, et enfin, en plus grande quantité, à Billancourt, sous le hangar A. M. Delprino avait eu l'heureuse idée de garnir ces appareils de diverses races de vers à soie qui ont été élevées en 1867 dans l'Italie septentrionale, ce qui a permis d'y montrer des cocons de toutes les grosseurs. On y trouvait surtout des japonais annuels, blancs et verts, d'origine nouvelle, et qui ont donné en Italie une bonne récolte ordinaire, tandis que les anciens japonais, devenus italiens, n'ont fait que demi-récolte, et les portugais des quarts de récolte. La race corse a donné une récolte entière, mais elle était rare, et les milanais n'ont pas réussi. J'ai vu dans les cases Delprino de très-beaux milanais jaunes, pareils à ceux qu'élève à Brives mademoiselle de Lavergne, une race de macédoine jaune, médiocre, et enfin des trivoltins, objet de curiosité, inutiles.

L'appareil soumis à l'examen des sériciculteurs de toutes nations se compose de deux parties, la cabane ou caisse et l'armature. La première est formée de montants verticaux contenant de légers planchers mobiles ayant environ 1 mètre de long sur 50 centimètres de large. Sur chacun on place les vers, et un système de coulisses permet de retirer horizontalement chaque tablette séparée pour donner la feuille, etc. L'armature, qui constitue l'invention capitale de M. Delprino, consiste en claies verticales disposées sur les côtés des tablettes

(1) Consultez, sur ce sujet, les brochures suivantes de M. Delprino : *La nouvelle sériciculture*, avec planches. Acqui, 1867. — *Résultat du nouveau système de l'éducation des vers à soie*. Acqui, 1867. — *Perte dans le produit de la soie par les systèmes actuels*. Acqui, 1867.

et constituées par deux séries perpendiculaires de petites planchettes de bois de mûrier ou de peuplier, ayant environ 3 centimètres de large, et formant ainsi les petites cases cubiques dans chacune desquelles doit se loger un cocon. En outre, des claies sont disposées obliquement au-dessus du château et aux extrémités des tablettes, afin que tous les vers trouvent à se loger. Il est évident pour moi qu'il y a là une modification plus parfaite, mais aussi plus compliquée, de la claie coconnière Davril (celle qui est employée à la magnanerie du bois de Boulogne), invention tombée dans le domaine public et imaginée pour parer aux nombreux inconvénients des bruyères ou branchages, inutiles à rappeler ici. La coconnière Davril se compose de tasseaux parallèles, laissant entre eux l'intervalle d'un cocon, disposés sur les bords et au-dessus des planchettes à vers, en forme d'échelons. Le système Delprino, au lieu de laisser libre dans un sens l'espace destiné aux cocons, le ferme dans les deux.

Nous allons exposer et discuter en même temps l'appareil. Il peut être placé au milieu d'un appartement, sans appui sur les murs et par suite sans les endommager; mais ceci n'est pas spécial au système. M. Delprino insiste beaucoup sur ce fait que, si le ver à soie ne trouve pas, lors de la montée, à se loger tout de suite pour filer, la soie des glandes sérifiques (glandes salivaires modifiées) se résorbe peu à peu, au point qu'au bout d'un certain temps la chrysalide se forme sans cocon. Avec son appareil le ver ne tarde pas à trouver une case vide. Voilà, il faut le dire, un inconvénient que toutes les méthodes peuvent offrir et auquel elles peuvent remédier, du moment qu'on n'entasse pas trop les vers et qu'on leur donne un enramage proportionné à leur nombre. On évite, avec les cases Delprino, les taches que les cocons morts font au-dessous d'eux sur les cocons sains; c'est là un mérite spécial à cet appareil. On diminue beaucoup le nombre des cocons doubles, rejetés à la filature. D'après M. Delprino on a, sous ce double rapport, 15 pour 100 d'avantage avec ses cellules pour les races indigènes, et 25 pour 100 pour celles du Portugal ou du Japon qui produisent plus de doubles et de cocons tachés par des déjections caustiques. Il faut remarquer que les doubles existent encore avec les cases Delprino comme avec les coconnières Davril, mais bien diminués dans les deux méthodes. J'ai vu à Billancourt quelques cocons doubles, surtout dans les blancs, et il y en a eu quelques doubles dans l'essai, fait sur une très-petite échelle, des coconnières à cellules à la magnanerie du bois de

Boulogne. Avec les coconières Davril, en 1819, M. J. Pinçon obtint dans sa magnanerie dix quintaux de cocons milanais avec si peu de doubles que, les ayant vendus d'abord 6 fr. 50 c. le kilogramme, il reçut du filateur un supplément de prix de 50 centimes par kilogramme. Les coconnières Davril offrent un déramage plus facile que les cases Delprino, qui exigent pour décoconner rapidement un appareil supplémentaire, de maœuvre assez délicate et demandant de l'attention.

C'est avec les coconnières Davril qu'il faudra comparer, par une observation de détail, et en notant soigneusement les frais respectifs, les châteaux isolateurs de M. Delprino. Le prix de revient de ceux-ci est, d'après lui, pour cinq rayons suffisants pour l'enramage de 30 grammes de graine, produisant 50 kilogrammes de cocons, de 125 francs, brevet compris.

J'ai été frappé d'abord d'un défaut grave, selon moi, dans les appareils exposés. Les planches à vers ne sont qu'à 25 centimètres de distance l'une de l'autre, et je crois qu'il est nécessaire de mettre le double, soit 50 centimètres, si l'on veut un aérage suffisant. Il faut bien remarquer, et c'est la conséquence reconue par tout le monde et qui résulte du beau travail de M. de Quatrefages sur la maladie actuelle du ver à soie, qu'on ne parviendra à mettre fin à l'épidémie qu'en rapprochant le plus possible les vers à soie des conditions naturelles; il est nécessaire avant tout d'aérer et de ne pas trop élever la température. Le défaut habituel des éducateurs italiens est de trop entasser les vers.

Pour les éducations les plus nombreuses en France, celles des paysans du Midi, les appareils de toute nature ont peu de chance d'être accueillis. Ils ne veulent faire aucune autre dépense première que celle absolument indispensable; chacun dispose des vers dans sa maison sur tous les supports possibles. Lors de la montée, on se procure à la hâte les branchages que le pays fournit, et, le décoconnage fait, on les jette ou on les brûle. Les coconnières, soit Davril, soit Delprino, devraient être nettoyées et serrées avec précaution en lieu sec pour l'année suivante. Il faut de la place et des soins; c'est beaucoup trop pour nos paysans. L'appareil Delprino, au contraire, pourra convenir pour les éducations des graineurs, car il laisse au ver qui file un bien meilleur aérage que les bruyères, en attendant que les grandes magnaneries puissent se rétablir; mais qui oserait aujourd'hui faire ces frais préliminaires des immenses éducations d'autrefois? C'est toujours une heureuse pensée qu'a eue M. Delprino d'offrir son système à l'examen et à la critique; il y a là d'excellentes choses pour un avenir plus heureux (1).

La collection des matières premières d'Italie (palais) présente des cocons jaunes et nankins de la Société économique agricole de Pérouse, très-riches en soie (médaille de bronze). Dans l'annexe italienne, il n'y a pas autre chose concernant la sériciculture que l'appareil Delprino. On trouve à la classe XXXI, dans l'Exposition du palais, de belles soies grèges à divers filateurs.

Le Portugal, où la sériciculture a reçu un grand développement, a beaucoup moins apporté de produits de ce genre à l'Exposition qu'on aurait pu le supposer, et l'intérêt de ce pays y eût cependant beaucoup gagné, car les graineurs aux abois recherchent maintenant les cocons portugais, se portant toujours de préférence sur les pays où la maladie sévit moins intense. M. José Marçal Brandao, de Porto (mention honorable), expose de superbes cocons, gros, d'une soie fine et serrée, d'une couleur nankin terne, et une autre race de petits cocons d'un blanc jaunâtre un peu trop tachés de déjections, probablement d'origine japonaise. De l'orphelinat du baron de Nova Cintra, à Porto (médaille d'argent et de bronze), proviennent plusieurs races de cocons nankin et des cocons placés dans une soucoupe de verre, attirant les regards par leurs couleur d'un jaune brillant; ils sont d'une finesse et d'un grain incomparables. La commission du district de Bragance a envoyé des rameaux de genêt chargés de cocons d'un jaune nankin, d'origine japonaise, à bouts bien faits et durs, des japonais blancs, des cocons verts et de gros cocons d'un jaune terne, pareils à ceux de M. de Brandao. Il y a encore une quinzaine de bocaux de cocons portugais placés maladroitement à une telle hauteur qu'ils sont complétement perdus pour le public.

Je n'ai trouvé pour l'Espagne qu'un coffret contenant des cocon d'un jaune pâle, de grosseur moyenne, semblant d'origine japonaise par la forme, fermes et bien faits, provenant de Lérida et exposés par D. José Moles, et un lot de soies filées, les unes jaunes, les autres blanches, celles-ci d'origine japonaise, de D. Salvador Gonzalez, de Valence (médaille de bronze).

(1) *L'Insectologie* publiera un travail particulier sur le système Delprino. — *La Rédaction.*

L'Autriche est un pays très-propice à la sériciculture, surtout dans sa partie méridionale, dans l'Esclavonie, dans l'Istrie, etc. On remarque les cocons de divers producteurs, de l'Istrie, notamment de beaux cocons jaunes, de race milanaise, de M. F. Sotto Corona. La Société hongroise pour l'introduction des vers à soie a centralisé les envois de plusieurs exposants, ainsi de beaux et gros cocons blancs et blancs verdâtres, de races paraissant persanes, et de petits cocons verts japonais, par M. F. Brezino, instituteur à Prague; des cocons blancs, sina et japonais, de M. Franz Steyrer à Prague, des graines sur papier et des cocons japonais verts et nankins, de M. Antonio Wukassinoviz, inspecteur royal de la sériciculture à Essek (Esclavonie), etc.

Les envois étrangers surtout manquent complétement des dates qui, dans ce moment d'épidémie croissante, sont d'une grande importance et auraient un intérêt commercial si direct pour les exposants, en raison des demandes du grainage.

La Turquie compte un grand nombre d'exposants. La sériciculture y est représentée par de très-beaux cocons (médaille d'or) envoyés par M. Louis Brotte, filateur à Brousse (Anatolie). Ils offrent les types des belles races de ces régions privilégiées et notamment de très-belles races persanes pures. On y doit signaler d'abord trois races de cocons blancs originaires d'Anatolie : 1° oblongs, gros, graine Lefkey; 2° étranglés, gros, graine Songourlouk; 3° longs, étranglés, pointus, graine Méhémet Effendi de Mohalitz; 4° nankins, gros et longs, graine de Roumélie, reproduite deux années en Anatolie; 5° gros cocons d'un jaune vif, graine de la mer Caspienne; 6° énormes cocons, des plus gros qui existent, nankins, graine des environs de Dailliat; 7° gros, verts, graine du Caucase; 8° jaunes, moyens, graine de Roumélie. Ces quatre derniers lots sont de première éducation en Anatolie. Viennent ensuite des soies gréges d'un blanc pur, d'un blanc nankin, jaunes et vertes. La maison d'exportation de produits turcs de A. Ovaness Dédeyan expose, avec d'autres objets, de beaux cocons d'un blanc nankin, de Smyrne.

En Roumanie, dans les matières premières rangées contre le mur extérieur de la galerie des machines, on remarque trois bocaux de cocons de trois races, d'un blanc pur et d'un blanc nankin, bien faits, un peu étranglés au bout, envoyés par la Société d'agriculture de Pantélimon, près de Bucharest, et une vitrine sans étiquette contenant des japonais blancs et verts, reproduits, et des cocons d'un jaune nankin, de race analogue aux milanais.

L'exposition de Grèce contient des cocons blancs récoltés à l'école d'agriculture de Nauplie, puis des cocons provenant de divers arrondissements, entre autres des cocons japonais verts et blancs (petites races) et de grosses races jaunes des arrondissements de Calamata et de Sparte: en outre, deux vitrines sans étiquettes pleines de cocons de diverses races, surtout de gros cocons d'un jaune nankin pâle, un peu mous.

La Russie dans ses provinces caucasiennes du S.-E. produit beaucoup de soie, et les graines de Nouka et du Caucase ont eu pendant plusieurs années la préférence pour le grainage dans l'Europe occidentale, jusqu'à ce que l'épidémie, marchant peu à peu vers l'Orient, eût atteint ces régions. On trouve dans l'exposition russe quelques lots de très-beaux cocons, notamment dans la Tauride une race de petits cocons blancs oblongs, étranglés au milieu, arrondis aux deux bouts, d'une magnifique soie fine et serrée.

L'exposition du Japon, parvenue à Paris après un assez long retard, se trouve en partie à son rang dans le palais et en partie contre le mur extérieur de la galerie des machines attenant à la rue d'Afrique. On y revoit ces petits cocons blancs et verts qui remplissent les marchés européens depuis plusieurs années, médiocrement prisés des filateurs. Dans certains lots, j'ai remarqué des cocons jaunes verts plus beaux que les japonais d'Europe et surtout des cocons blancs plus gros que ceux que la graine importée du Japon nous donne d'habitude, d'un grain admirable. Il est certain que les Japonais ne livrent pas à l'exportation leurs meilleures races. Ces cocons sont, en plus beau, à peu près pareils à des cocons blancs que m'a montrés M. Guérin-Méneville, et qui proviennent de sa tournée dans l'Isère, cocons très-bien faits, un peu étranglés, bien arrondis et fermes aux deux pôles. Ils proviennent de la récolte de 1866 et d'une graine dite des cartons de l'Empereur, distribués sur son ordre et provenant d'un don fait à Sa Majesté par le gouvernement du Japon. La graine n'en fut pas recueillie, à cause de la certitude où l'on était de son infection. On voit encore, parmi les cadres d'insectes japonais, un cadre contenant toutes les phases de la vie de l'*A. yama-maï*. Les papillons sont exactement pareils à ceux que nous obtenons en France, et ont comme eux des types à fond jaune vif, gris jaunâtre et lie de vin. Les cocons, d'un vert pomme vif pour la plupart à la couche externe, adhèrent aux feuilles sèches d'une espèce de chêne, le *Quercus serrata*, Thunberg (1), dont la feuille allongée et dentelée ressemble à s'y méprendre à celle du châtaignier. Dans l'intérieur du palais, on remarque des bocaux de cocons verts et blancs, du ver du mûrier, d'un très-joli grain, provenant du gouvernement du Taïshiou de Satsouma.

Dans l'exposition de la Perse figurent quelques chapelets de cocons blancs et jaunes des grosses races du pays, sans aucune indication.

La Prusse enfin, bien que son climat soit peu favorable à la sériciculture, a cependant quelques exposants. Il faut chercher leurs envois dans les produits placés contre le mur extérieur de la galerie des machines. Le principal sériciculteur prussien est M. Heese, de Berlin. Il s'occupe à la fois des éducations de diverses races du *Sericaria mori* et de plusieurs attacides auxiliaires. On voit dans sa vitrine des cocons japonais blancs et verts, des cocons chinois jaunes, milanais nankins et un croisement, d'un jaune vif, de malanais jaunes et de japonais verts ; en outre, des échantillons de cocons des *Attacus cynthia*, *arrindia*, *yama-maï*, *Pernyi*, *Cecropia*, *ceanothi*, cette dernière espèce n'ayant encore été élevée qu'à Berlin et non en France. A côté sont des rameaux de bouleau, chargés de cocons japonias blancs et verts, de M. Bratke, à Osterwick, et un lot de très-beaux cocons blancs, japonais ou peut-être sina, obtenus dans une région bien septentrionale, par M. Lellis, instituteur primaire à Marienbourg, gouvernement de Dantzig. Ces cocons sont très-durs et d'une soie bien serrée. Ce sont là des conquêtes accidentelles et forcées sur un climat incertain, souvent rebelle, et ces victoires prussiennes ne doivent pas nous porter ombrage.

La colonie anglaise de Port-Natal (Afrique australe) a envoyé quelques échantillons de soies gréges et des cocons jaunes, médiocres, pointus à bouts peu soyeux, provenant, d'après le catalogue, de neuf exposants. C'est une tentative qui est bonne à citer au point de vue géographique. A nos antipodes, la Nouvelle-Zélande a maintenant, dit-on, des éducations prospères du ver à soie du mûrier, mais je ne sache pas qu'on ait encore adressé en Europe des échantillons de leur produit.

(1) *Quercus echinacea*, syn. Torr, c'est le chêne qui, au dire des Japonais, convient le mieux à la nourriture du ver *yama-maï*.

La nouvelle colonie australienne de Victoria offre aussi, parmi les matières premières, des cocons très-défectueux, sans étiquette ni indication au catalogue.

Une seule des machines de l'industrie séricicole doit être signalée dans mon rapport, où je n'ai pas à m'occuper de l'industrie de la filature de la soie ; c'est un appareil à étouffer les chrysalides des cocons au moyen de l'air chaud, et qui peut aussi servir à sécher les conserves et à enfumer les salaisons. C'est une série de cadres étagés, en treillis de toile, chaque cadre pouvant s'enlever horizontalement à volonté, en glissant sur des galets roulants. La machine, du prix de 2,400 francs, construite par M. Fontaine, d'Avignon (Vaucluse), se trouve à Billancourt, sous le hangar B. M. Girard.

Les Kermès (*suite*, v. p. 220).

A peine le mâle s'est-il métamorphosé, qu'il se sert de ses ailes pour voler vers les femelles. Ces dernières sont beaucoup plus grandes que lui ; il se promène plusieurs fois sur quelqu'une d'elles, va de sa tête à sa queue, peut-être pour l'exciter. Cette femelle, qui paraît immobile et sans vie, n'est cependant pas insensible à ses caresses; elle paraît y répondre, et, pour lors, le mâle introduit dans la fente qui est à la partie postérieure de la femelle, cet aiguillon courbé dont nous avons parlé. Peu de temps après cet accouplement, la femelle pond des centaines d'œufs qui passent sous son ventre à mesure qu'ils sortent de son corps. Ces œufs sont durs, luisants, rougeâtres ou blanchâtres, souvent enveloppés sous le corps de la mère dans une espèce de duvet cotonneux, qui suinte à travers la peau de l'insecte, sous la forme d'une poudre blanche.

Les auteurs qui ont fait des observations sur les kermès ont ajouté peu de choses aux travaux de Geoffroy.

Nous avons étudié sur un grand nombre d'espèces vivant dans les serres ou dans les jardins, et nous avons constaté que les petits nouvellement éclos ne sont pas toujours blancs, comme le dit Geoffroy; nous en avons vu qui étaient roussâtres et qu'on aurait pris pour des petits points ou des petites granulations de l'épiderme des végétaux.

Nous n'avons pas été heureux dans nos éducations, car nous n'avons obtenu qu'un seul mâle, c'est celui du *Chermes filicum*, que nous décrirons en parlant de cette espèce.

On croirait que ces incestes, protégés qu'ils sont par une sorte de couverture, doivent être à l'abri des parasites, mais il n'en est pas ainsi ; ils ont leurs ennemis naturels. Si l'on enveloppe d'une mousseline une branche couverte de kermès, dans l'espérance d'obtenir des mâles, on est tout étonné de voir naître des petits hyménoptères de la famille des Chalcidites.

M. Goureau a observé qu'un autre petit hyménoptère de la famille des fouisseurs, le *Celia troglodytes* de Schuck, dont la larve vit dans le bois mort, enlève un grand nombre de jeunes kermès qu'il entasse dans le petit trou destiné à recevoir ses œufs ; aussitôt après leur naissance, ses propres enfants trouvent là une nourriture assurée d'avance. Cette petite mouche doit être comptée au nombre de nos insectes bienfaisants.

Plusieurs espèces de kermès, tels que celui de l'oranger et de l'amandier, etc., sécrètent, comme les pucerons, une sorte de *miellat* qui attire les fourmis, poisse les feuilles et contribue puissamment au développement de certaines Mucédinées dont les sporules viennent se fixer sur cette matière visqueuse.

Les entomologistes qui se sont occupés des gallinsectes ont dû se demander souvent ce que devenaient les excréments de ces petits animaux qui sucent incessamment le suc des végétaux. Jamais on n'en aperçoit la moindre trace. On suppose que les résidus de la digestion font partie constituante de la coque servant de couverture à la larve et à la femelle condamnée à périr sous cette enveloppe.

On a essayé beaucoup de moyens pour détruire les kermès. On a conseillé les lavages avec de la lessive ou de l'eau de savon noir, remèdes souvent tout à fait inefficaces, et inapplicables sur les plantes de serre. On a employé pour les arbres fruitiers, avec quelques succès, le lait de chaux appliqué pendant l'hiver à l'aide d'un pinceau, ainsi que la naphtaline ou même l'huile lourde de gaz. Quelques jardiniers ont eu recours à la fleur de soufre, mais sans le moindre succès. Il est inutile de parler ici des prétendues poudres insecticides dont l'effet est complétement nul sur des insectes protégés par une carapace. Les fumigations de tabac ne les détruisent pas davantage, une fois qu'il sont fixés ; elles ont un peu d'action sur les petits nouvellement éclos. Mais, ainsi que nous l'avons dit en parlant des thrips et des pucerons, on ne peut pas soumettre toutes les plantes à cette opération.

Le seul moyen véritablement efficace consiste, tout simplement, pour diminuer le nombre de cette vermine, à nettoyer les plantes de serre avec une brosse plus ou moins rude, selon leur texture. Pour les arbres fruitiers, nous recommandons, avec M. Forest, des frictions avec une brosse dite de chiendent ou bien avec un gant de crin. Une fois les kermès détachés de la tige ou des feuilles, ils ne remontent pas, et périssent promptement. Il y a certaines espèces bien plus adhérentes les unes que les autres ; on ne les détache entièrement que par un brossage prolongé.

Le hasard a fait découvrir un moyen qu'on pourrait peut-être essayer utilement dans certain cas. Il y avait autrefois, sur le terre-plein du Pont-Neuf, à côté des bains Vigier, un café entouré de lauriers-roses. Ces arbustes étaient littéralement couverts de *Chermes nerii*; les feuilles en étaient toutes blanches, lorsque survint, au mois de mai 1836, une inondation tout à fait inattendue. Le limonadier, pris à l'improviste, n'eut pas le temps de rentrer ses lauries-roses qui restèrent trois ou quatre jours sous l'eau. Mais il fut agréablement surpris, lorsque la Seine fut rentrée dans son lit, de voir qu'ils étaient entièrement débarrassés des kermès. Ils poussèrent plus vigoureusement que jamais et la floraison fut superbe. Il paraît, d'après ce fait qui nous a été communiqué par M. Lhomme, jardinier chef de l'École de botanique de la faculté de médecine, que ces gallinsectes ne survivent pas à une immersion prolongée. Plusieurs plantes dures pourraient sans inconvénient être plongées dans l'eau pendant 24 heures.

Ainsi que nous l'avons déjà dit, les diverses espèces de kermès sont loin d'être bien connues. La vie d'un homme ne suffirait pas pour étudier complétement l'histoire de ces petits animaux, dont le nombre augmente avec l'importation des végétaux exotiques. Dans l'état actuel de la science, on ne peut établir une espèce d'une manière bien authentique que lorsqu'on connait parfaitement les deux sexes. Il n'en est pas ainsi pour ces insectes ; car la plupart des mâles échappent à nos observations par leur petitesse. La description que beaucoup d'auteurs ont donnée de ces gallinsectes n'est faite que sur la coque, sa forme, sa couleur et son *habitat*. Or, il y a beaucoup de ces coques qui pour un œil peu exercé se ressemblent par la forme et la couleur, comme celles du rosier, du palmier, et du laurier-rose, etc. Si l'on enlève avec la pointe d'une aiguille la carapace, on trouve dessous la larve ou la femelle qui est à peu près semblable dans toutes les espèces. Lorsqu'on n'y trouve ni la larve ni la femelle, on y rencontre des œufs ou des petits nouvellement éclos, restés sous le ventre de leur mère pour y subir leur premier changement de peau.

Nous avons donc été obligé de nous en tenir de même, pour la majeure partie des kermès, aux caractères tirés de la forme et de la couleur de l'enveloppe extérieure. Aussi, nous ne prétendons pas que toutes les espèces que nous mentionnons avec un nom particulier et sur lesquelles nous appelons l'attention des jardiniers, soient véritablement nouvelles pour la science. Il y a probablement des espèces polyphages qui, dans les serres, vivent sur beaucoup de plantes de familles fort éloignées.

Grâce à l'obligeance de MM. Rivière, Houllet, Thibaut et Ketteleër, Burel, Savoye, Chantin, Ludmann, etc., nous avons pu examiner, sur place, un grand nombre de plantes habitées par des Coccides. Nous avons même été assez heureux pour en rencontrer quelquefois sur des végétaux qui arrivaient directement de l'étranger et qui étaient purs de tout contact avec ceux cultivés dans les serres.

Kermès de la vigne. Chermes vitis Linné. — Le mâle de cette espèce est connu et a été décrit par plusieurs auteurs. Il est très-petit et d'une couleur briquetée, avec les antennes brunes et le corselet noir. L'abdomen se termine par deux longues soies entre lesquelles on aperçoit l'organe mâle qui est recourbé en dessous. Les ailes sont, comme dans plusieurs autres espèces, bordées d'une petite ligne d'un rouge sanguin.

La femelle, ou plutôt sa coque qui est très-commune et bien connue des arboriculteurs, est très-convexe, bombée, plutôt oblongue que ronde, un peu amincie en avant et plus élargie en arrière. Sa couleur est d'un brun roussâtre plus ou moins clair, tiquetée de petits points noirs distribués sans ordre. Elle est, en outre, lorsqu'elle a atteint toute sa taille, vers la fin du printemps, bordée d'un petit bourrelet de coton blanchâtre qui s'étend sous le ventre et sur lequel elle dépose ses œufs.

Cet insecte se trouve fréquemment sur différentes variétés de vigne, mais le plus généralement sur les ceps languissants et souffreteux. Il est rare de le rencontrer sur les jeunes pieds vigoureux et bien cultivés.

Kermès du pêcher. Chermes persicæ Geoffroy. — Le mâle de ce kermès est aussi au nombre des espèces décrites par les auteurs. Il est extrêmement petit, d'une couleur roussâtre, avec les antennes plus claires et les pattes brunes; ses ailes sont blanches, avec la côte lissée de rouge.

(*Essai d'entomologie horticole.*) Dr Boisduval.

Études sur la maladie psorospermique des vers à soie

PAR LE Dr BALBIANI.

De la maladie observée dans l'œuf et chez l'embryon.

Dans un travail présenté à l'Académie des sciences le 27 août 1866 (1), j'ai essayé de montrer que l'opinion qui consiste à attribuer à la maladie actuelle des vers à soie une origine parasitaire est la seule qui s'appuie sur des preuves positives, et j'ai fait ressortir, en outre, l'analogie que présentent les corpuscules qui doivent être considérés comme la cause de cette maladie avec les organismes microscopiques connus depuis Jean Müller sous le nom de *psorospermies*. (Voy. la figure 1 de la planche ci-jointe.) A mesure que j'ai pénétré plus profondément dans l'étude de ces singulières productions, j'ai pu me convaincre de plus en plus de l'exactitude de cette manière de voir, et j'espère réussir à la faire partager à l'Académie, si elle veut bien me permettre de lui communiquer les faits nouveaux que j'ai recueillis sur cette importante question depuis le premier travail que j'ai eu l'honneur de lui soumettre.

Ayant pensé que la voie la plus sûre pour arriver à une connaissance précise de cette affection redoutable était de remonter à la source même du mal, placée, comme chacun le sait, dans la graine, j'ai résolu de reprendre *ab ovo* l'étude de cette question et d'examiner comment le germe s'infecte à son origine, puis de suivre pas à pas la marche et les progrès de la maladie à travers toutes les périodes du développement de l'embryon jusqu'à l'éclosion. En effet, chez les jeunes chenilles que l'on examine au sortir de l'œuf, la plupart des organes internes sont déjà plus ou moins envahis par la production parasitique, de sorte qu'il n'est pas possible de reconnaître la manière dont celle-ci s'est propagée dans leur intérieur, et encore moins de décider si, suivant le mode usuel des autres affections du même genre, elle a d'abord apparu dans une partie déterminée du corps avant de s'étendre au reste de l'organisme. Pour pouvoir éclairer cette question, il importe donc de remonter jusqu'aux premières époques de la formation de la larve et d'observer d'une manière parallèle le moment où chacun de ces organes apparaît, et celui où les parasites se montrent dans son intérieur.

(1) Voyez *Compte rendu des séances de l'Académie des sciences*, t. LXIII, p. 385.

C'est cette recherche que je me suis décidé à entreprendre, tant sur des œufs dont l'évolution suivait son cours normal à la température ordinaire que sur d'autres œufs mis en incubation à des degrés de température plus ou moins élevés. En exposant ici les résultats auxquels j'ai été conduit dans ces observations, mon intention n'est pas de faire l'histoire embryogénique du Bombyx du mûrier : c'est une tâche que je réserve pour une autre occasion ; je me contenterai de donner une description sommaire de ceux des phénomènes de cette évolution qui peuvent nous éclairer sur la propagation des corpuscules parasites dans l'organisme de l'embryon.

On sait, depuis les beaux travaux de MM. Cornalia, Osimo, et de plusieurs autres observateurs, que les corpuscules peuvent se rencontrer dès le moment de la ponte dans les œufs qui proviennent de papillons malades, et qu'ils transmettent le germe de la maladie aux vers qui éclosent de ces œufs (1).

Si l'on cherche à se rendre un compte plus exact du siége que ces organismes occupent dans l'intérieur de l'œuf, on reconnaît qu'ils sont d'abord libres comme les granules vitellins eux-mêmes auxquels ils sont mêlés et qui composent, avec la petite quantité de liquide albumineux dans lequel ils sont suspendus, tout le contenu de l'œuf à cette époque. Mais plus tard, vers le cinquième ou le sixième jour après la ponte, ces granules s'agglomèrent en masses plus volumineuses dans lesquelles apparaissent bientôt un ou plusieurs noyaux transparents et qui se caractérisent, par conséquent, comme de véritables cellules dans lesquelles sont aussi renfermés les corpuscules psorospermiques (fig. 2, *p*, *p*). La connaissance de ce siége domine, comme on le verra, toute l'histoire de la propagation de la maladie dans l'intérieur du ver, dont la vie est ainsi frappée à sa source.

De même que chez tous les autres insectes, le premier rudiment du nouvel être se forme dans l'épaisseur de la vésicule blastodermique qui se produit à la surface du vitellus, et se compose primitivement d'une simple lamelle celluleuse ayant l'aspect d'un ruban étroit présentant

(1) Les auteurs cités plus haut ont même fondé, comme on sait, sur cette observation, un mode d'investigation destiné à déceler la qualité de la graine, suivant qu'elle renferme ou non les corpuscules caractéristiques. Mais cette méthode n'a pas donné tous les résultats que l'on était en droit d'en attendre. J'indiquerai plus loin quelles sont les causes d'erreur qui l'ont fait presque généralement rejeter aujourd'hui comme infidèle.

une expansion bilobée ou en forme de cœur à l'une de ses extrémités. Cette lamelle, qui est appliquée contre le vitellus, n'est autre chose que le rudiment de la région ventrale du corps avec les parties latérales de la tête du ver futur.

Franchissant une longue période du développement embryonnaire, transportons-nous immédiatement à une époque assez avancée de l'évolution. L'embryon s'est divisé en segments successifs, et les trois principales régions du corps se sont différenciées par les appendices qui les caractérisent. La bouche avec l'intestin antérieur, l'anus avec l'intestin postérieur sont bien reconnaissables; mais il n'existe encore aucun vestige de l'intestin moyen ou le futur estomac, non plus que de la paroi postérieure du corps. Là où celle-ci se formera plus tard existe une large excavation en forme de gouttière dans laquelle pénètre le vitellus. Mais peu à peu les deux bords opposés de cette gouttière, s'avançant à la rencontre l'un de l'autre, tendent à diminuer de plus en plus l'écartement qui les sépare, puis viennent à se rencontrer et à se souder intimement sur la ligne médiane de l'embryon. La gouttière primitive s'est donc convertie de la sorte en un canal complet qui n'est autre chose que la cavité du corps, et le côté par lequel elle s'est fermée est le dos du futur animal. Mais, par suite de la formation de cette cloison postérieure, la portion de vitellus qui proéminait dans l'excavation de l'embryon se trouve emprisonnée et séparée de la masse principale restée en dehors. Une paroi cylindrique s'organise autour du vitellus intérieur et l'isole des parois embryonnaires, puis ce cylindre se met en rapport avec les autres portions du tube digestif et représente ce que l'on a nommé le *sac vittellin*, destiné pour la majeure partie à devenir l'estomac du ver parfait (1).

Aussitôt après que se sont passés les phénomènes qui viennent d'être décrits, survient un changement remarquable dans la situation de l'embryon, changement par suite duquel celui-ci, après avoir exécuté une demi-révolution autour de son axe, vient se mettre en rapport par sa face ventrale avec le vitellus.

A l'époque qui nous occupe, l'embryon est encore blanchâtre et d'une

(1) Ce partage du vitellus en deux portions, l'une intra et l'autre extra-embryonnaire, est probablement une particularité qui n'appartient qu'au développement des Lépidoptères, car elle n'a encore été signalée dans aucun des autres ordres d'insectes où le vitellus tout entier passe dans l'intérieur de l'embryon.

assez grande transparence. Grâce à ces caractères physiques, il est facile de s'assurer que jusque-là les corpuscules parasites n'ont pas encore envahi sa trame, et qu'ils sont restés confinés dans leur siége primitif, c'est-à-dire dans les cellules de la substance vitelline où ils se sont activement multipliés. Mais par suite de l'introduction d'une certaine quantité de cette substance dans sa cavité alimentaire, le principe morbide y a pénétré en même temps que celui destiné à le nourrir. Aussi l'invasion parasitaire ne tarde-t-elle pas à faire des progrès rapides dans toutes les parties de l'organisme du ver en voie de développement.

En effet, à mesure que les substances albuminoïdes et graisseuses du vitellus sont absorbées par les parois de l'estomac, pour les besoins de l'accroissement de l'embryon, les corpuscules devenus libres se trouvent en contact immédiat avec la membrane épithéliale qui tapisse la face interne de cet organe. Ce tissu délicat ne leur oppose qu'une faible barrière; elle est bientôt franchie, et on les trouve par milliers dans l'intérieur de ses cellules où ils se multiplient d'une manière prodigieuse. Les autres portions du tube digestif et ses principales annexes glandulaires, les vaisseaux malpighiens, sont envahies de proche en proche et remplies de corpuscules. Les autres appareils organiques, tels que lesmuscles, le système nerveux, la tunique péritonéale des trachées, les organes sécréteurs de la soie (1) ne tardent pas à l'être consécutivement suivant leur plus ou moins grande proximité du centre qui a servi de point de départ à l'invasion. Chez de petites chenilles près d'éclore, j'ai même plusieurs fois observé leur arrivée jusque dans l'intérieur des éléments de la glande sexuelle, où se trouvait ainsi déposé dès l'œuf le germe destiné à porter l'infection chez les individus de la génération suivante.

En raison de leur grande puissance de reproduction, les corpuscules renfermés dans le vitellus primitivement contenu dans l'intestin suffi-

(1) J'engage les personnes qui contestent la nature parasitaire de la maladie que nous étudions, à examiner les corpuscules dans l'intérieur des cellules des organes sécréteurs de la soie. Grâce à la transparence et à la grandeur de ces éléments, elles pourront aisément les y observer à toutes les phases de leur développement et se convaincre ainsi de l'exactitude de la description que j'ai donnée de leur mode de propagation, dans ma note présentée à l'Académie des sciences le 27 août 1866, et d'une manière plus détaillée, dans mon Mémoire sur *les Corpuscules de la pébrine*. (*Journal de l'Anatomie et de la Physiologie* de M. Ch. Robin, t. III, p. 599.)

sent et au-delà pour porter le mal jusque dans les points les plus extrêmes de l'embryon ; mais comme s'il n'était pas déjà assez de cette source d'infection, celui-ci introduit sans cesse dans son intérieur de nouvelles quantités de parasites en absorbant le vitellus placé en dehors de lui. L'intestin s'en trouve bientôt littéralement rempli ; aussi en rencontre-t-on toujours des masses considérables mêlées au méconium noirâtre qui compose les premiers excréments que le ver rejette après avoir quitté l'œuf. Ces excréments, répandus dans la litière et sur la feuille qui sert de nourriture aux vers, sont mangés avec celle-ci et constituent la principale voie d'infection pour les individus demeurés jusqu'alors à l'état sain.

Relativement à l'influence de la chaleur sur la marche de l'affection parasitique, elle est la même que celle qu'elle exerce sur le développement du germe. Des œufs que j'ai fait éclore en quelques jours, dans les mois de janvier et de février, en les exposant à une température de 25 à 30 degrés centigrades, renfermaient tout autant et souvent même plus de corpuscules que d'autres œufs pris dans la même graine et qui, soumis à une température plus basse, n'éclosaient que beaucoup plus tardivement.

(*A suivre.*)

EXPLICATION DE LA PLANCHE.

FIG. 1. Psorospermies du ver à soie, dites corpuscules vibrants, vues avec un objectif n° 9 à immersion de Hartnack, et supposées grossies 1700 fois.

a. Leurs formes les plus habituelles.

b. Formes que l'on trouve souvent mêlées aux précédentes.

Avec de très-forts grossissements et les meilleures lentilles, on parvient à apercevoir une ligne longitudinale saillante sur un grand nombre d'entre elles comme sur les autres psorospermies. (Comparez la figure 12 qui représente des psorospermies vues chez une pyrale.) Longueur des corpuscules = 0,0028 à 0,0045 de millimètre; largeur = 0,0020.

e. Formes anormales résultant de la soudure fortuite, plus ou moins intime, de deux ou de plusieurs corpuscules pendant leur développement. Ce sont ces formes qui ont fait admettre par M. Lebert d'abord et d'autres observateurs ensuite, la prétendue reproduction des corpuscules par scission. Elles sont très-rares relativement aux formes *a* et *b*.

FIG. 2. Psorospermies dans l'intérieur des cellules vitellines où elles sont tantôt éparses et mêlées aux globules huileux vitellins, comme dans *a* et *b*, tantôt disposées par groupes formés d'un plus ou moins grand nombre de corpuscules réunis par une substance homogène ou légèrement granuleuse qui n'est autre chose que la gangue, ou le plasma, au sein de laquelle se développent les psorospermies, comme on le voit dans la cellule *c*. Les cellules vitellines sont plongées dans l'eau salée et assez fortement aplaties par compression afin de rendre visibles leurs noyaux *n* et les psorospermies renfermées dans leur intérieur. L'une d'elles, *a*, montre sur son bord plusieurs lobes transparents dus à l'action de l'eau salée sur la substance protoplasmique intérieure et laisse échapper les corpuscules contenus. (Grossiss., 250 diamètres.)

Fig. 3. Psorospermies aux différentes phases de leur évolution, telles qu'on les rencontre fréquemment mêlées aux formes parfaites de la figure 1, lorsque leur mutiplication est très-active, par exemple chez les jeunes vers qui naissent à l'état corpusculeux et chez ceux auxquels on a inoculé la maladie en leur donnant à manger des feuilles corpusculeuses.

v. Taches claires, arrondies, qui sont probablement des vésicules intérieures (nucléus?).

Fig. 4. Deux globules formés d'une substance transparente renfermant des psorospermies à différents degrés de développement. De la cavité du corps d'un petit ver venant d'éclore.

v. Large vacuole dans l'intérieur d'un de ces globules. (Grossissement de 450 diamètres.)

Fig. 5. Portion de la glande soyeuse d'un jeune ver à soie corpusculeux, long de 1 centimètre. Un grand nombre de cellules de cette glande avaient subi uns dilatation considérable sous l'influence d'un développement abondant de psorospermies dans leur interieur. Ce ver avait été rendu artificiellement malade par une nourriture corpusculeuse.

c. Cellules glandulaires normales.

p. Cellules très-dilatées par les psorospermies qu'elles renferment.

s. Matière soyeuse dans l'intérieur du canal de la glande. (Grossiss., 250 diamètres.)

Fig. 6. Portion d'un tube malpighien du même ver, dans la partie inférieure de laquelle les cellules sont obstruées par des psorospermies et ont perdu leur noyau. L'intérieur du tube est rempli par une substance blanchâtre formée de granulations et de petits cristaux quadrangulaires d'acide urique. (Grossiss., 250 diamètres.)

Fig. 7. Section optique de la paroi de l'estomac d'un ver corpusculeux au moment de l'éclosion.

e. Cellules épithéliales remplies de psorospermies.

m. Tunique musculeuse dans laquelle se trouvent quelques traînées formées par les parasites.

c. Cuticule.

s Enveloppe séreuse de l'estomac. (Grossiss., 250 diamètres.)

Fig. 8. Extrémité de l'intestin d'un petit ver corpusculeux retourné en manière de doigt de gant et faisant saillie hors de l'orifice anal par l'effet de la compression exercée sur le ver. L'intestin est en train de se vider de son contenu dans l'eau environnante.

m. Granulations du méconium mêlées de nombreux corpuscules.

ff. Fragments du chorion de l'œuf rongés et avalés par la petite chenille au moment de l'éclosion. L'un de ces fragments porte l'appareil micropylaire de la coque, reconnaissable à la double rosace qui entoure le micropyle.

c. Cuticule.

e. Epithélium intestinal.

m. Tunique musculeuse.

s. Enveloppe séreuse.

t. Anses formées par les tubes malpighiens entraînés hors du corps par la sortie de l'intestin. (Grossiss., 80 diamètres).

Fig. 9. Partie moyenne de l'intestin d'une petite chenille du *Gastropacha neustria* rendue artificiellement corpusculeuse. On voit la séreuse *s*, et dans l'intervalle des fibres musculaires longitudinales, de nombreux amas formés par les psorospermies à différents degrés de développement.

p, *p*. Masses de matière psorospermique homogène dans quelques-unes desquelles quelques psorospermies commencent à se former.

p^1, p^1. Amas psorospermiques arrivés à maturité et contenant des parasites à l'état parfait.

s. Enveloppe séreuse de l'intestin.

m. Couche des fibres musculaires transversales.

m^1. Couche des fibres musculaires longitudinales. (Grossiss., 250 diam.)

Fig 10 et 11. Sphères trouvées au nombre de quinze à vingt dans un papillon du *Pyralis viridana*, d'où elles se sont échappées lors de l'ouverture de la cavité abdominale. Ces sphères, d'un diamètre de 0,23 à 0,40 de millimètre, étaient entourées d'une enveloppe assez épaisse et renfermaient dans leur intérieur quelques amas arrondis formés de fines granulations brunâtres et suspendus dans un liquide visqueux homogène; les psorospermies étaient répandues à la surface au-dessous de la membrane d'enveloppe. Dans quelques-unes de ces sphères (fig. 11), les parasites étaient mêlés à de nombreux globules d'apparence graisseuse, insolubles dans la soude caustique et prenant une coloration lie de vin sous l'influence de l'iode. Un deuxième individu de cette espèce renfermait quatre sphères semblables à celles de la figure 10. (Grossiss., 85 diamètres.)

Fig. 12. Quelques-uns des corpuscules renfermés dans les sphères précédentes. Ils ont une grande analogie avec les psorospermies que l'on trouve sur les branchies et dans différents organes des poissons d'eau douce (1). Ils présentent une forme elliptique légèrement aplatie et leur bord est parcouru par une ligne saillante qui semble produite par la juxtaposition de

(1) Voyez J. Muller, *Ueber eine eigenthümliche krankhafte parasitische Bildung mis specifish organisirten Samenkörperchen.* (*Müllers's Archiv*, 1841, p. 477 et suiv.). — Balbiani, *Sur l'organisation et la nature des psorospermies.* (*Comptes rendus de l'Académie des sciences*, 1863, t. LVII, p. 157-161).

deux valves comme chez les psorospermies des poissons. De plus, ils offrent, comme ces dernières, tantôt deux petits grains géminés brillants placés à une de leurs extrémités, tantôt quatre grains semblables disposés par paires aux deux bouts du corpuscule. Ni les alcalis concentrés, ni les solutions acides faibles ne les modifiaient d'une manière sensible; mais après quelques minutes de séjour dans l'eau salée, ils avaient pris un aspect brillant et homogène tout à fait semblable à celui que présentent normalement les corpuscules du ver à soie. (Voyez mon Mémoire sur *les Corpuscules de la pébrine*, *loc. cit.*, p. 601.)

a. Psorospermies de la pyrale vues de face.

b, *b*. Les mêmes vues par leur bord.

c, *c*, *c*. Changements d'aspect produits par l'eau salée. (Grossiss. supposé de 1500 fois.)

Produits des insectes.

Soies, cocons, graines. Les soies ont eu un mouvement régulier de demande à Lyon et à Marseille. Dans cette dernière ville, il a été fait un achat de 200 cartons graines de cocons blancs du Japon, d'exportation directe à 17 fr. C'est le prix d'ouverture de la campagne.

Les cocons de Bucharest ont été payés de 25 à 25 fr. 75 le kil; de Syrie, 27 à 28 fr.; de Grèce, 26 fr.; d'Andrinople, 28 à 28 fr. 50; japonais verts, 9 fr. 50; percés de Chine, 8 fr. 25; Nouka, 8 fr. 75.

Miels, cires. Les produits des abeilles ont été plus faibles, notamment les miels blancs. L'arrivée au Havre des miels du Chili, vendus de 75 à 80 fr. les 100 kil., n'est pas de nature à relever les prix des produits indigènes. On a payé aux producteurs de miel blanc de 90 à 130 fr. les 100 kil., selon qualité, et de 65 à 70 fr. pour les miels rouges, assez abondants cette année. A Bordeaux, miel des Landes, 65 fr. les 100 kil.; cire jaune, 4 fr. le kil.

Cantharides. On a coté 6 fr. 50 le kil. à Marseille.

Cochenille des Canaries, 9 fr. 10 à 9 fr. 25 le kil.

Galles en sortes d'Alep, 230 fr. les 100 kil.

Kermès de Provence, le kil. 17 fr. à la revente.

L'Éditeur-propriétaire : E. Donnaud.

Paris. — Imprimerie de E. DONNAUD, rue Cassette, 9.

N° 11. 1re ANNÉE. Décembre 1867.

L'INSECTOLOGIE AGRICOLE

SOMMAIRE :

Bulletin insectologique.

De la gelée, pas de gelée. Il n'y a personne en ce monde de plus difficile à contenter que les agriculteurs, fait remarquer le *Journal d'agriculture de la Gironde*. Cela se conçoit ; il est rare que ce qui accommode l'un ne contrarie pas l'autre, par l'excellente raison que les cultures diverses exigent des conditions de réussite diverses, et que ce qui favorise celle-ci nuit par contre à celle-là. Nous dirons plus, les cultivateurs ne sont pas toujours d'accord avec eux-mêmes. Le printemps dernier, les limaçons exerçaient dans toutes les semailles des ravages terribles. Ce n'était partout que malédiction et désespoir. On appelait la gelée à grands cris. Voici que la gelée est venue et qu'elle fait rentrer sous terre cette innombrable et pernicieuse engeance de rongeurs qui y trouvera probablement la mort, et mille clameurs s'élèvent contre le froid rigoureux qui va tuer les petits pois, les laitues d'hiver, etc., contre la neige persistante qui va griller les colzas et les choux d'York. Perdus pour perdus, il vaut encore mieux que les petits pois soient anéantis par le froid que par les insectes qui, après les avoir fourragés, passeront aux autres produits. Mais rien ne dit encore que le froid ait nui aux plantes. Atteindra-t-il les insectes ?...

Le Borer et le Pou à poche blanche, insectes qui attaquent la canne à sucre. — M. Ed. Morni a adressé à l'Académie des sciences la note suivante sur les ravages produits, à l'île de la Réunion, par des insectes qui attaquent les cannes à sucre :

« L'île de la Réunion, si prospère naguère, grâce à la fertilité de son sol et à l'intelligente activité de ses habitants, est, depuis quelques années, et particulièrement depuis 1865-66-67, ravagée par des fléaux qui, en détruisant le produit des cultures, tarissent les sources de sa richesse.

» L'insecte qui est connu sous le nom de *Borer*, et que l'on croit y avoir été importé de l'île Maurice, avec des cannes que l'on en avait fait venir, y perfore les tiges de cannes, en altère complétement les tissus et les fait périr. Mais à ses ravages, encore limités, se joint, depuis deux ans, une sécheresse tout à fait exceptionnelle, qui favorise le développement à l'infini d'un plus petit insecte, vulgairement nommé le *Pou à poche blanche*, qui détruit les feuilles et arrête sa végétation.

» Tous les moyens essayés jusqu'à ce jour ont été impuissants pour conjurer ces fléaux, et quoique l'on puisse espérer que le retour d'un état météorologique normal, au point de vue des alternatives de pluie et de sécheresse, doive contribuer à en atténuer les effets, j'ai pensé que le secours de la science, qui peut nous être d'une si grande utilité, ne nous serait pas refusé. Je prends donc la liberté de mettre à la disposition de l'Académie : 1° une collection de cannes de divers âges et de diverses provenances, dont quelques-unes, encore vivantes, sont susceptibles d'être replantées ; 2° une collection d'échantillons des terres où les cannes ont été cultivées ; 3° des Borers et des Pous à poche blanche, conservés dans de l'alcool. J'y joins quelques renseignements sur les circonstances de la culture des échantillons. »

Enseignement pratique de l'apiculture. Le département de l'Aube peut être donné en exemple pour l'enseignement de l'apiculture. Outre les sociétés apicoles créées dans chaque arrondissement par les soins de M. Vignole, il a été fondé un rucher modèle aux portes de Troyes, à Foicy, pour des leçons pratiques pendant le cours de l'année. M. Dosseur, sur la propriété duquel est placé ce rucher, publie, dans la *Revue agricole régionale* qu'il dirige, l'article humoristique suivant sur l'état de ce rucher en décembre :

« Il y a une quinzaine environ, je rencontrai, voletant de la dernière chrysanthème à la première rose de Noël, une échappée du rucher expérimental que la Société apicole a mis l'an dernier au jardin de Foicy. Le temps n'était guère aux récoltes de sucre et de cire, il giboulait des pluies froides et des neiges fondues trouées çà et là d'un rayon de soleil, aussi mon aventurière avait son corselet mouillé jusqu'aux baleines, peu de pollen aux pattes, et paraissait plus prête à bavarder qu'à se mettre au travail.

» Nous ne sommes pas contentes du tout, dit-elle. Sans doute la miellée de l'été est très-bonne, et l'approvisionnement suffit au delà pour attendre que les prés soient semés de marguerites et les sainfoins rouges. Le pain est sur la planche; mais, par une température à ne pas mettre un frelon à la porte, on dresse sur nos paniers un simple capuchon de paille, et je vous demande si c'est là une couverture pour des ruches attachées au service d'une société savante. Aussi notre république grelotte; et moi qui vous parle, j'ai l'onglée à l'extrémité des ailes, des engelures et des crevasses, et mes mandibules claquent. En voyant construire à côté de nous un pavillon qui, si on nous y installe, sera notre palais des Tuileries, nous avions espéré des quartiers d'hiver confortables, et le dernier discours du trône nous faisait formellement cette promesse. Mais les reines trompent toujours leurs sujets. Que leur sceptre devienne une quenouille !

» En attendant, les populations souffrent, les esprits s'aigrissent, le fénianisme fait des prosélytes et des recrues; il y a des attroupements dans nos ruelles, et, dans les quartiers et gâteaux d'ouvrières, on a trouvé des aiguillons cachés et des imprimés séditieux. Voilà ce qu'il faut dire à la Société apicole, et vous me ferez parvenir la réponse. Je demeure grande avenue du rucher de Foicy, panier n° 3, cinquième alvéole du rayon de miel, en entrant par le corridor à gauche. J'ai des mœurs quoique mouche, et je ne suis pas un insecte du demi-monde. Si vous venez me voir à l'heure compromettante du petit lever, entrez sans parler au concierge. »

— On trouvera plus loin le programme de l'exposition que la Société d'insectologie agricole organisera le mois d'août prochain au Palais de l'Industrie à Paris. Toutes les personnes qui s'occupent des insectes au point de vue de la science, de l'agriculture ou de l'industrie, voudront en prendre connaissance et se mettre en mesure d'envoyer à l'exposition des collections, des produits, des appareils de culture, de destruction, etc. Cinq médailles d'or, dix d'argent et vingt de bronze seront données par S. Exc. le Ministre de l'agriculture. D'autres médailles de prix seront également délivrées. H. Hamet.

Insectes dénicheurs de truffes.

Le journal l'*Insectologie agricole* a été fondé dans le but « de vulgariser la connaissance des insectes et surtout des insectes utiles et nuisibles » (n° 1, introduction). Nous avons toujours pensé que cette phrase voulait dire : vulgariser ce que la science nous apprend sur les mœurs et les instincts des insectes qui se trouvent, par suite de ces mêmes mœurs et de ces mêmes instincts, utiles ou nuisibles aux productions de la terre dont l'homme fait son profit. Or, quoique l'éditeur de cet utile journal nous ait prévenu « qu'il laisse aux auteurs la responsabilité des assertions et des théories qu'ils pourront émettre dans le cours de cette publication », ce n'est pas sans une vive surprise que nous avons vu reproduire, dans le n° 4 de l'*Insectologie agricole* une antique hypothèse, qu'on pourrait dire renouvelée des Grecs, puisque Raspail et avant lui un certain docteur Robert de Marseille (*Compt. rend. Acad. Sc.* XXIV, p. 66) l'avaient déjà émise, à savoir que la truffe n'est pas un *champignon*, mais bien une galle souterraine résultant de la piqûre des racines du chêne par une certaine mouche.

Nous pourrions nous contenter de dire au rééditeur de cette étrange assertion : La science moderne, la science du XIXe siècle, celle qui n'admet que des faits parfaitement démontrés, a repoussé votre hypothèse, parce qu'on n'a jamais pu l'étayer d'aucune preuve ; elle a au contraire admis la nature cryptogamique de la truffe, parce que les Micheli, les Tournefort, les Linné, les Geoffroy, et plus récemment M. Tulasne, ont démontré cette nature cryptogamique en montrant, à tous, ses spores, c'est-à-dire ses moyens de reproduction. Donc cette *vérité vraie* est parfaitement fausse.

Mais nous voulons, pour les lecteurs de ce journal qui ne sont pas au courant de la question, reprendre un à un et discuter tous les arguments qu'on invoque en faveur d'une théorie sur laquelle tous ceux qui se sont quelque peu occupés de cryptogamie sont depuis longtemps fixés ; nous arriverons ensuite au cœur de notre sujet, c'est-à-dire au fait des insectes dénicheurs de truffes, fait qui, nous en sommes sûr, est la principale cause de l'erreur dans laquelle persistent ceux qui prennent la truffe pour une galle.

Qu'est-ce qu'une galle ?

Les galles sont des excroissances produites sur diverses parties des végétaux par les piqûres d'insectes qui déposent leurs œufs dans la plaie.

Les Cynips et les Diplolèpes sont les insectes qui produisent le plus de galles (Robin et Littré). Une galle est toujours composée du tissu même du végétal qui est seulement hypertrophié et dans lequel se sont accumulés, en plus grande quantité qu'ailleurs, certains principes propres au végétal lui-même, comme le tannin; de plus *une galle fraîche renferme toujours une loge qui contient une ou plusieurs larves de l'insecte qui a fait la piqûre*; quand la galle est vieille, elle est très-légère, parce que sa loge centrale est énorme, mais vide, les insectes qu'elle contenait s'étant envolés par une ouverture que la galle porte toujours sur l'un de ces côtés.

Retrouvons-nous quelques-uns de ces caractères dans la truffe? Pas le moindre. — Le tissu de la truffe n'a aucune analogie avec celui de la racine du chêne de laquelle on prétend qu'elle émerge; pas de ligneux, par une trace de tannin. — Elle se compose chimiquement: d'osmazôme, de deux sortes de résine, d'une matière odorante volatile, de *sucre de champignon*, de gomme, de mucilage et d'ulmine (Trommodorff), c'est-à-dire qu'elle a une composition chimique tout à fait analogue à celle des autres champignons comestibles.

Dans la truffe fraîche on ne trouve jamais la plus petite larve, et dans la truffe vieille, c'est-à-dire dans la truffe pourrie, ce n'est pas un ou une seule famille d'insectes qu'elle loge, ce sont des myriades d'êtres qu'elle nourrit: on peut y rencontrer des Scolopendres, des Iules, des larves de Tipules, des mouches de différentes espèces, des Hannetons solsticial et horticole, des Bostriches, des Capucins, des Neomidas, etc.

Cette *tubéracée*, très-azotée comme tous les champignons, est très-recherchée par les mères d'insectes, soucieuses de fournir à leur progéniture un couvert et une table confortable.

Mais si la truffe ne renferme pas de loges à larves quand elle est fraîche, elle en montre d'autres, qui, bien que microscopiques, n'en contiennent pas moins des éléments qui ne permettent plus à ceux qui les ont vus de mettre en doute la nature cryptogamique du tubercule. Et cet examen est à la portée de tout le monde, maintenant qu'on trouve de bons microscopes répandus partout. Une très-mince tranche de truffe, mise sur le porte-objet de l'instrument, montre une série très-nombreuse de petites cavités répandues dans son tissu charnu; chacune de ces cavités renferme un, deux, trois, ou quatre spores sphériques, grenus à leur surface, et parfaitement reconnaissables. Ce sont ces spores qui, mis en liberté lors de la décomposition de la vieille truffe, germent et donnent naissance à de nouvelles truffes.

Tous ces faits, bien authentiques, que tout le monde peut vérifier, prouvent, jusqu'à la dernière évidence, que la truffe est bien un *champignon* et non une *galle*.

Si on nous avait dit : la truffe est un champignon qui ne se développe que sur les racines de certaines essences d'arbres, le chêne par exemple, comme le *bolet amadouvier* se développe sur le tronc, nous aurions répondu : c'est possible, ceci rentre dans les choses rationnelles, bien qu'on n'ait pu encore montrer de truffes adhérentes à des racines quelconques, et bien que l'on ait trouvé des truffes sous des châtaigniers, des charmes, des coudriers, des genévriers, des genêts, des bruyères aussi souvent que sous les chênes (Leveillé) ; bien qu'on en ait trouvé aussi sous des hêtres, des ormes et des érables où elles sont, dit-on, de qualité inférieure ; bien que l'on en ait trouvé en pleine prairie dans des endroits éloignés de toute espèce d'arbres, tous ces faits ne s'opposent pas à ce que certaines essences de chênes, pendant leur jeune âge, puissent favoriser la production de la truffe, mais la mouche est une superfétation ; la truffe peut être un champignon parasite, mais elle ne sera jamais une galle.

Nous allons maintenant raconter le fait qui est probablement l'origine de l'histoire de la *mouche truffière*.

Nous avons dit qu'une foule d'insectes recherchent avidement la truffe pour la faire servir à la fois de berceau et de garde-manger à leur progéniture. L'instinct de certains de ces insectes, servi par un odorat très-subtil, leur fait reconnaître la présence de la truffe quand même ils en sont séparés par quinze centimètres de terre ; parmi ces dénicheurs de truffes, on cite surtout certaines espèces de *Tipules*. Quand la nature du terrain le permet, les larves, sorties des œufs pondus à la surface de la terre dans le point le plus voisin de la truffe, pénètrent jusqu'à la truffe elle-même, alors qu'elle est en maturité complète, des plus odorantes, et s'en repaissent. Ce fait est connu depuis longtemps, et maint paysan madré a pu le mettre à profit pour se livrer à un braconnage d'un nouveau genre sans le secours de porcs ou de chiens compromettants. Bosc (*Nouv. Dict. d'hist. nat.*, t. XXXIV, p. 558) nous raconte tout au long cette nouvelle manière de découvrir les truffes : « Lorsque je » demeurais sur cette chaîne calcaire qui est entre Langres et Dijon, j'ai » souvent employé ce moyen pour découvrir les truffes à l'époque de

» leur maturité, c'est-à-dire à la fin de l'automne; mais tous les jours » et tous les instants ne sont pas propres aux observations de ce genre. » Ceux où le soleil luit et neuf heures du matin sont les deux circon- » stances qu'on doit choisir. Il ne s'agit alors que de se baisser, de re- » garder horizontalement à la surface de la terre pour voir une colonne » de ces petites *Tipules* à la base de laquelle on n'a qu'à fouiller avec la » pioche pour trouver la truffe. »

P. MÉGNIN.

Ce qu'on vient de lire affirme le champignon. Mais ce qui suit n'afirme pas moins l'insecte.

Notice sur la truffe.

La truffe, jusqu'à ce jour classée par les botanistes parmi les cryptogames, ne doit plus être considérée que comme un accident survenu à la racine de l'arbre qui la produit par l'intermédiaire d'un agent étranger à la végétation normale; cet accident, c'est la piqûre d'un insecte!... Cette piqûre sur la racine a pour effet, au moyen d'un liquide déposé avec l'œuf, de former un exutoire et d'appeler en cet endroit une surabondance de séve qui forme une glande et enveloppe le germe, comme on peut le voir dans la galle des branches de chêne.

J'ai des échantillons, que le hasard d'un éboulement de terrain a mis entre mes mains, attenant encore aux racines, dans leur état de perfectionnement, c'est-à-dire ayant atteint leur degré de complète maturité, qui ne laissent aucun doute.

On a objecté avec juste raison que, si la truffe était le produit d'un insecte, on trouverait, en la partageant, des œufs, des larves ou des insectes parfaits; mais parce que les consommateurs n'en ont point rencontré dans celles qui leur sont servies, ils nient sans plus d'examen. D'où vient que les incrédules n'ont pas fait encore une découverte si simple? C'est qu'ils ne courent pas les champs et qu'ils mangent la truffe qu'on leur apporte, dans un état d'*incomplète maturité*. Celles plus avancées, coriaces et sans parfum, sont plus difficiles à découvrir, n'étant pas flairées par les animaux employés à les chercher, et si le hasard en fait trouver quelqu'une, elle est rejetée comme inutile et sans valeur.

En procédant par analogie, on observe une excroissance arrondie, rougeâtre, qui, dans son état d'accroissement, offre une substance charnue, compacte, humide et veinée de marbrures assez apparentes, sans laisser voir cependant, dans la jeunesse, aucune trace de germe vivant; plus tard, elle devient spongieuse, la peau se fendille, brunit, et prend enfin une consistance sous-ligneuse. Dans cet état, en la partageant, on trouve à l'intérieur des cellules occupées par des larves! Cette excroissance, c'est le bédéguar, produit anormal occasionné par la piqûre d'une mouche sur un bourgeon de chêne non encore épanoui. La seule différence qui existe entre la truffe et le bédéguar, c'est que l'une est le produit implanté sur les organes terrestres, les racines; tandis que l'autre est le produit implanté sur les organes aériens, les branches. En examinant attentivement ces deux substances, elles paraissent suivre les mêmes phases : dans sa jeunesse, la truffe a, comme le bédéguar, une chair succulente, compacte, humide, veinée; elle n'offre, comme lui, à l'œil aucune trace de germe qui doive produire des êtres animés; elle a, de plus que ce premier, une odeur suave et pénétrante. Plus tard, elle devient spongieuse, coriace, et perd complétement tout parfum; c'est alors le moment de s'édifier de la cause qui l'a produite. En partageant un de ces tubercules ayant atteint cet état de maturité, vous trouverez une loge ou des loges ovoïdes, dont la partie la plus intérieure, et qui se trouve en contact avec la larve, est plus dure et plus polie (on peut la comparer à un fruit à noyau dont le ver serait l'amande). Si l'insecte reste, il n'y a aucune trace de communication avec le dehors; s'il est sorti, il aura laissé la peau qui l'a protégé pendant sa dernière métamorphose, et la cellule sera perforée de l'intérieur à l'extérieur.

On peut rencontrer des vers dans la truffe comestible encore et conservant quelque parfum, mais il faut bien se persuader que ce n'est qu'un germe survenu du dehors. Cette production peut donner naissance à plusieurs espèces d'individus; mais l'un est le produit essentiel, et les autres ne sont que le résultat accidentel; c'est-à-dire que la truffe, dans son état d'incomplète maturité, se détache par un accident quelconque du faible chevelu qui la supporte, et c'est d'autant plus facile qu'elle n'adhère que par un point d'attache excessivement faible, et que presque toujours la radicule est détruite par l'avidité de succion du tubercule, qui commence alors une vie indépendante, à la vérité de peu de durée, car elle se décompose privée des sucs nourriciers; alors les moucherons étrangers, attirés par l'odeur, viennent déposer leurs œufs sur cette masse en fermentation; ces œufs éclosent, et les larves pénètrent *du dehors au dedans*, laissant après elles la trace du sillon qu'elles ont creusé; elles vivent de la décomposition, et réduisent la pulpe en une poudre granulée semblable à du tabac. Dans ce cas, c'est la truffe qui est la cause de l'insecte, tandis que dans l'autre c'est l'insecte qui est la cause de la truffe.

Cela est si vrai, que, dans les Basses-Alpes, où il se fait un grand commerce de ce produit, en plusieurs endroits on ne cherche la truffe qu'au moyen de la présence d'un certain moucheron connu des habitants de la campagne; ce moucheron se tient sur la partie de terrain qui recèle la truffe, et, pour la découvrir plus facilement, celui qui s'adonne à cette industrie agite devant lui et contre terre un rameau de feuillage pour forcer le moucheron à prendre son essor; il fouille alors la place qu'il a quittée, et ne tarde pas à en extraire un ou plusieurs tubercules. Ici l'insecte cherche un abri et un aliment pour sa postérité, comme la mouche ordinaire cherche une viande en fermentation pour y déposer les œufs qui doivent perpétuer sa race.

J'ai fait quelques expériences qui m'ont paru concluantes; j'ai pris trois truffes, l'une parfaitement saine, telle qu'on la vend dans le commerce, charnue, ferme et bien parfumée; l'autre molle, ayant subi un commencement de décomposition et portant des germes de vers; la dernière, enfin, dans cet état spongieux et sous-ligneux que j'ai décrit plus haut, attenant encore à la racine; je les ai placées séparément sous un verre. La première s'est recouverte d'une moisissure blanche, elle s'est ridée, rabougrie, et a perdu, par la dessiccation, à peu près les deux tiers de son volume; elle a acquis une dureté extrême, et n'a donné lieu à aucun produit. La seconde a donné naissance à une multitude de petits vers qui l'ont dévorée; il n'est resté d'elle qu'un peu de la superficie, le reste a été réduit en poussière mêlée à des chrysalides, desquelles sont nés des moucherons. La troisième enfin n'a subi aucune altération; elle est restée intacte et a donné naissance, par trois trous, à trois insectes que je vais tâcher de décrire, quoique peu versé dans la science de la zoologie. En partageant ce tubercule, j'ai pu voir trois loges distinctes, en tout semblables à celles de la galle et du bédéguar, n'ayant avec l'extérieur aucune communication, si ce n'est l'ouverture que l'insecte s'est pratiquée pour effectuer sa sortie. L'œuf a donc été empâté dans la masse, qui l'a recouvert par enveloppement.

Insectes *sans ailes*, ayant trois paires de pattes, subissant des métamorphoses; bouche conformée pour la mastication, deux crochets noirs aux mandibules, couleur uniforme *puce clair ;* corps lisse et luisant, longueur 5 millimètres, largeur du ventre 3 millimètres, largeur du corselet 1 millimètre, odeur forte et pénétrante, yeux noirs en forme de reins, tête verticale portant trois yeux, lisses sur la partie postérieure; antennes à treize articles, plus longues que la tête et le corselet, celui-ci deux fois plus large que la tête, un peu plus large en avant et rebondi en dessous; quatre tarses à tous les pieds; abdomen très-renflé, une petite gibbosité sous le milieu du ventre, composé des six segments disposés à peu près comme ceux de la puce, l'avant-dernier formant sous le ventre une espèce de repli qui, en se relevant, montre un oviducte noir, corné, droit, en forme d'aiguillon, et lorsque ce pli se contracte, l'aiguillon s'applique dans une fente vaginale qui va jusqu'à l'anus et qui lui sert de gaîne. Le point d'attache de cet aiguillon à la peau du ventre est garni de quelques poils roides : c'est l'instrument probable avec lequel l'insecte pique la racine. En observant cette tarière avec une loupe d'un assez fort grossissement, j'ai vu sortir de son extrémité une granulation d'une ténuité extrême, et si ce sont des œufs, comme je le présume, il est impossible de les observer autrement que là, à travers la lumière ou au moyen d'un verre d'une grande puissance.

Je comprends que la formation de la truffe par la coopération d'un insecte dont le travail a été si longtemps inconnu satisfasse peu la science ! Mais combien d'années, aussi, se sont-elles écoulées avant qu'on ait pu persuader les hommes que la maladie de la peau, la gale, était l'œuvre d'un infime acarus, et non une effervescence du sang ?

Raspail lui-même, dans sa *Physiologie végétale*, dit, § 193 : « Les » glandes factices sont des végétations épidermiques auxquelles donne » naissance un accident, et principalement la piqûre d'un insecte; vé» gétation dont les formes sphériques sont tellement constantes, qu'on » les prendrait pour des végétations cryptogamiques, si l'anatomie n'é» tait pas parvenue à y découvrir l'insecte générateur. La galle qui » pousse sur le chêne en est un exemple vulgaire. Il existe sans doute » dans nos catalogues cryptogamiques une foule d'espèces et de genres » qui n'appartiennent pas à un autre genre de phénomène. » C'est le cas d'appliquer ici cette prévision !....

Une objection a été faite, celle de savoir comment un petit insecte, tel que celui que j'ai décrit pouvait pénétrer à 5, 10 et même 15 centimètres dans la terre, pour aller chercher la radicule du chêne, et y déposer ses œufs. Que répondre à cela, si ce n'est que la nature a donné à chaque être les moyens nécessaires pour sa conservation et sa reproduction? N'a-t-elle pas donné des tenailles, des pinces, des vrilles, à des milliers d'êtres aussi faibles, qui percent cependant le bois le plus dur, le plâtre, la corne, l'écaille, et même le plomb? N'a-t-elle pas donné au ver, si mou en apparence, la faculté de s'enfoncer sous terre à de grandes profondeurs? n'a-t-elle pas donné à la datte marine, qui n'a qu'une faible coquille pour la défendre, le secret de pénétrer dans la pierre la plus dure, de s'y former un logement à l'abri de ses ennemis, et d'y agrandir l'espace à mesure de sa croissance? La mouche du rosier ne porte-t-elle pas avec elle une scie et une serpe pour fendre la branche où elle veut déposer ses œufs? Pourquoi l'insecte de la truffe n'aurait-il pas des instruments analogues pour arriver à son but? D'ailleurs, cette objection est une inconséquence, puisque ceux qui la font admettent que le moucheron, étranger à la formation de la truffe, a la faculté de pénétrer jusqu'à elle pour y déposer ses œufs.

Voilà des observations les plus désintéressées du monde; j'espère que la science, si elle en croit le sujet digne, prendra ses microscopes, et examinera la truffe autrement que dans une assiette, pour vérifier ce que j'avance, et qu'elle rectifiera, s'il y a lieu, une erreur de bonne foi.

Galle, à Sisteron (Basses-Alpes).

Le coccus du laurier-rose.

S'il est un genre d'insectes digne d'attirer l'attention de la Société d'insectologie agricole, c'est certainement le genre *coccus* de la famille des gallinsectes, de l'ordre des hémiptères: c'est à ce genre qu'appartiennent : la *cochenille du nopal*, la *cochenille du chêne vert* ou *kermès*, la *cochenille des figuiers* dont la piqûre donne lieu à l'exsudation résineuse connue dans l'industrie sous le nom de *laque*.

Mais toutes les espèces de ce genre ne sont pas utiles comme celles que nous venons d'énumérer, il en est de même de très-nuisibles à certaines de nos plantes d'agrément ou de rapport, et dont l'étude, par conséquent, est, tout aussi bien que celle des premières, du ressort de la Société. On a déjà signalé dans le Midi un *coccus* qui nuit beaucoup aux oliviers. J'ai eu l'occasion pendant que j'étais en garnison à Toulouse, en 1861, d'en étudier une autre espèce qui fait le plus grand tort à une de nos plus belles plantes d'ornement, le *laurier-rose*.

Autant que j'ai pu en juger par la description que l'on a donnée du *coccus de l'olivier*, celui du *laurier-rose* s'en approcherait beaucoup; il est peut-être plus petit, car il est tout à fait microscopique.

Dans le jardin de la maison que j'habitais à Toulouse, se trouvaient plusieurs pieds de *laurier-rose* de la plus belle venue. Pendant l'été, toutes les feuilles et les tiges de ces plantes se couvrirent successivement d'une foule de petites taches blanches qui avaient l'apparence d'une véritable gale; successivement aussi on les vit dépérir, tellement que, quand la maladie fut généralisée, on put les croire mortes, et le propriétaire, dans cette persuasion, les fit couper à raz du sol. Mais cette opération ne fut pas plutôt faite que de vigoureux bourgeons émergèrent de nouveau des souches, et eurent bientôt acquis un magnifique développement. L'amputation de toutes les parties malades avait amené la guérison de la plante, et le remède était trouvé avant d'en connaître le mal.

Ce phénomène de pathologie végétale m'avait vivement intéressé, et je me mis à l'étudier sur des rameaux et des feuilles choisis parmi ceux qui avaient été élagués; je puis même mettre encore sous vos yeux quelques-unes de ces feuilles qui portent encore de nombreuses taches blanches, quoique j'en aie enlevé beaucoup pour mon étude.

Chacune de ces taches blanches, dont les feuilles sont couvertes, est une pellicule résineuse sous laquelle on trouve de nombreux corpuscules jaunâtres très-petits, et pour l'étude desquels le microscope est nécessaire. Par son moyen et avec un grossissement de 50 diamètres, on reconnaît que chacune des pellicules est un toit qui abrite de nombreux, individus d'une très-petite espèce de *cochenille* jaune, qui se présentent sous divers états et à divers degrés de développement : œufs, larves nymphes, insectes parfaits, mâles et femelles, mêlés à de nombreux débris de leurs mues ou de leurs cadavres. Je les ai tous dessinés sous ces diverses formes et j'en donne les figures dans la planche de ce cahier.

La fig. 1 représente une portion de rameau de *laurier-rose* avec des feuilles malades; ceci de grandeur naturelle.

La fig. 2 une pellicule blanche grossie cinquante fois, et, recouvrant une femelle adulte, impotente, une jeune femelle ingambe, un débris d'antennes de mâle, etc.

La fig. 3 un œuf au même grossissement.

La fig. 4 une jeune femelle née depuis peu. On remarque qu'elle a six pattes, deux antennes qui ressemblent beaucoup à une quatrième paire de pattes, et, sous le ventre, un long tube trifurqué, probablement une sorte de trachée extérieure ; elle est totalement privée d'yeux, particularité qu'elle présentera pendant tout le temps de son existence.

La fig. 5 une autre jeune femelle, plus âgée que la précédente, dont les formes se rapprochent déjà de celles des femelles adultes, mais chez laquelle la présence des pattes et des antennes caractérise encore l'état de larve ou de nymphe, seule période où l'insecte femelle ait la faculté de se mouvoir et de se déplacer. On distingue déjà très-bien son bec ou suçoir replié en dessous, et qui va lui servir pour se fixer d'une manière inamovible à la plante sur laquelle elle va jouer le rôle de verrue épuisante.

La fig. 6 une jeune femelle adulte. Elle a perdu ses pattes et ses antennes et est fixée à l'épiderme de la feuille ou du jeune rameau.

La fig. 7 une femelle adulte récemment fécondée. On remarque par transparence, dans son corps, de nombreux filaments, qui ne sont autre que des spermatozoaires déposés par le mâle. Elle est remplie d'un liquide jaune safran que, par compression, entre les lames de verre du porte-objet, on fait sourdre par les côtés du corps.

La fig. 8 une femelle adulte, pleine d'œufs ou plutôt de jeunes larves, car on en distingue déjà les pattes à travers ses propres téguments, ce qui prouve que le mode de génération du *coccus* est analogue à celui des *pucerons*.

La fig. 9 une larve ou nymphe de *coccus* destinée à donner un individu mâle, car on en distingne déjà les formes embryonnaires (1).

La fig. 10 un jeune *coccus* mâle encore dans les langes de nymphe, mais plus avancé que le précédent d'une mue.

La fig. 11 un jeune *coccus* mâle en train de se débarrasser de ses langes de nymphes et dont les ailes et les autres organes sont encore mous.

La fig. 12 un *coccus mâle* à l'état parfait et présentant deux yeux et deux oreilles, deux ailes membraneuses, transparentes, six pattes terminées par un simple crochet comme celles de la jeune femelle ; deux longues antennes poilues à sept segments ; un thorax coriace ; un abdomen mou uni par une large base au thorax et terminé par un

1) Les fig. 9, 10, 11 et 12 ont été supprimées à la gravure. Elles ne figurent pas à la planche.

appendice ou tarière en deux parties, l'une engaînant l'autre, qui est problablement l'organe mâle.

La grande différence qui existe entre le *coccus mâle* et le *coccus femelle* a fait penser à quelques naturalistes que l'insecte ailé, qu'on prend pour le mâle, n'est autre qu'un diptère de la famille des *ichneumonides* qui, pondu dans le corps du véritable *coccus*, s'y développe à ses dépens et en sort ensuite à l'état parfait.

Nous ne nous permettrons pas de juger la question ; il nous semble cependant que les diverses phases auxquelles nous avons assisté, et relatives au développement du coccus mâle, militent, bien en faveur de l'hypothèse de l'identité de l'espèce, malgré la différence de formes des individus. Nous n'avonspu voir d'accouplement ; ce serait le seul fait qui éclaircirait complétement cette question d'histoire naturelle.

Telle est, Messieurs, la communication que je voulais vous faire sur cet ennemi invisible du *nerium oleander*. Le moyen de s'en débarrasser promptement et radicalement, c'est, on l'a vu, d'élaguer toutes les branches et les feuilles malades. Je pense cependant, quoique je ne l'aie pas expérimenté sur la plante elle-même, que les liquides insecticides, surtout les préparations d'acide phénique, auront promptement raison de ces petits insectes, car je me suis assuré que, sur les plaques de verre qui servent aux préparations microscopiques, ils sont promptement tués par une solution faible de phénate de soude ou de créosote.

P. Mégnin,

vétérinaire attaché à l'artillerie de la garde impériale.

Études sur la maladie psorospermique des vers à soie (*suite*),

Par le Dr Balbiani. (Voir p. 313.)

Un grand nombre de vers présentent déjà, au moment de l'éclosion, une foule de corpuscules psorospermiques dans leurs organes internes ; la maladie s'est, par conséquent, déjà généralisée chez eux à un haut degré pendant la période embryonnaire, et la mort du ver à un âge peu avancé ne tarde ordinairement pas à en être la conséquence. Tel est toujours le cas lorsque le nombre initial des corpuscules déposés dans l'œuf par l'organisme matériel est considérable. C'est celui que j'ai supposé en décrivant, dans la première partie de ce travail, la marche du développement parasitique chez l'embryon. Lorsque, au contraire, cette quantité primitive est faible, les parasistes, à l'époque qui nous occupe, sont encore plus ou moins localisés dans l'intestin et ses annexes, mais ils y existent toujours en nombre suffisant pour ne laisser jamais aucune incertitude sur leur présence chez la jeune chenille. On les trouve non-seulement en plus ou moins grande abondance dans l'intérieur de la cavité digestive, mais aussi dans l'épaisseur de ses parois, notamment dans la couche interne ou couche épithéliale (fig. 7, *e*). Dans la tunique musculeuse, ils forment parfois de longues traînées parallèles à la direction des fibres qui composent celle-ci (fig. 7, *m*; fig. 9, *p*, *p*).

Les corpuscules renfermés dans la cavité intestinale peuvent être considérés comme le résidu de la digestion de la substance vitelline que le ver a absorbée dans les derniers temps de la vie embryonnaire et dans laquelle ils étaient primitivement logés. Ils y sont mêlés aux matières qui forment le contenu normal de l'intestin chez les petites chenilles qui viennent d'éclore. Lorsqu'on soumet ces matières à l'inspection microscopique, on les trouve composées des parties suivantes : 1° une substance formée de petites granulations moléculaires qui n'est autre chose qu'un produit de sécrétion des glandes gastriques (fig. 8, *m*), et qui, colorée en rouge plus ou moins intense au moment où elle est versée dans la cavité stomacale, prend promptement une teinte foncée violacée ou brunâtre : cette matière peut être physiologiquement comparée au méconium que les jeunes d'un grand nombre d'autres animaux rejettent après la naissance ; 2° des fragments irréguliers de la coque de l'œuf rongés et avalés par le ver au moment de l'éclosion et bien reconnaissables à leur aspect réticulé (fig. 8, *f*, *f*) (1) ; 3° enfin les corpuscules caractéristiques de la maladie ou psorospermies, mêlés en plus ou moins grand nombre aux parties précédentes chez les vers malades.

(1) Parmi ces fragments on reconnaît fréquemment la partie du chorion qui porte l'appareil micropylaire au dessin figurant une double rosace qu'elle présente (fig. 8, *f'*), ce qui justifie l'opinion émise, dès 1833, par Bellani, que le ver se fraye, au moment de l'éclosion, une issue au dehors en attaquant la coque de l'œuf par le point où cet auteur avait déjà aperçu un petit orifice qu'il nomme stigmate et auquel il attribue divers usages plus ou moins hypothétiques (*Annali universali d'Agricoltura*, 1833, vol. XVI, p. 300). Il était réservé à R. Leuckart de généraliser l'observation de Bellani en démontrant l'existence d'un micropyle dans les œufs de la plupart des insectes, et de lui assigner sa fonction véritable qui est de livrer passage aux spermatozoïdes dans l'acte de la fécondation. (Müller's *Archiv*, 1855, p. 90 et suiv.)

Ces mêmes parties se retrouvent aussi dans les premiers excréments rendus par le ver après son éclosion. Elles forment alors de petites masses solides et noirâtres, qui se délayent facilement dans l'eau en se résolvant en fines granulations d'une couleur foncée. Quand le ver a commencé à manger, elles sont plus ou moins mêlées de détritus végétaux qui leur communiquent une teinte verdâtre; mais même après que les fèces ont pris leur caractère ordinaire, celles-ci peuvent pendant longtemps encore renfermer des corpuscules plus ou moins nombreux. Il en résulte que l'examen de fèces et surtout du méconium fournit un moyen de reconnaître pendant la vie et aussitôt après l'éclosion si le ver est corpusculeux ou non.

Si j'insiste sur les caractères offerts par le tube digestif et son contenu chez les petites chenilles, c'est dans la pensée que ces notions pourront être utilisées dans la crise que traverse actuellement l'industrie séricicole. C'est ainsi que je crois qu'il y aurait un incontestable avantage à remplacer la méthode qui consiste à apprécier la qualité de la graine par l'examen de son contenu, méthode qui ne donne que des résultats incertains, par l'investigation des jeunes vers eux-mêmes. En effet, la maladie, peu accusée encore et partant difficile à reconnaître dans l'œuf (1), s'est, au contraire, singulièrement développée au moment de l'éclosion; il en résulte que les corpuscules, dont le nombre s'est accru dans la même proportion, peuvent être alors facilement constatés, même par l'observateur le moins habitué à ce genre de recherches.

A l'appui de ce qui précède, je me contenterai de rapporter les chiffres suivants : l'examen d'une graine qui m'avait été remise pour en faire l'analyse microscopique a donné 40 pour 100 d'œufs corpusculeux tandis que l'inspection des petites chenilles écloses de cette même graine a offert jusqu'à 52 pour 100 de vers malades. Pour apporter plus de soin dans ces observations en évitant la fatigue qu'entraîne un travail aussi monotone lorsqu'il se prolonge pendant quelque temps, je me contentais d'examiner une série journalière de dix œufs et de dix chenilles, jusqu'à concurrence du nombre de cent que je m'étais proposé d'examiner des uns et des autres afin de pouvoir baser ma comparaison sur une quantité suffisante d'œufs et de vers. En fractionnant ainsi ces observations, j'ai pu y mettre toute l'attention nécessaire, néanmoins

(1) Surtout si les corpuscules y sont rares, et leur mélange avec les granules vitellins rend leur recherche encore plus difficile.

la différence entre les résultats donnés par l'une et l'autre méthode est entièrement à l'avantage du mode d'examen que je propose de substituer à celui usité jusqu'à ce jour.

Pour employer le moyen d'appréciation reposant sur l'examen des petites chenilles, il suffit de mettre en incubation, plus ou moins longtemps avant l'époque où les éclosions se font en grand pour les éducations, une petite quantité de la graine dont on se propose de reconnaître la qualité et d'examiner les vers qui en proviennent. Voici un procédé aussi sûr que rapide pour constater la présence ou l'absence des corpuscules chez ces derniers. Avant d'être portée sous le microscope, la petite chenille est placée dans une goutte d'eau, sur une lame de verre, et recouverte d'une lamelle mince de la même substance. Puis, à l'aide d'une aiguille ou de tout autre instrument pointu et rigide, on exerce une pression sur la lamelle précédente, à l'endroit correspondant à la partie postérieure de la tête de l'animal. Cette pression a pour effet de rompre le tube digestif à sa partie antérieure et de chasser brusquement à travers l'ouverture anale la portion postérieure de l'intestin rompu. En sortant, celle-ci se retourne comme un doigt de gant (fig. 8), en entraînant au dehors les tubes qui prennent leur insertion sur elle (*t*, *t*), et souvent aussi une portion plus ou moins longue des vaisseaux soyeux. A l'aide de cette petite manœuvre, les organes le plus chargés de corpuscules viennent, pour ainsi dire, s'offrir d'eux-mêmes aux regards de l'observateur. De plus, l'estomac s'est en même temps vidé d'une plus ou moins grande partie de son contenu dans l'eau environnante, où l'on voit aussitôt flotter, mêlés aux granulations du méconium, de nombreux corpuscules, si l'on a affaire à un ver malade (fig. 8, *m*).

Si l'on se proposait de réunir un certain nombre de vers parfaitement sains, pour une petite éducation de grainage, la simple inspection des matières rendues fournirait un moyen pour discerner ceux-ci et écarter les individus corpusculeux. Il suffirait d'isoler les vers après l'éclosion, en ajoutant à chacun quelques fragments de feuille, et d'examiner à l'aide du microscope les fèces rendues au bout de quelques heures. Enfin, je signalerai comme une dernière conséquence qui découle des observations précédentes l'extrême importance des soins de propreté, surtout dans le premier âge du ver, où les chances d'infection sont le plus à redouter. En effet, le méconium et les matières stercorales des jeunes vers malades, toujours chargés, comme nous l'avons vu, de nombreux corpuscules, constituent le principal agent de transmission de la contagion aux vers encore sains. J'ai entrepris à ce sujet des expériences directes qui ne laissent aucun doute sur cette influence funeste des matières précédentes et que je me propose de publier dans un prochain travail. J'y montrerai, en outre, la possibilité de provoquer tous les accidents de la gattine, et même la mort, chez d'autres espèces d'insectes en leur faisant prendre avec les aliments les corpuscules ou psorospermies qui donnent lieu à cette maladie chez les vers à soie. Les individus qui ont introduit de la sorte une certaine quantité de corpuscules dans leurs voies digestives deviennent, comme le Bombyx du mûrier, le siége d'un développement actif de ces petits organismes dans tous leurs tissus où ils présentent des caractères entièrement identiques avec ceux qu'ils offrent dans cette dernière espèce. J'ai représenté, dans la figure 9, une portion du canal digestif d'une chenille du *Gastropacha neustria* nourrie de feuilles corpusculeuses, où l'on voit de nombreux amas psorospermiques à tous les degrés de formation dans les enveloppes qui composent la paroi de ce canal. Ces derniers faits, qui confirment, en les étendant, les résultats analogues obtenus par MM. Pasteur et Gernez (1), montrent dans les corpuscules les véritables agents propagateurs de l'épidémie qui fait aujourd'hui tant de ravages dans la plupart des magnaneries. Joints aux preuves tirées des propriétés physiques et chimiques de ces petits corps, de leur mode de propagation, de leur analogie avec les psorospermies que l'on rencontre chez une foule d'animaux (2), ils me paraissent dissiper d'une manière complète l'obscurité qui a régné jusqu'ici sur la cause réelle de cette épidémie, en démontrant qu'elle est due au développement d'un organisme végétal qui envahit parasitiquement toutes les parties du ver, ce qui avait été, du reste, déjà admis, mais sans preuves suffisantes, par plusieurs de mes prédécesseurs.

Examen de quelques opinions relatives à la multiplication des corpuscules.

Tout récemment (3), deux savants chimistes, M. Pasteur et M. Béchamp, se sont occupés de la reproduction des corpurcules que l'on rencontre chez les vers à soie : le premier soutient qu'ils se multi-

(1) *Comptes rendus de l'Académie des sciences* du 26 novembre 1866.

(2) Voyez mon mémoire cité sur les *Corpuscules de la pébrine*.

(3) *Comptes rendus des séances de l'Académie des sciences* du 29 avril 1867.

plient par scissiparité transversale, le second veut qu'ils se reproduisent par scissiparité longitudniale. Comment se prononcer entre des opinions aussi opposées ? De quel côté est la vérité, ou bien sont-elles vraies ou fausses l'une et l'autre ? C'est ce que je me propose d'examiner ici.

(*A suivre.*)

Société d'Insectologie agricole.

Séance du 3 décembre 1867. Présidence de M. Goureau.

M. Hamet donne lecture du procès-verbal de la dernière séance qui est adopté.

M. Goureau présente une note sur les mœurs d'une mouche de la tribu des Syrphide, l'Eumère bronzé, qui détruit les échalotes.

La Société décide que cette note sera insérée dans le Bulletin.

M. Rivière ajoute qu'une larve, qui n'est que trop connue des jardiniers, à cause des pertes qu'elle leur fait subir, mange le poireau et cause des pertes analogues à celles causées par la larve l'Eumère que vient d'indiquer M. Goureau ; lorsque le poireau vient d'être repiqué dans un terrain préparé pour le recevoir, l'on voit souvent la plante jaunir, surtout les feuilles du centre, languir et enfin s'atrophier complétement ; les jardiniers se débarrassent de cette larve en coupant le poireau à l'aide d'une ratissoire, à 3 ou 4 centimètres de profondeur en terre ; l'insecte, qui vit probablement dans la partie verte des feuilles, meurt infailliblement lorsque la nourriture lui manque ; il faut avoir soin de brûler ou d'enterrer toutes les parties coupées. Cette opération ne nuit pas à la plante, elle la retarde un peu sans gêner son développement.

M. Goureau fait remarquer que la larve dont vient de nous entretenir M. Rivière n'est pas celle de l'Eumère bronzé, mais bien la chenille de la *Lita vigeliella*, petit papillon décrit aussi sous le nom de *Aliella*; ces deux noms lui viennent de ce qu'elle a deux générations, la première au printemps, en avril ou mai, la chenille à cette époque attaque les oignons, la seconde à l'automne, en septembre ou octobre ; la larve alors attaque le poireau. Il convient que le moyen indiqué pour débarrasser le poireau doit être efficace, mais pour l'échalote ce moyen ne serait pas praticable vu la nature de la plante.

M. Hamet ajoute qu'il a l'habitude de planter des échalottes au printemps autour de ses ruches, et, pour éviter qu'elles ne soient détruites par la larve en question, il suffit de retirer un peu de terre autour du pied de la plante, de façon à laisser l'air pénétrer presque jusqu'aux racines : ce moyen lui a toujours réussi.

M. Deyrolle fait passer sous les yeux de la Société une boîte contenant des *Calosomes sycophantes* à l'état de larve et d'insecte parfait. Il donne des explications sur les mœurs et les métamorphoses de ces insectes, qui détruisent de grandes quantités de chenilles. Il remet une note à ce sujet qui sera insérée dans le bulletin.

M. Personnat ajoute qu'il a également trouvé cette espèce de Calosome en abondance, en 1851, aux environs de Lyon, sur les chênes dévastés par la chenille du Bombyx processionnaire.

M. le Président prie M. Personnat de donner à la Société une communication au sujet de son exposition séricicole, ce que notre collègue promet.

Il est décidé que les membres de la société qui feront paraître dans l'*Insectologie agricole*, journal appartenant à M. Donnaud, des communications et des travaux qui paraissent sous les auspices de la Société, devront, après leur signature, ajouter *membre de la Société d'Insectologie agricole*, afin que la Société ne soit pas responsable des erreurs et des hérésies qui peuvent être avancées par des personnes étrangères à la Société, et que M. Donnaud peut faire imprimer sans l'autorisation de la Société.

Il est décidé également que le 1er mardi de chaque mois la Société se réunira en séance générale. Avis en sera donné à chaque membre à domicile ; cet avis sera aussi imprimé sur la couverture du journal.

M. Valserre annonce à ses collègues qu'il se propose de faire sous peu une tournée dans le Périgord, afin de renouveler ses expériences sur la mouche truffière ; il espère acquérir des preuves de la théorie qu'il soutient depuis onze ans et que ses expériences réitérées n'ont jamais démentie. M. Goureau fait observer à notre honorable collègue qu'il n'est pas de son avis, quant à la production de la truffe et qu'il lui semble prouvé que ce tubercule est un champignon et non pas une galle.

La Société décide qu'une exposition d'insectes aura lieu en 1868. Une commission est nommé pour préparer le projet de règlement de l'exposition et faire les démarches nécessaires. Cette commission se compose de :

MM. Boisduval, Guérin-Méneville, Focillon, Hamet, Guezou-Duval, De la Valette, Jacques Valserre, Carcenac, Deyrolle, Donnaud.

La séance est levée à 10 heures.

Pour extrait : Le secrétaire-adjoint, DEYROLLE fils.

Eumère bronzé,

Insecte qui attaque les échalottes.

Les échalotes sont quelquefois fort endommagées dans les jardins et même détruites en totalité par la larve d'un diptère de la tribu des Syrphides et du genre *Eumerus*. Elle attaque la bulbe et la ronge pour se nourrir; elle y pénètre et y produit une excavation plus ou moins profonde, selon le nombre de larves qui habitent cette excavation, car plusieurs s'y tiennent ensemble; on en compte jusqu'à sept ou huit dans la même cavité. Leur présence et leur travail amollissent la bulbe, l'altèrent et la putréfient, mais moins rapidement que le fait la larve d'un autre diptère, l'*Athomyia platura* (*Athomyia allii* Boisd.), qui est l'un des plus redoutables ennemis de cette plante potagère,

On trouve les larves de l'*Eumerus* dans les bulbes d'échalote depuis le 5 jusqu'au 25 juillet, et elles sont déjà arrivées à toute leur croissance, ce qui fait conjecturer que les œufs ont été pondus dans le commencement de juin. Ces larves sont remarquables par leur forme et leur tube caudal qui indiquent qu'elles appartiennent à la tribu des Syrphides. Elles ont 7 millim. de long sur 2 millim. de large; elles sont ovoïdes, allongées, d'un blanc sale, formées de 11 segments, sans compter la tête, qui est petite, arrondie en devant, rentrée dans le premier segment du corps, armée de deux petites dents en crochets qui servent à piocher la nourriture et la porter dans la bouche. Les segments sont comme rugueux et portent chacun un petit mamelon conique peu saillant de chaque côté; les derniers vont graduellement en diminuant de largeur et l'extrême présente deux appendices coniques, ressemblant à deux petites pattes membraneuses inarticulées. Le tube caudal est placé au-dessus de ces appendices; il est long de 1 millim., écailleux, un peu rougeâtre, cylindrique, un peu déprimé et percé de deux trous ou canaux pour l'introduction de l'air dans les trachées de l'animal; ce sont les stigmates postérieurs par lesquels il respire. Les stigmates antérieurs sont peu saillants, de couleur jaunâtre et placés sur les côtés du dos au bord postérieur du premier segment.

Lorsque ces larves ont pris toute leur croissance, elles quittent l'échalote dans laquelle elles ont vécu et s'enfoncent dans la terre où elles subissent, au bout de très-peu de temps, leur métamorphose en pupes : ces dernières sont ovoïdes, longues de 5 millim., de couleur terreuse, légèrement ridées en travers; on y remarque le tube caudal accompagné de ses deux appendices raccourcis et deux petites pointes à la partie antérieure indiquant les stigmates de cette extrémité. Les diptères éclosent depuis le 10 juillet jusque dans les premiers jours d'août. Ils sont bien connus des entomologistes sous le nom d'*Eumerus æneus*.

Les caractères du genre Eumerus sont : 3ᵉ article des antennes presque orbiculaire, surmonté d'une soie ou style inséré entre la base et le milieu; face unie; yeux velus ou nus; écusson assez grand, à bord tranchant et ducticulé; cuisses postérieures épaisses, armées de pointes; jambes arquées; première cellules des ailes sinueuses à son extrémité.

Eumère bronzé (*Eumerus æneus*. Macq.), long de 6 millim., antennes noirâtres; yeux nus; thorax et abdomen d'un noir métallique, quelquefois bleuâtre; quatre segments de l'abdomen à poils blanchâtres; pattes noires; tibias à base testacée; tarses testacés ou noirâtres; ailes hyalines.

Les moyens à employer pour détruire ou pour éloigner cet insecte nuisible sont encore à découvrir. Il est vraisemblable que si on parvient à en trouver un, il serait également efficace contre l'*Authomyia platura*, dont les larves vivent dans les bulbes d'échalotes comme celles de l'*Eumerus æneus*.

GOUREAU,
Membre de la Société d'insectologie.

Calosomes sycophantes.

J'ai pu constater dans la forêt de Fontainebleau aux environs de Marlotte, plusieurs hectares de bois plantés de chênes, ormes, châtaigniers et bouleaux, où bon nombre d'arbres étaient complétement privés de feuilles par les chenilles du Bombyx disparate (*Bombyx dispar*); ces insectes étant jeunes encore, le ravage devait grandir en même temps que les chenilles, et tous les arbres eussent été dévastés si vers le 15 juin les calosomes sycophantes n'étaient apparus et n'avaient circonscrit le dommage en dévorant les chenilles et même les chrysalides de celles qui se métamorphosaient. La voracité de ce coléoptère est telle qu'il mange indistinctement toutes les chenilles qu'il rencontre, même celles des teignes.

Je n'ai jamais trouvé la larve de cette espèce, qui, je crois, vit plus souvent sur la terre dans les mousses, que dans les nids de processionnaires, où elle a été trouvée quelquefois; probablement que sa grande ressemblance avec la larve de la couturière (*Carabus auratus*) l'aura fait confondre avec celle de cette dernière espèce qui ne vit que par terre. J'ai récolté en une seule journée une centaine d'exemplaires sur lesquels j'en ai gardé seulement trois mâles et quatre femelles. Pendant l'été je les ai nourris avec des chenilles; puis ces dernières devenant plus difficiles à se procurer, j'ai essayé de leur donner des larves de la *Lucilia Cæsar* (l'asticot des pêcheurs); ils en mangèrent, bien que cette nourriture parût leur convenir beaucoup moins que les chenilles. Vers la fin de juillet je trouvai une vingtaine d'œufs abandonnés à la surface de la terre; environ trois semaines après, les œufs, après avoir grossi du double pendant l'incubation, éclorent, et, en moins d'un mois, les larves arrivèrent à l'apogée de leur taille. Malheureusement à cette époque j'eus beaucoup de peine à me procurer les chenilles nécessaires à leur nourriture, elles refusèrent les asticots et finirent par s'entre-dévorer. Je n'en ai conservé que quelques exemplaires que j'ai piqués. En septembre, lorsque les nuits devinrent fraîches, ces calosomes commencèrent à s'enterrer dans le sable humide dont le fond de leur cage est garni, et jusqu'à ce jours ils vivent parfaitement, bien qu'ils n'aient pas mangé depuis plusieurs mois. Ils ne se remuent que lorsqu'on y touche ou qu'un rayon de soleil vient les réchauffer assez pour les engager à sortir de leurs retraites; alors ils boivent les gouttelettes d'eau suspendues aux brins de mousse, puis le soleil baissant, ils rentrent dans leurs trous, et reprennent leur immobilité.

J'espère pouvoir les conserver vivants jusqu'au printemps, en obtenir encore des œufs et des larves, et voir si en aidant cette utile espèce à se multiplier, l'on ne pourrait pas trouver en elle un précieux auxiliaire pour détruire les chenilles dont les ravages causent annuellement de si grandes pertes. Je tiendrai la Société au courant des nouvelles expériences que je tenterai pour atteindre ce but.

DEYROLLE fils,
Membre de la Société d'insectologie agricole.

Bibliographie.

La Vie et les Mœurs des Insectes. Extrait des Mémoires de Réaumur, par M. C. De Montmahou, 1 vol. in-18 jésus, de 330 pages, avec figures intercalées dans le texte. Prix : 2 francs; Ch. Delagrave et Cie, éd., 78, rue des Écoles. — C'est une excellente idée de résumer les œuvres volumineuses des grands observateurs des siècles passés, en des éditions populaires destinées à être mises entre les mains de la jeunesse. Mais il importe de rectifier les erreurs que ces œuvres contiennent. C'est ce que les éditeurs de la *Maison rustique* de Charles Estienne et Jean Liebavlt, du *Théatre d'agriculture* d'Olivier de Serre, et de tant d'autres bons ouvrages, ont fait. Ils ont élagué, modifié et transformé même l'œuvre primitive pour la mettre à la hauteur des connaissances acquises.

Le monde des insectes qu'a exploré Réaumur est immense, et on y a fait des découvertes nombreuses depuis que les moyens d'investigations ont été perfectionnés et que l'esprit des recherches s'est développé. Aussi dans l'extrait qu'on donne aujourd'hui des Mémoires de Réaumur sur les insectes, on s'est appliqué à ne prendre que les parties les plus intéressantes et les plus en concordance avec les découvertes modernes. On reprochera peut-être à l'auteur de n'avoir pas rectifié quelques erreurs de détail qui sautent de suite aux yeux des entomologistes; mais n'étant que légères, elles n'ôtent pas le mérite de ce livre, destiné surtout pour être mis dans les mains des élèves des écoles, c'est-à-dire, des débutants dans la science entomologique. En feront également profit toutes les personnes à qui la bourse ne permet pas le luxe des ouvrages volumineux de Réaumur.

Nous avons reçu deux autres ouvrages récents, dont il sera rendu compte dans le n° 12 de l'*Insectologie*. L'un a pour titre : *Sériciculture simplifiée*, par J. B. Dufour, et l'autre : *L'intelligence des animaux*, par Ernest Menault.

H. H.

PROGRAMME DE L'EXPOSITION DES INSECTES EN 1868.

EXPOSÉ.

La première exposition des *insectes* eut lieu à Paris au mois d'août 1865. Ce fait est sans précédent; l'initiative avait été prise par la *Société centrale d'apiculture*, qui faisait alors un timide essai. Un recueil imprimé de documents le constate. Or cet essai ayant réussi au delà de ce qu'on pouvait espérer, il en est sorti une institution nouvelle, la *Société d'insectologie agricole* qui s'affirme aujourd'hui en organisant une seconde exposition, qui aura lieu du 1er au 31 août 1868 au Palais de l'Industrie, à Paris.

La Société d'insectologie agricole poursuit un double but : d'une part elle préconise les meilleures méthodes pour propager les insectes utiles, les préserver de toutes maladies épidémiques, et tirer le plus grand profit de leurs produits; de l'autre elle étudie les insectes destructeurs de nos cultures, de nos jardins, de nos vergers, de nos forêts et s'efforce par tous les moyens que la science d'observation met en son pouvoir, d'atténuer leurs ravages et de les faire eux-mêmes disparaître; elle espère ainsi rendre d'éminents services à l'agriculture, en diminuant les pertes considérables que les insectes causent chaque année; à l'industrie, en lui assurant une plus grande masse de matières premières à transformer; aux subsistances publiques, en leur donnant dans une large mesure les moyens de se compléter.

Comme auxiliaire de ses efforts, la Société signale les parasites que la nature prévoyante place toujours à côté des êtres malfaisants pour empêcher qu'ils se développent outre mesure; elle recommande la conservation des petits mammifères et des oiseaux qui se nourrissent d'insectes nuisibles et contribuent de cette manière à la conservation de nos récoltes.

Le programme de l'exposition comprend quatre divisions. La première embrasse tous les insectes utiles rangés en six classes. Chaque espèce, autant qu'il est possible, doit être présentée à ses divers états d'œuf, de larve, de chrysalide et d'insecte parfait. Lorsqu'elle est malade, on devra exposer des sujets ayant la maladie à ses différentes périodes. Il en sera de même des produits que l'on en retire; on devra les exhiber à leurs divers degrés de transformation. Chaque série d'insectes devra être accompagnée des végétaux dont elle se nourrit. Les mémoires, monographies et autres documents imprimés ou manuscrits relatifs à chaque espèce figureront également à l'exposition, quand bien même ils ne seraient point accompagnés de collections. En outre les concurrents sont invités à joindre à leurs échantillons, une note sur leurs méthodes d'éducation en indiquant le prix de revient de leurs produits et les prix auxquels le commerce les achète. On indiquera aussi les dommages causés par les maladies. Les pertes que la sériciculture seule éprouve par suite de la gattine s'élèvent, depuis 1848, à plus de 60 millions par année.

La seconde division est consacrée aux insectes nuisibles, qui forment huit classes. Ici deux voies s'offraient à la commission organisatrice. Fallait-il classer les insectes nuisibles d'après les familles et les espèces, abstraction faite des végétaux qui les nourrissent, ou bien, fallait-il prendre pour base de la classification les plantes elles-mêmes qu'il s'agit de protéger, et considérer à part chacune des espèces qui les dévorent ? La commission a préféré cette dernière classification, qui n'est point scientifique, il est vrai, mais qui est plus facile à saisir de la part des praticiens et se prête beaucoup mieux aux recherches. Les six premières classes de la seconde division embrassent donc tous les végétaux employés dans nos cultures, y compris les arbres fruitiers et forestiers. Enfin la septième classe est spéciale aux insectes qui attaquent les bois employés dans les constructions; la huitième, aux insectes des truffes et des autres champignons; la neuvième, aux insectes destructeurs des matières organiques sèches, les crins, plumes, laines, etc., et la dixième, les parasites de l'homme et des animaux domestiques. Ce qu'il y a de particulier à dire de cette division c'est que bon nombre des destructeurs dont elle est formée sont presque microscopiques, et que parfaitement décrits et classés par les entomologistes, on ignore encore les mœurs et les transformations de quelques-uns, la chose la plus essentielle à connaître.

Ici encore, comme pour les insectes utiles, les collections devront, autant que possible, offrir des sujets à leurs divers états d'œufs, de larves, de chrysalides et d'êtres parfaits. A côté de chaque destructeur on placera les végétaux qu'il dévore, afin que l'on ait un tableau fidèle de leurs dégâts. Les notes explicatives insisteront principalement sur les mœurs et les diverses transformations que subit l'espèce et quel serait, à travers toutes ces métaphorses, le moment le plus opportun pour la saisir et la détruire. En l'absence de collection, les mémoires sur l'histoire naturelle de chaque insecte sont également admis à concourir. Mais dans les travaux qu'ils nous destinent, les Entomologistes devront moins s'appliquer à la description des espèces, qui est à peu près connue, qu'à la recherche des mœurs et des métamorphoses restées à peu près inconnues et qui sont les seules utiles à connaître au point de vue agricole. Il est à désirer que la science ne s'occupe pas seulement de la théorie mais s'occupe surtout des applications utiles. C'est afin d'atteindre ce but désirable que les initiateurs de la première exposition des insectes ont fondé la *Société d'insectologie agricole*.

Les pertes que les insectes nuisibles causent à l'agriculture chaque année se chiffrent par des centaines de millions. Il nous suffira de rappeler la cécidomie et l'alucite pour les céréales, la pyrale et l'eumolpe pour la vigne, le dacus pour l'olivier, etc.

La troisième division comprend les insectes carnassiers, qui font une guerre sans relâche aux innombrables pucerons, papillons, etc. Il ne fallait point omettre les petits mammifères, tels que la taupe et le hérisson qui se nourrissent d'insectes et qui deviennent ainsi nos auxiliaires, de même que les oiseaux insectivores qui nous apportent leur précieux concours. Ces raisons justifient pleinement la troisième division de notre programme. mais il y a plus ; au moyen de cette division, nous comblons les lacunes qui existent dans les deux premières et nous donnons une légitime satisfaction au triple intérêt agricole, industriel et alimentaire.

Enfin, dépassant par extraordinaire notre cadre, nous avons établi une quatrième division supplémentaire qui s'occupe spécialement des dégâts causés par les limaces et les limaçons, car les dommages que font ces mollusques peuvent être évalués tous les ans à des chiffres énormes, et ce sera rendre un véritable service aux viticulteurs que de mettre en lumière les procédés employés avec succès pour combattre le fléau.

Les travaux de la Société d'insectologie et ses expositions permettront un jour, il faut l'espérer, de résoudre bien des problèmes d'histoire naturelle que rien encore n'a pu éclairer.

Mais, pour que les expositions produisent tout ce qu'on doit en attendre, il ne suffit pas de réunir les produits et de rapprocher les hommes; il faut encore que ces derniers puissent conférer ensemble et s'instruire mutuellement. C'est ce qui a eu lieu lors de notre premier essai. Nous avions prié les concurrents de faire des conférences sur leurs produits et ces entretiens ont excité un vif intérêt dans l'auditoire. Après cette expérience, qui a si bien réussi, nous pensons que les conférences sont le complément indispensable de toute exhibition. Nous prévenons en conséquence les personnes à qui nous faisons appel que nous comptons sur elles pour donner en séance publique les renseignements que des collections muettes, si bien rangées qu'on les suppose, seront toujours incapables de fournir.

RÈGLEMENT

Article premier. — Du 1er au 31 août 1868, aura lieu à Paris, au Palais de l'Industrie, sous le patronage de S. Exc. le Ministre de l'agriculture, du commerce et des travaux publics, et par les soins de la Société d'Insectologie agricole, une Exposition : 1° des insectes utiles ; 2° de leurs produits ; 3° des appareils et instruments employés à la préparation de ces produits ; 4° des insectes nuisibles, de leurs dégâts et, par extension, des animaux destructeurs d'insectes nuisibles, ainsi que des divers procédés de destruction.

Art. 2. — Les exposants des colonies et des pays étrangers seront admis. Ils pourront se faire représenter, ainsi que les exposants français.

Art. 3. — Les personnes qui désirent prendre part à cette Exposition devront en faire la déclaration avant le **20 juillet** au plus tard. Cette déclaration sera adressée *franco*, au secrétariat de la Société, 1, rue Cassette, ou au Palais de l'Industrie, porte n° 1. Les exposants devront joindre à leurs échantillons, une note explicative indiquant les procédés de production, les divers emplois, l'espace qu'ils désirent occuper, enfin tous les détails qui peuvent être utiles pour le jury et les visiteurs.

Art. 4. — Les exposants de produits, d'appareils et d'instruments sont invités à indiquer, autant que possible, le prix de vente.

Art. 5. — Les objets d'exposition devront être envoyés avant le **25 juillet**, au plus tard. Ils seront inscrits à leur arrivée sur un registre spécial, et il en sera délivré récépissé. Chaque article portera un numéro d'ordre correspondant au numéro du catalogue, et mentionnera le nom des exposants, leur domicile, le lieu de production, etc.

Art. 6. — La Société d'Insectologie agricole fera des démarches près des compagnies de chemins de fer pour qu'il soit fait une remise de 50 pour 100 sur le transport des objets envoyés.

Art. 7. — Les frais généraux d'installation seront supportés par la Société ; mais les exposants auront à leur charge les frais de montres et de vitrines spéciales qu'ils voudraient établir.

Art. 8. — La Société prendra les mesures nécessaires pour garantir les objets de toute avarie et pour qu'une surveillance active soit exercée ; mais elle ne sera en aucune façon responsable des dégâts ou dommages, quels qu'ils soient, dont ces objets pourraient avoir à souffrir.

Art. 9. — Des médailles d'or, d'argent, de bronze et des mentions honorables seront décernées aux exposants des produits les plus remarquables.

Art. 10. — Il sera nommé des jurys spéciaux pour chaque classe. La moitié des membres du jury seront nommés par la Société, l'autre moitié par les exposants présents le jour de l'ouverture.

Art. 11. — Après la clôture de l'Exposition, l'exposant ou son représentant à Paris devra faire enlever les objets exposés. La Société veillera à l'emballage des objets.

Art. 12. — Pour tout ce qui n'est point prévu par le présent règlement, le Comité d'organisation se réserve le droit de prendre, à la majorité des voix, telle décision qui lui paraîtra convenable.

Délibéré en comité d'organisation, à Paris, le 8 janvier 1868.

Énumération des Objets qui devront figurer à l'Exposition

PREMIÈRE DIVISION
LES INSECTES UTILES

PREMIÈRE CLASSE.

LES INSECTES PRODUCTEURS DE SOIE.

1° Collections des vers à soie appartenant aux différentes espèces et races.
2° Produits, — cocons, soies grèges, soies moulinées.
3° Sujets atteints de maladies, moyens curatifs.
4° Appareils propres à l'éducation des vers et à la préparation des produits, ainsi que les modèles, plans ou dessins.
5° Culture des végétaux servant à leur nourriture.
6° Sujets relatifs aux essais d'acclimation de nouvelles espèces (Bombyx du chêne, du ricin, de l'ailante, etc.).

Collections des insectes à l'état de ver ou de chenille et à l'état de papillon.

Collections des produits : cocons, soie cardée et filée, soit dévidée et moulinée.

7° Essais d'utilisation industrielle de la soie des araignées indigènes ou exotiques.
8° Ouvrages et mémoires manuscrits ou imprimés relatifs à l'éducation des différents vers à soie, à la production de la soie, etc.

DEUXIÈME CLASSE.

LES INSECTES PRODUCTEURS DE CIRE ET DE MIEL.

1° Abeilles et leurs produits, bruts et fabriqués.
2° Appareils propres à la culture des abeilles (les ruches de tous les systèmes, etc.)
3° Appareils employés pour la préparation des produits.
4° Exemples des maladies qui atteignent les abeilles (loque, etc.) moyens curatifs; les ravages qu'occasionnent dans les ruches certaines espèces d'insectes (teignes ou galléries, sphinx tête de mort, clairon, etc.). Oiseaux qui détruisent les abeilles (guépiers, etc.).

5° Exemples de domestication des différents insectes producteurs de cire ou de miel. — Collections des espèces et de leurs produits.

1° Mélipones quelquefois désignées sous le nom d'abeilles d'Amérique.
2° Guêpes mellifères.
3° Fourmis mellifères. — On connaît depuis quelques années une fourmi du Mexique qui produit du miel que l'on utilise dans le pays.
4° Insectes hémiptères producteurs de cire. — Échantillons des produits.

Plusieurs espèces de la province du Su-Tchuen, en Chine, fournissent de magnifiques sortes de cire produites par des insectes de la famille des Coccides (kermès, cochenilles).

TROISIÈME CLASSE.

LES INSECTES TINCTORIAUX.

1° Collections des insectes pouvant être employés pour la teinture.

Cochenilles, etc.
1° Kermès ou cochenille du chêne vert.
2° Cochenille d'Arménie (*Porphyrophora armeniaca*).
3° Cochenille ou kermès de Pologne (*Coccus Polonicus* Linné).
4° Espèces de France ou d'Algérie, etc.

2° Appareils propres à la récolte et à l'éducation des insectes, ainsi qu'à la préparation et à l'utilisation des produits.
3° Produits naturels et fabriqués.
4° Culture des végétaux propres à nourrir les cochenilles.
5° Diverses espèces de Cynips et leurs noix de galle.
6° Essais d'utilisation des galles qui croissent sur nos végétaux indigènes (pommes de chêne, etc.), ou de différentes galles exotiques qui ne seraient pas encore employées dans l'industrie.

QUATRIÈME CLASSE.

LES INSECTES COMESTIBLES.

(Dans cette classe figureront les Crustacés et les Arachnides, qui appartenaient autrefois à la même grande division zoologique que les Insectes.)

1° Œufs d'hémiptères (*Notonecte* et *Corise*) du Mexique, avec lesquels on fabrique le pain nommé *hautlé*.
2° Pain d'œufs d'hémiptères.

Dans plusieurs villes du Mexique, et notamment à Mexico, on vend sur les marchés le pain connu dans le pays sous le nom de *hautlé*, qui est confectionné avec les œufs d'hémiptères aquatiques, recueillis dans les lacs, et particulièrement dans le lac Tezcuco.

3° Ver Palmiste, Larves comestibles.
4° Sauterelles comestibles en Afrique, en Australie, etc.
5° Fourmis blanches (Termites).
6° Crustacés comestibles.

Écrevisses. Homards. Langoustes. Crabes. Crevettes, etc.

7° Essais de reproduction industrielle des crustacés comestibles.
8° Araignées comestibles dans la Polynésie et dans quelques autres régions du monde.

Epeira edulis, etc.

CINQUIÈME CLASSE.

LES INSECTES EMPLOYÉS EN MÉDECINE.

1° Cantharides, mylabres, meloës.
2° Cétoines employées dans certaines parties de la Russie pour guérir la rage.
3° Produits préparés.
4° Notices et monographies sur ces insectes et sur leurs applications.

SIXIÈME CLASSE.

INSECTES EMPLOYÉS COMME ORNEMENTS.

1° Insectes en cadres pour ornements. Tableaux; peintures, etc.
2° Insectes montés en bijouterie et pour parure. Insectes phosphorescents (pyrophores, etc.).

DEUXIÈME DIVISION

LES INSECTES NUISIBLES

PREMIÈRE CLASSE.

LES INSECTES QUI ATTAQUENT LES CÉRÉALES.

1° Collections des insectes qui attaquent les plantes sur pied ou des dessins représentant ces mêmes insectes.

Saperde ou aiguillonnier. — Thrips des céréales. — Puceron du blé. — Céphus pygmée. — Noctuelle du blé. — Alucite des céréales. — Cecydomye du froment. — Oscine dévastante. — Chlorops linée. — Clorops du seigle. — Chlorops de l'orge. — Criocère de l'orge et de l'avoine, etc., etc., etc.

2° Collections de leurs parasites.
3° Collections des altérations produites sur les végétaux par ces insectes.
4° Collections des insectes qui attaquent les céréales dans les greniers.

Calandre ou charançon du blé. — Teigne des grains. — Calandre ou charançon du riz, etc., etc.

5° Collections des altérations produites par ces insectes.
6° Appareils et moyens propres à les détruires, notices etc.

DEUXIÈME CLASSE.

LES INSECTES NUISIBLES A LA VIGNE.

1° Collections des insectes sous leurs différents états de larves, de chrysalides et d'insectes parfaits, ou des dessins représentant ces mêmes insectes.

Pyrale de la vigne. — Cochylis de la vigne ou teigne de la vigne. — Cochylis de la grappe. — Tordeuse hépatique. — Procris mange-vigne. — Euchlore de la vigne. — Rhynchites, vulgairement *urbecs*, *bêches*. — Ecrivain ou Eumolpe de la vigne, connu également sous le nom de gribouri. — Altise, connue sous les noms vulgaires de *babo*, de *pucerotté*, de *puce des jardins*, etc., etc.

2° Instruments propres à la récolte et à la destruction des insectes nuisibles à la vigne.
3° Altérations produites sur les plantes par ces insectes.

TROISIÈME CLASSE.

LES INSECTES NUISIBLES AUX PLANTES INDUSTRIELLES.

1° Aux plantes saccharifères.
  1° Betteraves : Mouche de la betterave. — Casside nébuleuse. — Taupins, etc., etc.
  2° Canne a sucre : Borrer saccharelle.
2° Aux plantes oléagineuses.
  1° Colza : Altise, charançon, puceron, etc., etc.
  2° Oliviers : Mouche des olives. — Scolytes de l'olivier. — Mineuse des feuilles de l'olivier. — Mineuse des noyaux de l'olive. — Psylle de l'olivier. — Gallinsecte de l'olivier. — Thrips de l'olivier, etc., etc.
  3° Pavots : Charançon du pavot. — Puceron du pavot. — Mouche du pavot, etc., etc.
3° Aux plantes textiles.
  1° Chanvre : Altise du chanvre. — Teigne du chanvre, etc., etc.
  2° Lin : Altise. — Phalène du lin.
  3° Coton : Noctuelle du coton. — Gallinsecte du coton, etc.
4° Aux plantes tinctoriales.
  1°. Garance. 2° Pastel. 3° Indigo.
5° Au houblon.
6° Au chardon à foulons.
7° Au tabac, etc.
8° Altérations produites sur ces végétaux par les insectes destructeurs.
9° Notices et travaux sur ce sujet.

QUATRIÈME CLASSE.

LES INSECTES NUISIBLES AUX PLANTES FOURRAGÈRES, AUX PLANTES POTAGÈRES ET AUX PLANTES ORNEMENTALES.

1° A la luzerne, au trèfle, au sainfoin et autres fourrages.

Mouche ou agromyze pied noir, colaspe noir. — Bombyx de la luzerne. — Apion du trèfle. — Bombyx du trèfle. — Puceron du sainfoin, etc.

2° Chou, moutarde et autres crucifères.

Altise. — Papillons du chou. — Mouche du chou. — Tipule potagère. — Puceron du chou, etc.

3° Pois, fèves, lentilles et autres légumineuses.

Bruche du pois. — Teigne des pois verts. — Noctuelle potagère. — Bruche de la fève. — Puceron de la fève. — Bruche de la lentille, etc.

4° Asperges, artichauts, fraisiers, salades et autres plantes.

Criocère de l'asperge, puceron des racines. — Casside verte, etc.

5° Plantes d'ornements, rosiers, dahlias, cinéraires, héliotrope, géraniums, tulipes, lys.

Pucerons, tenthrède, criocères, altises, etc.

6° Plantes de serres, cactus, orchidés, etc.

Thrips, cochenilles, kermès, etc.

CINQUIÈME CLASSE.

LES INSECTES NUISIBLES AUX ARBRES FRUITIERS.

1° Aux pommiers.

Scolytes du pommier. — Charançon des pommiers. — Grand rongeur du pommier, — Puceron lanigère. — Bombyx livrée. — Bombyx zigzag. — Tordeuse du pommier. — Yponomeute du pommier, etc.

2° Aux poiriers.

Scolyte du poirier. — Charançon du poirier. — Tigre. — Puceron du poirier. — Yponomeute du poirier. — La larve limace, etc.

3° Au néfliers.

4 Aux cerisiers.

Tenthrède du cerisier. — Pyrale des cerises. — Teigne des cerises. — Mouche à scie du cerisier, etc.

5° Aux pruniers.

Scolyte du prunier. — Bostriches du prunier. — Charançons du prunier, etc. — Mouche à scie du prunier. — Puceron du prunier. — Kermès du prunier. — Pyrales du prunier, etc.

6° Aux abricotiers.

Charançon des abricotiers, etc.

7° Aux pêchers.

Puceron du pêcher. — Teigne du pêcher, etc.

8° Aux amandiers.

9° Aux groseilliers et autres plantes.

Charançon du groseillier. — Mouche à scie du groseillier, etc.

Collections dec es insectes.

Collections des altérations produites sur les végétaux par les insectes destructeurs.

Notices et monographie sur ce sujet.

SIXIÈME CLASSE.

LES INSECTES NUISIBLES AUX ARBRES FORESTIERS.

1° Aux chênes 2° Aux ormes. 3° Aux hêtres. 4° Aux peupliers et aux bouleaux. 5° Aux pins et autres arbres.

Scolytes. — Bostriches. — Charançons. — Capricornes. — Pucerons. — Kermès. — Bombyx. — Noctuelles. — Tordeuses, etc.

Etude spéciale sur le ver blanc, procédés et appareils pour le détruire.

Etude spéciale sur les fourmis, procédés et appareils pour les détruire.

SEPTIÈME CLASSE.

LES INSECTES QUI ATTAQUENT LES BOIS EMPLOYÉS DANS LES CONSTRUCTIONS.

1° Les Termites sous leurs différents états.

2° Altérations produites par les Termites.

3° Les Vrillettes (*Anobium*), les Rhyncoles, etc.

4° Collections des altérations produites par les Vrillettes, les Rhyncoles, etc.

5° Les Limexylons qui attaquent les constructions navales.

6° Echantillons des bois ravagés par le Limexylon.

7° Notices et moyens de destructions.

HUITIÈME CLASSE.

INSECTES DES TRUFFES ET DES CHAMPIGNONS.

1° Tipules ou mouches des truffes, séparées ou en collection.
2° Altérations produites par ces insectes.
3° Collections comparatives de truffes à leurs divers développements, saines et altérées.
4° Notices sur les mouches et autres insectes des truffes.
5° Collection des insectes qui détruisent les autres champignons comestibles.
6° Notices sur ces insectes.

NEUVIÈME CLASSE.

LES INSECTES DESTRUCTEURS DES MATIÈRES ORGANIQUES SÈCHES.

1° Insectes qui détruisent les matières premières (laine, crin, plumes, etc.) les étoffes, et les fourrures.
2° Insectes qui détruisent les collections d'histoire naturelle, les livres, etc.
3° Dégâts produits par ces insectes ; moyens de destruction.
4° Tableaux comparatifs de ces insectes et autres pouvant servir à reconnaître la provenance de certains produits (laines, crins, cotons, etc.), chaque pays ayant ses espèces particulières.

DIXIÈME CLASSE.

LES PARASITES DE L'HOMME ET DES ANIMAUX DOMESTIQUES.

De l'homme, Du bœuf. Du cheval. Du mouton. Du porc. Des poules. Des pigeons, etc.

Cousins. — Æstre. — Acariens, etc.

TROISIÈME DIVISION

INSECTES ET AUTRES ANIMAUX INSECTIVORES

1° Insectes carnassiers, carabiques, staphylins, etc.
2° Insectes parasites et destructeurs de chrysalides (ichneumons, etc.).
3° Mammifères, oiseaux, reptiles insectivores.

Taupes, chauve-souris, hérissons, faucons, chouettes, corbeaux, becfins, hirondelles, engoulevent, etc., couleuvres, lézards, crapauds, grenouilles, etc.

QUATRIÈME DIVISION SUPPLÉMENTAIRE

En dehors de l'insectologie

(La Sociétés d'Insectologie agricole, afin de rendre cette Exposition aussi complète que possible et de venir en aide aux cultivateurs qui ont essuyé de grandes pertes par la surabondance des limaces et colimaçons, recevra tout ce qui pourra lui être communiqué à ce sujet).

1° Insectes et autres animaux destructeurs de mollusques.
2° Notices et travaux divers sur les escargots comestibles, le parti que peuvent en tirer les cultivateur.

CONCOURS NON CLASSÉS

Instruments d'optique à l'usage des gens du monde, pour l'observation des insectes, etc.
Instruments spéciaux, etc.

Les savants, les agriculteurs et les industriels sont invités à contribuer, par l'envoi de leurs produits, à donner tout l'intérêt possible à cette Exposition.

Chacun est prié d'en communiquer le programme à toutes les personnes qui pourraient y prendre part, et MM. les directeurs des journaux de vouloir bien lui accorder leur publicité.

L'Éditeur-propriétaire : E. Donnaud.

Paris. — Imprimerie de E. DONNAUD, rue Cassette, 9.

N° 12. 1re ANNÉE. Janvier 1868.

L'INSECTOLOGIE AGRICOLE

SOMMAIRE :

Bulletin insectologique.

Programme de l'enseignement agricole dans les écoles primaires. M. le ministre de l'instruction public que vient d'adopter le programme de l'enseignement agricole dans les écoles primaires rurales et dans les écoles normales primaires. Ce programme comprend six divisions. Les insectes nuisibles, vers à soie et abeilles, figurent dans la quatrième division, celle des animaux domestiques utiles à l'agriculture. Les insectes nuisibles figurent dans la troisième division, celle des végétaux qui intéressent l'agriculture et l'horticulture. — Aux notions théoriques que vont donner les instituteurs et aux livres élémentaires qui développeront et graveront ces notions, il sera bon de joindre des démonstrations pratique par des conférences faites par des praticiens éclairés ou par des professeurs ambulants comme il en existe sur plusieurs points de l'Allemagne. En fait d'insectologie pratique, le hannetonnage devra fournir la principale leçon, aussitôt qu'arrivera la pousse des feuilles.

L'échenillage. C'est avant le développement des chenilles, lorsqu'elles sont groupées dans des paquets ou nids attachés aux petites branches des arbres, qu'il faut leur faire la chasse si on veut s'opposer aux ravages qu'elles pourraient commettre quelques mois plus tard. Il est des personnes qui échenillent seulement pour satisfaire à la loi sur l'échenillage ; elles se contentent de jeter bas les nids de chenilles, sans se préoccuper du reste ; mais bientôt les insectes *abattus* sortent de leur retraite et se hâtent de regagner l'arbre d'ont on les a chassés. Les écheniileurs intelligents ont soin de ramasser dans un panier les petites branches auquelles sont fixés les nids de chenilles pour les porter à la maison et les mettre au feu. Trop souvent aussi on ne pratique l'échenillage que sur les arbres fruitiers, et les nombreux nids qu'abritent les haies, auxquels on ne touche pas, restent des pépinières de chenilles qui au printemps s'abattent sur les jardins et les vergers. On pourrait faire pratiquer l'échenillage des haies, et des bordures des bois par les enfants des écoles rurales. Ce serait une occasion de leur donner une leçon d'insectologie à leur portée.

Condamnations pour destructions de petits oiseaux. Si la chasse pendant le temps de neige, dit la *Charente-Inférieure*, a été funeste à de pauvres petits oiseaux, mourant de faim, incapables de voler, poursuivis, traqués, exterminés par tous les engins possibles, depuis le bâton lancé par des enfants terribles jusqu'au Lefaucheux meurtrier, elle ne l'est pas moins aujourd'hui pour les auteurs de ce massacre des innocents.

Dans ses séances des 16 et 17 janvier, le tribunal correctionnel de la Rochelle a prononcé 104 condamnations, qui atteignent indistinctement les vieux chasseurs qui doivent connaître la loi et aussi les bambins qui en ignorent les sévères dispositions et qui ne se préocupaient guère alors de la responsabilité qui pèse sur leurs père, mère, tuteur ou patron.

— Cette livraison termine la 1re ANNÉE de *L'Insectologie agricole*, qui, nous le pensons, a répondu à son titre. N'étant pas une académie, la direction du journal a laissé — et continuera de laisser — à ses collaborateurs la responsabilité de leurs assertions et de leurs théories, et elle fait appel aux concours les plus éclairés et les plus intelligents pour que le flambeau de la lumière dissipe l'erreur.

Elle fait également appel aux lecteurs assidus pour des adhésions nouvelles. Que chaque abonné en recrute un nouveau, et *L'Insectologie* sera bientôt très-répandue et rendra de signalés et immenses services à l'agriculture.

Plus de régularité aurait pu être apportée dans la publication des premières livraisons; mais l'exécution de planches, qui demandent beaucoup de temps a dû retarder quelque peu le tirage de ces livraisons. Plusieurs planches préparées à l'avance nous permettront de paraître régulièrement à l'avenir, et nous comptons que la 12e livraison de la 2e année, sera fournie avant 1869, de façon que l'abonnement puisse commencer avec le mois de janvier. H. HAMET.

A propos de la Mouche qui est devenue la Puce truffière.

En présence des échappatoires et des étranges théories botaniques et zoologiques de mon contradicteur, qui se fait maintenant écrire de Sisteron, sans doute pour n'être pas tout seul, je me suis demandé sérieusement si je devais continuer une discussion qui doit faire sourire tous les gens compétents.

En effet, sans tenir aucun compte des raisons, des preuves, des démonstrations péremptoires qu'il vient de lire, le champion de la mouche truffière, ou son *alter ego*, vient nous dire « que nous sommes des *incrédules, que nous nions sans examen*; qu'il nous engage d'une manière paterne *à nous armer de nos microscopes, à examiner la truffe autrement que sur une assiette*, et à rectifier notre erreur qu'il veut bien croire *de bonne foi!* ..... O Léveillé! ô Tuslasne! voilà le cas qu'on fait des nombreuses années que vous avez passées à disséquer des truffes !.....

Vraiment le procédé est par trop commode de faire ainsi table rase des raisons de son adversaire quand ces raisons vous gênent. Je pourrais vous y renvoyer, Monsieur V..... Galle, et m'en tenir là; mais il est bon que les lecteurs de l'*Insectologie agricole*, organes d'une Société qui a repoussé à l'unanimité moins une voix (on devine laquelle) la théorie de la *mouche truffière*, il est bon que nos lecteurs sachent que notre but est d'éclairer, même les aveugles les plus obstinés.

M. Galle prétend avoir *des échantillons de truffes attenant encore aux racines, dans cet état de perfectionnement, c'est-à-dire ayant atteint le degré complet de maturité*, reconnaissable en ce qu'elles ressemblent à un *bédégar* ou galle du chêne indigène. C'est un éboulement de terre qui aurait mis ces fameuses truffes à nu.

Une petite question, Monsieur Galle :

Étiez-vous là lorsque l'éboulement s'est produit? et est-ce au même moment que vous avez recueilli les truffes?

Si vous n'y étiez pas, je vous apprendrai une chose connue de tous le botanistes : c'est que, dès qu'une racine est à l'air en permanence, elle change de fonctions et devient branche; elle se charge même de bourgeons. Dans ces circonstances elle peut être piquée par des *Cynips*, et donner, comme une véritable branche, naissance à des *bédégars*. C'est, j'en suis sûr, à ce genre de *truffes* qu'appartiennent vos échantillons, et ce qui le prouve, c'est la complète analogie que vous trouvez entre les unes et les autres, même chair *succulente marbrée de rouge*, même *dessication finale qui leur fait prendre une consistance sous-ligneuse*, seulement je doute que les clients de Potel et Chabot soient de votre avis quand vous dites que vous ne trouvez d'autre difference entre les *bédégars* et les *truffes* qu'en ce que les premières vivent dans l'air et les autres dans la terre. Goutez-y un peu, pour voir.

Avant de venir nous dire, Monsieur Galle, que *dans les bédégars jeunes et charnus on ne trouve aucune trace de germe qui doive produire des êtres animés*, vous auriez bien fait, tout au moins, de réfléchir à ce que vous nous avez dit plus haut, à savoir que l'insecte, en piquant le végétal, y a mis ses œufs. — Auraient-ils disparu, par hasard ? Et les vers qui en sortent vont-ils se promener ailleurs, en attendant que le *bédégar* mûrisse ?

Étudiez mieux les *bédegars* Monsieur Galle, vous verrez que, *quel que soit eur âge, les bédégars renferment toujours des vers qui ne sont autres que des larves de* CYNIPS; *seulement ces vers sont d'autant plus petits que la tumeur végétale est plus jeune.*

Si vous aviez suivi le conseil que vous donnez si bénévolement aux savants qui n'en ont que faire, attendu qu'ils les mettent en pratique depuis bien longtemps; si vous aviez armé votre œil du microscope et étudié comparativement les *bédégars* et les *truffes*, vous auriez vu que les premies rrenferment toujours des vers ou larves d'insectes, et qu'on n'en trouve dans les secondes que quand la pourriture les gagne; vous y auriez vu de plus qu'ils diffèrent du tout au tout comme composition physique et chimique.

Quant à votre *insecte sans ailes* qui *ressemble à une puce*, qui a un *aiguillon et quatre tarses à chaque jambe*, ce sera certainement l'animal le plus curieux de l'*Expositian des insectes de* 1868, où j'espère bien qu'il figurera. — Malheureusement nous n'aurons pas le *phénix* pour lui faire pendant.

P. Mégnin,

Membre de la Société d'insectologie.

Encore les hannetons.

Nous avons souvent entretenu nos lecteurs des ravages commis par les vers blancs, ces mineurs souterrains qui rongent, pendant 3 ou même 4 années consécutives, les plus tendres racines des plantes et les plus dures racines des arbres. Certains symptômes nous font craindre qu'ils ne se multiplient cette année, et que cette engeance maudite ne cause en 1868 un accroissement de dommages. Voici sur quels indices nous nous fondons. Dans plusieurs localités voisines de Paris, les vers-blancs se sont montrés en grand nombre pendant le premier semestre de 1867. Les dégâts qu'ils ont produits sont considérables. Dans la seule vallée de Montmorency, un semis de pins de six ans d'âge, dépendant de l'administration des forêts, et d'une étendue de 25 hectares, a été complètement détruit par l'invasion de ces insectes. Il y aura nécessité d'arracher les souches et de procéder à un ensemencement nouveau sur toute cette étendue. Sur d'autres points de la forêt, les racines des bruyères mêmes ont été dévorées.

D'après ces symptômes, dont nous constatons l'exactitude, il y a toute probabilité qu'il y aura augmentation de hannetons en 1868. C'est donc un motif pour s'occuper dès à présent des remèdes à opposer à cette invasion.

Quelques personnes ont émis l'opinion que les froids intenses que nous avons éprouvés pendant les mois de décembre et janvier seraient un obstacle au mal que nous redoutons. Elles croient que ces froids auront pour résultat de faire périr un grand nombre de larves. C'est une erreur : c'est se montrer peu instruit des mœurs et des habitudes de cette espèce (*melolontha vulgaris*). Pendant l'hiver, les larves de troisième et quatrième année, les seules qui doivent se transformer, sont profondément enfoncées sous terre. Elles y vivent ramassées ensemble ou dispersées, engourdies et sans manger. Quelques jours de beau temps, de température plus douce, ou bien le besoin de se nourrir, peuvent momentanément les amener à se rapprocher de la surface du sol ; mais leur existence n'en est pas pour cela exposée. L'instinct les porte à s'enfoncer plus profondément au moindre retour du froid, et il ne serait pas difficile d'en trouver à ce moment, à une profondeur d'un mètre, et tout à fait hors des atteintes des rigueurs de la saison.

Nous ne voyons d'autre moyen de destruction de cette engeance à l'état de larve, que son ramassage dans la saison des labours. Les semailles du mois de mars en offriront une nouvelle occasion qu'il ne faudra pas laisser échapper. Si les bras des enfants et des pauvres gens manquent pour ce travail, il faudra y suppléer, soit par le chariot roulant de M. Giot, soit par l'introduction sur les champs en labour de bandes de volailles, poules ou canards. Ces volatiles sont friands de larves de hannetons, et ils suivront d'eux-mêmes la charrue au fur et à mesure qu'elle les mettra à découvert.

Nous avons encore indiqué, dans plusieurs numéros de ce recueil, un moyen qui ne paraît pas moins efficace, et dont des cultivateurs ont fait l'essai et se sont bien trouvés. Il consiste à faire suivre chaque charrue par de jeunes chiens et particulièrement par des chiens de chasse, ou bien par une bande de porcelets. Tous ces animaux sont affriandés par l'odeur des vers blancs, et le sens subtil de l'odorat dont ils sont doués les leur fait découvrir. Ils suivent le laboureur pas à pas, émiettent la terre retournée par le versoir de la charrue mieux que ne le ferait la herse, et ils ne laissent échapper aucune des larves mises à jour. Les porcelets, surtout, sont excellents pour cette chasse. Ils ne rentrent à la ferme que repus, et après ces agapes, ils refusent toute autre nourriture.

On a dit que la volaille nourrie de larves de hannetons contracte un goût désagréable, qui la rend immangeable pour les délicats. Oui, si vous l'envoyez immédiatement au cuisinier après plusieurs jours de cette nourriture ; mais, outre que cette alimentation a l'avantage de l'engraisser, il suffit d'un changement de régime pendant une huitaine pour faire disparaître l'inconvénient qu'on signale.

Les vers blancs n'occasionnent pas seulement de grandes pertes dans les champs de blé, dans les jardins, dans les pépinières et dans les forêts ; ils en produisent d'aussi considérables dans les prairies, les plantations de pommes de terre et de betteraves. Des cultivateurs assurent qu'il suffit que le pivot de la racine de cette dernière *chénopodée* ait été coupé par le ver-blanc pour que la plante meure. — Peut être y a-t-il exagération dans cette opinion ; car nous savons qu'à l'époque du repiquage, il arrive souvent de casser ce pivot par accident, et que des racines latérales se développent et suppléent au pivot détruit. Il ne peut guère résulter de cette circonstance, nous le croyons, qu'un retard dans la végétation.

Il en est tout autrement quand la plante est attaquée dans une certaine étendue, vers sa partie supérieure, quand l'épiderme est enlevé et le tissu herbacé détruit. Alors on la voit languir, la végétation s'arrête et la mort s'en suit.

Tous ces méfaits des vers blancs doivent nous porter à continuer activement la guerre commencée heureusement dans beaucoup de localités, et à les poursuivre sous toutes leurs formes, dans tous les temps, sous toutes leurs transformations. Au mois de mai et de juin, alors qu'insectes ailés ils prennent leur essor, c'est le matin de bonne heure qu'on les trouve, engourdis, attachés à la face inférieure des feuilles. Il suffira de secouer fortement les tiges des arbres et des arbustes pour les faire tomber. On les recevra sur un drap, pour n'en perdre aucun, et on les brûlera ou on les écrasera. Mais il serait à désirer que tous les habitants d'une même commune s'entendissent pour compléter l'œuvre; car en débarasser un jardin, un champ, un bouquet de bois ne suffit pas, si les arbres et les champs voisins restent infestés.

Si nous sortons de la grande culture pour entrer dans l'horticulture potagère ou d'ornement, de nouveaux moyens de destruction s'offrent au jardinier et au maraîcher. Au moment de la préparation de leurs carrés de légumes ou de leurs plates-bandes ils mêleront à leurs engrais ordinaires des cendres de tourbe ou de houille, ou bien ils les additionneront de suie ou de chaux. Ces substances mêlées aux fumiers et enterrées avec eux, peuvent, sinon détruire complétement du moins éloigner en quantité considérable, les *mans* ou *turcs*, alors qu'ils remontent vers la surface du sol, au printemps.

Il nous reste, avant de terminer, à parler des dernières expériences faites pendant l'Exposition universelle, à Billancourt, par M. Baron-Chartier, propriétaire à Antony, près Paris. M. Baron-Chartier est inventeur d'un engrais pour la destruction du ver blanc. Il s'est livré, du mois de mai au mois d'octobre 1867, pour démontrer l'efficacité de son engrais, à des expériences comparatives dont nous allons donner un aperçu.

Le 27 mai 1867, une plantation de 700 pieds de fraisiers et de 700 pieds de salades, en sept planches, a été exécutée dans le sol de Billancourt. Le 7 juin suivant, dans trois de ces planches qui n'avaient pas reçu d'engrais, on a introduit seulement 20 vers blancs.

Dans les quatre autres planches fumées avec l'engrais, on a déposé dans chacune 65 vers blancs.

Le 27 juin, les trois premières planches non-fumées avaient éprouvé tant de ravages, qu'il a fallu y remplacer 197 pieds de salades. — Le 18 août, 300 nouveaux pieds ont encore dû être replantés dans ces mêmes planches.

Dans les planches qui avaient reçu l'engrais et 65 vers blancs chacune, les salades et les fraisiers n'ont en aucune façon été attaqués : — fleurs et fruits ont continué de se succéder jusqu'à la fin de l'Exposition, sous les yeux du public et du chef de service préposé à la section horticole de Billancourt.

M. Baron-Chartier annonce que, depuis 1862, il s'occupe de son engrais, et qu'il n'a pas cessé de faire des expériences qui lui ont toujours donné les meilleurs résultats.

Il est donc permis d'espérer, à la suite de tant d'essais poursuivis et couronnés de succès, qu'un jour viendra où l'on pourra limiter les dégâts causés par ces insectes, devenus dans certaines années un véritable fléau pour l'agriculture et l'horticulture, dépouillant les forêts de leurs rameaux, les vergers de leurs fruits, les végétaux les plus rares de leurs fleurs et de leurs racines. GUEZOU-DUVAL.

— Dernièrement M. Reiset présentait à l'Académie des sciences un important mémoire dans lequel, après avoir montré les dommages que le hanneton et sa larve causent à l'agriculture, il s'est occupé des mesures à prendre pour la destruction de cet insecte. Il a ainsi conclu :

« Ramasser avec persévérance les mans et les hannetons nous paraît encore le moyen le plus sûr, le plus économique et le plus pratique. Mais il est nécessaire que le travail d'extermination se poursuive partout avec ensemble. Nous ne pouvons nous dissimuler que tout ce qui a été fait dans la Seine-Inférieure ne sera pas suffisant, si les autres départements négligent d'entrer dans la même voie. — Que l'administration supérieure, les conseils généraux, les communes, les comices, les grands propriétaires réunissent leurs efforts pour encourager et protéger l'entreprise! Les intérêts de notre agriculture sont gravement engagés. Jamais, d'ailleurs, on n'aura donné aux populations rurales une assistance plus urgente et plus essentielle. »

M. E. Blanchard a fait, au sujet de la présentation du mémoire de M. Reiset, les remarques suivantes: « Je m'associe pleinement à M. le Président, pour signaler l'importance des recherches de M. Reiset, et pour déclarer que la précision avec laquelle tous les faits ont été constatés par le savant agronome a un caractère vraiment scientifique. Cependant, s'il était intéressant de noter scrupuleusement à quelle profondeur les *vers blancs* se logent dans la terre, suivant les saisons et surtout suivant la température, il importe de ne pas laisser croire que les naturalistes sont demeurés jusqu'ici dans l'ignorance des habitudes des larves qui se nourrissent de racines. On sait, en effet, que les larves, séjournant dans le sol à une faible profondeur, tant que la température reste douce, s'enfoncent aux premières atteintes du froid et descendent très-profondément en terre dans les hivers rigoureux, de façon à toujours échapper à la gelée. Depuis longtemps, dans de nombreux écrits, on a cherché à détruire l'idée absolument fausse, répandue parmi les cultivateurs, que le froid fait périr les insectes. »

M. Chevreul a ajouté quelques mots pour expliquer que le travail de M. Reiset est très-important au point de vue agricole, et que son auteur n'a eu nullement la pensée qu'il révélait à l'Académie des faits nouveaux d'insectologie.

Les poux du cheval.

Nous n'avons pas, chez les animaux comme chez l'homme, de ces maladies excessivement graves qui ont pour cause ou pour symptômes une multiplication tellement exagérée de poux que le malade meurt littéralement rongé par ces insectes. C'est de cette maladie que sont morts, dit-on, Hérode, Sylla et Philippe II d'Espagne. Le cheval peut être affecté de poux, mais ces parasites n'ont ordinairement d'autre inconvénient que de causer une démangeaison plus ou moins forte, suivant l'espèce, et qui nuit jusqu'à un certain point à leur repos, à leur appétit et par suite à leur aptitude au travail; dans certaines circonstances, la présence des poux indique un tempérament débilité et affaibli qui a besoin d'être tonifié.

Le cheval nourrit deux espèces de poux : l'*Hematopinus tenuirostris* et le *Trichodecte equi* sans compter le pou d'âne (*Hematopinus asini*) et le pou de bœuf (*Hematopinus eurysternus*) qu'il peut acquérir par contagion.

L'*Hematopinus tenuirostris* (Burm., fig. 1) appartient à la famille des *poux* et à l'ordre des *Epizoïques* ; c'est un insecte aptère, à bouche formée uniquement par un suçoir en gaîne, articulé, armé à son sommet de crochets rétractiles (fig. 2) ; à pieds grimpeurs, c'est-à-dire à jambes courtes, épaisses, armées en dedans d'une dent avec laquelle l'angle du tarse, qui est grand et recourbé, forme une pince. Toutes les pièces de la tête, des pattes et du thorax sont coriaces, l'abdomen est mou, et divisé en huit segments. L'occiput est tronqué et ne s'avance pas sur le thorax. Le *pou tenuirostre* a pour caractères spécifiques d'être brun à abdomen pâle; les segments abdominaux portent latéralement les stigmates sur une plaque cornée; d'avoir la tête allongée, échancrée derrière les antennes qui ont cinq articles. Il a trois à quatre millimètres de long et ne diffère en rien, d'après M. Denny, du *pediculus vituli* de Linné, Stéphens et autres.

Le *Trichodecte equi* (Denny) appartient à la famille des *Ricins* et à l'ordre des *Epizoïques*. Comme tous ses congénères, il a la tête déprimée scutiforme, horizontale, plus large que le prothorax; la bouche infère; des mandibules tridentées au sommet; la lèvre supérieure élargie à sa base et un peu échancrée à son bord libre; la lèvre inférieure moins large à bord libre sub-échancré laissant un petit orifice dans son application contre la supérieure. Palpes maxillaires nuls ou du moins non visibles; palpes labiaux très-courts bi-articulés. Antennes filiformes tri-articulées, plus épaisses et presque chéliformes dans le mâle.

Thorax bi-parti yeux sur la partie latérale de la tête derrière les antennes, très-peu visibles. — Abdomen à neuf anneaux, le pénultième accompagné dans la femelle de valves latérales courbes. Tarses crochus, grimpeurs, bi-articulés, formant une pince avec la fin bi-spinulée de la jambe.

Le *Trichodecte du cheval* a 2 millim. de long (pl. fig. 3 et 4), à thorax et tête brune et à ventre pâle rayé de brun.

Le *Trichodecte* est le pou des jeunes bêtes affaiblies, débilitées, l'*Hematopinus* est celui des chevaux faits et âgés; l'un et l'autre se transmettent rapidement par contagion, mais leur action sur la peau du cheval est très-différente, c'est pourquoi nous allons les étudier, au point de vue de leurs effets, chacun en particulier.

Action du Trichodecte. L'armature de la bouche du trichodecte ne lui permet autre chose qu'un grattage très-superficiel de l'épiderme; ses mandibules lui servent surtout à grimper le long des poils; aussi sa présence ne s'accompagne-t-elle jamais de lésion quelconque de la peau, on ne voit ni pustules, ni vésicules, ni la moindre égratignure; la démangeaison qu'il provoque est très-faible, ou même complétement nulle. C'est dans le poil bourru des jeunes chevaux malingres que se plaît ce *trichodecte*, aussi sa présence est-elle un signe de l'état général du sujet et n'a pas d'autre importance.

Action de l'Hematopinus. L'*Hematopinus* ne se contente pas, pour vivre, de parcelles d'épiderme, comme le *trichodecte*, il lui faut du sang, c'est pourquoi la nature l'a pourvu d'un suçoir protractile terminé par des pointes solides au moyen duquel il perfore aisément la peau. Chaque piqûre de l'*Hematopinus* s'accompagne d'une petite inflammation locale qui entraîne la chute des poils qui entourent le point piqué; aussi reconnaît-on la présence du parasite aux nombreuses petites dépilations, larges comme des truitures, dont se couvre le corps et surtout l'émolure, siége de prédilection de cet insecte, aussi bien que par les vives démangeaisons que ses piqûres provoquent. Mais il faut avoir vu l'*Hematopinus* lui-même, ce qui est facile en raison de sa taille, pour être sûr que c'est bien lui l'auteur de ces méfaits, car plusieurs insectes, parasites par occasion, comme le *Dermanipsus des poulaillers* et le *gamase* des fourrages altérés, produisent identiquement les mêmes lésions.

Destruction des poux du cheval. — Rien n'est plus facile que de débarrasser un cheval des poux qui l'incommodent, et les moyens sont nombreux : frictions avec la pommade mercurielle double, lotions avec l'infusion de tabac, de staphysaigre, insufflation de poudre de staphysaigre, de sévadille ou de pyrèthre. Mais un des moyens les plus simples, les plus économiques et les plus énergiques est l'huile de pétrole ou l'eau phéniquée au millième.

L'essence de térébenthine est aussi un excellent pédiculicide, mais il a l'inconvénient d'irriter fortement le cheval.

Lorsque les poux dont on a débarrassé l'animal étaient l'indice d'un tempérament débilité, on ne prévient leur retour que par l'ensemble des soins au moyen desquels on remonte un tempérament affaibli, c'est-à-dire par des soins de propreté, de bons pansages, un régime tonique, enfin une bonne hygiène.

Le caractère contagieux de la *maladie pédiculaire* ou *phthyriase* exige, si l'on ne veut voir tous les voisins infectés, l'isolement complet des chevaux pouilleux.

P. Mégnin.

Insectes nuisibles au chèvrefeuille.

Le chèvrefeuille des jardins (*Lonicera caprifolium*) se voit communément dans les jardins rustiques dont il est l'un des plus beaux ornements il y est employé à couvrir les tonnelles et les berceaux, ou à cacher les murs. Il paraît aussi dans les massifs des jardins paysagistes qu'il diversifie par ses belles fleurs et embaume par son odeur suave ; ce serait un arbuste précieux pour la décoration s'il n'était pas aussi commun et s'il n'était pas fréquemment exposé aux atteintes de certains insectes qui le gâtent considérablement.

Il n'est personne qui n'ait remarqué qu'il est quelquefois envahi par un petit puceron dont les individus en nombre prodigieux le couvrent entièrement. C'est au commencement du printemps, dès la pousse des feuilles, qu'il s'y établit, et il ne le quitte plus qu'aux premiers froids de l'automne. Il couvre les feuilles et les recoquille ; il entoure les fleurs dont il empêche le développement et qu'il fait avorter ; il salit tout l'arbuste. Les larves aphidiphages des Syrphes, des Hémerobes, des Coccinelles s'y établissent suçant et vidant ces petits Homoptères ; mais, quel que soit leur appétit, elles ne le détruisent pas aussi rapidement qu'il se multiplie ; en peu de temps l'arbuste devient hideux et la vue s'en détourne avec dégoût, ce qui oblige à l'arracher.

Le petit puceron du chèvrefeuille présente des individus aptères et des individus pourvus d'ailes, les uns et les autres adultes ; des individus à l'état de nymphes et des jeunes larves de toutes les tailles ; il est pourvu de cornicules à l'extrémité de l'abdomen et ses antennes sont formées de 7 articles ; c'est un véritable *Aphis*.

Ce puceron envahit le chèvrefeuille parce que l'arbuste est malade, et sa présence en grand nombre est l'indice et le symptôme d'une grave situation, présage d'une mort peu éloignée. On détruirait en vain l'insecte par des fumigations, des aspersions insecticides qu'on ne le guérirait pas ; ces petits insectes reparaîtraient le lendemain ou le surlendemain et l'arbuste n'en marcherait pas moins à la mort.

La cause de cette maladie réside dans des larves d'une espèce de coléoptère longicorne qui vivent en mineuses dans les branches âgées de 3 à 4 ans ; elles en rongent la moelle pour se nourrir et attaquent aussi les fibres tendres qui entourent la colonne médulaire ; elles percent la tige dans le sens de sa longueur et prolongent leurs galeries de plus en plus jusqu'à ce qu'elles aient pris toute leur croissance, ce qui exige deux ans. L'ayant atteinte, elles se préparent à leur changement en chrysalide en se construisant une cellule de leur longueur ou un peu plus dans un point de leur galerie qu'elles tamponnent solidement avec des fibres de bois à chaque extrémité. La métamorphose en chrysalide a lieu dans le courant de mai. L'animal reste peu de temps sous cette forme intermédiaire, car l'insecte parfait se montre au jour du 5 au 15 juin. Pour sortir de sa prison, il perce avec ses mandibules un trou rond dans la branche où il est captif, lui donnant un diamètre égal à celui de son corps et se met en liberté. Ce coléoptère est la Saperde pupillée (*Saperda pupillata*).

On conçoit facilement qu'une branche minée au cœur dans presque toute son étendue devient faible, qu'elle ne produit plus que des rameaux languissants et des bourgeons chétifs et que dans cet état les pucerons s'y multiplient à profusion pour hâter la mort du végétal. Le seul moyen de le guérir serait de détruire les larves mineuses et d'empêcher la Saperde pupillée de venir pondre ses œufs sur les branches du chèvrefeuille, ce qui ne semble pas facile. Il paraît cependant qu'en enlevant les branches percées et celles qui sont faibles, en taillant court à l'automne ou au commencement du printemps, en labourant et amendant la terre au pied de l'arbuste, on parvient à lui procurer une végétation vigoureuse qui éloigne les pucerons et les Saperdes.

Un autre petit insecte, beaucoup moins nuisible que les précédents et ne compromettant pas la vie de l'arbuste, mérite d'être signalé; c'est un très-petit papillon de la tribu des Ptérophorites, appelé vulgairement Ptérophore en éventail (*Orneodes exadactylus*). On le voit fréquemment courir sur les vitres des appartements à la campagne. Sa chenille vit dans les fleurs non encore épanouies du chèvrefeuille; on l'y trouve dans la première quinzaine de mai. Elle se nourrit des organes de la fructification, étamines, pistil, ovaires, et lorsqu'elle a pris toute sa croissance, elle perce un petit trou rond dans la fleur et se met en liberté. Elle va chercher dans le voisinage un lieu convenable où elle se fixe; elle s'enveloppe de quelques fils de soie qui la soutiennent plutôt qu'ils ne la couvrent et se change bientôt en chrysalide, puis ensuite en insecte parfait, qui éclôt dans la première quinzaine de juin.

Ce petit Lépidoptère ne fait d'autre tort à l'arbuste que d'empêcher l'épanouissement des fleurs atteintes par ses chenilles et de diminuer la quantité des semences qu'il devait porter.

Il ne se contente pas du chèvrefeuille pour la conservation de son espèce; il n'est pas exclusif dans ses goûts et s'adresse à des plantes qui n'ont guère de rapport avec les caprifolicées; car on trouve ses chenilles dans les fleurs de la scabieuse des champs dont elles dévorent les semences.

GOUREAU,
Membre de la Société d'insectologie.

Études sur la maladie psorospermique des vers à soie (*fin*),

Par le Dr BALBIANI. (Voir p. 313.)

M. Pasteur s'exprime d'abord de la manière suivante : « Jusqu'à présent, dit-il, j'ai considéré les corpuscules des vers à soie, dits de Cornalia, comme des *organites* que l'on devait ranger à côté de tous ces corps réguliers de forme, mais ne pouvant s'engendrer les uns les autres, tels que les globules du sang, les globules de pus, les granules d'amidon, les spermatozoïdes, que les physiologistes désignent sous le nom d'*organites*. Cette opinion, partagée par beaucoup de personnes très-autorisées, s'appuyait principalement sur l'impossibilité de saisir un mode quelconque de reproduction des corpuscules par génération directe, soit par bourgeonnement, soit par scissiparité. »

Je n'ignore pas que des savants d'un nom justement estimé dans la science, MM. les professeurs de Filippi et Cornalia, le docteur Ciccone, ont assimilé les corpuscules aux parties élémentaires des animaux. Pour en juger ainsi, ils avaient probablement de bonnes raisons, mais M. Pasteur, en sa qualité de chimiste, et de chimiste éminent, en avait assurément de meilleures pour s'empêcher de partager leur manière de voir. En effet, dès 1856, M. Lebert, s'appuyant sur les réactions chimiques de ces petits corps, l'avait victorieusement combattue en démontrant que ceux-ci n'avaient aucune des propriétés des substances grasses ou albuminoïdes. Si, pour justifier le changement survenu dans sa manière d'envisager les corpuscules, M. Pasteur avait eu recours au même argument, si tardif qu'eût été ce dernier, il n'eût certainement rencontré aucune objection sérieuse, mais il en est tout différemment de celui qu'il tire de la découverte d'un mode de reproduction chez ces petits corps. Quel est, en effet, le physiologiste qui ignore que les éléments que M. Pasteur désigne sous le nom d'*organites* ne sont nullement caractérisés par leur impuissance de s'engendrer les uns les autres, et que la scissiparité est même le mode de génération le plus répandu et le mieux constaté parmi eux ? Les globules du sang, les globules du pus eux-mêmes que M. Pasteur aime à prendre comme termes de comparaison, et auxquels il assimilait naguère le plus volontiers les corpuscules des vers à soie, ces globules se multiplient d'une manière active par division spontanée, sinon chez tous les animaux à l'état adulte, du moins chez tous les embryons de ceux-ci, et aux premières époques de la formation de ces élémenis. Il en est de même des spermatozoïdes de quelques animaux inférieurs et de leurs cellules de développement dans toutes les espèces connues (1).

Quoi qu'il en soit, aujourd'hui les idées de M. Pasteur paraissent s'être modifiées; les corpuscules ont cessé d'être pour lui des organites; mais, bien que sa note des *Comptes rendus* porte pour titre : *Sur la nature des corpuscules des vers à soie*, il se tait sur la signification nouvelle qu'il leur attribue désormais. Tout en nous disant ou, pour être plus exacte, en nous laissant sous-entendre ce qu'ils ne sont plus, il s'abstient de conclure en ne nous disant pas ce qu'ils sont réellement (2).

Mais laissons de côté cette question qui n'a probablement plus, pour M. Pasteur lui-même, qu'un simple intérêt historique, et arrivons au fait qui est l'objet principal de sa communication à l'Académie, c'est-à-dire à la reproduction des corpuscules par scissiparité transversale. « Je viens, dit-il, de reconnaître qu'il est très-facile de rencontrer en nombre immense des corpuscules à tous les états d'une division

(1) C'est seulement pendant la correction des épreuves de ce travail que j'ai eu connaissance de deux Mémoires récents de M. le professeur Vlacovich (de Padoue), insérés dans les *Atti dell. Istituto veneto di scienze, lettere ed arti*, vol. IX et XI, 3e série, 1864 et 1867, et qui contiennent une étude très-détaillée des corpuscules des vers à soie, dits corpuscules vibrants. J'indiquerai dans des notes ajoutées au bas du texte les résultats les plus importants auxquels M. Vlacovich est arrivé dans ses recherches sur ces petits corps. S'il faut l'en croire, il serait parvenu à y démontrer l'existence d'une substance analogue à la cellulose végétale, manifestée par la coloration violette qu'ils prennent sous l'action combinée des solutions alcalines, des acides et de l'iode. Si cette découverte de M. Vlacovich se confirme, la nature végétale des corpuscules aura été mise hors de toute contestation par la démonstration de leur composition chimique. (*Sui Corpuscoli oscillanti del Bombyce del Gelso. Nuove osservazioni*, Venezia, 1867, p. 11 et suiv.)

(2) Quant aux granules d'amidon que M. Pasteur range parmi les organites, ils ne méritent assurément pas cette qualification, car ils ne sont qu'un produit de l'activité vitale de certains de ces derniers ; il n'est donc pas étonnant qu'ils soient dépourvus de la faculté de s'engendrer les uns les autres.

spontanée. Il suffit de considérer la tunique interne de l'estomac des vers corpusculeux... Les corpuscules se forment par scissiparité, perpendiculairement au grand axe... Tout récemment, ajoute M. Pasteur, j'ai observé dans les corpuscules un détail de structure qui avait passé inaperçu ; je veux parler de l'existence, dans chaque organe, d'un noyau dont la netteté de contour ne le cède en rien à celui des corpuscules eux-mêmes. Les noyaux ont exactement la forme ovalaire des corpuscules. Or, il est possible de reconnaître, et cela confirme, ce me semble, la réalité de l'existence du mode de génération dont je parle, que ces noyaux se divisent en meme temps que les corpuscules. En outre, il arrive fréquemment qu'il y a dans le noyau des traces de division, avant même qu'on en aperçoive dans les corpuscules.

Sans m'arrêter sur ce qu'il y aurait de surprenant à ce que la division dont il est question dans le passage qui précède, eût échappé à des observateurs aussi habiles que MM. Leydig et Cornalia, si elle était réellement aussi facile à constater que le prétend M. Pasteur, je citerai comme n'ayant pas été plus heureux que les savants précédents, MM. Chavannes (1) et Genzke (2), qui ont fait une étude attentive de ces petits corps. M. Lebert lui-même qui, le premier, a parlé d'une division des corpuscules, avoue n'avoir pu la constater, que dans quelques cas très-rares sur des centaines de vers qu'il a examinés dans cette intention. Pas plus que M. Pasteur, il n'a négligé d'observer la tunique interne de l'estomac, et nonobstant il considère cette division comme un phénomène tout à fait exceptionnel (3).

(1) Aug. Chavannes, *Les principales maladies des vers à soie*, mémoire couronné par l'Institut royal lombard des sciences et des arts, deuxième édition, 1866, p. 32.

(2) Doctor Carl Genzke, *Ueber die jetzt herrschende Krankheit des Seidenspinners*, 1859, p. 16.

(3) Lebert, *Ueber die gegenwärtig herrschende Krankheit des Insects der Seide*, 1858, d. 17. — Telle est aussi la conclusion à laquelle M. Vlacovich est arrivé après de nombreuses recherches sur ce sujet. Il fait dépendre la reproduction des corpuscules par scission de certaines conditions particulières, telles que la constitution du ver, la qualité de ses humeurs, etc., dont le concours est nécessaire pour provoquer leur division. Ces conditions ne se trouvant que rarement réunies, ce mode de multiplication n'est lui-même qu'un fait exceptionnel. D'après la description qu'il donne des corpuscules qu'il suppose être en voie de division, il est évident qu'il a pris pour tels certaines formes anormales qui avaient été également vues

Mais comment expliquer l'assertion de MM. Lebert et Pasteur, car il est constant qu'il s'agit ici d'une observation réelle dont l'interprétation seule est cause de la divergence qui existe entre ces deux savants et les auteurs cités plus haut. En invoquant mes observations personnelles sur le sujet en litige, je pense que l'on peut attribuer à plusieurs causes l'illusion de MM. Lebert et Pasteur, savoir : 1° la coexistence avec des corpuscules bien développés d'autres corpuscules, normaux aussi, mais, indiquant un état de maturité incomplet de ces petits organimes ; 2° le mélange avec les corpuscules précédents d'individus anormaux ou monstrueux résultant d'une coalescence, pendant le développement, de deux ou d'un plus grand nombre de corpuscules entre eux, simulant tous les états d'une division spontanée ; 3° enfin peut-être aussi la présence, dans quelques vers corpusculeux, d'autres organismes étrangers, tels que des spores de mucédinées, ayant avec les premiers une certaine ressemblance de forme, et pouvant être plus ou moins facilement confondus avec ceux-ci.

Relativement aux formes que je considère comme des corpuscules en voie de développement ou non encore parvenus à leur maturité entière (fig. 3), je crois que ce sont surtout elles qui ont été prises par M. Pasteur pour des corpuscules en état de division. Elles sont effectivement mêlées en quantités considérables aux corpuscules ordinaires toutes les fois que ceux-ci se multiplient d'une manière active. Ces corpuscules inachevés sont toujours beaucoup plus pâles que les autres, et montrent pour la plupart dans leur intérieur, tantôt une seule, tantôt deux taches claires et transparentes, arrondies ou ovalaires, à contour net, et situées près des extrémités. Dans plusieurs, la ligne de contour extérieure de corpuscule est très-peu visible, tandis que celle des taches intérieures ressort avec beaucoup plus de netteté, d'où résulte une apparence qui peut être prise pour une division. M. Pasteur n'hésite pas à donner à l'espace clair intérieur le nom de noyau, quoique rien ne justifie cette qualification, puisqu'il ne mentionne point l'existence de l'organe central qui caractérise cet élément celluleux, c'est-à-dire le nucléole. D'ailleurs, M. Pasteur est dans l'erreur en croyant être le premier qui ait aperçu ce détail de structure. Il avait déjà été indiqué en 1863 par M. Leydig, mais, plus réservé que son

par M. Lebert et considérées par lui comme des corpuscules près de se diviser, ainsi que je le montrerai plus loin.

successeur, l'éminent micrographe de Tubingue se contente de l'appeler une tache nucléiforme pour ne rien préjuger sur sa signification réelle (1). Quant aux corpuscules dans lesquels M. Pasteur suppose que le noyau a subi une division, ce ne sont autre chose que ceux à deux taches claires signalés plus haut, et rien n'indique que celles-ci proviennent du partage d'une tache primitivement simple (2). D'ailleurs l'extrême petitesse de ces éléments, en rendant à peu près impossible l'observation directe d'une pareille division, en supposant qu'elle existe réellement, empêcherait d'arriver à aucune certitude à cet égard.

Les corpuscules pâles ne se rencontrent pas seulement en grand nombre dans les parois de l'estomac des vers, mais généralement dans tous les organes qui sont le siége d'un développement actif de ces petits parasites. Ils naissent par genèse directe au sein du blastème germinatif dans lequel se développent les corpuscules, sous la forme de petites masses très-pâles, d'abord arrondies, mais qui passent peu à peu à la forme ovalaire. La tache claire intérieure apparaît de bonne heure et est d'autant plus grande relativement à la masse du corpuscule que celui-ci est moins développé. Elle ne cesse d'être visible que dans le corpuscule arrivé à l'état de maturité complète, où elle est sans doute masquée par l'éclat que celui-ci présente à ce moment.

Les corps que je considère comme des formes anormales ou monstrueuses, et qui sont évidemment ceux que M. Lebert avait sous les yeux lorsqu'il a parlé d'une division des corpuscules (3), sont beaucoup plus rares que les précédents, mais on en retrouve toujours au moins quelques-uns dans chaque ver qu'on examine. Les plus communs, et en même temps ceux qui en imposent le plus facilement pour des corpuscules en voie de division, résultent de la soudure de deux de ces petits corps dans le sens de leur grand axe (fig. 1, *c*, *c*, *c*). Leur réunion peut être assez intime pour ne plus laisser aucune trace de l'indépen-

(1) Leydig, Reichert's u. du Bois-Reymond's *Archiv.*, 1863, p. 490. — M. Vlacovich mentionne également l'existence de ces taches, qu'il désigne sous le nom de lacunes on de vacuoles, en décrivant et figurant un grand nombre des variétés de forme qu'elles présentent. (Vlacovich, *Annotazioni intorno alcune proprieta dei Corpuscoli oscillanti del Bombyce del Gelso*, 1864, p. 20 et suiv.; et fig. 2, *b*, b^1; fig. 4, *b*, c; fig. 5, *c*, c^1, c^2, *d*, d^1, d^2, *l*3, etc.)

(2) Cette supposition est également écartée par M. Vlacovich (*Sui Corpuscoli oscillanti*, etc., p. 70).

(3) Lebert *loc. cit.*, p. 17.

dance primitive des deux corpuscules composants, et l'on croirait avoir réellement affaire à un corpuscule unique d'une grandeur exceptionnelle. D'autres fois, au contraire, les deux corpuscules conjugués sont encore parfaitement reconnaissables l'un et l'autre, et, dans ce cas, il semblerait que l'on a sous les yeux un individu simple portant la trace plus ou moins marquée d'une division en deux moitiés. Ces accidents du développement sont d'ailleurs sujets eux-mêmes à certaines anomalies. C'est ainsi, par exemple, qu'il arrive quelquefois que les axes des deux corpuscules coalisés, au lieu d'être dans le prolongement l'un de l'autre, forment entre eux un angle d'une ouverture variable. Plus rarement, un certain nombre de corpuscules se réunissent à la manière des grains d'un chapelet, en restant plus ou moins distincts, ou en se confondant dans une longueur variable. Enfin, on rencontre parfois aussi des masses d'une apparence tout à fait irrégulière, résultant d'une soudure de plusieurs corpuscules par des points indéterminés de leur surface.

Lorsque mon attention se fixa pour la première fois sur les formes qui viennent d'être décrites, elles produisirent d'abord aussi sur moi l'impression de corpuscules en voie de division. Pour me former une opinion plus complète à cet égard, j'entrepris plusieurs fois de suivre les progrès de cette division supposée, en observant les corpuscules dans le sang même du ver chez lequel ils s'étaient développés et en me servant, pour empêcher l'évaporation de ce liquide, de l'appareil connu des micrographes sous le nom de *chambre humide*. Mais quelque soin et quelque patience que je misse à cette observation, jamais je ne pus constater aucun changement dans la forme extérieure de ces petits corps, et, à plus forte raison, leur séparation en deux moitiés, d'où je conclus qu'il ne s'agissait ici que d'une simple apparence et non d'un phénomène de reproduction véritable. Depuis, toutes les observations que j'ai faites sur le même sujet n'ont fait que me corroborer dans cette manière de voir.

Enfin, j'ai signalé comme une troisième cause d'erreur pouvant expliquer la croyance à une prétendue reproduction des corpuscules par division spontanée, leur mélange avec d'autres organismes parasites se rencontrant accidentellement chez les vers. Rien de plus admissible, en effet, que l'existence simultanée chez ceux-ci des corpuscules habituels et d'autres organismes plus ou moins analogues aux spores des diverses mucédinées parasites des insectes. Leydig cite un fait de ce genre observé non pas, à la vérité, chez le ver à soie, mais chez une abeille ouvrière. Les espaces lacunaires sanguins de la tête renfermaient deux sortes de corpuscules dont les uns étaient identiques avec ceux des vers à soie, tandis que les autres étaient de petits corps fusiformes, droits ou recourbés en forme de croissant, environ huit fois aussi longs que les précédents, et renfermant dans leur intérieur quatre lignes ou cloisons transversales séparées par des intervalles réguliers (1).

D'après MM. Frey et Lebert, on rencontre chez quelques vers à soie, outre les corpuscules ordinaires, d'autres petits corps ovoïdes, très-analogues aux précédents, quoique plus petits et plus plats, et abondants surtout dans les parois de l'estomac et de l'intestin (2). J'ai observé moi-même, chez quelques vers, des corps très-analogues à ceux vus par MM. Frey et Lebert, mêlés en nombre immence aux corpuscules ordinaires, et présentant en foule toutes les phases diverses d'une multiplication par scission transversale. Je n'ai malheureusement pas noté s'ils provenaient du tube digestif seulement ou s'ils étaient répandus dans toutes les parties du corps. Comme il n'y avait point de développement concomitant d'un mycélium, j'hésitais à les considérer comme des spores. C'est évidemment par des faits de ce genre qu'il faut expliquer cette remarque faite par M. Lebert et qui l'a singulièrement frappé, que, tandis que dans la grande majorité des vers, on ne rencontre point ou seulement un petit nombre de corpuscules portant l'indice d'une division, c'est toujours, au contraire, par milliers que l'on observe ceux-ci chez certains individus isolés (3).

En résumé, je pense que rien n'autorise jusqu'ici à admettre le mode de reproduction des corpuscules décrit par MM. Lebert et Pasteur. Ceux-ci m'ont toujours paru naître, quel que soit l'organe dans lequel on les considère, d'après un mode identique, c'est-à-dire par la formation de petits corps ronds, prenant peu à peu la forme ovalaire, aux dépens d'une masse germinative amorphe résultant elle-même d'une transformation des corpuscules préexistants (fig. 3, 4, 9, *p*, *p'*), mode de reproduction qui rappelle complétement celui des grégarines et des psorospermies (4). M. Pasteur assure n'avoir point réussi à le

(1) Leydig, Reichert's u. du Bois-Reymond's *Archiv.*, 1863, p. 188.

(2) Lebert, *loc. cit.*, p. 21.

(3) Lebert, *loc. cit.*, p. 17. Une observation analogue a été faite par M. Vlacovich (*Sui Corpuscoli oscillanti*, etc., p. 47.

(4) Récemment, M. le professeur Vlacovich a rencontré des corpuscules très-

constater. Je le regrette, mais n'en suis pas surpris, attendu que l'observation en est assez difficile, vu la petitesse des objets qui ne peuvent être étudiés qu'à l'aide des plus forts grossissements. En outre, je ne crois pas inutile de faire cette remarque générale, que la constatation et surtout la juste interprétation des faits qui se rattachent au sujet de ces études supposent une connaissance assez approfondie des formes et des phénomènes que les organismes inférieurs présentent dans leur évolution.

J'arrive maintenant à l'opinion de M. Béchamp, lequel décrit d'une manière fort différente de M. Pasteur la reproduction des corpuscules. M. Béchamp est loin d'avoir étudié dans tous ses détails ce qu'il considère comme une reproduction de ces petits corps par scission longitudinale. En réalité, il n'a observé que certaines apparences qui lui paraissent devoir être interprétées comme telle. C'est d'abord l'apparition d'une ligne noire dirigée dans le sens du grand axe du corpuscule, puis une légère échancrure se montre à chacune des extrémités de cet axe et la ligne longitudinale médiane se résout en fines granulations. Tels sont les faits dans lesquels M. Béchamp croit voir une division commençante dont le résultat final serait, si j'ai bien compris la pensée du professeur de Montpellier, la séparation du corpuscule en deux moitiés longitudi-

semblables à ceux des vers à soie dans un reptile, le *Coluber carbonarius*. Les uns étaient libres et répandus dans les interstices des tissus, les autres renfermés dans des vésicules particulières ou kistes. Les corpuscules libres étaient de forme ovoïde, d'une longueur de 6 à 7 millièmes de millimètre, d'une largeur de 2 à 3 millièmes, et renfermaient chacun vers la grosse extrémité une vacuole claire et transparente; les vésicules, que M. Vlacovich considère comme les kystes générateurs des corpuscules précédents, étaient de forme sphérique, d'un diamètre de 12 à 18 millièmes de millimètre pour la plupart, et contenaient dans leur intérieur, soit un nombre variable de vésicules filles remplies d'une substance homogène et transparente, soit des groupes formés de dix, vingt, ou d'un plus grand nombre de corpuscules semblables à ceux qui existaient à l'état libre. M. Vlacovich a également trouvé des corpuscules et des kystes analogues chez une larve du *Gryllus campestris* (Vlacovich, *Sui corpuscoli oscillanti del Bombyce del Gelso*, Venesia, 1867, p. 5 et suiv.). Il faut évidemment ranger à côté des faits précédents les corpuscules ou psorospermies que j'ai rencontrés, soit à l'état libre, soit renfermés dans de grands kystes sphériques, chez le *Pyralis viridana*, et que j'ai décrits dans mon mémoire sur *les corpuscules de la pébrine*. (Voyez les figures 10, 11 et 12 de de la planche.)

nales dont chacune se constituerait ensuite en un nouvel individu. Il n'a d'ailleurs pas observé ce mode de multiplication dans les tissus mêmes du ver, c'est-à-dire sur des corpuscules frais, mais seulement dans des infusions faites avec des matériaux provenant de vers corpusculeux. Qu'y a-t-il de réel dans cette description ? Un seul fait me paraît hors de doute : c'est l'existence de la ligne longitudinale aperçue par M. Béchamp dans l'axe du corpuscule ; mais a-t-elle réellement la signification qu'il lui attribue ? Je ne le pense pas. Cette ligne, signalée déjà par M. Leydig sur les corpuscules des vers à soie (1), peut être constatée à l'aide de forts grossissements, non-seulement sur ceux de ces petits corps qui ont séjourné dans l'eau, mais encore chez la plupart de ceux que l'on examine à l'état frais après les avoir retirés de l'intérieur du ver (fig. 1, *a*, *a*). Son existence me paraît effectivement en rapport avec une structure de ces petits organismes, laquelle, peu évidente ou peut-être même rudimentaire chez eux, apparaît, au contraire, avec une grande netteté dans des corps de même nature observés chez d'autres animaux. Je veux parler de leur formation à l'aide de deux moitiés ou valves superposées par leurs bords, formation indiquée par une ligne saillante qui, dans certaines positions des corpuscules, devient visible d'une extrémité à l'autre de ceux-ci, c'est-à-dire dans le sens du grand axe (fig. 12, *b*, *b*). Si cette organisation, que la petitesse des corpuscules des vers à soie ne premet que de soupçonner chez ces derniers, est réelle, les échancrures observées par M. Béchamp aux deux extrémités de l'axe chez ceux qui ont longtemps séjourné dans l'eau, pourraient bien n'être autre chose qu'une séparation commençante du corpuscule en ses deux parties composantes, se produisant sous l'action prolongée de ce liquide. Quant à moi, je n'ai jamais réussi à rien apercevoir de semblable sur des corpuscules observés dans les mêmes conditions que celles où M. Béchamp s'est placé. Je suis néanmoins loin de nier la réalité de l'observation rapportée par ce savant. Comme M. Béchamp soutient, avec raison selon moi, la théorie parasitaire de l'épidémie qui sévit actuellement sur les magnaneries, en l'attribuant, comme je le fais moi-même avec plusieurs de nos prédécesseurs, MM. Frey, Lebert,

(1) Leydig, *loc. cit.*, p. 189. Elle a été également aperçue et figurée par M. Vlacovich, mais celui-ci paraît l'attribuer plutôt à un simple effet d'optique se produisant dans certaines situations du foyer de l'objectif (Vlacovich, *Annotazioni*, etc., Venezia, 1864, in-8, fig. 1, d^2, d^3, d^4).

Naegeli, Leydig, Osimo, Vlacovich, au développement d'un organisme végétal dans les tissus des vers, je crois qu'en appelant son attention sur les points qui précèdent, il sera peut-être amené par de nouvelles observations à confimer l'exactitude de l'interprétation que je donne des faits qu'il vient de communiquer à l'Académie.

Sériciculture simplifiée ;

PAR M. B.-J. DUFOUR,

Député du commerce français à Constantinople.

Dans l'état actuel de la sériciculture française, toute étude consciencieuse sur ce sujet acquiert une importance particulière ; tout système nouveau, alors même qu'il est sur quelques points en désaccord avec les habitudes de la routine, et pourvu qu'il s'appuie sur des expériences précises et positives, mérite la sérieuse attention des sériciculteurs.

L'administration du *Moniteur des Soies*, de Lyon, toujours prête à concourir autant que possible au progrès de l'industrie séricicole, vient d'éditer un livre qui réunit ces diverses conditions.

La *Sériciculture simplifiée* (1), de M. B.-J. Dufour, est un compte-rendu des études expérimentales faites par l'auteur à Constantinople, sur la sériciculture de l'Orient dans ses rapports avec celle de l'Occident. Cet intéressant travail comprend une réponse au questionnaire de la Commission de Sériciculture, et se termine par l'exposé du système oriental que l'auteur voudrait voir adopter par les éducateurs de l'Occident.

M. Dufour a depuis longtemps étudié la grave question de la maladie actuelle des vers à soie. La première partie des observations pratiques qu'il a faites sur ce sujet en 1857, 1858 et 1859, a été présentée avec éloges, le 19 mars 1860, à l'Académie des sciences par un savant dont les travaux sur la sériciculture ont une grande autorité, l'honorable M. de Quatrefages.

Depuis lors, M. Dufour a constamment travaillé à compléter ses études expérimentales, et il demeure convaincu que notre pays se prêterait

(1) Un volume grand in-8 ; à Paris, chez Eugène Lacroix, 15, quai Malaquais, et à Lyon, chez Charles Méra, libraire, 15, rue Impériale.

aussi bien que l'Orient au recepage annuel des mûriers et à l'élevage aux rameaux.

Ce système, d'après lui, aurait une grande supériorité sur les éducations sur claies au moyen de feuilles coupées, et procurerait dans nos contrées occidentales :

Aux vers à soie (nourris avec les feuilles de mûrier blanc sauvage, attachées aux rameaux), une vigueur, une énergie exceptionnelle, qui leur permettrait de résister à la maladie, sinon d'en être complétement préservés;

Aux cultivateurs, 25 0/0 de feuilles en plus, à égale superficie de terrain, que par la culture à l'occidentale;

Aux éducateurs, 65 0/0 d'économie de main-d'œuvre,
25 0/0 d'économie de feuilles sur la nourriture des vers à soie,
5 0/0 de poids en plus sur les cocons;

Aux filateurs, 25 0/0 de rendement, en soie nerveuse et sans duvet, de plus que par la méthode habituelle à l'occident.

Pour justifier ces chiffres, l'auteur fait ressortir que les feuilles ont beaucoup plus de développement sur les repousses d'un an que sur les anciennes; que le peu d'élévation des branches faciliterait la cueille; que la feuille, trouvant à renouveler sa séve dans le bois du rameaux, se conserverait plus longtemps fraîche, serait mangée complétement, sans déchet; qu'enfin les vers, mieux nourris, plus vigoureux, formeraient des cocons plus riches, plus épais, et donneraient une soie de qualité bien supérieure.

M. Dufour pense, d'ailleurs, d'après les résultats de ses expériences, que la maladie n'est pas contagieuse, puisque les vers issus de graines saines réussissent à côté de vers malades provenant de graines mauvaises;

Qu'elle est indépendante des conditions de latitude ou d'altitude dans lesquelles peuvent se trouver les magnaneries;

Que le fléau ne sévit pas, en Orient, plutôt dans les grands centres de production que contre les éducations isolées;

Qu'il n'est point fatalement amené par un ensemble de mauvaises conditions d'éducation, au point de vue de l'orientation, l'aération, le chauffage, l'étage des locaux où les vers sont élevés; de la durée de l'élevage, du nombre de repas ou de délitements; enfin, du mode d'éclosion, attendu que les magnaneries sont très-variées de construction, dans des situations fort diverses et conduites suivant des habitudes d'éducation différentes, sans pour cela résister, les unes plus que les autres, aux atteintes de la maladie;

Que la feuille n'est point malade, mais que sa bonne ou sa mauvaise qualité accidentelle peut influer sur la santé des vers;

Enfin, que les maladies qui ont sévi dans la Turquie n'étaient pas identiquement les mêmes que celle qui ont dominé en Europe;

Qu'elles seraient dues là au grainage industriel et aux intempéries, tandis que chez nous elles auraient pour cause la mode peu rationnel de nourriture qu'on applique à des races orientales;

Et qu'il serait impossible, sans modifier les conditions d'élevage, de régénérer la sériciculture d'occident, au moyen d'éducations persistantes de races rustiques, parce que la maladie ne peut avoir été amenée que graduellement par le dépérissement des vers, c'est-à-dire par le développement d'une affection héréditaire, due surtout à une alimentation peu assimilable avec des feuilles de mûriers greffés.

M. Dufour conclut, en conséquence, à l'adoption en Europe de la méthoque turque de l'*élevage aux rameaux* cueillis sur des mûriers sauvages recepés annuellement.

L'habile sériciculteur donne, dans ce but, un excellent traité de la culture à la turque du mûrier sauvage, de sa taille et de son exploitation, ainsi que de l'éducation aux rameaux des vers à soie. Cinq jolies planches complètent l'intelligence du texte.

Nous ne pouvons qu'approuver les judicieux raisonnements, les lumineux aperçus que renferme le travail fort réfléchi de M. Dufour. Tout ce qu'il dit nous paraît être dans le vrai. Il est certain que la grosse feuille des mûriers greffés est souvent indigeste; que celle des pourrettes ou mûriers sauvages est plus légère, plus nutritive; que la feuille, en demeurant attachée aux branches, perd moins promptement sa fraîcheur et ses qualités digestives.

Il semble, toutefois, que la différence de climat entre la France et la Turquie asiatique pourrait être un obstacle à l'adoption du système oriental et qu'il explique, jusqu'à un certain point, les procédés que nos ancêtres ont cru devoir mettre en pratique. L'élevage au rameau donne, en effet, beaucoup plus de litière que l'éducation avec feuilles coupées. En Orient, où la température est habituellement élevée, cette abondance de résidu n'est pas gênante, parce qu'il se dessèche rapidement sans incommoder les vers; mais en France, où le climat est souvent froid et humide au printemps, la grande quantité de branches qui restera enfouie sous les vers, dans leurs excréments, n'y entretiendra-t-elle pas un excès d'humidité préjudiciable, ou ne rendra-t-elle pas nécessaires des délitements trop fréquents, qui seraient quelquefois difficiles à pratiquer ou pourraient fatiguer les vers ?

Ce sont les seules objections que nous trouvions à faire à la proposition de M. Dufour. Si l'expérience prouve qu'elles peuvent être éliminées, nous reconnaîtrons volontiers que l'élevage à la turque, dont les procédés se rapprochent bien davantage de la nature, doit donner d'excellents résultats, et que son adoption en France peut devenir un grand bienfait pour notre sériciculture en détresse.

Nous applaudissons donc à la décision du Jury international de l'Exposition universelle, qui a récompensé d'une médaille d'or l'ouvrage de M. Dufour.

CAMILLE PERSONNAT,
Membre de la Société d'insectologie agricole.

L'Intelligence des animaux, par Ernest Menault (Bibliothèque des Merveilles, éditée par la librairie Hachette et Cie), n'est pas un livre indispensable aux personnes qui s'occupent des insectes. Il consacre seulement un chapitre à l'intelligence des fourmis, des araignées, des abeilles, etc. Mais comme livre de lecture attrayante, élevée et de distraction utile, on ne saurait en écrire de meilleurs.

Société d'Insectologie agricole.

Séance du 23 janvier 1868. — Présidence de M. Goureau.

Le secrétaire donne lecture du procès-verbal de la dernière séance, qui est adopté.

Le programme de l'Exposition des insectes qui doit avoir lieu cette année du 1er au 31 aout, rédigé par le Comité d'organisation, est soumis à la Société qui le discute et l'admet après plusieurs modifications; la Société décide en outre que ce programme sera tiré à part et envoyé à toutes les personnes qui peuvent contribuer au succès de cette seconde Exposition.

MM. Boisduval, Goureau et Hamet sont chargés de faire une démarche auprès de son Excellence M. le Maréchal Vaillant, ministre de la Maison de l'Empereur et des Beaux-arts, afin d'obtenir son autorisation pour établir l'Exposition des insectes dans le palais de l'industrie des Champs-Elysées.

M. Goureau présente une note sur les insectes nuisibles au chevrefeuille (V. p. 363), et M. Deyrolle des observations sur les chouettes insectivores. La publication de ces communications est demandée.

M. Eugène Robert, inspecteur des plantations de la ville de Paris, offre à la Société un exemplaire d'un travail portant pour titre : Les *Destructeurs des arbres d'alignement*. — Remerciement (1).

M. Personnat avait apporté de beaux échantillons de soie dévidée et de cocons du ver à soie du chêne, mais la discussion du programme de l'Exposition ayant prolongé fort tard la séance, M. le Président prie M. Personnat de remettre à la prochaine séance son intéressante communication. La séance est levée à dix heures et demie.

Le secrétaire adjoint, DEYROLLE fils.

Ortalide des cerisiers. *Ortalis cerasi* Meigen.

La larve de cette mouche ne vit pas dans les cerises dont la pulpe est acide ou acidulée, telles que les cerises dites *de Montmorency*, *Reine Hortence*, *Royale*, *Anglaise*, etc., mais on la rencontre très-fréquemment dans certaines variétés de guignes et de bigarreaux. Il y a même des années où l'on mange autant de vers que de fruits.

La mouche est commune, au mois de mai, dans les campagnes où l'on cultive les guignes et les bigarreaux ; elle est facile à reconnaître, par sa couleur noire, avec la tête jaune et ses ailes transparentes coupées par quatre bandes noires.

Après l'accouplement, cette mouche dépose un œuf sur chaque fruit ; aussitôt que la petite larve est née, elle le perce et s'enfonce dans la chair pour ronger la pulpe. Elle est blanche, un peu conique, et ressemble beaucoup à un petit *asticot*. Elle continue de se nourrir au milieu de la masse juteuse, sans pour cela empêcher les bigarreaux de

(1) M. Eugène Robert a obtenu une médaille d'argent à l'Exposition universelle de 1867 pour les applications de ses procédés opératoires de guérison des arbres, procédés consignés dans son petit traité *Les Destructeurs*.

grossir et d'arriver à leur maturité. Cependant, il y en a quelques-uns qui tombent de l'arbre un peu avant leur entier développement. Le ver sort du fruit et s'enfonce en terre pour se changer en nymphe et éclore au mois de mai de l'année suivante.

Fig. 20. Ortalide des cerisiers.

L'ortalide des cerises n'attaque pas indistinctement toutes les guignes; il y a, en Normandie, une variété très-cultivée, sous le nom de *guigne à collier*, parce que la corolle forme autour du fruit une collerette persistante, dans laquelle on ne trouve pas de vers. Nous n'en avons jamais observé non plus, dans le type sauvage de nos cerisiers, la merise (*prunus avium*).

(*Essai sur l'Entomologie horticole.*)

L'Éditeur-propriétaire : E. Donnaud.

TABLE DES MATIÈRES.

TABLE DES AUTEURS.

Paris. — Imprimerie de E. DONNAUD, rue Cassette 9.

Courtin pinx. Debray sc.

1 Frelon. 2 Nid de guêpe cartonnier.
3 Guêpe femelle développée. 4 Hanneton.
5 Ver blanc.

Rouiste, imp. rue Mignon, à Paris.

Annica Bricogne pinx.

Visto sc.

Hylotome de la Rose.

Houiste imp. rue Mignon 5, Paris.

1. Noctuelle des Moissons.
2. sa Chenille, ou ver gris.

Bouisette imp. rue Mignon à Paris.

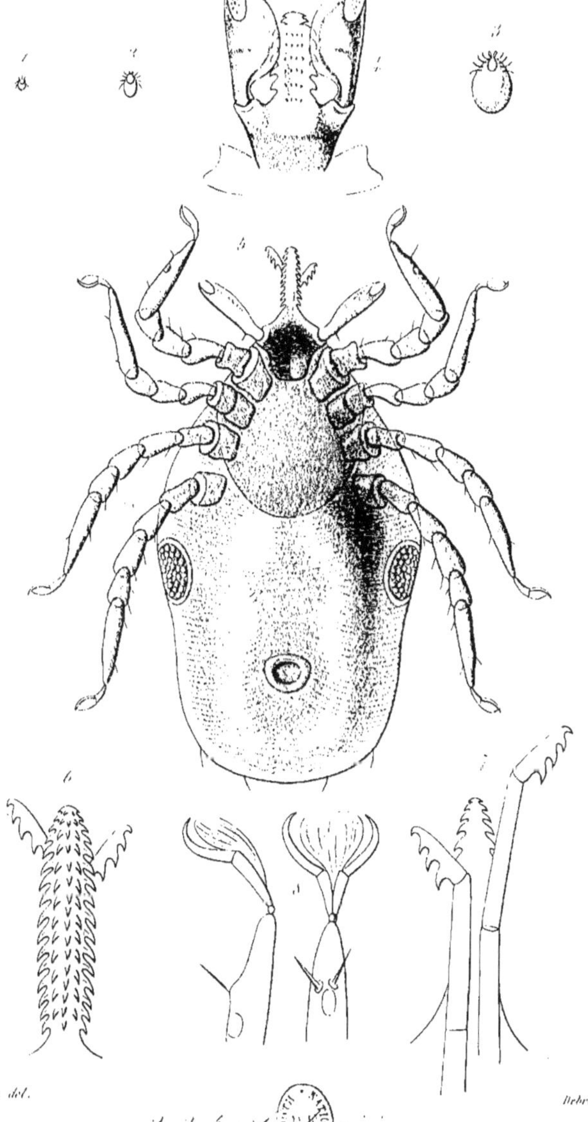

Mégnin del. Debray sc.

2. 3. 4. Acarus ricin.
5 à 8. Acarus fouisseur.

Rouiste, imp. rue Mignon, à Paris.

l'Insectologie agricole. Pl. 4.

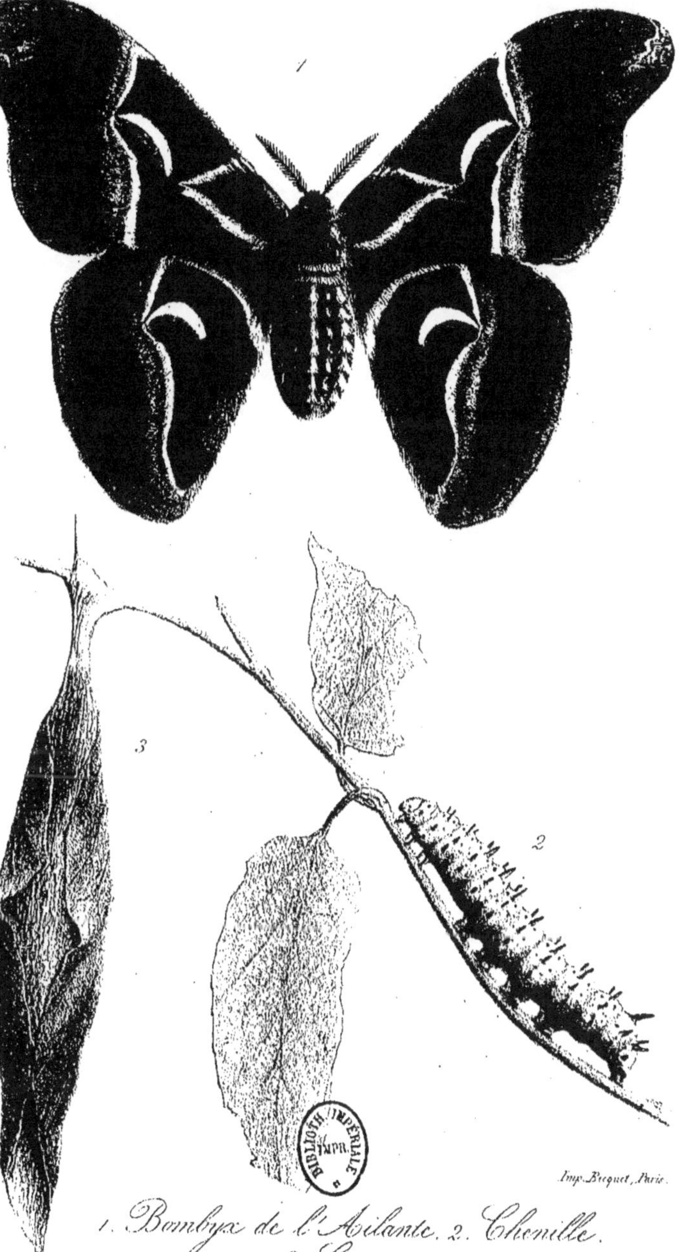

Imp. Becquet, Paris.

1. Bombyx de l'Ailante. 2. Chenille.
3. Cocon.

Imp. Becquet, Paris.

1. Eumolpe de la vigne (grossi).
2. Vigne mangée par les Eumolpes.

Courtin pinx. *Debray sc.*

La Teigne Hémérobe renfermée dans son fourreau.

Imp. Houiste, r. Mignon, 5, Paris.

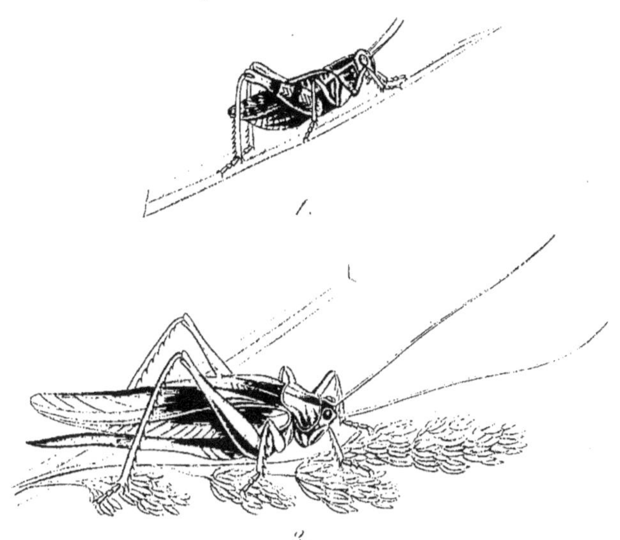

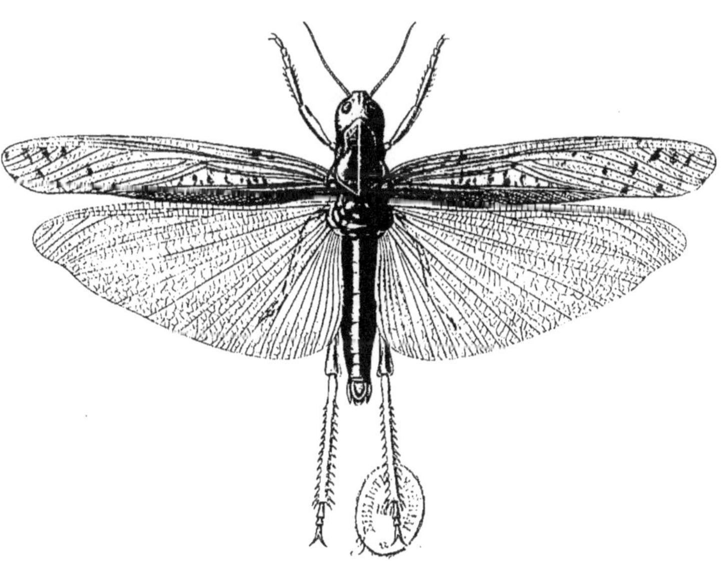

1. Calliptame italique. (Calliptamus italicus).
2. Grande Sauterelle verte. (Locusta viridissima).
3. Œdipode voyageuse. (Œdipode migratoria).

Imp. Houiste, rue Mignon, à Paris.

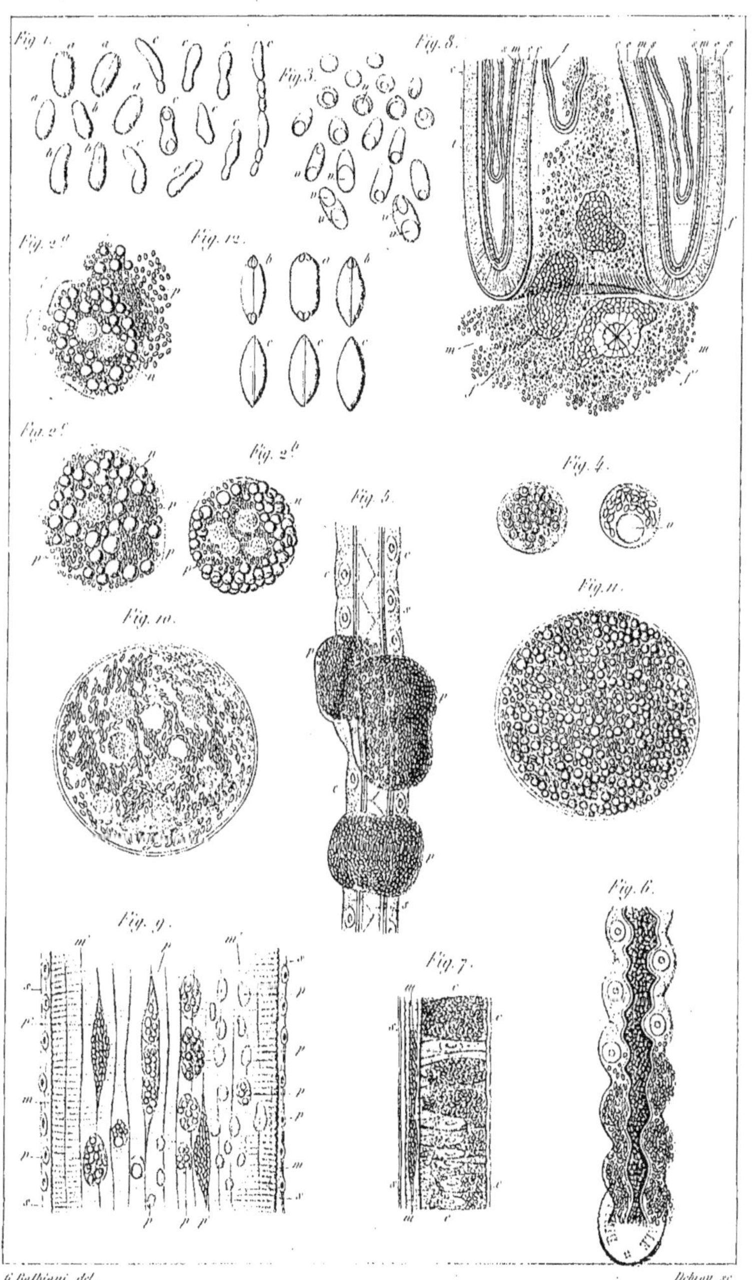

G. Balbiani del. Debray sc.

Psorospermies des Vers à soie.

Houiste imp. rue Mignon, 5, Paris.

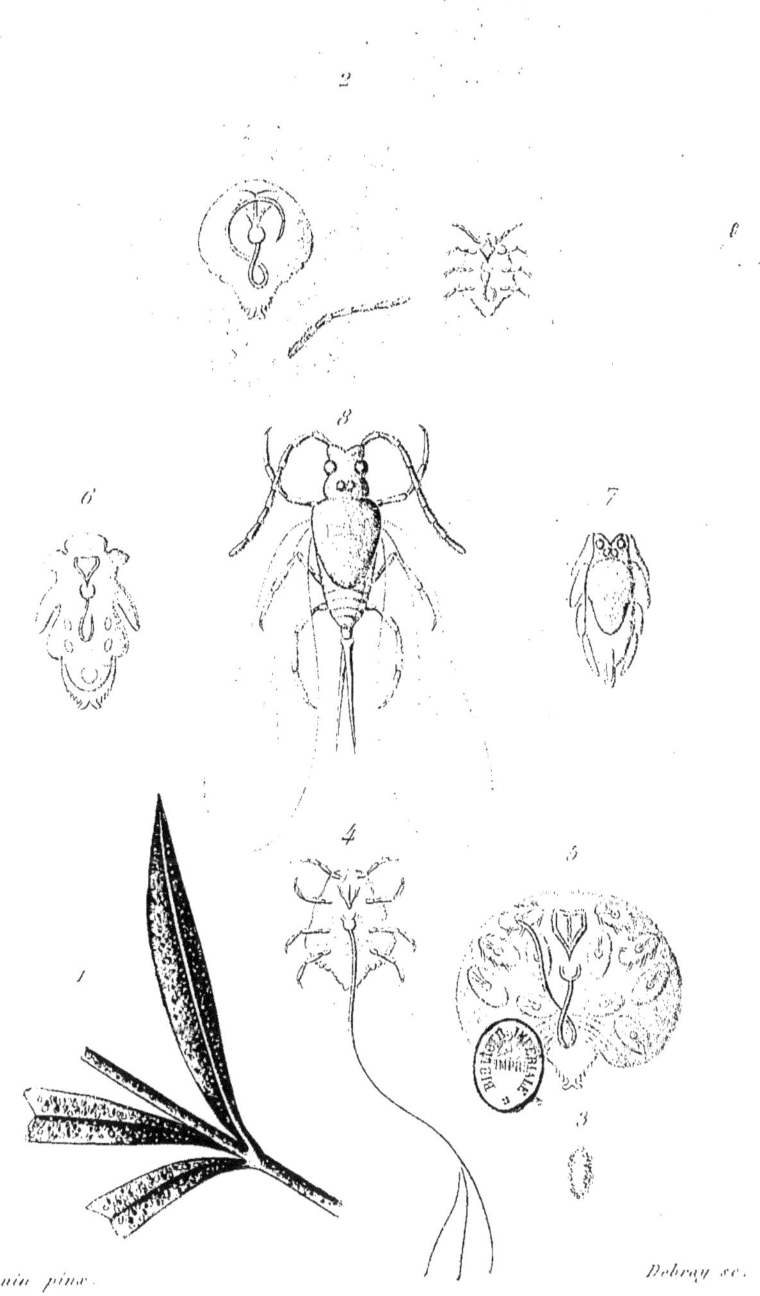

Mégnin pinx. Debray sc.

Coccus du Laurier-rose.

Imp. Bouiste rue Mignon, 5, Paris.

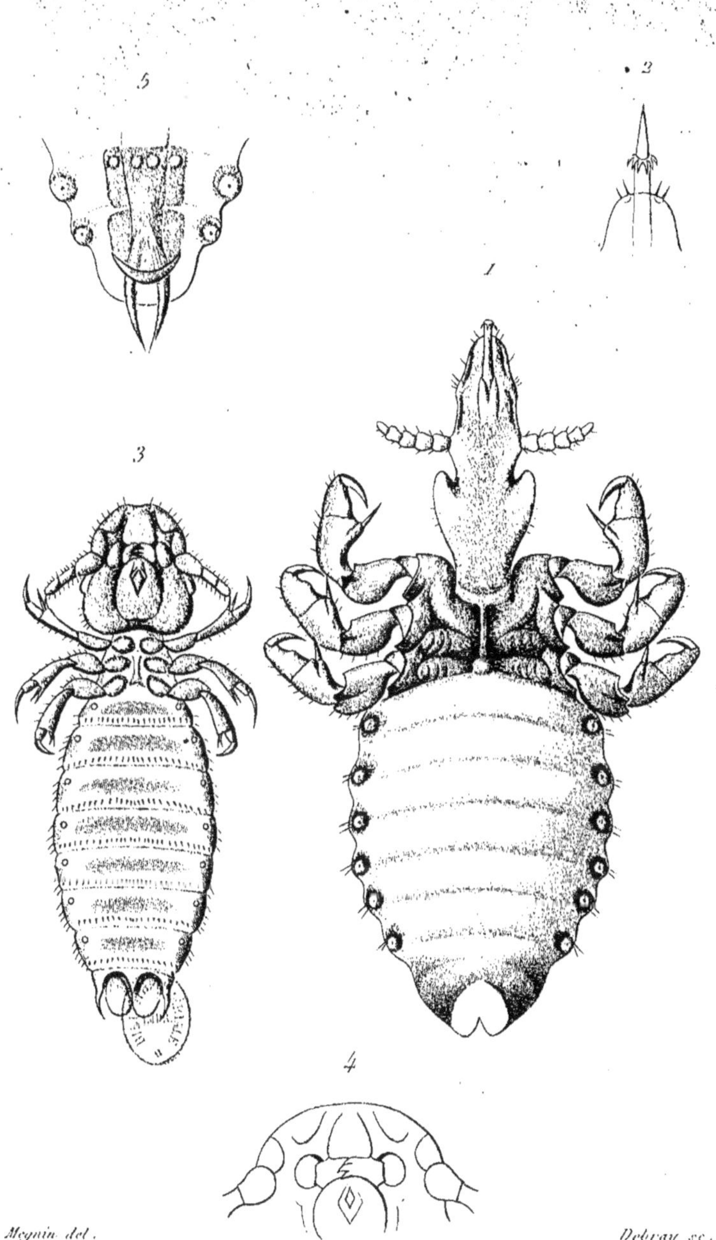

Mégnin del.

Debray sc.

Poux du Cheval.

Imp. Houiste rue Mignon, Paris.

www.ingramcontent.com/pod-product-compliance
Lightning Source LLC
LaVergne TN
LVHW010128230826
846091LV00001BA/180
9782019532796